数からはじめる代数学

Algebra start from the number

Tatsuro Kasuga
春日龍郎 著

日本評論社

はじめに

　私たちは，小学生の頃から"数"について学んできました．中学校からは，数のしくみや計算規則，図形の性質や互いの関係についても学習してきました．高校，大学では，より多くの数学の内容を学びます．いま，"数学とは何か"と問われれば，答えに窮してしまいます．それは，数学の内容が広範囲にわたり，それぞれの分野が高度になってきているからだと思います．

　学校で教わる数学も，その最先端の内容を理解して，計算技術を身につけてもらおうと，目的地まで最短距離になるように高速道路をつくり，その上を高速バスで走るようにカリキュラムが組まれているように思われます．昔からの曲がりくねった国道や山越えの道を行けば，心を和ませてくれる山々の景色や草花を愛でることもできるのに，と思いながら本書を執筆しました．とはいえ，私は決して学校のカリキュラムを否定するのではありません．現在のように世の中が進歩し，技術革新が進んでくると，数学教育でそれらに対応するためには，現在のようなカリキュラムの組み方も仕方のないことであると思います．

　現在の数学は，いくつかの分野の内容が互いに絡み合いながら，深いつながりをもって成長し発展し続けています．私は，この書において，特に代数学を中心として，数学を概観することで，領域間の関連性を指し示したいと考えています．ここでは，より道をし，脇道にそれることもありますが，学校の授業で詳しく触れられなかったことにも目を向けて，できる限り，数学を論理的に系統立ててみていきたいと思います．高校生や一般の人にも理解できるように工夫しました．もとより厳密に数学の基礎論を論じる意図はありません．したがっていたるところの理論の飛躍は免れません．あくまで概観することによって数学に見通しを与えようとするものです．皆さんにもそのつもりで読んでいただければ幸いです．

最後に，本書の執筆にあたり酒井良二氏には，幾度となく原稿全体に目を通してもらい，貴重な助言や注意をいただいた．また，日本評論社の筧裕子氏をはじめ編集部の皆様には多大な協力をいただいた．これらの方々に心から感謝の意を表したい．

2016年8月

春日　龍郎

目　次

はじめに i

第 1 章　整数とその性質　　1
1.1　整数の性質 1
1.2　合同式と剰余類 14

第 2 章　数学的命題とその証明法　　22
2.1　数学における集合 22
2.2　集合と命題 26
2.3　命題とその証明 28

第 3 章　実数　　34
3.1　実数の性質 34
3.2　実数の連続性 43

第 4 章　複素数　　51
4.1　複素数とその性質 52
4.2　複素数の極形式表示 58

第 5 章　数列の極限　　65
5.1　数列の収束とその性質 66
5.2　実数の完備性 73
5.3　複素数列の収束 77

第 6 章　環と体の性質　　83
6.1　環とイデアル 84
6.2　剰余環 91
6.3　体と剰余類体 95
6.4　準同型写像 100
6.5　多項式環 113

第 7 章　群　128
- 7.1　群の定義と基本的性質 ……………………………………… 129
- 7.2　剰余類 ……………………………………………………… 135
- 7.3　置換群 ……………………………………………………… 144

第 8 章　ベクトル空間と線形写像　160
- 8.1　2 次元および 3 次元のベクトル空間 ………………………… 161
- 8.2　線形変換の性質 …………………………………………… 168

第 9 章　線形変換と行列　176
- 9.1　行列とその演算 …………………………………………… 176
- 9.2　線形変換の行列表現 ……………………………………… 189
- 9.3　行列式の基本的性質 ……………………………………… 193
- 9.4　内積 ………………………………………………………… 205

第 10 章　群の準同型とその表現　211
- 10.1　正則行列の成す群の例 …………………………………… 211
- 10.2　群の同型・準同型 ………………………………………… 228
- 10.3　群の置換表現 ……………………………………………… 241
- 10.4　正多面体群 ………………………………………………… 246

第 11 章　一般次元の線形写像の行列表現　260
- 11.1　行列の基本的性質 ………………………………………… 260
- 11.2　n 次元ベクトルの基本的性質 …………………………… 271
- 11.3　線形写像の行列表現 ……………………………………… 280

第 12 章　行列式　295
- 12.1　行列式の定義と基本的性質 ……………………………… 295
- 12.2　余因子展開 ………………………………………………… 301
- 12.3　クラメルの公式 …………………………………………… 305

第 13 章　一般の連立 1 次方程式の解　309
- 13.1　連立 1 次方程式の解について …………………………… 310
- 13.2　行列の基本変形と階数 …………………………………… 317
- 13.3　連立 1 次方程式の解法 …………………………………… 331

参考文献　347

索引　348

第1章
整数とその性質

この章では，整数の基本的性質を述べることから始めます．これらの性質は整数論において基本的で重要であるばかりでなく，数学の多くの分野に多大な影響を与えています．すなわち，数学は数をモデルとして発展していると言えます．

キーワード

除法の定理，倍数，約数，素数，合成数，素因数分解定理，最大公約数，最小公倍数，互いに素，互除法，合同，同値，一般解，特殊解

新しい記号

$\mathbf{N}$, $\mathbf{Z}$, $\mathbf{Z}[x]$

1.1 整数の性質

数の性質や仕組みを知ることは数学のいろいろな分野を理解する上で大事なことです．最初に整数について考えてみようと思います．自然数は $1, 2, 3, 4, \cdots$ で，これに 0 と負の数 $-1, -2, -3, -4, \cdots$ を付け加えたものを整数といいます．この整数全体 (の集合) を $\mathbf{Z}$ で表します．すなわち

$$\mathbf{Z} = \{\cdots, -4, -3, -2, -1, 0, 1, 2, 3, 4, \cdots\}$$

とします．また，自然数全体(の集合)を **N**，すなわち

$$\mathbf{N} = \{1, 2, 3, 4, \cdots\}$$

と表します．整数については，次の性質があります．

性質 1.1.1 2つの整数 m, n に対して，和；$m+n$，差；$m-n$，積；mn はまた整数である．

ここでは，自然数について次の性質を認めて議論していきます．

性質 1.1.2 いくつかの自然数から成る集合には必ず最小の自然数がある．

2つの数の和をとる演算を**加法**，差をとる演算を**減法**，積をとる演算を**乗法**といいます．性質 1.1.1 は次のように述べられることがあります．

"整数全体の集合 **Z** は，加法，減法，乗法の3つの演算に関して閉じている"

すなわち，上の3つの演算を行う限り，その結果が整数の範囲をはみ出すことはない．したがって，"安心して計算を行ってもよい"ことが保証されているのです．

整数 m, n $(m \neq 0)$ について，n を m で割ったときの商 $n \div m$ は，一般には整数ではありません．このことは，**Z** は**除法**(商をとる演算)に関しては閉じてはいないといえます．除法についての次の定理は基本的で，今後いろいろな場面で登場します．

定理 1.1.3（除法の定理） 任意の整数 n と任意の正の整数(自然数) p に対して

$$n = qp + r \qquad (0 \leqq r < p)$$

となる整数 q と r がただ1組だけ決まる．

(証明) 整数全体の集合 **Z** を p の倍数

$$\cdots, -4p, -3p, -2p, -p, 0, p, 2p, 3p, 4p, \cdots$$

で区切って，$[mp,(m+1)p]$ (m は整数) となるような区間の列を考えます．整数 n はどれか1つの区間に入っているはずです．たとえば，n が1つの区間 $[qp,(q+1)p]$ に入っているとします．そのような q は n に対してただ1つ決まります．この区間には，$qp, qp+1, qp+2, \cdots, qp+p-1$ なる整数が含まれます．したがって，$0 \leqq r < p$ となる r があって，$n = qp+r$ となります．もちろん，r は n に対して一意的に決まります．これで定理が証明されたことになります．このようにして定まる q, r をそれぞれ n を p で割ったときの**商**，**余り**といいます． ■

定義 1.1.1 0 でない整数 a, b に対して，$a = qb$ となる整数 q があるならば，b は a の**約数**である (または a は b の**倍数**である) という．このことを a は b で**割り切れる** (あるいは a は b で**整除される**) という．

定義 1.1.2 自然数 p ($p \neq 1$) が 1 と p 自身の他に約数をもたないとき，p を**素数**という．ただし，1 は素数とは言わないことにする．素数ではない 2 以上の整数を**合成数**という．

例 1.1.1 整数 2, 3, 5, 7, 11 などは素数である．1 から 100 までの素数は 25 個あることが確かめられます．

1 以外の素数でない自然数 a は合成数であるから，1 と a 以外の約数 b, c をもち，2つの因数の積 bc に分解されます．すなわち

$$a = bc \quad (1 < b < a, \ 1 < c < a)$$

と表されます．

定理 1.1.4 1 より大きい整数 a は少なくとも1つの素数を約数にもつ．

(証明) a が素数のときは，a 自身 a の約数ですから定理は明らかに成り立っています．そこで，a が素数でない場合を考えます．a をあらゆる方法で2つの因数の積に分解したもので異なるものを

$$a = a \cdot 1 = b_1 c_1 = b_2 c_2 = b_3 c_3 = \cdots = b_k c_k$$

とします．このとき，a の約数で相異なるものすべてを

$$1<b_1<b_2<b_3<\cdots<b_k\leqq c_k<\cdots<c_3<c_2<c_1<a$$

のように小さい順に並べることができます．しかも，これらの約数全体は有限個です．このとき，a の 1 でない最小の約数 b_1 は素数です．このことを確かめてみます．いま b_1 が素数でないとすると，$b_1=b_1'c_1'$ $(1<b_1'<b_1, 1<c_1'<b_1)$ とかけます．b_1' は $a=b_1c_1=b_1'c_1'c_1$ であるから a の約数です．しかし，これは b_1 が a の約数で，最小のものであったことに反します．したがって，b_1 は素数でなければならないことが分かります．すなわち，$a=b_1c_1$ となります．a は確かに素数 b_1 を約数にもつことが分かります． ∎

この定理により，次の定理が得られます．

定理 1.1.5（**素因数分解定理**）素数でない自然数 a $(a\neq 1)$ は，いくつかの素数の積に分解することができる．しかも，素因数の順序を除けば分解の仕方は 1 通りである．

(証明) 定理 1.1.4 により，a は $a=p_1a_1$ (p_1 は素数，a_1 は整数で，$1<p_1, a_1<a$) の形に分解されます．ここで，a_1 が素数でないとすると，$a_1\neq 1$ であるから，再び定理 1.1.4 を用いることにより，$a_1=p_2a_2$ (p_2 は素数，a_2 は整数で，$1<p_2, a_2<a_1$) なる形の分解が得られ，$a=p_1p_2a_2$ となります．いま，a_2 が素数でなければ，定理 1.1.4 を用いて上と同様の操作を続けます．この操作は有限回で終わります．すなわち，$a_r=p_r$ (p_r は素数) で終わり，a は有限個の素数の積として

$$a=p_1p_2\cdots p_i\cdots p_r \qquad (p_i はすべて素数)$$

と表されることが分かります．ここで，同じ素数をまとめて $p_i^{m_i}$ の形に表すことにすると，a は

$$a=p_1^{m_1}p_2^{m_2}\cdots p_s^{m_s} \qquad (p_i は素数, m_i は自然数, 1\leqq i\leqq s)$$

の形に分解されます．これを a の**素因数分解**といいます．分解の仕方が 1 通りであることは，分解の一意性と呼ばれます．この一意性の証明は数学的帰納法を

用いてなされます．後で証明を試みたいと思います (定理 2.3.1)．ここでは，一意性を認めて先に進むことにします． ∎

注 1.1.1 $a \ (\leqq -2)$ が負の整数のとき，$-a$ は正の整数となるから，素因数分解

$$-a = p_1^{m_1} p_2^{m_2} \cdots p_s^{m_s}$$

が得られます．このとき

$$a = -p_1^{m_1} p_2^{m_2} \cdots p_s^{m_s} \tag{$*$}$$

となります．したがって，a は -1 と素数の積 $p_1^{m_1} p_2^{m_2} \cdots p_s^{m_s}$ に分解できます．$(*)$ を負の整数 a の素因数分解ということにします．

次に，約数，倍数についての性質を調べておきます．定義 1.1.1 により，次のことが分かります．

定理 1.1.6 a, b, c を 0 でない整数とする．このとき

(1) a が b の倍数で，b が c の倍数ならば，a は c の倍数である．
(2) a と b が c の倍数ならば，$ax+by$ (x, y は整数) も c の倍数である．

(証明) (1) 仮定により，$a = bp, b = cq$ (p, q は整数) と表されるから $a = bp = (cq)p = c(pq)$ となり，a は c の倍数となります．

(2) 仮定により，$a = mc, b = nc$ (m, n は整数) と表されるから

$$ax + by = (mc)x + (nc)y = (mx+ny)c$$

となり，$ax+by$ も c の倍数であることが分かります． ∎

2つの 0 でない整数 a と b が，倍数あるいは約数の関係にあるかどうかは，a と b を素因数分解してみれば分かります．たとえば，$a = 1080, b = 72$ は，次のように一意的に素因数分解されます．

$$b = 72 = 2^3 \times 3^2, \quad a = 1080 = 2^3 \times 3^3 \times 5.$$

したがって，$a = (3 \times 5) \cdot b$ となるから，a は b の倍数 (b は a の約数) となります．一般に，整数 a と b を素因数に分解してみて，a の素因数が b の素因数を

すべて含んでいるならば，a は b の倍数 (b は a の約数) となります．

整数 a,b に対して，b が a の約数，すなわち $a=pb$ ならば，$a=(-p)(-b)$ であるから $-b$ も a の約数となります．また，$m=ap=bq$ ならば，$-m=a(-p)=b(-q)$ であるから m が a,b の共通の倍数ならば，$-m$ も a,b の共通の倍数となります．整数 a,b が，約数，あるいは倍数関係にあるかどうかは，a,b が正である場合についてみておけば十分です．ここで，整数 a,b に対する公約数，公倍数を定義します．一般に，有限個の整数に対しても同様に公約数と公倍数が定義されます．

定義 1.1.3 整数 a,b に対して

(i) これらの共通の約数を a,b の**公約数**という．また，正の公約数のうち最大であるものを**最大公約数**といい，記号で $G=(a,b)$ と表す．

(ii) これらの共通の倍数を a,b の**公倍数**という．また，正の公倍数のうち最小であるものを**最小公倍数**といい，記号で $L=[a,b]$ と表す．

(iii) a,b の最大公約数が 1 であるとき，a,b は**互いに素**であるという．

注 1.1.2 1 はすべての整数の約数であり，すべての整数は 1 の倍数となります．ここに，1 はすべての整数と互いに素であると考えます．

a,b の公約数が g，公倍数が m であるとき，$a=ga', b=gb'$ (a', b' は整数)，$m=ap=bq$ (p,q は整数) と表されます．互いに素な正の整数 a,b の公倍数は a と b を含むから，最小公倍数は ab となります．

定理 1.1.7 (1) G が整数 a,b の公約数で，$a=a'G, b=b'G$ (a', b' は整数) と表されているとする．このとき G が a,b の最大公約数ならば，$(a',b')=1$ である．逆に，$(a',b')=1$ ならば，G は a,b の最大公約数である．

(2) L が整数 a,b の公倍数で，$L=ap=bq$ (p,q は整数) と表されているとする．このとき $(p,q)=1$ ならば，L は a,b の最小公倍数で，$ab>0$ ならば，$ab=GL, ab<0$ ならば，$-ab=GL$ を満たす．逆に，L が a,b の最小公倍数ならば，$(p,q)=1$ である．

(3) a,b の任意の公約数 g は最大公約数 G の約数である．

(4) a, b の任意の公倍数 m は最小公倍数 L の倍数である．

(5) 整数 p と a とが互いに素ならば，任意の整数 n に対して $p+na$ と a も互いに素である．

(証明) (1) G が a, b の最大公約数であるとする．いま，$(a',b')=d>1$ であるとすると，$a'=a''d, b'=b''d$ (a'', b'' は整数) と表されます．このとき，$a=a'G=a''dG, b=b'G=b''dG$ であるから，$dG\ (>G)$ が a, b の公約数となります．これは，G が a, b の最大公約数であることに反します．したがって，$(a',b')=1$ であることが分かります．逆に，$(a',b')=1$ ならば，a', b' は ± 1 以外に公約数をもたない．したがって，G は $a=a'G, b=b'G$ の最大公約数となります．

(2) a, b が正である場合について証明します (a または b が負である場合は，$-a$ または $-b$ として証明すればよい)．公倍数 $L=ap=bq$ に対して，$(p,q)=1$ であるとすると，a は q を，b は p を約数としてもちます．すなわち，$a=a'q, b=b'p$ (a', b' は整数) と表されます．これより $L=a'pq=b'pq$ であるから，$a'=b'$ となります．ここで，$a'=b'=r$ とおくと，$a=rq, b=rp, L=rpq$ となります．ところで，p, q は互いに素であるから，p, q の最小公倍数は pq です．したがって，a, b の最小公倍数は $r(pq)=L$ となります．また，$a=rq, b=rp, (p,q)=1$ であるから，(1) により $r=G$ (a, b の最大公約数) となります．したがって

$$GL=rL=(rp)(rq)=ab$$

が成り立ちます．ただし，a, b いずれか一方が負である場合，すなわち，$ab<0$ のときは $GL=-ab$ となります．

次に，逆を示します．$L=ap=bq$ が a, b の最小公倍数であるとします．いま，$(p,q)=d>1$ であったとすると，(1) の場合と同様にして，$p=p'd, q=q'd$ となる整数 p', q' が存在します．このとき，$L=ap'd=bq'd$ であるから

$$\frac{L}{d}=ap'=bq' \qquad (<L)$$

は，a, b の公倍数です．これは，L が a, b の最小公倍数であったことに反します．したがって，$(p,q)=d=1$ となります．

(3) G が a, b の最大公約数であるから，(1) より $a=a_1G, b=b_1G, (a_1,b_1)=$

1 と表されます．いま，g を a, b の公約数で正とします (負のときは，$-g$ に対して証明すればよい)．$a=a_2 g, b=b_2 g$ と表すとき，$(a_2,b_2)=d\geqq 1$ とします．(1) により，$a_2=a_2'd, b_2=b_2'd$ (a_2', b_2' は互いに素な整数) と表されるから $a=a_2'dg$, $b=b_2'dg$, $(a_2',b_2')=1$ となります．再び，(1) により $dg=G$ (a, b の最大公約数) となり，g は最大公約数 G の約数となります．

(4) L は a, b の最小公倍数で，$L=ap=bq$ と表されます．(2) により，$(p,q)=1$ です．そこで，a, b の公倍数 m を正として証明します (負のときは，$-m$ に対して同じ結論が得られます)．$m=ap'=bq'$ (p', q' は整数) と表すとき，$(p',q')=d$ とおきます．$d=1$ ならば，(2) により $m=L$ となります．$d>1$ のときは，(1) により $p'=p''d, q'=q''d, (p'',q'')=1$ となる整数 p'', q'' が存在し，$m=ap''d=bq''d$，すなわち，$\dfrac{m}{d}=ap''=bq''$ となります．$(p'',q'')=1$ であるから (2) により，$\dfrac{m}{d}=ap''=bq''=L$ (a, b の最小公倍数) となります．したがって，$m=dL$ を満たし，公倍数 m は最小公倍数 L の倍数となります．

(5) $p+na$ と a が共通の約数 q $(\neq 1)$ をもてば，$p+na=bq, a=b'q$ となる整数 b, b' が存在する．このとき，$p=bq-na=bq-nb'q=(b-nb')q$ となるから p と a が公約数 q $(\neq 1)$ をもち，p, a が互いに素であることに反します．したがって，$p+na$ と a も互いに素であることが分かります． ∎

定理 1.1.8 a, b, c, m はすべて 0 でない整数であるとする．このとき

(1) m が a でも b でも割り切れ，かつ $(a,b)=1$ ならば，m は ab で割り切れる．

(2) ac が b で割り切れ，かつ $(a,b)=1$ ならば，c は b で割り切れる．

(3) 素数 p が ac を割り切れば，a, c の少なくとも一方は p で割り切れる．

(証明) (1) m は a でも b でも割り切れるから a, b の公倍数である．定理 1.1.7 の (4) により，m は $L=[a,b]$ の倍数である．ところで，$G=(a,b)=1$ であるから定理 1.1.7 の (2) により，$L=ab$ (または $L=-ab$) である．したがって，m は ab で割り切れます．

(2) a, b が正である場合を考えれば十分です．a, b の素因数分解をそれぞれ $a=p_1 p_2 \cdots p_m, b=q_1 q_2 \cdots q_n$ とします．このとき，$(a,b)=1$ であるから $p_1 p_2 \cdots p_m$

と $q_1q_2\cdots q_n$ には同じ因数はない．仮定により，$ac=bb'$ となる自然数 b' があるから，$p_1p_2\cdots p_m\cdot c=q_1q_2\cdots q_n\cdot b'$ となります．$(a,b)=1$ であるから，素因数分解の一意性により，右辺の $q_1q_2\cdots q_n$ は，左辺の c の因数になるから c は $q_1q_2\cdots q_n=b$ で割り切れます．

(3) a が素数 p で割り切れる場合にはそれでよい．a が素数 p で割り切れない場合を考えよう．このとき，$(a,p)=1$ であるから (2) により，c は p で割り切れることが分かります． ∎

定理 1.1.9 自然数 a, b に対して，a を b で割ったときの商を q，余りを r とすると，定理 1.1.3 (除法の定理) により

$$a=bq+r \qquad (q, r \text{ は負でない整数で}, 0\leqq r<b). \tag{1.1.1}$$

このとき，$r>0$ ならば $(a,b)=(b,r)$，すなわち a と b の最大公約数は b と r の最大公約数に等しい．

(証明) $(a,b)=G_1, (b,r)=G_2$ とおきます．まず，(i) $G_1\leqq G_2$ であることを示します．G_1 は a, b の最大公約数であるから，$a=a'G_1, b=b'G_1$ となる互いに素な自然数 a', b' が存在します．(1.1.1) により

$$r=a-bq=a'G_1-b'qG_1=(a'-b'q)G_1$$

であるから，G_1 は r の約数であることが分かります．また，G_1 は b の約数でもあるから，G_1 は b と r の公約数である．ところで，G_2 が b と r の最大公約数であることから $G_1\leqq G_2$ となります．次に，(ii) $G_2\leqq G_1$ であることを示します．G_2 は b, r の最大公約数であるから $b=b''G_2, r=r'G_2$ となる自然数 b'', r' が存在する．(1.1.1) により

$$a=bq+r=b''qG_2+r'G_2=(b''q+r')G_2$$

となり，G_2 は a の約数であることが分かります．また，G_2 は b の約数でもあるので，G_2 は a, b の公約数である．ところで，G_1 は a, b の最大公約数であるから $G_2\leqq G_1$ であることが分かります．(i) と (ii) により，$(a,b)=G_1=G_2=(b,r)$ が成り立つことが分かります． ∎

2つの自然数 a, b $(a > b)$ の最大公約数を求めるには，定理 1.1.9 の結果を繰り返し用いればよい．すなわち，最大公約数 (a,b) を求めるには，a を b で割って商 q_1，余り r_1 を求めます．次に，b を r_1 で割って，商 q_2 と余り r_2 を求めます．このように大きい方を小さい方で割って商と余りを求めることを繰り返して，最後に割り切れたときの除数 d $(\neq 0)$ が，a と b の最大公約数となります．このような計算法を**互除法**といいます．

例 1.1.2 544 と 221 の最大公約数を求めてみよう．544 を 221 で割ると商が 2 で余り 102 となる．次に，除数 221 を余り 102 で割ると商が 2 で余りが 17 となります．102 は 17 で割り切れます．このとき，17 が 544 と 221 の最大公約数となります．

補題 1.1.10 相異なる自然数 a, b の最大公約数を d とすると，方程式

$$ax + by = d \tag{1.1.2}$$

を満たす整数解 x, y が存在する．

(証明) $a > b > 0$ であるとして一般性を失わない．定理 1.1.3 (除法の定理) により

$$a = bq_1 + r_1 \qquad (b > r_1 \geqq 0) \tag{1.1.3}$$

となる整数 q_1, r_1 が存在します．いま，$r_1 = 0$ の場合を考えると，$a = bq_1$，$q_1 > 1$ となります．また，d が a, b の最大公約数であることから $b = d$ となります．実際，$a = a'd$, $b = b'd$ として $(a', b') = 1$ としよう．$a'd = a = bq_1 = b'dq_1$ であるから $a' = b'q_1$ となります．このとき，$b' = 1$ です．なぜなら，$b' > 1$ であれば

$$a = a'd = b'dq_1, \quad b = b'd$$

であり，$(a, b) = b'd > d$ となって d が最大公約数であることと矛盾します．よって，$b' = 1$ となって $b = d$ が得られます．したがって，この場合は，方程式 (1.1.2) は整数解 $x = 0$, $y = 1$ をもちます．

次に，$r_1 > 0$ の場合を考えます．$b > r_1 > 0$ であるから，定理 1.1.9 により，b と r_1 の最大公約数も d である．再び，除法の定理を用いて

$$b = r_1 q_2 + r_2 \qquad (r_1 > r_2 \geqq 0) \tag{1.1.4}$$

となる整数 q_2, r_2 が存在します。$r_2=0$ のときは，上と同様にして，$r_1=d$ であることが分かります。このとき，$d=r_1=a-q_1 b$，すなわち，整数解 $x=1, y=-q_1$ をもちます。$r_2>0$ ならば，これを続けて (1.1.2) を満たす整数解 x, y が存在することを示そう。ここで，互除法を繰り返し実行して，$i \geqq 0$ に対して

$$r_{i-1} = r_i q_{i+1} + r_{i+1} \qquad (r_i > r_{i+1} \geqq 0) \tag{1.1.5}$$

となる整数 q_{i+1}, r_{i+1} を求めていきます。ここに，$r_{-1}=a, r_0=b$ です。操作は有限回で終わります。すなわち，ある $k \geqq 1$ に対して

$$r_k = r_{k+1} q_{k+2}, \qquad r_{k+2} = 0 \tag{1.1.6}$$

となります。このとき

$$r_{k+1} = d \tag{1.1.7}$$

です (定理 1.1.9)。ところで，(1.1.3) 式より $r_1 = a - b q_1$ であり，これを (1.1.4) 式に代入すると

$$r_2 = b - r_1 q_2 = b - (a - b q_1) q_2 = -q_2 a + (1 + q_1 q_2) b$$

が得られます。すなわち，整数 x_i, y_i $(i=1,2)$ があって

$$r_1 = a x_1 + b y_1, \qquad r_2 = a x_2 + b y_2$$

のように表されます。そこで，$k \geqq 1$ に対して

$$r_i = a x_i + b y_i, \qquad i = 1, 2, \cdots, k \tag{1.1.8}$$

のような整数 x_i, y_i が存在したと仮定します。すなわち，(1.1.8) が k までの i に対しては成り立っているとします。このとき，(1.1.5) において $i=k$ とすると，(1.1.8) により

$$r_{k+1} = r_{k-1} - r_k q_{k+1} = (a x_{k-1} + b y_{k-1}) - (a x_k + b y_k) q_{k+1}$$
$$= (x_{k-1} - x_k q_{k+1}) a + (y_{k-1} - y_k q_{k+1}) b = x_{k+1} a + y_{k+1} b$$

となって，$i = k+1$ に対する関係式 (1.1.8) が成り立ちます。ここに，$x_{k+1} =$

$x_{k-1} - x_k q_{k+1}$, $y_{k+1} = y_{k-1} - y_k q_{k+1}$ です．$i=1,2$ に対しては (1.1.8) が成り立っているから，順次 $i=3,4,\cdots,k+1$ に対しても (1.1.8) が成り立つことが分かります．(1.1.7) により $d=r_{k+1}$ であるから

$$d = x_{k+1} a + y_{k+1} b$$

が成り立ちます．すなわち，方程式 (1.1.2) の整数解が存在します． ∎

系 1.1.11 自然数 a, b が互いに素であるための必要十分条件は，方程式 $ax+by=1$ が整数解をもつことである．

(証明) a, b が互いに素であれば $d=(a,b)=1$ であるから，補題 1.1.10 により方程式 $ax+by=1$ は整数解をもちます．逆に，方程式 $ax+by=1$ が整数解 $x=x_0, y=y_0$ をもつとして $(a,b)=1$ であることを示します．いま，a, b が互いに素でないとすると，最大公約数は $d=(a,b)>1$ となり，$a=da', b=db'$ (a', b' は互いに素) と表されます．このとき

$$1 = ax_0 + by_0 = d(a'x_0 + b'y_0)$$

となる．これは，d と $a'x_0+b'y_0$ が整数であり，$d>1$ であったことと矛盾します．したがって，$d=1$ であることが分かります． ∎

注 1.1.3 上の証明のように $d=1$ であることを示したいとき，$d=1$ でない (すなわち $d>1$) として矛盾を導き，$d=1$ であるしかないことを証明する方法を背理法といいます．背理法については第 2 章で議論します．

次に，整数を係数とする x, y の 1 次方程式

$$ax + by = c \qquad (a, b, c \text{ は整数}) \tag{1.1.9}$$

について，整数解を求めることを考えよう．(1.1.9) を x, y の **1 次の不定方程式**といいます．

注 1.1.4 系 1.1.11 により a, b が互いに素であるとき，任意の整数 c に対して，方程式 $ax+by=c$ は整数解をもちます．実際，系 1.1.11 より整数解 $x=x_0, y=y_0$ があって $ax_0+by_0=1$ を満たすから，この両辺を c 倍すれば $a(cx_0)+$

$b(cy_0)=c$ となるから明らかです．

例 1.1.3 方程式 $(*)$ $3x+5y=7$ は，整数解 $x=4, y=-1$ をもつ．また，任意の整数 k に対して $x=4-5k, y=-1+3k$ も方程式 $(*)$ を満たします．実は，方程式 $(*)$ の解は，$x=4-5k, y=-1+3k$ $(k=0, \pm 1, \pm 2, \cdots)$ の形のもので尽くされています．注 1.1.4 によると，これらの解の中には 7 の倍数があるはずです．実際，$k=5$ とすると，$x=-21, y=14$ があります．

すべての不定方程式が整数解をもつとは限りません．補題 1.1.10 は，自然数 a, b と，a と b の最大公約数 d に対して，方程式 $ax+by=d$ が解をもつことを示しています．一般的に次の定理が成り立ちます．

定理 1.1.12 整数係数の不定方程式

$$ax+by=c \tag{1.1.10}$$

が整数解をもつための必要十分条件は，c が a, b の最大公約数で割り切れることである．

(証明) $(a,b)=d$ として，方程式 (1.1.10) の整数解が $x=x_0, y=y_0$ であるとする．a と b が d の倍数なので，定理 1.1.6 の (2) により，$c=ax+by$ は d の倍数である．すなわち，c は d で割り切れます．逆に，c が d で割り切れるとすると，$c=c'd$ となる整数 c' が存在します．また，$a=a'd, b=b'd$ (a', b' は互いに素である整数) と表される．これらを方程式 (1.1.10) に代入すると，$a'dx+b'dy=c'd$ となる．この両辺を d で割ると，$a'x+b'y=c'$ が得られます．ところで，a', b' は互いに素であるから，注 1.1.4 により方程式 $a'x+b'y=c'$ は整数解をもちます．よって，$a'dx+b'dy=c'd$，すなわち，$ax+by=c$ は整数解をもつことが分かります． ■

注 1.1.5 不定方程式 $3x+12y=5$ は整数解をもちません．実際，係数 3 と 12 の最大公約数は 3 で，5 は 3 の倍数ではありません．定理 1.1.12 により，方程式は整数解をもたないことが分かります．このように小学生でも考察できるような問題が，実は小学生ではなかなか解けないことを知って，数学への夢をかきたてられるのです．

方程式 (1.1.10) $ax+by=c$ において，a, b が互いに素であるとします．このとき，注 1.1.4 により方程式は整数解をもちます．いま，1 組の解を $x=x_0, y=y_0$ とするとき，任意の解は

$$x=x_0+bk, \quad y=y_0-ak \quad (k=0,\pm 1,\pm 2,\cdots) \tag{1.1.11}$$

の形で与えられます．実際，$x=x_0, y=y_0$ は方程式 (1.1.10) の解ですから，$ax_0+by_0=c$ を満たします．いま，(1.1.10) の任意の解を x, y とすると，$ax+by=c$ を満たします．これら 2 式より $a(x-x_0)+b(y-y_0)=0$ となります．すなわち

$$a(x-x_0)=b(y_0-y) \tag{1.1.12}$$

が成り立ちます．ところで，a と b が互いに素であるから，左辺の $x-x_0$ は，右辺の b で割り切れます．したがって，$x-x_0=kb$ となる整数 k が存在します．これと (1.1.12) により，$y-y_0=-ka$ となることが分かります．したがって，(1.1.10) の任意の解は $x=x_0+bk, y=y_0-ka$ の形に表されることが分かります．逆に，(1.1.10) の 1 つの解を $x=x_0, y=y_0$ とするとき，任意の整数 k に対して

$$x=x_0+bk, \quad y=y_0-ak$$

は方程式 (1.1.10) を満たします．すなわち，(1.1.11) のすべてが方程式 (1.1.10) の解となります．したがって，方程式 (1.1.10) の解は (1.1.11) の形のもので尽くされています．$x=x_0+bk, y=y_0-ak (k=0,\pm 1,\pm 2,\cdots)$ の形の解を不定方程式 (1.1.10) の**一般解**といいます．また，k に特別な値を代入して得られる解を**特殊解**といいます．

1.2 合同式と剰余類

次に，除法の定理の応用を考えます．整数の問題においては数そのものではなく，その数をある数で割ったときの余りを考えればよいことがしばしばあります．ある自然数 p に対して，任意の整数 n を p で割ると，除法の定理により

$$n=pk+r \quad (0 \leqq r < p)$$

となる k と r が n に対して一意的に決まります．このことにより，自然数 p について，任意の整数は整数 k を適当にとって

$$pk, \quad pk+1, \quad pk+2, \quad \cdots, \quad pk+(p-1)$$

なる形の数のいずれかで表されます．したがって，整数全体の集合 **Z** は，上のような形の数の集合に分類することができます．たとえば $p=2$ の場合，任意の整数は $2k, 2k+1$ の形のいずれかで表されるから，整数全体は偶数と奇数の 2 つの集合に分類されます．$n=3$ の場合，任意の整数は $3k, 3k+1, 3k+2$ の形のいずれかである．整数全体の集合 **Z** は

$$\{3k \mid k=0, \pm 1, \pm 2, \cdots\},$$
$$\{3k+1 \mid k=0, \pm 1, \pm 2, \cdots\},$$
$$\{3k+2 \mid k=0, \pm 1, \pm 2, \cdots\}$$

なる 3 つの集合に分類 (共通の整数を含まない) されます．

例 1.2.1　(i)　連続する 2 つの整数の積は 2 の倍数である．
　(ii)　連続する 3 つの整数の積は 6 の倍数である．

(証明)　(i) は明らかである．(ii) 連続する 3 つの整数の積は 3 の倍数を含み，(i) により 2 の倍数も含むから，連続する 3 つの整数の積は，6 の倍数となります．∎

以下この節では，自然数 p を固定して議論していきます．整数 a, b を p で割ったときの余りが等しいとき，a と b は p **を法として合同**であるといい，$a \equiv b \pmod{p}$ と表します．以後は，$a \equiv b \pmod{p}$ かつ $a' \equiv b' \pmod{p}$ を $a \equiv b, a' \equiv b' \pmod{p}$ のように略記します．

注 1.2.1　$a \equiv b \pmod{p}$ は，$a = b + pn$ (n は整数) であることを意味します．

定理 1.2.1　整数 a, b, c に対して，次が成り立つ．

(1)　$a \equiv a \pmod{p}$．
(2)　$a \equiv b \pmod{p}$ ならば，$b \equiv a \pmod{p}$．
(3)　$a \equiv b, b \equiv c \pmod{p}$ ならば，$a \equiv c \pmod{p}$．

(証明) (1), (2) は，(注 1.2.1) より明らかである．(3) は

$$a \equiv b, \quad b \equiv c \pmod{p} \quad \text{ならば，} \quad a = b + pn, \quad b = c + pm \quad (n, m \text{ 整数})$$

であるから $a = b + pn = c + p(n+m)$ ($n+m$ は整数) となります．したがって，$a \equiv c \pmod{p}$ が得られます． ∎

p を法とする合同は，2 つの整数を p で割ったときの余りが等しいものを同一視するものです．整数全体の集合 **Z** は，p で割ったときの余り $0, 1, 2, \cdots, p-1$ に対応して

$$C_0 = \{pk \mid k \text{ は整数}\},$$
$$C_1 = \{pk+1 \mid k \text{ は整数}\},$$
$$\vdots$$
$$C_{p-1} = \{pk+(p-1) \mid k \text{ は整数}\}$$

なる集合に分けられます．これらの集合の全部を合わせると **Z** と一致します．また，$i \neq j$ ならば，C_i と C_j は共通の整数を含みません．このとき，$C_0, C_1, C_2, \cdots, C_{p-1}$ を p を法とする**剰余類**といい，このような剰余類への分割を **Z** の**類別**といいます．

注 1.2.2 p を法とする合同関係 "$\equiv$" は，定理 1.2.1 の (1), (2), (3) を満たします．このような合同関係 $\equiv$ は**同値関係**とも呼ばれます．

例 1.2.2 2 以外の素数は $4k+1$ か $4k+3$ の形の数である (これらがすべて素数になるわけではない)．実際，整数は $4k, 4k+1, 4k+2, 4k+3$ の形のいずれかで，2 以外の素数が奇数であることに注意すれば，2 以外の任意の素数は，$4k+1$ または $4k+3$ の形のいずれかで表される．ところで，$4k+3 = 4(k+1)-1$ であるから，2 以外の素数は，$4k \pm 1$ の形の数であることが分かります．実は，素数は無限に多く存在し，$4k-1$ の形の素数 (または $4k+1$ の形の素数) が無限に存在することが知られています．

定理 1.2.2 整数 a, b, c, d に対して $a \equiv b, c \equiv d \pmod{p}$ のとき，次が成り

立つ．

(1) $a \pm c \equiv b \pm d \pmod{p}$.
(2) $ac \equiv bd \pmod{p}$.
(3) $a^m \equiv b^m \pmod{p}$ (m は自然数).
(4) $a \equiv 1 \pmod{p}$ のとき, $q \not\equiv 0 \pmod{p} \Longrightarrow qa \equiv q \pmod{p}$.

ここに，(1) の関係式は複号同順で成り立つものとする．すなわち，± を上同士，下同士で扱うこととする．以下においても同様である．

(証明) 仮定より $a = b + pn$, $c = d + pm$ (n, m 整数) である (注 1.2.1).

(1) $a \pm c = b \pm d + p(n \pm m)$ ($n \pm m$ は整数). したがって, $a \pm c \equiv b \pm d \pmod{p}$ となります.

(2) $ac - bd = (b+pn)(d+pm) - bd = p(bm+dn+pnm)$ となるから $ac \equiv bd \pmod{p}$ が示されます.

(3) (2) により, $a^2 \equiv b^2 \pmod{p}$ となります. 再び (2) を用いると, $a^3 \equiv b^3 \pmod{p}$ となります. 以下同様にして, $a^m \equiv b^m \pmod{p}$ (m は自然数) となることが示されます.

(4) $a = 1 + np$ となる自然数 n が存在します. この両辺に q をかけると $qa = q + npq = q + (nq)p$ となり, $qa \equiv q \pmod{p}$ が示されます. ∎

定理 1.2.3 n を自然数とし, $n = p_1 p_2$ (p_1, p_2 は互いに素な自然数) の形に表されているとする．このとき，整数 a_1, a_2 に対して

$$x \equiv a_i \pmod{p_i} \qquad (i=1,2) \tag{1.2.1}$$

を満たす x が存在し, mod n で一意的である．すなわち, x および x' が (1.2.1) を満たしているならば, $x \equiv x' \pmod{n}$ である．

(証明) $x \equiv a_i \pmod{p_i}$, $x' \equiv a_i \pmod{p_i}$ ($i=1,2$) とすると, $x = a_i + k_i p_i$, $x' = a_i + k'_i p_i$ (k_i, k'_i は整数) と表されます. このとき, $x - x' = (k_i - k'_i)p_i$ ($i=1,2$) であるから $x - x'$ は p_1 と p_2 を約数としてもちます. ところで, p_1, p_2 は互いに素であるから $x - x'$ は $p_1 p_2$ を約数にもち, $x \equiv x' \pmod{n}$ となります. 次に,

(1.2.1) を満たす x が存在することを示します．整数 a_1, a_2 に対して，$(*)$ $x' \equiv a_1 \pmod{p_1}$ を満たす整数 x' が存在します．また，整数 $a_2 - x'$ に対して，p_1 と p_2 が互いに素であることより $p_1 q_1 - p_2 q_2 = a_2 - x'$ を満たす整数 q_1, q_2 が存在します (定理 1.1.12)．ここで，$x = a_2 + p_2 q_2 = x' + p_1 q_1$ とおくと

$$x \equiv a_2 \pmod{p_2}, \quad x \equiv x' \pmod{p_1}$$

となります．$(*)$ と合わせて

$$x \equiv a_2 \pmod{p_2}, \quad x \equiv a_1 \pmod{p_1}$$

となり，(1.2.1) を満たす整数 x が存在します． ∎

剰余類に関する 1 つの例として次をあげておきます．

例 1.2.3 任意の整数 n に対して，n^2 を 3 で割ると余りは 0 か 1 のいずれかである．実際，n は 3 を法として

$$n \equiv 0 \pmod 3, \quad n \equiv 1 \pmod 3, \quad n \equiv 2 \pmod 3$$

のいずれかである．これらの各場合についてみていきます．(i) $n \equiv 0 \pmod 3$ のとき，$n^2 \equiv 0 \pmod 3$ となり，(ii) $n \equiv 1 \pmod 3$ のとき $n^2 \equiv 1 \pmod 3$ となります (定理 1.2.2 の (3))．(iii) $n \equiv 2 \pmod 3$ のときは，$n = 3k + 2$ と表されるから $n^2 = 3(3k^2 + 4k + 1) + 1$ となります．すなわち，$n^2 \equiv 1 \pmod 3$ です．(i), (ii), (iii) により，任意の自然数 n に対して n^2 を 3 で割ると余りは 0 か 1 であることが分かります．

整数を係数にもつ変数 x の多項式

$$f(x) = \sum_{i=0}^{n} a_i x^i, \quad g(x) = \sum_{j=0}^{m} b_j x^j \quad (x^0 = 1)$$

について，$n = m$ であり，かつ $a_k = b_k$ $(k = 0, 1, 2, \cdots, n = m)$ のとき，$f(x)$ と $g(x)$ は等しいといい，$f(x) = g(x)$ と表します．特に，$a_k = 0$ $(0 \leq k \leq n)$ のときは $f(x) = 0$ とします．また，$N = \max\{n, m\}$ とし，$f(x)$ と $g(x)$ の和；$f(x) + g(x)$，差；$f(x) - g(x)$ は

$$f(x)\pm g(x)=\sum_{k=0}^{N}(a_k\pm b_k)x^k$$

によって定義されます．ここに，$n>m$ のときは，$b_{n+1}=b_{n+2}=\cdots=b_N=0$，$n<m$ のときは，$a_{m+1}=a_{m+2}=\cdots=a_N=0$ であるとします．以下，多項式の和については，このように扱います．また，積; $f(x)g(x)$ は

$$f(x)g(x)=a_0b_0+\sum_{i+j=1}a_ib_jx+\cdots+\sum_{i+j=k}a_ib_jx^k+\cdots+a_nb_mx^{n+m}$$

と定義されます．ここに和の記号 $\sum_{i+j=k}$ は，$i+j=k$ $(i,j\geqq 1)$ となるすべての i,j に対して和をとるものとします．

整数を係数とする変数 x の多項式の全体集合を $\mathbf{Z}[x]$ で表します．$\mathbf{Z}[x]$ は単項式を含めて考えます．多項式 $f(x)=\sum_{k=0}^{n}a_kx^k$ は $a_n\neq 0$ のとき，n を $f(x)$ の次数といい，$\deg(f(x))$ と表されます．$f(x),g(x)\in\mathbf{Z}[x]$ ($f(x),g(x)$ は $\mathbf{Z}[x]$ に含まれる) に対して，和と積の定義式から $f(x)\pm g(x),f(x)g(x)\in\mathbf{Z}[x]$ となり，n,m は任意の自然数としてよいから，$\mathbf{Z}[x]$ は加法，減法，乗法の3つの演算に関して閉じています．

一般には，商をとる演算に関しては閉じていません．このことから整数全体の集合 $\mathbf{Z}$ と変数 x の多項式全体の集合 $\mathbf{Z}[x]$ とは同じ計算規則に従い，同じような性質をもつことが分かります．たとえば，整数 a に対して，多項式 $f(x)$ を $(x-a)$ で割ったときの商を $g(x)$，剰余 (余り) を r (整数) とすると

$$f(x)=(x-a)g(x)+r$$

が成り立ちます．一般には，複素数を係数とする多項式の集合において，$g(x)$ を n 次の多項式とするとき，任意の多項式 $f(x)$ に対して

$$f(x)=p(x)g(x)+r(x) \tag{1.2.2}$$

となる多項式 $p(x),r(x)$ が定まります．このことは (定理 6.5.2) で示されます．ここに，$r(x)$ は $n-1$ 次以下の多項式です．特に，$r(x)=0$ であるならば，$f(x)=p(x)g(x)$ となります．このとき，多項式 $f(x)$ は $g(x)$ で**割り切れる**といいます．(1.2.2) は定理 1.1.3 (除法の定理) と同じ表現になっています．他にも，多くの

似通った性質が現れます．今後このような性質については，折に触れて取り上げます．

定理 1.2.4 整数係数の多項式
$$f(x) = a_n x^n + a_{n-1} x^{n-1} + \cdots a_i x^i + \cdots + a_1 x + a_0 \qquad (a_i は整数)$$
に対して，次が成り立つ．
$$b \equiv c \pmod{p} \quad ならば, \quad f(b) \equiv f(c) \pmod{p}.$$

(証明) $b \equiv c \pmod{p}$ であるから，定理 1.2.2 の (3) により $b^m \equiv c^m \pmod{p}$ ($m = 1, 2, \cdots$) となり，各 m に対して $a_m b^m \equiv a_m c^m \pmod{p}$ が成り立ちます．これら両辺の和をとり，さらに両辺に a_0 を加えると
$$a_n b^n + a_{n-1} b^{n-1} + a_{n-2} b^{n-2} + \cdots + a_0$$
$$\equiv a_n c^n + a_{n-1} c^{n-1} + a_{n-2} c^{n-2} + \cdots + a_0 \pmod{p}.$$
したがって，$f(b) \equiv f(c) \pmod{p}$ となります． ∎

多項式 $f(x), g(x)$ が与えられたとする．$f(x) - g(x)$ が多項式 $\varphi(x)$ で割り切れるならば，$f(x)$ と $g(x)$ は $\varphi(x)$ を法として合同であるといい
$$f(x) \equiv g(x) \pmod{(\varphi(x))}$$
と表します．このことは，$f(x)$ を $\varphi(x)$ で割った余り $r(x)$ と，$g(x)$ を $\varphi(x)$ で割った余り $s(x)$ が等しいことと同じであることを意味しています．この場合も "≡" は同値関係となります．この同値関係により多項式全体の集合 $\mathbf{Z}[x]$ を剰余類に分類することができます．たとえば，$\varphi(x) = x - 1$ のときは剰余類は $\{0, \pm 1, \pm 2, \pm 3, \cdots\} = \mathbf{Z}$ です．また，$\varphi(x) = x^2 + x + 1$ のとき，剰余類は 1 次式の全体となります．

注 1.2.3 ここで扱った剰余類の考え方は大変重要な思想なのです．たとえば，分数と有理数の違いを際立たせます (第 3 章を参照)．

章末問題 1

問題 1.1 和が 7496 で,最大公約数が 937 である 2 つの自然数を求めてください.

問題 1.2 自然数 a と b とは互いに素であるとします.このとき,$3a+7b$ と $2a+5b$ は互いに素であることを示してください.

第2章
数学的命題とその証明法

数学的事柄の説明や定理の証明においては，数学特有の記号や用語あるいは言いまわしが使われます．この章では，記号や用語の説明とそれらの使われ方，さらに命題の証明の仕方について議論していきます．

キーワード

ド・モルガンの法則，数学的命題，真理集合，補集合，同値な命題，対偶命題，演繹法，背理法，数学的帰納法

新しい記号

$A \cup B$, $A \cap B$, $\overline{A}$, $p(x) \Longrightarrow q(x)$

2.1 数学における集合

事柄を記述する文章が複雑になるにつれて，我々はそれを直観的に把握することが難しくなり，それが正しいのか，間違っているのかを正確に判断することが困難となります．また，自分の考えている思考内容を正しく相手に伝えるためには，つじつまが合い，筋道の通った内容でなければなりません．ここでは，このあるべき思考の規則について考えてみようと思います．

「数学は，自然を記述することばである」と言ったのは，かの有名な哲学者デ

カルトです．確かに，私たちは数学のことばなしには自然現象を記述し，それを正確に理解することはできません．それは，数学という学問が論理的に的確で，矛盾を含まないようになっているからです．これに反し，日常のことば，たとえば政治の世界などでは，それぞれの政党が相対する政策を打ち出して，ああでもない，こうでもないと言い争いを行っていて埒（らち）があきません．数学ではこのようなことは決して起こりません．たとえ一時的に起こったとしても必ず決着がつきます．このことを**無矛盾性**といいます．数学の論理では，数学的命題に対して正しい判断や認識を得るための思考の進め方に矛盾を含まないようにしているのです．数学的命題を論理的な規則に従って，すでに分かっている事柄からある未知の命題を推しはかり，議論することを**数学的推論**といいます．数学的推論の基礎となる論理と集合との関係を理解しておくと，思考内容が明確となり，分かりやすくなります．そこで，集合と命題の関係について述べることから始めることにします．

数学における**集合**とは，範囲が明確であるものの集まりをいいます．たとえば，自然数の中で偶数の全体は 1 つの集合です．しかし，きれいな花の全体は数学における集合ではありません．1 つの花がきれいかどうかは，各個人によってその判断が異なります．数学でいう集合は，その範囲が普遍的に判断されるものを考えているのです．集合を構成しているものをその集合の**要素**あるいは**元**といいます．以下では，基本的に集合を大文字 $A, B, \cdots$ 等で表し，要素は小文字 $a, b, x, \cdots$ 等で表すこととします．a が集合 A の要素であるとき，a は A に**属する**（または a は A に**含まれる**）といい，記号を用いて $a \in A$ のように表します．また，a が A に含まれないときには，$a \notin A$ のように表すことにします．

第 1 章では，自然数の全体の集合を $\mathbf{N} = \{1, 2, 3, \cdots\}$，整数全体の集合を $\mathbf{Z} = \{\cdots, -3, -2, -1, 0, 1, 2, 3, \cdots\}$ のように表しました．このように集合は，それを構成する要素をすべてかき並べて $\{\ \}$ でくくって表したり，または，要素 x の範囲を示す条件 $C(x)$ を用いて，$\{x \mid C(x)$ である $\}$ の形で表したりします．たとえば，$0 < x < 1$ なる実数 x の全体集合は $\{x \mid 0 < x < 1$ なる実数 $\}$ のように表します．また，正の奇数全体の集合は $\{2n-1 \mid n \in \mathbf{N}\}$ と表されます．この集合は $\{1, 3, 5, 7, 9, \cdots\}$ のようにも表されます．

次に，集合間の関係についてみていきます．2 つの集合 A, B について，A の

2.1 数学における集合

どの要素も B の要素となっている，すなわち，$x \in A$ ならば $x \in B$ であるとき，A は B に含まれる (または B は A を**含む**) といいます．このことを A は B の**部分集合**であるといい，記号で $A \subset B$ と表します．このように 2 つの集合に対する「含む」，「含まれる」の関係を**包含関係**といいます．また，集合 A と B が等しい，すなわち，$A = B$ とは $A \subset B$ かつ $B \subset A$ を満たすことであると定義します．$A = B$ は，集合 A の要素と集合 B の要素がすべて同じであることを意味しています．

1 つの集合 A が，どの範囲で構成されたものかを明確にしたい場合，**全体集合** U を考えておくと集合間の関係がより明確となります．このとき，A を U の部分集合とみなして，U の内部の要素および集合だけを考えることにします．たとえば，25 以下の自然数から成る集合を全体集合 U とします．いま，U の部分集合 A として，24 の約数の全体からなる集合を考えます．すなわち，$A = \{1, 2, 3, 4, 6, 8, 12, 24\}$ です．このとき，A に属さない要素の集合は，全体集合 U の範囲内で考えて，$\{5, 7, 9, 10, 11, 13, 14, 15, 16, 17, 18, 19, 20, 21, 22, 23, 25\}$ となります．

次に，与えられた集合から新しい集合をつくり出す集合演算を考えます．全体集合を U とし，その部分集合を A, B とします．ここで，U の部分集合が要素を 1 つも含まないとき，これを**空集合**といい，ϕ なる記号で表します．この ϕ も U の部分集合とみなします．そこで，新たな集合 $A \cup B$, $A \cap B$, $\overline{A}$ を次のように定義します．A, B の少なくとも一方に属する要素の全体を A と B の**和集合**といい，$A \cup B$ と表します．また，A, B の両方に属する要素の全体を A と B の**共通部分** (または共通集合) といい，$A \cap B$ と表します．A に属さない U の要素の全体を A の**補集合**といい，$\overline{A}$ と表します．これらを集合記号を用いて表すと次のようになります．分かりやすいように図も与えておきます (図 2.1)．

$$A \cup B = \{x \mid x \in A \text{ または } x \in B\},$$
$$A \cap B = \{x \mid x \in A \text{ かつ } x \in B\},$$
$$\overline{A} = \{x \mid x \notin A \text{ かつ } x \in U\}.$$

注 2.1.1 $x \in A$ または $x \in B$ の "または" には注意が必要です．一般に日常で使われている日本語とニュアンスが少し違うように思われます．

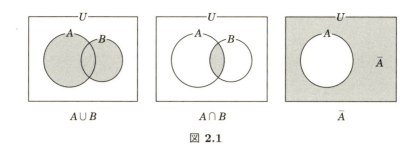

図 2.1

　全体集合 U の部分集合 A, B に対して，$A \cup B$ はいくつかの要素を共有していてもよいのです．極端な場合，$A = B$ でもよいのです．この場合は $A \cup B = A \cap B = A = B$ となります．次に，集合とその補集合との関係について，次が成り立つことを確認しておきます．U の部分集合 A に対して，$x \in A$ であることと $x \notin \overline{A}$ であることは同じです．また，$x \notin A$ であることと $x \in \overline{A}$ であることは同じです．このことにより，$x \notin \overline{A}$ であることと $x \in \overline{\overline{A}}$ ($\overline{A}$ の補集合) であることは同じであるから，結局，$x \in A$ であることと $x \in \overline{\overline{A}}$ であることは同じとなります．すなわち，$A = \overline{\overline{A}}$ (補集合の補集合) が成り立ちます．このことから全体集合 U に対して $\overline{U} = \phi$ であるから，$\overline{\phi} = \overline{\overline{U}} = U$ となります．

性質 2.1.1 全体集合を U とし，その部分集合を A, B, C とするとき，次が成り立つ．

(1) $A \subset B$ かつ $B \subset C$ ならば，$A \subset C$ である．
(2) $\overline{A} \cup A = U$．
(3) $\overline{A} \cap A = \phi$．
(4) $A \subset B$ であることと $\overline{B} \subset \overline{A}$ であることとは同じである．
(5) $\overline{A \cup B} = \overline{A} \cap \overline{B}$, $\overline{A \cap B} = \overline{A} \cup \overline{B}$ (ド・モルガンの法則)．

(証明) (1) $A \subset B$ であるから，任意の $x \in A$ に対して，$x \in B$ となります．さらに，$B \subset C$ より $x \in C$ となり，$A \subset C$ が成り立ちます．
　(2) $A, \overline{A}$ はともに U の部分集合であるから，$\overline{A} \cup A \subset U$ は明らかです．$x \in U$ ならば，$x \in A$ または $x \in \overline{A}$ であるから，$x \in A \cup \overline{A}$ となり，$U \subset A \cup \overline{A}$ が示されます．したがって，$\overline{A} \cup A = U$ となります．

(3) 先に，集合と補集合の関係についてみてきたように，$x \in A$ であることと $x \notin \overline{A}$ であることは同じであるから，$x \in A$ かつ $x \in \overline{A}$ となる $x \in U$ は存在しません．すなわち，$\overline{A} \cap A = \phi$ となります．

(4) $A \subset B$ とします．$x \in \overline{B}$ とすると，$x \notin B$ となります．このとき，$x \notin A$ である．仮に，$x \in A$ であるとすると，仮定 $A \subset B$ から $x \in B$ となってしまうからです．したがって，$x \in \overline{A}$ となり，$\overline{B} \subset \overline{A}$ が得られます．

次に，逆の関係；$\overline{B} \subset \overline{A}$ ならば $A \subset B$ となることを示します．ここで，U の部分集合 $\overline{A}, \overline{B}$ に対して，前半の証明を繰り返し行うと，$\overline{B} \subset \overline{A}$ ならば $\overline{\overline{A}} \subset \overline{\overline{B}}$ となります．したがって，$\overline{\overline{A}} = A, \overline{\overline{B}} = B$ より $A \subset B$ となり，(4) が示されます．

(5) $\overline{A \cup B} = \overline{A} \cap \overline{B}$ を示します．$x \in \overline{A \cup B}$ は，$x \notin A \cup B$，すなわち，$x \notin A$ かつ $x \notin B$ なることと同じです．これはまた，$x \in \overline{A}$ かつ $x \in \overline{B}$ であることとも同じであるから，$x \in \overline{A \cup B}$ は $x \in \overline{A} \cap \overline{B}$ となることと同じです．したがって，$\overline{A \cup B} = \overline{A} \cap \overline{B}$ となります．後半の $\overline{A \cap B} = \overline{A} \cup \overline{B}$ の証明は，前半で示された等式で，A, B をそれぞれ $\overline{A}, \overline{B}$ で置き換えると，$\overline{\overline{A} \cup \overline{B}} = \overline{\overline{A}} \cap \overline{\overline{B}} = A \cap B$ となります．さらに，この両辺の補集合をとると $\overline{A} \cup \overline{B} = \overline{A \cap B}$ が得られます． ■

2.2 集合と命題

文字 x について，ある事柄を述べた文を $p(x)$ と表します．$p(x)$ の x にある値を代入するとき，$p(x)$ が真であるか偽であるかが明確に判定できるならば，$p(x)$ を**条件**といいます．たとえば，全体集合を実数全体の集合 $\mathbf{R}$ とし

"$x \in \mathbf{R}$ は不等式 $x^2 - x - 6 < 0$ の解である"

という文 $p(x)$ は条件です．また，条件 $p(x)$ に対して，$p(x)$ でないという条件を $\overline{p(x)}$ で表します．上の条件 $p(x)$ に対して

"$x \in \mathbf{R}$ は，$x^2 - x - 6 \geq 0$ の解である"

が条件 $\overline{p(x)}$ です．以下においては，条件 $p(x)$ を全体集合 U において考えます．一般の条件 $p(x)$ に対して，$p(x)$ を真にするような $x \in U$ 全体の集合を考え，これを $p(x)$ の**真理集合**といいます．いくつかの条件に対する真理集合は，次のように表されます．

$$P = \{x \mid p(x) \text{ である }\}, \quad Q = \{x \mid q(x) \text{ である }\},$$
$$P \cup Q = \{x \mid p(x) \text{ であるか，または } q(x) \text{ である }\},$$
$$P \cap Q = \{x \mid p(x) \text{ であり，かつ } q(x) \text{ である }\},$$
$$\overline{P} = \{x \mid \overline{p(x)} \text{ である }\} = \{x \mid p(x) \text{ ではない }\}.$$

条件 $p(x)$, $q(x)$ に対して "$p(x)$ ならば，$q(x)$ である" という形に述べられた文で，それが真であるか偽であるかが明確に判定できるものを**命題**といいます．命題 "$p(x)$ ならば，$q(x)$ である" は，$p(x) \longrightarrow q(x)$ のように表されます．このとき，$p(x)$ をこの命題の**仮定**，$q(x)$ を**結論**といいます．U において $p(x)$ であるすべての $x \in U$ に対して，$q(x)$ であるとき，すなわち，命題が真であるとき，$p(x) \Longrightarrow q(x)$ のような記号を用いて表すことにします．つまり，$\longrightarrow$ は真偽を"問わない"単なる数学的文章表現に用いますが，$\Longrightarrow$ は確かに命題が真である場合の文章表現に用います．$p(x) \Longrightarrow q(x)$ は，$p(x)$, $q(x)$ のそれぞれの真理集合 P, Q に対して $P \subset Q$ が成り立つことと同じになります．$p(x) \Longrightarrow q(x)$ であるとき，$p(x)$ は $q(x)$ であるための**十分条件**であるといい，$q(x)$ は $p(x)$ であるための**必要条件**であるといいます．$p(x) \Longleftrightarrow q(x)$ であるとき，$p(x)$ と $q(x)$ は互いに**必要十分条件**であるといい，互いに必要十分である条件は**同値**であるといいます．

また，命題: $p(x) \longrightarrow q(x)$ に対して，命題: $q(x) \longrightarrow p(x)$ を**逆命題**，命題: $\overline{p(x)} \longrightarrow \overline{q(x)}$ は**裏命題**と呼ばれます．逆命題の裏命題，すなわち，$\overline{q(x)} \longrightarrow \overline{p(x)}$ を**対偶命題**といいます．条件 $p(x)$, $q(x)$ の真理集合をそれぞれ P, Q とすると，$\overline{p(x)}, \overline{q(x)}$ の真理集合はそれぞれの補集合 $\overline{P}, \overline{Q}$ となります．したがって，性質 2.1.1 の (4) により，$P \subset Q \Longleftrightarrow \overline{Q} \subset \overline{P}$ であるから，$p(x) \Longrightarrow q(x)$ であることと $\overline{q(x)} \Longrightarrow \overline{p(x)}$ であることは同値となります．このことをある命題とその**対偶命題は同値**であるといいます (図 2.2)．

注 2.2.1 もとの命題が真であっても，逆命題が真であるとは限らない．

図 2.2

2.3 命題とその証明

数学の命題を証明するときに用いられる証明法としては演繹法があります．演繹法とは，一般的な事実から特殊な結果を導く方法です．その代表的なものとして三段論法，すなわち "$p(x) \Longrightarrow q(x)$ かつ $q(x) \Longrightarrow r(x)$ ならば，$p(x) \Longrightarrow r(x)$ である" がよく用いられます．いま，条件 $p(x), q(x), r(x)$ の真理集合を，それぞれ P, Q, R とするとき，上の三段論法は $P \subset Q$ かつ $Q \subset R$ ならば，$P \subset R$ であることが成り立つことと同値です．また，命題の証明に用いられる間接証明法としては対偶法や背理法があります．前節でみてきたように，もとの命題と対偶命題の真偽が一致するから，$p(x) \Longrightarrow q(x)$ を証明するためには，$\overline{q(x)} \Longrightarrow \overline{p(x)}$ を証明すればよいことが分かります．このような証明法を**対偶法**といいます．また，命題; $p(x) \Longrightarrow q(x)$ を証明する場合，$p(x)$ であるとき，$q(x)$ が成り立たないとして不合理を導き，$p(x) \Longrightarrow q(x)$ が成り立つことを証明する方法を**背理法**といいます．

例題 2.3.1 次の命題が成立する．

(1) n が整数のとき，n^2 を 4 で割ったときの余りは 0 または 1 である．

(2) 3 つの整数 p, q, r が $p^2+q^2=r^2$ を満たしているとき，p, q の少なくとも一方は偶数である．

(証明) (1) n は整数であるから，$n=2k$ または $2k+1$ (k は整数) と表すことができます．(i) $n=2k$ のとき

$$n^2=(2k)^2=4k^2$$

となるから，n^2 を 4 で割ったら余りは 0 となります．また，(ii) $n=2k+1$ のとき

$$n^2 = (2k+1)^2 = 4(k^2+k)+1$$

となるから，n^2 を 4 で割ったときの余りは 1 となります．したがって，(i) と (ii) により (1) は証明されます (演繹法)．

(2) p, q がともに奇数であると仮定すると，(1) により p^2, q^2 を 4 で割るとその余りはともに 1 である．したがって，p^2+q^2 を 4 で割ったときの余りは 2 である．ところで，(1) で示したように r^2 を 4 で割ったときの余りは 0 か 1 であるから，$p^2+q^2=r^2$ の両辺を 4 で割ったときの余りが一致しないことになります．したがって，p, q の少なくとも一方は偶数でなければならないことが分かります (背理法)． ■

例題 2.3.2 素数は無限に存在する．実際，いま，素数の全体が有限個で，$q_1, q_2, \cdots, q_n$ であると仮定します．いま，$q=q_1 q_2 \cdots q_n + 1$ とおくと，任意の整数はいくつかの素数の積として表されます (定理 1.1.5)．ところで，q はどの素数 q_i ($1 \leqq i \leqq n$) で割っても 1 余り，割りきれません．これは矛盾です．したがって，素数は無限に存在します (背理法)．

例題 2.3.3 整数 a, b に対して，ab が偶数ならば，a, b のうち少なくとも一方は偶数である．

(証明) a, b がともに奇数であるならば，ab は奇数となることを証明します (対偶法)．$a=2k+1, b=2k'+1$ と表されるから，$ab=(2k+1)(2k'+1)=4kk'+2(k+k')+1$ となり，これは奇数です． ■

我々が推論を行うとき，三段論法のような演繹的推論によって行う場合が多い．推論には，具体から一般を導く帰納的推論の仕方もあります．この帰納的推論の仕方を数学的に定式化したものが**数学的帰納法**です．数学的帰納法は，自然数の上で成り立つ定理や公式を証明する場合に用いられます．この数学的帰納法は，自然数の公理的構成法に基づいているのです．自然数は，1 からはじめて 1 を加えるという操作を繰り返し，n まできたときには，必ず $n+1$ が生成される

という原理によって構成されているのです．数学的帰納法による推論の仕方は，次のようなステップを踏んでなされます．

自然数 n に関する命題 $p(n)$ について

ステップ (1); $p(1)$ が真であることを示す．

ステップ (2); $k \geqq 1$ を任意の自然数とするとき，$n = k$ に対して $p(k)$ が真であることを仮定して (または $n = i$, $i = 1, 2, \cdots, k$ すべてに対して $p(i)$ が真であることを仮定して), $p(k+1)$ が真であることを証明する．

このステップ (1), ステップ (2) が証明されれば，この命題 $p(n)$ はすべての自然数 n に対して真であることが証明されたことになります．

例題 2.3.4 任意の自然数 n に対して，次の等式が成り立つ．
$$\frac{1}{2} + \frac{2}{4} + \frac{3}{8} + \cdots + \frac{n}{2^n} = 2 - \frac{n+2}{2^n}. \tag{2.3.1}$$

(証明) 数学的帰納法により等式を示します．$n = 1$ のとき，(2.3.1) の左辺は $\frac{1}{2}$, 右辺は $2 - \frac{3}{2} = \frac{1}{2}$ となって等式は成り立ちます．いま，任意の自然数 $n \geqq 1$ に対して，等式 (2.3.1) が成り立っていると仮定して，$n+1$ に対しても成り立つことを示します．

$$S_n = \frac{1}{2} + \frac{2}{4} + \frac{3}{8} + \cdots + \frac{n}{2^n} \quad \text{とおくと，仮定から，} \quad S_n = 2 - \frac{n+2}{2^n}$$

である．(2.3.1) の左辺で $n+1$ の場合は

$$\begin{aligned} S_{n+1} &= \frac{1}{2} + \frac{2}{4} + \frac{3}{8} + \cdots + \frac{n}{2^n} + \frac{n+1}{2^{n+1}} = S_n + \frac{n+1}{2^{n+1}} \\ &= 2 - \frac{n+2}{2^n} + \frac{n+1}{2^{n+1}} = 2 - \frac{1}{2^{n+1}}\{2(n+2) - (n+1)\} \\ &= 2 - \frac{(n+1)+2}{2^{n+1}} \end{aligned}$$

となります．これは，(2.3.1) の右辺で n を $n+1$ でおきかえたものです．したがって，等式 (2.3.1) はすべての自然数 n に対して成り立ちます． ∎

例題 2.3.5 $x>0$ のとき，$n \geqq 2$ なる自然数 n に対して

$$(1+x)^n \geqq 1+nx+\frac{n(n-1)}{2}x^2 \tag{2.3.2}$$

が成り立つ．

(証明) $n=2$ のとき，$(1+x)^2 = 1+2x+x^2$ であるから，(2.3.2) は等号で成り立ちます．そこで，$n \geqq 2$ に対して (2.3.2) が成り立つと仮定すると

$$\begin{aligned}
(1+x)^{n+1} &= (1+x)^n(1+x) \geqq \left(1+nx+\frac{n(n-1)}{2}x^2\right)(1+x) \\
&= 1+nx+\frac{n(n-1)}{2}x^2+x+nx^2+\frac{n(n-1)}{2}x^3 \\
&> 1+(n+1)x+\frac{n(n+1)}{2}x^2
\end{aligned}$$

であるから，(2.3.2) が $n+1$ に対しても成り立ちます．したがって，$n \geqq 2$ なるすべての自然数に対して，(2.3.2) は成り立ちます． ∎

注 2.3.1 $\varphi(n) = n^2+n+41$ (n は自然数) に対して，$\varphi(1)=43$, $\varphi(2)=47$, $\varphi(3)=53$ で，これらすべてが素数です．以下，$n=4,5,6,\cdots,10$ としても $\varphi(n)$ が素数であることが確かめられます．このことより，任意の自然数 n に対して，$\varphi(n)=n^2+n+41$ が素数を表すと断定してはいけません．実際，$\varphi(41)=41^2+41+41=41(41+2)=41 \times 43$ となり，これは合成数です．

数学的帰納法は，将棋倒しに例えて説明できます．将棋倒しというのは，将棋の駒を一定の間隔において1列に並べておき，最初の駒を倒せば次々と倒れて最後まで倒れる状況をいいます．ただし，駒が最後まで倒れていくためには，駒の間隔を駒の縦の長さよりも適当に小さくする必要があります．このことが保証されているとき駒は最後まで倒れます．この保証が数学的帰納法における第二のステップに対応しているのです．上の注 2.3.1 で取り上げた例では，第二のステップが欠けていたのです．

ここで，宿題となっていた定理 1.1.5 における素因数分解の一意性について証明を与えておきます．

定理 2.3.1 任意の自然数 a は，素因数の積

$$a = p_1 p_2 \cdots p_i \cdots p_r \qquad (p_i \text{ はすべて素数})$$

の形に，因数の順序を除いて一意的に分解される．

(証明) 素因数の積に分解されることは，定理 1.1.5 において，すでに証明されています．ここでは，分解の一意性を数学的帰納法を用いて証明します．a が素数のときは明らかであるから，素数でない場合を考えます．

(i) a が最小の合成数 4 のときは，$a=4=2\times 2$ とただ 1 通りに素因数に分解されます．

(ii) a を合成数として，a より小さい合成数については，素因数分解の一意性が成り立っているものと仮定します．いま，仮に a が異なる 2 通りの素因数に分解されて

$$a = p_1 p_2 \cdots p_i \cdots p_r = q_1 q_2 \cdots q_j \cdots q_s \qquad (p_i, q_j \text{ はすべて素数}) \qquad (2.3.3)$$

と表されたとします．このとき，素数 q_1 は，素数 $p_1, p_2, \cdots, p_r$ のいずれとも異なります．なぜならば，たとえば $q_1 = p_1$ であったとすると，(2.3.3) により

$$\frac{a}{p_1} = p_2 p_3 \cdots p_r = q_2 q_3 \cdots q_s \qquad (2.3.4)$$

となります．ところで，$\dfrac{a}{p_1}$ は a より小さい合成数であるから，帰納法の仮定により，$\dfrac{a}{p_1}$ は素因数の積に一意的に分解されます．(2.3.4) により素因数分解は

$$p_2 p_3 \cdots p_r = q_2 q_3 \cdots q_s$$

かつ $p_i = q_i$ $(i=2,3,\cdots,r=s)$ となります．したがって

$$a = p_1 p_2 \cdots p_r = q_1 q_2 \cdots q_s \qquad (r=s)$$

も一致し，同じ素因数分解を与えています．これは，(2.3.3) が異なる 2 通りの素因数分解であったことに反します．したがって，$p_1 \neq q_1$ (q_1 は素数で，素数 $p_1, p_2, \cdots, p_r$ のいずれとも異なります)．いま，$p_1 > q_1$ であるとするとき，(2.3.3) の両辺に $-q_1 p_1 p_2 \cdots p_r$ を加えると

$$(p_1-q_1)p_2\cdots p_r = q_1(q_2q_3\cdots q_s - p_2p_3\cdots p_r) \tag{2.3.5}$$

となります．この両辺の値を a' とおくと，$a>a'$ であるから，帰納法の仮定により，a' の素因数分解は 1 通りです．ところで，上でみたように q_1 は (2.3.5) の左辺の $p_2, p_3, \cdots, p_r$ のいずれとも異なるから，q_1 は p_1-q_1 の約数となっていなければならない．q_1 が p_1-q_1 の約数ならば，p_1 は q_1 を約数にもつことになります．しかし，これは p_1 が素数であるから不合理です．よって，(2.3.3) は異なる素因数分解ではあり得ません．したがって，(2.3.3) の 2 通りの素因数分解は同じ分解を与えていることになり，a の素因数分解は，順序を除いてただ 1 通りであることが分かります． ∎

■ 章末問題 2

問題 2.1 任意の自然数 n に対して，次の不等式が成り立つことを証明してください．

$$1+\frac{1}{2}+\frac{1}{3}+\cdots+\frac{1}{n} \geqq \frac{2n}{n+1}.$$

問題 2.2 a, b を正の整数 (自然数) とし，a と b の最大公約数を d とします．このとき，整数の集合 $A=\{ax+by \mid x, y \text{ は整数}\}$ は d の倍数全体の集合 $\{pd \mid p \in \mathbf{Z}\}$ と一致することを示してください．

第3章

実 数

　実数は，これまでに私たちが慣れ親しんできた重要な数の1つです．実数全体の集合は $\mathbf{R}$ と表されます．この章では，実数の代数的な性質および解析的な性質である極限について議論していくことにします．

キーワード

消去法則，順序，実数の連続性，全順序集合，稠密，半順序集合，アルキメデスの原理，極限値

新しい記号

$\mathbf{Q}, \mathbf{R}, \lim_{n\to\infty} a_n$

3.1 実数の性質

　実数全体の集合 $\mathbf{R}$ は，四則演算に関して閉じています．すなわち，実数全体の集合は整数におけるのと同様に加法，減法，乗法の演算に関して閉じています．さらに，実数 $a, b\ (b\neq 0)$ に対して，商 $a\div b\ \left(=\dfrac{a}{b}\right)$ が定義され，0で割ることを除いて，この演算（除法）に関しても閉じています．以下においては，$b\neq 0$ のとき $\dfrac{1}{b}$ を b^{-1} と表すこととし，b の**逆数**ということにします．このとき，$\dfrac{a}{b}=$

$ab^{-1}=b^{-1}a$ です．特に，$bb^{-1}=b^{-1}b=1$ となります．

注 3.1.1 0 で割ることが不可能であることは，次の例を考えてみれば分かります．

$$\frac{1}{1}=1,\quad \frac{1}{0.1}=10,\quad \frac{1}{0.01}=100,\quad \frac{1}{0.001}=1000,\quad \cdots$$

の一連の計算を考えると，$\frac{1}{0}$ はその値を見出すことはできません．

実数については，次の関係式が成り立ちます．

性質 3.1.1 実数 $a, b, c \in \mathbf{R}$ に対して

(1) $a+b=b+a$.
(2) $(a+b)+c=a+(b+c)$.
(3) $a+0=0+a=a$.
(4) $a+(-a)=(-a)+a=0$.
(5) $ab=ba$.
(6) $(ab)c=a(bc)$.
(7) $a(b+c)=ab+ac$, $(a+b)c=ac+bc$.
(8) $a\cdot 1=1\cdot a=a$, $a(-1)=(-1)a=-a$.
(9) $a\neq 0$ ならば，a の逆数 a^{-1} が存在し $aa^{-1}=a^{-1}a=1$ を満たす．

上の (1)〜(9) は，実数の**基本的性質**と呼ばれています．(9) における a の逆数 a^{-1} は一意的に定まっています．有理数も (1)〜(9) を満たします．(9) 以外の (1)〜(8) は整数に対しても成り立ちます．(4), (7) から，任意の実数 a に対して，$a(1+(-1))=a+a(-1)=0$ であるから，$a\cdot 0=0$ となることが分かります．この性質と (9) を用いると，次が成り立ちます．

$$\text{実数 } a, b \text{ に対して，} ab=0 \text{ ならば } a=0 \text{ または } b=0. \tag{3.1.1}$$

実際，$a\neq 0, b\neq 0$ とすると，$b=a^{-1}ab=a^{-1}\cdot 0=0$ となって矛盾を生じます．このことにより，$a,b,c\in\mathbf{R}$ $(a\neq 0)$ に対して

$$ab = ac \Longrightarrow b = c$$

が成り立ちます．実際, $a(b-c)=0, a\neq 0$ であるから，(3.1.1) により $b-c=0$, すなわち, $b=c$ となります．このことを **R** においては**消去法則**が成り立つといいます．もちろん，消去法則は有理数全体の集合 **Q**, 整数全体の集合 **Z** においても成り立ちます．

定理 3.1.2 性質 3.1.1 の (9) は，任意の実数, a, b $(a\neq 0)$ に対して，方程式

$$ax = b \tag{3.1.2}$$

が一意解をもつことと同値である．

(証明) 実数 a, b $(a\neq 0)$ に対して，(9) が成り立っているとします．このとき，方程式 (3.1.2) の両辺に a^{-1} をかけると，$a^{-1}a\ (=aa^{-1})=1$ より $x=a^{-1}b$ となり，方程式 (3.1.2) は解をもちます．次に，解の一意性を示します．x_1, x_2 を (3.1.2) の 2 つの解とすると $a(x_1-x_2)=0$ となります．このとき, $a\neq 0$ であるから，(3.1.1) により $x_1-x_2=0$, すなわち, $x_1=x_2$ となります．逆に，任意の実数 a $(\neq 0), b$ に対して，方程式 (3.1.2) が一意解もつとします．いま, $b=1$ とするとき, $ax=1$ は一意解 $x=a^{-1}$ をもつから $aa^{-1}=1$ を満たします．交換可能性 (5) により (9) が成り立つことが分かります． ■

整数の範囲においては，方程式 (3.1.2) が解をもつとは限りません．実数は (3.1.2) が解をもつように整数の範囲を拡張したものとみることができます ($a\neq 0$ に注意). ただ，方程式 (3.1.2) が解けるための数の範囲としては有理数全体の集合までで十分です．すなわち，有理数全体の集合は加, 減, 乗, 除の演算に関して閉じていて, 性質 3.1.1 の (1)〜(9) が成り立ちます．

では "有理数と実数の違いは何か" について，以下でこのことを考えてみたいと思います．ここに，有理数とは 2 つの整数 a, b $(b\geq 1)$ に対して，分数 $\dfrac{a}{b}$ の形に表される数です．ただし，$ab'=a'b$ $(a,a'\in \mathbf{Z}, b,b'\in \mathbf{N})$ を満たすとき，分数 $\dfrac{a}{b}$ と $\dfrac{a'}{b'}$ は同じ有理数とみなします．また，分母が 1 である分数 $\dfrac{a}{1}$ は整数 a と同一視します．このことをもう少し厳密に述べておきます．いま，分数全体の集

合を

$$\hat{Q} = \left\{ \frac{a}{b} \mid a \in \mathbf{Z}, b \in \mathbf{N} \right\}$$

とおき，$\frac{a}{b}, \frac{a'}{b'} \in \hat{Q}$ とします．この 2 つの分数が等しいことを次によって定義します．

$$\frac{a}{b} = \frac{a'}{b'} \iff ab' = a'b. \tag{3.1.3}$$

さらに，和と積は次によって定義されます．

$$\frac{a}{b} + \frac{c}{d} = \frac{ad+cb}{bd}, \quad \frac{a}{b} \cdot \frac{c}{d} = \frac{ac}{bd}. \tag{3.1.4}$$

(3.1.3) によって定義される等式関係は同値関係です．すなわち，次を満たします．

(i) $\frac{a}{b} = \frac{a}{b}$.

(ii) $\frac{a}{b} = \frac{a'}{b'} \iff \frac{a'}{b'} = \frac{a}{b}$.

(iii) $\frac{a}{b} = \frac{a'}{b'}$ かつ $\frac{a'}{b'} = \frac{a''}{b''} \implies \frac{a}{b} = \frac{a''}{b''}$.

実際，(i) と (ii) は明らかです．(iii) は仮定から

$$ab' = a'b \quad \text{かつ} \quad a'b'' = b'a'' \tag{3.1.5}$$

となります．$b' \neq 0, b'' \neq 0$ に注意すると，$a' = 0$ のときは，$a = a'' = 0$ となり (iii) は成り立ちます．分数については，$b \neq 0$ のとき

$$\frac{a}{b} = 0 \iff a = 0$$

となることを注意しておきます．$a' \neq 0$ のとき，上式 (3.1.5) の両辺同士の積をとると

$$(ab')(a'b'') = (a'b)(a''b') \quad \text{すなわち} \quad (ab'')(a'b') = (a''b)(a'b')$$

となります．$a'b' \neq 0$ であるから，消去法則により $a''b = ab''$ が成り立ちます．したがって，$\dfrac{a}{b} = \dfrac{a''}{b''}$ となります．この同値関係により，分数の全体集合 $\hat{Q}$ を剰余類に分類することができます．このとき，各剰余類（0 を含まない）の代表元，たとえば，既約分数 $\dfrac{a}{b}$ に対応して 1 つの有理数が定まると考えるのです．すなわち，有理数 $\dfrac{a}{b}$ $(b \neq 0)$ というときは，1 つの剰余類

$$\left\{ \frac{ak}{bk} \mid k \in \mathbf{Z},\ k \neq 0 \right\}$$

を 1 つの数とみなすということです．剰余類が 0 を含むときには，0（有理数）が対応しています．

ここで，実数全体の集合を $\mathbf{R}$，有理数全体の集合を $\mathbf{Q}$ と表すとき

$$\mathbf{N} \subset \mathbf{Z} \subset \mathbf{Q} \subset \mathbf{R}$$

のような包含関係が成り立っています．ここに，$\mathbf{N}$ は自然数全体の集合，$\mathbf{Z}$ は整数全体の集合です．

有理数は，有限小数または循環小数として表すことができます．たとえば，有理数 $\dfrac{5}{16}$ と $\dfrac{1}{7}$ は，$\dfrac{5}{16} = 0.3125$（有限小数），$\dfrac{1}{7} = 0.\dot{1}4285\dot{7}$（循環小数）のようになります．ここに，$0.\dot{1}4285\dot{7}$ は循環節であることを表します．すなわち

$$\frac{1}{7} = 0.142857142857142857\cdots$$

です．$\dfrac{5}{16} = 0.3124\dot{9}$ であるから，これも循環節をもちます．逆に，有限小数または循環小数は有理数を表します．例として，循環小数 $7.1\dot{2}3\dot{5}$ を考えると

$$7.1\dot{2}3\dot{5} = 7 + \frac{1}{10} + \frac{235}{999} \times \frac{1}{10}$$

となり，右辺は有理数の和として有理数です．

注 3.1.2 (1) 一般の循環小数は，$a = p.p_1 p_2 \cdots p_{i-1} \dot{p}_i \cdots \dot{p}_k$ の形です．これは $a = p + 0.p_1 p_2 \cdots p_{i-1} + 0.\dot{p}_i p_{i+1} \cdots \dot{p}_k \times \dfrac{1}{10^{i-1}}$ のように表されます．そこで

$$0.p_1p_2\cdots p_{i-1} = \frac{p_1p_2\cdots p_{i-1}}{10^{i-1}}, \quad 0.\dot{p}_i p_{i+1}\cdots \dot{p}_k = \frac{p_i p_{i+1}\cdots p_k}{99\cdots 9}$$

とします．ここに，最後の式の分母は 9 が $k-i+1$ 個並んだ $k-i+1$ 桁の整数です．このとき

$$a = p + \frac{p_1p_2\cdots p_{i-1}}{10^{i-1}} + \frac{p_i\cdots p_k}{99\cdots 9} \times \frac{1}{10^{i-1}}$$

となり，a は有理数の和として有理数となります．

(2) 有限小数も循環小数として表されます．たとえば，上に見たように $\frac{5}{16} = 0.3124\dot{9}$ です．

次に有理数以外の実数を考えることにします．正の実数 a に対して，2 次方程式 $x^2 = a$ は正と負の実数解をもちます．これを $\pm\sqrt{a}$ と表して a の**平方根**といいます．$a = 0$ のときは $\sqrt{a} = 0$ とします．

辺の長さが 1 である正方形の対角線の長さは $\sqrt{2}$ です．また，$\sqrt{2}$ は方程式 $x^2 = 2$ の解でもある．この $\sqrt{2}$ は有理数ではありません．この証明は次のようになされます．いま，$x^2 = 2$ を満たす x が有理数であったとすると，ある自然数 m とある整数 n によって $x = \frac{n}{m}$ の形に表されます．この $\frac{n}{m}$ は既約分数 (n と m が互いに素) としてよい．このとき，m, n の少なくとも一方は奇数です．

まず，n が奇数であるとすると，$n = 2k+1$ (k は自然数) と表されます．$n^2 = (2k+1)^2 = 4k^2 + 4k + 1$ であるから n^2 はまた奇数です．一方，$\frac{n^2}{m^2} = x^2 = 2$ であるから，$n^2 = 2m^2$ は偶数となり矛盾を生じます．

次に，n が偶数であるとすると，m は奇数でなければならない．このとき，上と同様にして，m^2 も奇数となります．ところで，$n = 2n'$ (n' は自然数) とかけるから，仮定から $4n'^2 = n^2 = 2m^2$，すなわち，$2n' = m^2$ となり，m^2 が偶数となって不合理が生じます．したがって，$\sqrt{2}$ は有理数ではありません．この $\sqrt{2}$ のような有理数でない実数は**無理数**と呼ばれます．実数全体の中で無理数は有理数よりも多く存在することが知られています (このことは，$\mathbf{Q} \subset \mathbf{R}$ であり，$\mathbf{Q}$ と $\mathbf{R}$ の間には 1 対 1 の対応がつかないということです)．実数全体は，有理数と無理数によって構成されているのです．

数の間には大小関係があって，その大小関係により数の集合に順序が入ります．ここでは，数の大小関係について，次の性質は既知とします．

性質 3.1.3 数の集合 **N**, **Z**, **Q**, **R** には，大小関係があって次を満たす．

(1) 2つの数 a, b の間には次の関係があり，これらのうちただ1つが必ず成り立つ．

$$a=b, \quad a<b, \quad a>b.$$

(2) 数 a, b に対して

　　(i) $a>0, \quad b>0 \Longrightarrow a+b>0,$ 　(ii) $a>b \Longleftrightarrow a-b>0.$

(3) 数 a, b, c に対して

$$a<b \text{ かつ } b<c \Longrightarrow a<c.$$

(4) 数 a, b, c について，$a>b$ ならば，次が成り立つ．

　(i) $a+c>b+c, \quad a-c>b-c.$
　(ii) $c>0 \Longrightarrow ac>bc, \quad c<0 \Longrightarrow ac<bc.$
　(iii) $c>0 \Longrightarrow \dfrac{a}{c}<\dfrac{b}{c}, \quad c<0 \Longrightarrow \dfrac{a}{c}>\dfrac{b}{c}.$

数 a, b に対して，$a=b$ または $a<b$ であることを $a \leqq b$ (または $b \geqq a$) と表します．性質 3.1.3 の (1) により，任意の数 a, b に対して，必ず $a \leqq b$ または $b \leqq a$ が成り立ちます．

性質 3.1.4 数 a, b, c に対して，次が成り立つ．

　(i) $a \leqq b \Longleftrightarrow b-a \geqq 0.$
　(ii) $a \geqq 0, b \geqq 0$ のとき $a \leqq b \Longleftrightarrow a^2 \leqq b^2.$
　(iii) $a \leqq a.$
　(iv) $a \leqq b$ かつ $b \leqq a$ ならば，$a=b$ である．
　(v) $a \leqq b$ かつ $b \leqq c$ ならば，$a \leqq c$ である．

この関係 "$\leqq$" (または $\geqq$) を**順序関係**といいます．一般の集合に対しては，順序関係が次のように定義されます．性質 3.1.4 において用いた数の順序と同じ記号 $\leqq$ を使うことにします．

定義 3.1.1 集合 S の任意の元 x,y について，関係 $\leqq$ が定義されていて，次の条件が満たされているとする．

　(i) $x,y \in S$ に対して，$x \leqq y$ であるか，または $y \leqq x$ であるかのいずれかが必ず成り立つ．
　(ii) $x \in S$ に対して，$x \leqq x$ (反射法則)．
　(iii) $x,y,z \in S$ に対して，$x \leqq y$ かつ $y \leqq z$ ならば $x \leqq z$ (推移法則)．

このとき，$\leqq$ を S 上の**順序関係**と呼び，S を ($\leqq$ を順序関係とする) **順序集合**という．このことを $(\mathcal{S},\leqq)$ と表すことにしよう．

例 3.1.1 数の集合 **N**, **Z**, **Q**, **R** は，どれも数の大小関係 $\leqq$ に関して順序集合となります (性質 3.1.3 を参照)．

例 3.1.2 U を全体集合とし，U の部分集合の全体を $\mathcal{S}_U$ とするとき，$\mathcal{S}_U$ には包含関係 $\subset$ によってある 1 つの順序が定義されます．このとき，$A, B, C \in \mathcal{S}_U$ に対して

　(i)' $A \subset A$,
　(ii)' $A \subset B$ かつ $B \subset A$ ならば，$A = B$,
　(iii)' $A \subset B$ かつ $B \subset C$ ならば，$A \subset C$

が成り立ちます．しかし，$\mathcal{S}_U$ は定義 3.1.1 の意味では順序集合ではありません．実際，任意の部分集合 $A, B (\in \mathcal{S}_U)$ に対して，$A \subset B$ または $B \subset A$ のいずれかが成り立つとは限らないからです．この包含関係 $\subset$ のように，上の条件 (i)', (ii)', (iii)' を満たす順序をもつ集合を**半順序集合**といいます．これに対し，定義 3.1.1 による順序集合は**全順序集合**と呼ばれます．ここでは全順序集合を順序集合と呼ぶことにします．

実数は直線上の点として表現されます．0 を表す点を原点 O にとり，右側の半直線 OX 上に正の実数を，左側の半直線 OX′ 上に負の実数を大小関係による順序に従って並べたものを**数直線**といいます．いま，実数 x の絶対値 $|x|$ を

$$|x| = \begin{cases} x & (x \geqq 0) \\ -x & (x < 0) \end{cases}$$

によって定義します．このとき，定義から $|-x| = |x| \geqq 0$ となります．$x \in \mathbf{R}$ の表す数直線上の点を P とするとき，絶対値 $|x|$ は線分 OP の長さを表します．$x, y \in \mathbf{R}$ の表す数直線上の点をそれぞれ P, Q とするとき，$|x-y|$ は線分 PQ の長さを表しています．

性質 3.1.5 $x, y \in \mathbf{R}$ に対して，次が成り立つ．

(1) $x \leqq |x|$.
(2) $|xy| = |x||y|$.
(3) $|x| - |y| \leqq |x+y| \leqq |x| + |y|$.

(証明) (1) $x \leqq |x|$ は定義から明らかです．

(2) $x = 0$ または $y = 0$ のときは明らかである．また，x, y が同符号のとき，等式として成り立ちます．異符号のときは，たとえば $x > 0, y < 0$ ならば，$|x| = x, |y| = -y, -xy > 0$ であるから，$|x||y| = -xy = |-xy| = |xy|$ が成り立ちます．$x < 0, y > 0$ のときも同様です．

(3) まず，$|x+y| \leqq |x| + |y|$ を示します．性質 3.1.4 の (ii) により，$|x+y|^2 \leqq (|x|+|y|)^2$ を示せばよい．$|x|^2 = |x^2| = x^2$ であることに注意して

$$(|x|+|y|)^2 - |x+y|^2 = (|x|+|y|)^2 - (x+y)^2$$
$$= 2(|xy| - xy) \geqq 0 \quad ((1) による).$$

したがって，$|x+y| \leqq |x| + |y|$ が成り立ちます．次に，$|x| - |y| \leqq |x+y|$ を示します．

$$|x| = |x+y-y| \leqq |x+y| + |-y| = |x+y| + |y|$$

であるから，$|x|-|y| \leqq |x+y|$ となります．したがって，(3) が成り立ちます．■

(3) は**三角不等式**と呼ばれています．

3.2 実数の連続性

　ここで，"有理数と実数との違い" を明確にしておきます．そのためには，いくつかの数学的用語を導入しなければなりません．数学を厳密で正確なものとしていくためには必要不可欠なことです．人の思考能力が，使われる言語と深くかかわっていることはよく知られていることです．数学がより進歩し，高度化するに従い，用語や記号も多くなり複雑となります．数学が論理的で厳格なことばとしての使命を果たすために避けて通れない道なのです．我々は論理的で正確な思考能力を身につける必要があるのです．数学においては，感覚的になんとなく分かるというだけではだめなのです．皆さんにもこのことを理解しておいてほしいと思います．

　これまでは，数を代数的な側面から見てきましたが，数の性質をより深く理解するためには，数の大小関係による順序や解析的 (数列の収束や極限，数の連続性等) な側面からもみておく必要があります．以下において，これらについて述べることにします．数の順序は大小関係によるものとします．

定義 3.2.1　順序集合 $(\mathcal{S}, \leqq)$ において，$\mathcal{S}'$ を $\mathcal{S}$ の部分集合とする．任意の $a, b \in \mathcal{S}$ をとる．$a < b$ ならば常に $a < c < b$ となる $c \in \mathcal{S}'$ が存在するとき，$\mathcal{S}'$ は $\mathcal{S}$ において**稠密**であるという．

注 3.2.1　実数全体の集合 **R** は，有理数全体の集合 **Q** を稠密な部分集合として含みます．一般に，順序集合 $(\mathcal{S}, \leqq)$ が稠密な部分集合を含むとき，$\mathcal{S}$ は $\mathcal{S}$ 自身において稠密である．実際，任意の異なる $a, b \in \mathcal{S}$ $(a < b)$ に対して，a と b の間には (無数の) $\mathcal{S}$ の元がある．このことを $\mathcal{S}$ は**自己稠密な順序集合である**といいます．$\mathcal{S}' \subset \mathcal{S}$ であって $\mathcal{S}'$ が $\mathcal{S}$ において稠密ならば，明らかに $\mathcal{S}$ は自己稠密です．

例 3.2.1　有理数全体の集合 **Q** は自己稠密である．実際，任意の $a, b \in \mathbf{Q}$ ($a <$

b) に対して，$a < \dfrac{a+b}{2} < b$ を満たし，$\dfrac{a+b}{2} \in \mathbf{Q}$ である．したがって，$\mathbf{Q}$ は自己稠密である．

例 3.2.2 集合 $\left\{ \dfrac{m+n}{2} \mid m,n \in \mathbf{Z} \right\}$ は，有理数全体の集合 $\mathbf{Q}$ において稠密ではない．もちろん，自己稠密でもない．

定義 3.2.2 順序集合 $(\mathcal{S}, \leqq)$ において，$\mathcal{S}$ を次のような 2 つの部分集合 A, B に分ける．A に属する各元を B に属するどの元よりも小さくなるようにする．ただし，A, B はいずれも空集合ではなくかつ $\mathcal{S} = A \cup B$ である．このように $\mathcal{S}$ を 2 つの部分集合に分けたものを (A, B) と表し，これを**デデキント (Dedekind) の切断**という．また，A をこの切断の**下組**，B を**上組**という．

注 3.2.2 $\mathcal{S}$ の切断 (A, B) においては，$\mathcal{S}$ のどの元ももれなく下組 A か上組 B のいずれか一方，しかも一方のみに属する．

定理 3.2.1 実数全体の集合 $\mathbf{R}$ の任意の切断 (A, B) は，下組 A と上組 B の境界として 1 つの数 $\alpha \in \mathbf{R}$ を確定する．この α は A の最大数であるかまたは B の最小数である．α が A の最大数であるときは B には最小数はなく，α が B の最小数であるときは A には最大数はない．

この定理は，実数全体を連続集合として特徴づけていて，**実数の連続性**と呼ばれています．または，実数全体 $\mathbf{R}$ は連続集合であるといわれています．以下においては，実数の連続性を認めて議論していきます．先に，実数が数直線上の点として表現されることを述べました．実数の連続性は，直線上に実数がすきまなく並んでいることを示しています．有理数の全体 $\mathbf{Q}$ は連続集合ではありません．実際，$\alpha = \sqrt{2}$ は無理数であって有理数ではありません．$A = \{x \in \mathbf{Q} \mid x < \sqrt{2}\}$，$B = \{x \in \mathbf{Q} \mid x > \sqrt{2}\}$ とすると，(A, B) は $\mathbf{Q}$ の 1 つの切断を与えています．しかし，A には最大数はなく，B にも最小数がない．したがって，$\mathbf{Q}$ は連続集合ではありません．実は，$\mathbf{R}$ には無限個の無理数が含まれていることが知られています．このことにより，$\mathbf{Q}$ を数直線上に表現したとき，無数のすきまがあることが分かります．

アルキメデスの原理　任意の正の数 a, b に対して，$a < nb$ となる自然数 n が存在する．

以下においては，アルキメデスの原理を認めて議論していきます．アルキメデスの原理により，有理数全体の集合 $\mathbf{Q}$ が実数全体の集合 $\mathbf{R}$ において稠密であることが示されます．

定理 3.2.2　有理数は，実数全体の中に稠密に分布する．すなわち

(1) a, b を相異なる任意の実数とすれば，a と b との間には有理数 q が必ず存在する．

(2) a を任意の実数とすると，a より大きい，または a よりも小さい有理数が必ず存在する．

(証明)　(1) いま，$b > a \geqq 0$ であるとします．$b - a > 0$ であるから，アルキメデスの原理により，$(b-a)n > 1$ なる自然数 n があります．したがって

$$\frac{1}{n} < b - a \tag{3.2.1}$$

となります．$a = 0$ のときは，任意の自然数 m に対して，$\frac{m}{n} > 0$ であることに注意しておきます．そこで，$b > a > 0$ の場合を考えます．$\frac{1}{n}$ と a に対して，再びアルキメデスの原理を用いると $\frac{m}{n} > a$ となる自然数 m があります．このような自然数 m のうちで最小のものを m_0 とすると

$$\frac{m_0 - 1}{n} \leqq a < \frac{m_0}{n} \tag{3.2.2}$$

が成り立ちます．(3.2.1), (3.2.2) より

$$\frac{m_0}{n} = \frac{m_0 - 1}{n} + \frac{1}{n} < a + (b - a) = b \tag{3.2.3}$$

となります．(3.2.2), (3.2.3) により，$a < \frac{m_0}{n} < b$ となる有理数 $q = \frac{m_0}{n}$ が存在します．$a < b \leqq 0$ の場合には，$0 \leqq -b < -a$ であるから，上と同様の操作を行えば，

$-b < -\dfrac{m_0'}{n} < -a$ となる有理数が存在します．したがって，$a < -\dfrac{m_0'}{n} < b$ となる有理数 $q = -\dfrac{m_0'}{n}$ が存在します．$b > 0 > a$ なる場合は明らか (0 が有理数) です．

(2) まず，1 と $|a|$ について考えます．アルキメデスの原理により $a \leqq |a| < n$ となる自然数 n が存在します．また，$-n < -|a| \leqq a$ で，n も $-n$ も有理数であるから (2) が示されました． ∎

定理 3.2.2 より，任意の実数は有理数列の極限として表すことができます．まず，数の極限について述べておきます．ある一定のきまりに従って変化する数がある値に限りなく近づくとき，その値を**極限値**といいます．実数の列 $a_1, a_2, \cdots, a_n, \cdots$ を数列といい，$\{a_n\}$ のように表すことにします．数列 $\{a_n\}$ の極限値が α であるというのは，n を限りなく大きくするとき，a_n の値が限りなく α に近づくことをいいます．このことを $\lim\limits_{n \to \infty} a_n = \alpha$ と表し，数列 $\{a_n\}$ は α に**収束する**といいます．このことをもう少し厳密に表現すると，n を限りなく大きくするとき，$|a_n - \alpha|$ はいくらでも小さくできることで，次のように述べられます．

"任意の正数 ε に対し，自然数 N があって，$n > N$ なるすべての自然数 n に対して

$$|a_n - \alpha| < \varepsilon \tag{3.2.4}$$

を満たす．"

このことは，"任意の正数 ε に対し" を，"どんな小さな正の数 ε に対しても" とおきかえてみると分かりやすいと思います．すなわち，(3.2.4) は任意に小さな $\varepsilon > 0$ をとって小さな区間 $(\alpha - \varepsilon, \alpha + \varepsilon)$ を考えると，ある番号 N から先の n に対する a_n が区間 $(\alpha - \varepsilon, \alpha + \varepsilon)$ に入ることを意味しています．

例 3.2.3 数列 $1, \dfrac{1}{2}, \cdots, \dfrac{1}{n}, \cdots$ $(n \in \mathbf{N})$ の極限値は 0 である．実際，任意の正数 ε に対して，1 と $1/\varepsilon > 0$ を考えて，アルキメデスの原理を用いると，$1/\varepsilon < N$ となる自然数 N がある．$N < n$ なるすべての自然数 n に対して，$1/\varepsilon < N <$

n であるから,$0<1/n<\varepsilon$ となる.このことにより

$$\left|\frac{1}{n}-0\right|=\frac{1}{n}<\varepsilon \quad \text{となるから,数列} \quad 1,\frac{1}{2},\cdots,\frac{1}{n},\cdots$$

は 0 に近づく.

注 3.2.3 数列 $\{a_n\}$ に対して,実数 α があって $|a_n-\alpha|<\dfrac{1}{n}$ $(n=1,2,\cdots)$ が成り立つならば,$\{a_n\}$ は α に収束します.さらに,定数 $M>0$ に対して,$|a_n-\alpha|<\dfrac{M}{n}$ $(n=1,2,\cdots)$ が成り立つならば,$\lim\limits_{n\to\infty}a_n=\alpha$ となります.

定理 3.2.3 任意の実数に収束する有理数列が存在する.

(証明) いま,$\varepsilon_n=1/n$ $(n=1,2,\cdots)$ とおくと,数列 $\{\varepsilon_n\}$ は 0 に収束する (例 3.2.3).任意の実数 α に対して区間 $(\alpha-\varepsilon_n,\alpha)$ を考えると,定理 3.2.2 より有理数は実数全体の中に稠密に分布するので,各 $n\,(\in\mathbf{N})$ に対して区間 $(\alpha-\varepsilon_n,\alpha)$ に含まれる有理数 a_n が存在します.このとき

$$|a_n-\alpha|<\varepsilon_n=\frac{1}{n} \quad (n=1,2,\cdots)$$

となり $\{a_n\}$ は α に収束します.したがって,実数 α に収束する有理数列 $\{a_n\}$ が存在します.　∎

以下で,数列についていくつかの補足をしておきます.$\{a_n\}$ を実数列とします.任意の $M>0$ に対して,ある番号 n_0 が存在し,$M<a_n$ $(n\geqq n_0)$ となるならば,数列 $\{a_n\}$ は**正の無限大に発散する**といい,$\lim\limits_{n\to\infty}a_n=+\infty$ と表します.

$\varepsilon>0$ に対して,$M=\dfrac{1}{\varepsilon}$ (>0) とおくとき,$\varepsilon>0$ を任意に小さくとることと M を任意に大きくとることとは同値である.

注 3.2.4 (i) 数列 $\{a_n\}$ $(a_n\neq 0)$ について,任意の $\varepsilon>0$ に対して,番号 n_0 があって

3.2 実数の連続性

$$|a_n| < \varepsilon \quad (n > n_0) \iff \left|\frac{1}{a_n}\right| = \frac{1}{|a_n|} > \frac{1}{\varepsilon} = M \quad (n > n_0)$$

であるから，$\displaystyle\lim_{n\to\infty} a_n = 0 \iff \lim_{n\to\infty} \frac{1}{|a_n|} = +\infty$

が成り立ちます．

(ii) 数列 $\{b_n\}$ について，任意の $\varepsilon > 0$ に対して，番号 n_0 があって

$$|b_n| > M \quad (n > n_0) \iff \left|\frac{1}{b_n}\right| = \frac{1}{|b_n|} < \frac{1}{M} = \varepsilon \quad (n > n_0)$$

したがって，$\displaystyle\lim_{n\to\infty} |b_n| = +\infty \iff \lim_{n\to\infty} \frac{1}{b_n} = 0.$

補足 3-A 1. 収束するか，または無限大に発散する数列 $\{a_n\}$, $\{b_n\}$ に対して，$a_n \leqq b_n \; (n = 1, 2, 3, \cdots)$ ならば，次が成り立つ．

$$\lim_{n\to\infty} a_n \leqq \lim_{n\to\infty} b_n.$$

2. 数列 $\{a^n\}$ に対して

    (i) $a > 1 \Longrightarrow \displaystyle\lim_{n\to\infty} a^n = +\infty$,   (ii) $0 < a < 1 \Longrightarrow \displaystyle\lim_{n\to\infty} a^n = 0$,

    (iii) $a = 1 \Longrightarrow \displaystyle\lim_{n\to\infty} a^n = 1$.

(証明) 1. $\displaystyle\lim_{n\to\infty} b_n = +\infty$ のときは明らかです．$\displaystyle\lim_{n\to\infty} b_n = \beta \; (< \infty)$ とします．このとき，$\displaystyle\lim_{n\to\infty} a_n \leqq \beta$ です．実際，$\beta < \displaystyle\lim_{n\to\infty} a_n = \alpha$ であるとすると $\beta < \varepsilon < \alpha$ に対して，ある番号 n_0 が存在して $b_n < \varepsilon < a_n \; (n > n_0)$ となるから，仮定に反します．したがって

$$\lim_{n\to\infty} a_n \leqq \lim_{n\to\infty} b_n$$

となります．

2. (i) $a = 1 + h \; (h > 0)$ とおくと，例題 2.3.5 の (2.3.2) により

$$a^n = (1+h)^n > 1 + nh + \frac{n(n-1)}{2}h^2 > nh$$

であるから $\lim_{n\to\infty} a^n \geq \lim_{n\to\infty} nh = +\infty$ となります．

(ii) $0<a<1$ のときは，$\frac{1}{a}>1$ である．(i) により

$$\lim_{n\to\infty} \frac{1}{a^n} = \lim_{n\to\infty} \left(\frac{1}{a^n}\right) = \lim_{n\to\infty} \left(\frac{1}{a}\right)^n = +\infty$$

であるから，$\lim_{n\to\infty} a^n = 0$ となります (注 3.2.4)．(iii) は自明です． ■

正の数 a に対して，n 乗して a となる正の数を $\sqrt[n]{a}$ または $a^{1/n}$ と表し，a の n 乗根といいます．このとき，$0<a<1$ ならば，$a=(a^{1/n})^n<1$，すなわち，$0<a^{1/n}<1$ となります．また，次の面白い結果が得られます．

補足 3-B $a>0$ に対して，$\lim_{n\to\infty} a^{\frac{1}{n}} = 1$ となる．

(証明) $a>1$ のときは，$a^{1/n}>1$ であるから $a^{1/n}-1=b_n$ とおくと，$b_n>0$ であるから，$a=(1+b_n)^n \geq 1+nb_n$ となります．よって，$0<b_n \leq \frac{a-1}{n}$ であり，補足 3-A により，$0 \leq \lim_{n\to\infty} b_n \leq \lim_{n\to\infty} \frac{a-1}{n} = 0$ となります．したがって，$\lim_{n\to\infty}(a^{1/n}-1) = \lim_{n\to\infty} b_n = 0$，すなわち，$\lim_{n\to\infty} a^{1/n} = 1$ となります．$0<a<1$ の場合は，$\frac{1}{a}>1$ であるから $\lim_{n\to\infty} \frac{1}{a^{\frac{1}{n}}} = \lim_{n\to\infty} \left(\frac{1}{a}\right)^{1/n} = 1$，すなわち，$\lim_{n\to\infty} a^{1/n} = 1$ となります (定理 5.1.4 の (4) を参照)．$a=1$ のときは，$a^{1/n}=1$ $(n=1,2,\cdots)$ より，$\lim_{n\to\infty} a^{1/n} = 1$ となります． ■

ここで，実数と有理数の関係を整理しておきます．

1. 代数的には，実数と有理数はともに性質 3.1.1 の (1)〜(9) を満たす (基本的性質)．

一般の系 (和と積の演算が定義され，この演算に関して閉じている) が，基本的性質 (1)〜(9) を満たすとき，この系を**体**といいます．この意味で，$\mathbf{R}$, $\mathbf{Q}$ は，

それぞれ**実数体**，**有理数体**と呼ばれています．

2. 有理数は，実数全体の中に稠密に分布する (定理 3.2.2)．
3. 有理数全体の集合 **Q**, 実数全体の集合 **R** は順序集合である．**R** は連続集合であるが，有理数全体 **Q** は連続集合ではない (定理 3.2.1)．
4. 任意の実数は，ある有理数列 $\{a_n\}$ の極限として表される (定理 3.2.3)．

■ 章末問題 3

問題 3.1 集合 $Q[\sqrt{3}] = \{a + b\sqrt{3} \mid a, b \text{ は有理数}\}$ を考えます．このとき $\alpha = a + b\sqrt{3}$, $\beta = c + d\sqrt{3} \in Q[\sqrt{3}]$ に対して，和; $\alpha + \beta$, 差; $\alpha - \beta$, 積; $\alpha\beta$ および商; α/β が $p + q\sqrt{3}$ (p, q は有理数) の形に表されることを示してください．ただし，$\beta \neq 0$ ($c \neq 0$ または $d \neq 0$) である．

問題 3.2 d を 1 より大きい整数とします．任意の実数 α に対して，整数列 $\{a_n\}$ をうまくとって，α を数列 $\left\{\dfrac{a_n}{d^n}\right\}$ の極限として表すことができることを示してください．

第4章

複素数

　実数 $a \geqq 0$ 対して,方程式 $x^2 = a$ は,実数解 $x = \pm\sqrt{a}$ をもちます.一般には,実数を係数にもつ 2 次方程式が実数の範囲で解をもつとは限りません.たとえば,最も簡単な 2 次方程式 $x^2 + 1 = 0$ でさえも実数の解をもちません.一般の $a, b, c \in \mathbf{R}$ $(a \neq 0)$ を係数とする 2 次方程式

$$ax^2 + bx + c = 0 \tag{4.1}$$

に対する解の公式を,形式的に

$$x = \frac{-b \pm \sqrt{b^2 - 4ac}}{2a} \tag{4.2}$$

と表します (定理 4.1.1 を参照).方程式 (4.1) の**判別式**は $D = b^2 - 4ac$ によって定義されます.D が負でないとき,(4.2) の右辺は実数であり,方程式 (4.1) の解となります.しかし,D が負のときには,(4.2) の右辺は実数ではありません.方程式 (4.1) の解は実数の範囲では考えられません.そこで,2 次方程式が常に解ける (解をもつ) ようにするためには,数の範囲を拡張して複素数という新たな数を導入する必要があります.そのためには $x^2 < 0$ となる "数 x" を定める必要に迫られます.ここでは,この複素数について議論します.

> **キーワード**
>
> 虚数単位,共役複素数,Gauss 平面 (複素平面),極形式,偏角,ド・モアブルの公式,代数学の基本定理

> **新しい記号**
>
> $$i=\sqrt{-1},\ \mathbf{C},\ \arg$$

4.1 複素数とその性質

複素数は次のように構成されます.まず,$i^2=-1$ であるような新しい数 i を考えます.これは $i=\sqrt{-1}$ とも書かれ,**虚数単位**と呼ばれています.この i に対して

$$a+bi \quad (a,b \text{ は実数})$$

なる形の数を考えて,これを**複素数**といいます.特に,$b=0$ のとき,$a+0i$ は実数 a と同じであると考えます.すなわち,$a+0i=a$ とします.また,$b\neq 0$ のときは,複素数 $a+bi$ は**虚数**と呼ばれます.特に,$0+bi=bi$ を**純虚数**といいます.複素数が $\alpha=a+bi$ (a,b は実数) のように表されているとき,a を α の**実数部分**,b を α の**虚数部分**といいそれぞれを $a=\mathrm{Re}(\alpha),\ b=\mathrm{Im}(\alpha)$ と表します.複素数の全体の集合は $\mathbf{C}$ で表されます.すなわち,$\mathbf{C}=\{a+bi \mid a,b \in \mathbf{R}\}$ です.集合として,実数全体の集合 $\mathbf{R}$ は $\mathbf{C}$ に含まれています.複素数に対する等式関係や演算は,以下のように定義されます.まず,複素数 $\alpha=a+bi,\ \beta=c+di$ に対して,α と β が等しい ($\alpha=\beta$) とは,$a=c$ かつ $b=d$ を満たすこととします.特に,$\alpha=0 \iff a=b=0$ です.また,複素数に対する和,差,積,商の演算を次のように定めます.複素数 $\alpha=a+bi,\ \beta=c+di$ に対して

(i) $\alpha \pm \beta = (a \pm c)+(b \pm d)i$,

(ii) $\alpha\beta = ac-bd+(ad+bc)i$,

(iii) $\beta \neq 0$ のとき $\dfrac{\alpha}{\beta}=\dfrac{(ac+bd)}{c^2+d^2}+\dfrac{(bc-ad)}{c^2+d^2}i$.

(i)〜(iii) の関係式は，i を文字とみなして，整式と同様に計算したものとなっています．ただし，$i^2=-1$ です．たとえば，(ii) は次のように計算したものです．

$$\alpha\beta = (a+bi)(c+di) = ac+(ad+bc)i+bdi^2 = ac-bd+(ad+bc)i.$$

(iii) については，$(c+di)(c-di) = c^2+d^2 \neq 0$ であることに注意して，次を計算します．

$$\frac{1}{\beta} = \frac{1}{c+di} = \frac{c-di}{(c+di)(c-di)} = \frac{c-di}{c^2+d^2}$$

これと (ii) により

$$\frac{\alpha}{\beta} = \alpha \cdot \frac{1}{\beta} = \frac{(a+bi)(c-di)}{c^2+d^2} = \frac{(ac+bd)+(bc-ad)i}{c^2+d^2}$$
$$= \frac{(ac+bd)}{c^2+d^2} + \frac{(bc-ad)}{c^2+d^2}i$$

となります．複素数についても，実数に対する性質 3.1.1 の (1)〜(9) と同じ関係式が成り立ちます．このことにより，複素数全体の集合 **C** は **Q** や **R** と同様に体となります．**C** は**複素数体**と呼ばれます．**C** は実数体 **R** を含む体です．ただし，**C** は順序集合ではありません．たとえば，1 と i は順序づけることはできません．

$a > 0$ に対して，$\sqrt{-a} = \sqrt{a}i$ と定義します．つまり，$\sqrt{-a} = \sqrt{a}\sqrt{-1} = \sqrt{a}i$ を認めることにします．この $\sqrt{a}i$ は複素数です．

注 4.1.1 $a \geq 0, b \geq 0$ のときは，$\sqrt{a}\sqrt{b} = \sqrt{ab}$ であるが，$a < 0, b < 0$ に対しては，この演算は不可です．たとえば，$\sqrt{-1}\sqrt{-1} \neq \sqrt{1}$ です．$\sqrt{-1}$ が現れたら，必ず $\sqrt{-1} = i$ で置き換えて計算しないと間違いをおかします．

方程式 (4.1) に対する形式的解の公式 (4.2) において，$D = b^2-4ac < 0$ のとき

$$x = \frac{-b \pm \sqrt{b^2-4ac}}{2a} = \frac{-b \pm \sqrt{4ac-b^2}i}{2a} \tag{4.2}'$$

となり，解は複素数です．したがって，解の公式 (4.2) は，方程式 (4.1) の複素数解として意味をもちます．(4.2) は方程式を形式的に解いて得られます．すな

4.1 複素数とその性質　　53

わち，(4.1) より

$$\left(x+\frac{b}{2a}\right)^2 = \frac{-c}{a}+\frac{b^2}{4a^2} = \frac{b^2-4ac}{4a^2}$$

となり，$D=b^2-4ac<0$ のとき

$$x = -\frac{b}{2a} \pm \frac{\sqrt{b^2-4ac}}{2a} = \frac{-b \pm \sqrt{4ac-b^2}\,i}{2a}$$

が得られます．複素数の範囲ではこれが実際に意味をもつというわけです．以下においては，2次方程式 (4.1) の解を複素数の範囲で考え，(4.2) を**解の公式**といいます．ただし，$D=b^2-4ac<0$ のときは (4.2)′ のように表します．

定理 4.1.1 実数係数の2次方程式 $ax^2+bx+c=0$ $(a \neq 0)$ は，複素数の範囲内で完全に解けて，解は $x=\dfrac{b \pm \sqrt{b^2-4ac}}{2a}$ となる．ただし，$b^2-4ac \geqq 0$ のとき解は実数であり，$b^2-4ac<0$ のとき解は虚数 $x=\dfrac{b \pm \sqrt{4ac-b^2}\,i}{2a}$ である．

複素数 $\alpha=a+bi$ の**共役複素数**を，$\overline{\alpha}=\overline{a+bi}=a-bi$ によって定義します．このとき，$\overline{\overline{\alpha}}=\alpha$ となっています．$b^2-4ac<0$ のとき，方程式 $ax^2+bx+c=0$ の解は2つあって互いに共役であることを注意しておきます．

性質 4.1.2 複素数 α, β に対して，次が成り立つ．

(1) $\overline{\alpha \pm \beta} = \overline{\alpha} \pm \overline{\beta}$.
(2) $\overline{\alpha \beta} = \overline{\alpha} \cdot \overline{\beta}$.
(3) $\overline{\left(\dfrac{\alpha}{\beta}\right)} = \dfrac{\overline{\alpha}}{\overline{\beta}}$ $(\beta \neq 0)$.
(4) $\mathrm{Re}(\alpha) = \dfrac{\alpha+\overline{\alpha}}{2}$, $\mathrm{Im}(\alpha) = \dfrac{\alpha-\overline{\alpha}}{2i}$.
(5) $\alpha = \overline{\alpha} \Longleftrightarrow \alpha \in \mathbf{R}$.

(証明) 以下，$\alpha=a+bi, \beta=c+di$ とします．

(1)
$$\overline{\alpha\pm\beta}=\overline{(a+bi)\pm(c+di)}=\overline{(a\pm c)+(b\pm d)i}$$
$$=(a\pm c)-(b\pm d)i=(a-bi)\pm(c-di)=\overline{\alpha}\pm\overline{\beta}.$$

(2) 積の定義 (ii) により
$$\overline{\alpha\beta}=\overline{(ac-bd)+(ad+bc)i}=(ac-bd)-(ad+bc)i,$$
$$\overline{\alpha}\cdot\overline{\beta}=(a-bi)(c-di)=(ac-bd)-(ad+bc)i$$

であるから，(2) の等式が成り立ちます．

(3) (2) より
$$\overline{\left(\frac{\alpha}{\beta}\right)}\cdot\overline{\beta}=\overline{\left(\frac{\alpha}{\beta}\right)\beta}=\overline{\alpha}\qquad(\beta\neq 0)$$

であるから，(3) が成り立ちます．

(4)
$$\alpha+\overline{\alpha}=(a+bi)+(a-bi)=2a,$$
$$\alpha-\overline{\alpha}=(a+bi)-(a-bi)=2bi$$

であるから
$$\mathrm{Re}(\alpha)=a=\frac{\alpha+\overline{\alpha}}{2},\quad \mathrm{Im}(\alpha)=b=\frac{\alpha-\overline{\alpha}}{2i}$$

となります．

(5) $\alpha=\overline{\alpha}\Longleftrightarrow a+bi=a-bi\Longleftrightarrow b=0$ であるから，次が成り立ちます．
$$\alpha=\overline{\alpha}\Longleftrightarrow \alpha=a\in\mathbf{R}.\qquad\blacksquare$$

複素数 $\alpha=a+bi$ の絶対値は $|\alpha|=\sqrt{a^2+b^2}\ (\geqq 0)$ によって定義されます．このとき，$|\alpha|\geqq|a|\geqq a=\mathrm{Re}(\alpha)$, $\alpha\overline{\alpha}=(a+bi)(a-bi)=a^2+b^2=|\alpha|^2$ が成り立ちます．

性質 4.1.3 複素数 α,β に対して，次が成り立つ．

(1) $|\overline{\alpha}|=|\alpha|.$ (2) $|\alpha\beta|=|\alpha||\beta|.$

(3) $\left|\dfrac{\alpha}{\beta}\right|=\dfrac{|\alpha|}{|\beta|}\quad(\beta\neq 0).$ (4) $|\alpha+\beta|\leqq|\alpha|+|\beta|.$

(証明)　$\alpha=a+bi, \beta=c+di$ とおきます．

(1) $|\overline{\alpha}|^2 = a^2 + (-b)^2 = a^2 + b^2 = |\alpha|^2$ より，$|\overline{\alpha}| = |\alpha|$ となります．

(2) $\alpha\beta = (ac-bd) + (ad+bc)i$ より

$$|\alpha\beta|^2 = (ac-bd)^2 + (ad+bc)^2$$
$$= a^2c^2 - 2acbd + b^2d^2 + a^2d^2 + 2adbc + b^2c^2$$
$$= (a^2+b^2)(c^2+d^2) = |\alpha|^2|\beta|^2 = (|\alpha||\beta|)^2.$$

ゆえに，$|\alpha\beta| = |\alpha||\beta|$ が成り立ちます．特に，$|\alpha\beta| = |\overline{\alpha}\beta| = |\alpha\overline{\beta}|$ となります．

(3) (2) により

$$\left|\frac{\alpha}{\beta}\right||\beta| = \left|\frac{\alpha}{\beta} \cdot \beta\right| = |\alpha|$$

であるから，(3) が成り立ちます．

(4) $|\alpha+\beta|^2 = (\alpha+\beta)(\overline{\alpha}+\overline{\beta}) = \alpha\overline{\alpha} + \alpha\overline{\beta} + \overline{\alpha}\beta + \beta\overline{\beta}$

$$= |\alpha|^2 + \alpha\overline{\beta} + \overline{(\alpha\overline{\beta})} + |\beta|^2 = |\alpha|^2 + 2\mathrm{Re}(\alpha\overline{\beta}) + |\beta|^2,$$

$$(|\alpha|+|\beta|)^2 = |\alpha|^2 + 2|\alpha||\beta| + |\beta|^2 = |\alpha|^2 + 2|\alpha\beta| + |\beta|^2.$$

これら 2 式の差をとると

$$(|\alpha|+|\beta|)^2 - |\alpha+\beta|^2 = 2(|\alpha\beta| - \mathrm{Re}(\alpha\overline{\beta})) = 2(|\alpha\overline{\beta}| - \mathrm{Re}(\alpha\overline{\beta})) \geqq 0$$

となるから $(|\alpha|+|\beta|)^2 \geqq |\alpha+\beta|^2$，すなわち，$|\alpha+\beta| \leqq |\alpha|+|\beta|$ が成り立ちます．■

上に示した不等式 $|\alpha+\beta| \leqq |\alpha|+|\beta|$ は，実数の場合と同様に三角不等式と呼ばれ，以後いろいろな場面で登場して重要な働きをします．

実数は直線上の点として表されました．ここでは，複素数を平面上の点として表現することを考えます．複素数 $\alpha = a+bi$ に対して，実数の組 (a,b) が一意的に決まるので，複素数 $\alpha = a+bi$ を座標平面の点 (a,b) に対応させると，α と (a,b) が 1 対 1 に対応しています．このことにより，α と (a,b) を同一視して考えることができます．すなわち，横軸 (x 軸) に実数部分を，縦軸 (y 軸) に虚数部分をとって，複素数 $\alpha = a+bi$ を平面の点 (a,b) と同一視して表すことにします．このように複素数を平面上の点として表したときの平面を**複素平面**，または

Gauss 平面といいます．この複素平面をも **C** で表すことにします．複素平面において，横軸を**実軸**，縦軸を**虚軸**ということにします．複素数 $\alpha = a+bi$, $\beta = c+di$ の和，差; $\alpha \pm \beta = (a\pm c)+(b\pm d)i$ には平面上の点 $(a\pm c, b\pm d)$ が対応しています．さらに，複素数の積 $\alpha\beta$, 商 $\dfrac{\alpha}{\beta}$ $(\beta \neq 0)$ には，それぞれ

$$(ac-bd, ad+bc), \quad \left(\frac{ac+bd}{c^2+d^2}, \frac{bc-ad}{c^2+d^2}\right)$$

なる平面上の点が対応しています．複素数 α に対応する複素平面の点を単に α ということにします．このとき，複素数 $\alpha = a+bi$ の絶対値 $|\alpha| = \sqrt{a^2+b^2}$ は，原点から α の表す点 (a,b) までの距離を表しています．

座標平面上の図形を複素数を用いて表現し，複素数の性質と関連させて考察しようとするとき，三角関数の性質や幾何学的概念 (平面幾何) が必要となります．これらを最初から論理的な方法で展開していくのがこれまでの流れであり，筋であるかもしれません．しかし，議論があまり煩雑にならないように，ここでは，簡単な方程式の解法およびある程度の幾何学的内容 (三角関数，平面ベクトルに関する事柄) と解析的内容 (連続関数に関するいくつかの性質) は認めて議論を進めることにします．これらの解析的内容は $\mathbf{R} \subset \mathbf{C}$ であるから必然的に要求されることなのです．

平面上の点 (a,b) は，a, b を成分とするベクトルとも考えられます．ベクトルとは矢を意味しますが，向きと大きさを兼ね備えた量をいいます．このことから，座標平面の点 $P = (a,b)$ と同一視される複素数 $\alpha = a+bi$ は，原点 O を始点とし，P を終点とするベクトル $\overrightarrow{\mathrm{OP}}$ とみなすことができます．このとき，絶対値 $|\alpha|$ はベクトルとしての α の大きさで，OP 間の距離です．複素数 α, β ($= c+di$) に対して，和; $\alpha+\beta$ は α と β をベクトルと考えたときの和であり，図 4.1 のようになっています．α と β を隣り合う 2 辺にもつ平行四辺形の対角線が $\alpha+\beta$ となっています．

注 4.1.2 三角不等式 $|\alpha+\beta| \leq |\alpha|+|\beta|$ は図形的には "三角形の 2 辺の和が他の 1 辺より長い" ことを表しています．

複素数 α, β の差 $\alpha-\beta$ は，始点 β, 終点 α のベクトルを図 4.1 のように，始点が原点となるように平行移動したベクトル $\gamma = \alpha-\beta$ です．

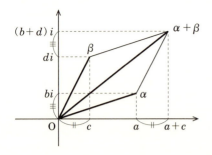 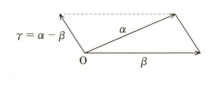

図 4.1

注 4.1.3 複素数は，線形性と呼ばれる次の関係式を満たします．$\alpha, \beta \in \mathbf{C}$, $a, b \in \mathbf{R}$ に対して

(i) $a(\alpha+\beta) = a\alpha + a\beta$,
(ii) $(a+b)\alpha = a\alpha + b\alpha$,
(iii) $(ab)\alpha = a(b\alpha)$.

4.2 複素数の極形式表示

複素数の平面上への表現を見やすくするために，極形式による表現を導入します．ベクトルとしての複素数 $\alpha = a + bi \ (\neq 0)$ が実軸の正の方向と成す角を θ とするとき，$\theta + 2n\pi \ (n = 0, \pm 1, \pm 2, \cdots)$ を α の**偏角**といい，$\arg(\alpha)$ と表します．$\alpha = a + bi$ の絶対値を $r = |\alpha|$ とすると，図 4.2 から $a = r\cos\theta$, $b = r\sin\theta$ となります．したがって，複素数 α は

$$\alpha = r(\cos\theta + i\sin\theta)$$

の形に表されます．これを複素数 α の**極形式表現**といいます．$\alpha = r(\cos\theta + i\sin\theta)$ に対して

$$\overline{\alpha} = r(\cos\theta - i\sin\theta) = r(\cos(-\theta) + i\sin(-\theta))$$

であるから，$\arg(\overline{\alpha}) = -\arg(\alpha)$ となります．また $|\overline{\alpha}| = |\alpha|$ であるから，共役複素数 $\overline{\alpha}$ は複素平面において実軸に関して α と対称な複素数となっています．

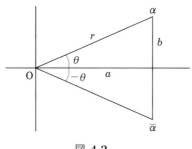

図 4.2

注 4.2.1 $\alpha=0$ の偏角は考えないことにします．ベクトルの中で $\alpha=0$ は特異であり，向きが定められないのです．

性質 4.2.1 0 でない複素数 α, β に対して，極形式表現を $\alpha=r_1(\cos\theta_1+i\sin\theta_1)$, $\beta=r_2(\cos\theta_2+i\sin\theta_2)$ とするとき，次が成り立つ．

(1) $\alpha\beta=r_1r_2(\cos(\theta_1+\theta_2)+i\sin(\theta_1+\theta_2))$.

(2) $\dfrac{\alpha}{\beta}=\dfrac{r_1}{r_2}(\cos(\theta_1-\theta_2)+i\sin(\theta_1-\theta_2))$.

(3) $\arg(\alpha\beta)=\arg(\alpha)+\arg(\beta)$.

(4) $\arg\left(\dfrac{\alpha}{\beta}\right)=\arg(\alpha)-\arg(\beta)$.

(5) (i) $\alpha>0$ (正の実数) $\Longleftrightarrow \arg(\alpha)=2n\pi$ $(n\in\mathbf{Z})$,

(ii) $\alpha<0$ (負の実数) $\Longleftrightarrow \arg(\alpha)=(2n+1)\pi$ $(n\in\mathbf{Z})$.

(証明) (1) 三角関数の加法定理を使います．

$$\alpha\beta=r_1r_2(\cos\theta_1+i\sin\theta_1)(\cos\theta_2+i\sin\theta_2)$$
$$=r_1r_2\{\cos\theta_1\cos\theta_2-\sin\theta_1\sin\theta_2+(\cos\theta_1\sin\theta_2+\cos\theta_2\sin\theta_1)i\}$$
$$=r_1r_2(\cos(\theta_1+\theta_2)+i\sin(\theta_1+\theta_2)).$$

(2) $\dfrac{1}{\cos\theta+i\sin\theta}=\cos\theta-i\sin\theta$ であることに注意すると

$$\dfrac{1}{\beta}=\dfrac{1}{r_2(\cos\theta+i\sin\theta)}=\dfrac{\cos\theta-i\sin\theta}{r_2}=\dfrac{1}{r_2}(\cos(-\theta)+i\sin(-\theta))$$

となるから，(1) により

$$\frac{\alpha}{\beta} = \alpha \cdot \frac{1}{\beta} = \frac{r_1}{r_2}(\cos(\theta_1 - \theta_2) + i\sin(\theta_1 - \theta_2))$$

が得られます．

(3), (4) は (1), (2) のそれぞれの偏角をみれば明らかです．

(5) (i) $\alpha > 0 \Longleftrightarrow \cos\theta > 0$ かつ $\sin\theta = 0 \Longleftrightarrow \theta = 2n\pi$ $(n \in \mathbf{Z})$

(ii) $\alpha < 0 \Longleftrightarrow \cos\theta < 0$ かつ $\sin\theta = 0 \Longleftrightarrow \theta = (2n+1)\pi$ $(n \in \mathbf{Z})$ であるから明らかです． ∎

幾何学の問題を複素数を用いて解くことを考えてみよう．まず，次を確認しておきます．複素数 α, β の積 $\alpha\beta$ は図形的には，複素数 β を $|\alpha|$ 倍に拡大し，それを角度 $\arg(\alpha)$ だけ回転させたものとなります．特に，実数 a と複素数 α との積 $a\alpha$ は，$a > 0$ のときは，α を a 倍に拡大し，$a < 0$ のときは $-\alpha$ を $|a|$ 倍に拡大したものです．これより，複素数 α と β がベクトルとして平行であれば，$\alpha = a\beta$ $(a \in \mathbf{R})$ と表されます．積の場合と同様に，商 $\frac{\alpha}{\beta}$ $(\beta \neq 0)$ は α を $\frac{1}{|\beta|}$ 倍に拡大 (縮小) し，$-\arg(\beta)$ だけ回転させたものです．特に，純虚数 i を複素数 α にかけることは，α を i の偏角 $\frac{\pi}{2}$ だけ回転させることを意味します．実際，$\alpha = r(\cos\theta + i\sin\theta)$, $i = \cos\frac{\pi}{2} + i\sin\frac{\pi}{2}$ と表されるから，性質 4.2.1 の (1) より

$$\alpha i = r\left(\cos\left(\theta + \frac{\pi}{2}\right) + i\sin\left(\theta + \frac{\pi}{2}\right)\right)$$

となります．このことは，複素数 α $(\neq 0)$ と αi が直交していることを意味します．

例題 4.2.1 0 でない複素数 α, β に対して，α と β が直交するための必要十分条件は，$\frac{\alpha}{\beta}$ が純虚数となることである．

(証明) α と β が直交する $\Longleftrightarrow$ α と βi が平行である．
$\Longleftrightarrow \alpha = a(\beta i) = \beta(ai)$ $(a \in \mathbf{R}, a \neq 0)$.
$\Longleftrightarrow \frac{\alpha}{\beta} = ai$ は純虚数である． ∎

例題 4.2.2 複素平面上の相異なる 3 点 α, β, γ が，一直線上にあるための必要十分条件は，$\dfrac{\beta-\alpha}{\gamma-\alpha}$ が実数であることである．

(証明) $\arg(\beta-\alpha)=\theta_1, \arg(\gamma-\alpha)=\theta_2$ とすると，性質 4.2.1 の (4) より

$$\arg\left(\frac{\beta-\alpha}{\gamma-\alpha}\right)=\theta_1-\theta_2$$

となります．α, β, γ が一直線上にあれば，$\beta-\alpha$ と $\gamma-\alpha$ は平行であるから $\theta_1-\theta_2$ は 0 か π となります．ところで

$$\frac{\beta-\alpha}{\gamma-\alpha}=r(\cos(\theta_1-\theta_2)+i\sin(\theta_1-\theta_2)) \qquad (r>0)$$

であるから，$\dfrac{\beta-\alpha}{\gamma-\alpha}$ は，r か $-r$ であるかのいずれかです．すなわち，$\dfrac{\beta-\alpha}{\gamma-\alpha}$ は実数です．一方，$\dfrac{\beta-\alpha}{\gamma-\alpha}$ が実数であれば，$\arg\left(\dfrac{\beta-\alpha}{\gamma-\alpha}\right)=n\pi$ $(n\in\mathbf{Z})$ で，$\theta_1-\theta_2=n\pi$ $(n\in\mathbf{Z})$ となります．したがって，$\beta-\alpha$ と $\gamma-\alpha$ は平行です．ところで，$\beta-\alpha$ と $\gamma-\alpha$ はともに α を始点とする複素数であるから α, β, γ が一直線上にあることが分かります． ∎

少し難しいですが，次の幾何学への応用例を考えてみます．

例題 4.2.3 四角形 ABCD の各辺の外側に 4 個の正方形 AA′EB, BB′FC, CC′GD, DD′HA を作り，それぞれの対角線の交点を P, Q, R, S とする．このとき，PR と QS は長さが等しく，かつ直交する．

(証明) 複素平面上で考えます．四角形 ABCD の各頂点の表す複素数をそれぞれ $\alpha, \beta, \gamma, \delta$ とします．各辺 AB, BC, CD, DA の中点をそれぞれ M_1, M_2, M_3, M_4 とするとき，ベクトルの複素数表示により

$$\overrightarrow{M_1A}=\frac{1}{2}(\alpha-\beta), \qquad \overrightarrow{M_2B}=\frac{1}{2}(\beta-\gamma),$$
$$\overrightarrow{M_3C}=\frac{1}{2}(\gamma-\delta), \qquad \overrightarrow{M_4D}=\frac{1}{2}(\delta-\alpha)$$

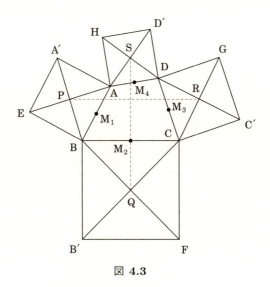

図 4.3

となる.それぞれを 90° 回転することにより

$$\overrightarrow{M_1P} = \frac{i}{2}(\alpha-\beta), \quad \overrightarrow{M_2Q} = \frac{i}{2}(\beta-\gamma),$$
$$\overrightarrow{M_3R} = \frac{i}{2}(\gamma-\delta), \quad \overrightarrow{M_4S} = \frac{i}{2}(\delta-\alpha)$$

が得られます.原点 O に対して,点 P, Q, R, S の表す複素数は,これらの点が表す位置ベクトルであるから

$$\overrightarrow{OP} = \frac{1}{2}(\alpha+\beta) + \frac{i}{2}(\alpha-\beta), \quad \overrightarrow{OQ} = \frac{1}{2}(\beta+\gamma) + \frac{i}{2}(\beta-\gamma),$$
$$\overrightarrow{OR} = \frac{1}{2}(\gamma+\delta) + \frac{i}{2}(\gamma-\delta), \quad \overrightarrow{OS} = \frac{1}{2}(\delta+\alpha) + \frac{i}{2}(\delta-\alpha)$$

となります.したがって

$$\overrightarrow{PR} = \overrightarrow{OR} - \overrightarrow{OP} = \frac{1}{2}(\gamma+\delta-\alpha-\beta) + \frac{i}{2}(\gamma+\beta-\delta-\alpha),$$
$$\overrightarrow{QS} = \overrightarrow{OS} - \overrightarrow{OQ} = \frac{1}{2}(\delta+\alpha-\gamma-\beta) + \frac{i}{2}(\delta+\gamma-\beta-\alpha).$$

これより

$$i\overrightarrow{\mathrm{PR}} = \frac{1}{2}(\delta + \alpha - \gamma - \beta) + \frac{i}{2}(\delta + \gamma - \beta - \alpha) = \overrightarrow{\mathrm{QS}}$$

となり，PR＝QS かつ PR⊥QS（直交）であることが示されます． ■

ここで，ある特殊な方程式の複素数解について，複素平面におけるその配置をみておきます．まず，3 次方程式 $z^3 - 1 = 0$ を考えることにします．

$$(z^3 - 1) = (z - 1)(z^2 + z + 1) = 0$$

であるから，$z = 1$, $z = \dfrac{-1 \pm \sqrt{3}i}{2}$ が方程式の解であり，これら 3 つの解は $z_k = \cos\dfrac{2\pi}{3}k + i\sin\dfrac{2\pi}{3}k$ $(k = 0, 1, 2)$ と表されます．実際，$k = 0$ のとき，$z_0 = 1$，$k = 1$ のとき，$z_1 = \dfrac{-1 + \sqrt{3}i}{2}$，$k = 2$ のときは，$z_2 = \dfrac{-1 - \sqrt{3}i}{2}$ となります．これらの解は，複素平面において原点を中心とする単位円周上に，等間隔に並んでいることが分かります．一般に，方程式 $z^n = 1$ の解は，原点を中心とする単位円周上に等間隔に並んでいることが，次のようにして分かります．

いま，$e^{i\theta} = \cos\theta + i\sin\theta$ によって定義される複素数を考えます．$e^{i\theta}$ は原点を中心とする単位円周上の点を表します．逆に，単位円周上の任意の点 z は極形式表示により $z = \cos\theta + i\sin\theta = e^{i\theta}$ の形の複素数で表されることが分かります．

$$e^{i\theta_1} = \cos\theta_1 + i\sin\theta_1, \quad e^{i\theta_2} = \cos\theta_2 + i\sin\theta_2$$

のとき，性質 4.2.1 の (1) により

$$e^{i\theta_1} \cdot e^{i\theta_2} = \cos(\theta_1 + \theta_2) + i\sin(\theta_1 + \theta_2) = e^{i(\theta_1 + \theta_2)} \tag{4.2.1}$$

となります．特に，$(e^{i\theta})^2 = e^{i\theta} \cdot e^{i\theta} = e^{i2\theta}$ です．一般に，数学的帰納法により，$(e^{i\theta})^n = e^{in\theta}$ $(n = 1, 2, \cdots)$ が成り立つことが示されます．したがって

$$(\cos\theta + i\sin\theta)^n = \cos n\theta + i\sin n\theta \tag{4.2.2}$$

が成り立ちます．(4.2.2) は，**ド・モアブルの公式**と呼ばれています．そこで，方程式

$$z^n = 1 \tag{4.2.3}$$

を考えます．$|z|^n = |z^n| = 1$ より，$|z| = 1$ です．したがって，解は

$$z = \cos\theta + i\sin\theta = e^{i\theta}$$

の形にかけます．(4.2.2) より

$$z^n = \cos n\theta + i\sin n\theta = 1$$

となり，$n\theta$ は 2π の整数倍ですから，$\theta = \dfrac{2\pi}{n}k$ $(k=0,1,2,\cdots,n-1)$ となります．したがって，方程式 (4.2.3) の解は

$$z_k = \cos\frac{2\pi}{n}k + i\sin\frac{2\pi}{n}k \qquad (k=0,1,2,\cdots,n-1) \tag{4.2.4}$$

となります．これら n 個の解は，原点を中心とする単位円周上に等間隔に並んでいます．

一般に，複素係数の n 次方程式

$$f(x) = a_0 z^n + a_1 z^{n-1} + \cdots + a_n = 0 \qquad (n \geq 1,\ a_0 \neq 0) \tag{4.2.5}$$

に対して，$f(\alpha) = 0$ となる α を方程式 (4.2.5) の解といいます．方程式 (4.2.5) は，複素数の範囲で，重複度も含めて n 個の解をもつことが知られています．これは**代数学の基本定理**と呼ばれています．以下においては，この代数学の基本定理を認めて議論していきます．一般には，与えられた方程式に対して，たとえば 2 次方程式のように具体的に解を求める公式があるわけではありません．ただ，4 次までの方程式に対しては，解法が知られています．しかし，5 次以上の一般の方程式については，四則演算と根号のみを用いて解を求めることは不可能であることが知られています．

■ 章末問題 4

問題 4.1 方程式 $z^6 = 1$ を解いてください．

問題 4.2 複素平面上の相異なる 3 点 α, β, γ に対して，α を始点とする 2 つの複素数 $\beta - \alpha,\ \gamma - \alpha$ が直交するための必要十分条件は，$\dfrac{\beta - \alpha}{\gamma - \alpha}$ が純虚数である．このことを証明してください．

第5章
数列の極限

　これまでの建物に建て増ししようとすると，それまでのものを見直し，土台を堅固なものとする必要があります．我々も数学という学問の基礎をしっかりとした見通しの良いものにしておく必要があります．この章では，解析学の1つの基礎である数列の収束について，その基本的性質を整理して述べていきます．また，1次元空間から多次元空間へ解析学を拡張していくために，その足がかりとなる複素数の収束についてもふれることにします．実数列の極限については，第3章において，必要になる程度には述べておきました．ここでは，数列の極限を系統的にみて行くことにします．まずは，第3章の定義を振り返ることから始めます．

キーワード

整列集合，上界，下界，上限，下限，極小元，極大元，帰納的順序集合，基本列 (コーシー (Cauchy) 列)，完備性，単調増加 (減少) 列，無限大に発散する，振動する，挟み打ちの原理，区間縮小法，集積点

新しい記号

$\max M, \min M, \sup M, \inf M$

5.1 数列の収束とその性質

実数列の収束は,次のように定義されました.

"実数列 $\{a_n\}$ がある一定値 α に収束するとは,番号 $n \in \mathbf{N}$ を限りなく大きくするとき,a_n が限りなく α に近づくことである"

このことを記号で,$\lim_{n\to\infty} a_n = \alpha$ と表しました.これは $a_n \to \alpha \ (n \to \infty)$ のようにも表されます.上の定義を厳密に述べると,次のようになります.

"任意の $\varepsilon > 0$ に対して,ある番号 $n_0 \in \mathbf{N}$ を適当にとるとき,$n > n_0$ なるすべての $n \in \mathbf{N}$ について

$$|a_n - \alpha| < \varepsilon$$

が成り立つようにできる"

以下においては,数列 $\{a_n\}$ が α に収束することを次のように略記することにします.

任意の $\varepsilon > 0$ に対して,ある番号 $n_0 \ (\in \mathbf{N})$ をとると

$$|a_n - \alpha| < \varepsilon \qquad (n > n_0).$$

極限の定義ではじめに用いた "限りなく大きくする" とか,"限りなく近づく" といった言い回しには曖昧さが残ります.数学としては有効なことばにはなっていません.上での厳密化は,無限という数学の対象を精密かつ厳格に扱う際の必然の論法なのです.

実数の収束をより詳しくみていこうとすると,数の順序が関係してきます.ここで,3.1 節で定義した順序集合,半順序集合について確認しておきます.集合 $\mathbf{S}$ に関係 $\leqq$ が定められ,次の条件 (i)〜(iii) が満たされているとき,$\mathbf{S}$ を半順序集合といいます.この順序関係 $\leqq$ による半順序集合を $(\mathbf{S}, \leqq)$ と表すことにします.$x, y, z \in \mathbf{S}$ に対して

(i) $x \leqq x$,
(ii) $x \leqq y$ かつ $y \leqq x$ ならば, $x = y$,
(iii) $x \leqq y$ かつ $y \leqq z$ ならば, $x \leqq z$.

さらに, 半順序集合 $(\mathbf{S}, \leqq)$ において, $x \leqq y$ であるか $y \leqq x$ かのいずれかが必ず成り立つとき, $(\mathbf{S}, \leqq)$ を全順序集合といいます.

以下しばらくは, 半順序集合 $\mathbf{S} = (\mathbf{S}, \leqq)$ とその部分集合 M について議論します.

定義 5.1.1 M に1つの元 a があって, M の任意の元 x に対して $x \leqq a$ であるならば, a を M の**最大元**という. この最大元を $a = \max M$ と表す. また, M に1つの元 b があって, M の任意の元 x に対して $b \leqq x$ であるならば, b を M の**最小元**といい, $b = \min M$ と表す. 有限集合 $\{a_1, a_2, \cdots, a_n\}$ の最大元 (または最小元) を $\max\{a_1, a_2, \cdots, a_n\}$ (または $\min\{a_1, a_2, \cdots, a_n\}$) のように表すことにする.

定義 5.1.2 半順序集合 $\mathbf{S} = (\mathbf{S}, \leqq)$ において, M を $\mathbf{S}$ の部分集合とする. このとき, $a \in \mathbf{S}$ であり M のすべての元 x に対して $a \leqq x$ となるならば, a を M の1つの**下界**といい, M は**下方に有界**であるという. また, $b \in \mathbf{S}$ で, M のすべての元 x に対して $x \leqq b$ であるならば, b を M の1つの**上界**といい, M は**上方に有界**であるという.

注 5.1.1 半順序集合 $\mathbf{S}$ の部分集合 M の下界 (または上界) a は, M の元であることもあれば, M の元でないこともある. また, $a \in \mathbf{S}$ が M の1つの下界であるとき, $a' < a$ なる元 $a' \in \mathbf{S}$ があれば, a' も M の下界です. M の1つの上界 $a \in \mathbf{S}$ に対し, $a < a'$ なる $a' \in \mathbf{S}$ もまた M の上界です.

定義 5.1.3 M が半順序集合 $\mathbf{S}$ の部分集合であるとき, M の下界の中に最大元 $a\,(\in \mathbf{S})$ があれば, この a を M の**下限**といい, $a = \inf M$ と表す. また, M の上界の中に最小元 $b\,(\in \mathbf{S})$ があれば, この b を M の**上限**といい, $b = \sup M$ と表す.

注 5.1.2 M に最大元 a があれば，a は M の 1 つの上界であり $a=\sup M$ です．また，M に最小元 b があれば，b は M の 1 つの下界であり $b=\inf M$ となっています．

定理 5.1.1 実数全体の集合 $\mathbf{R}$ の部分集合 M が，下方 (または上方) に有界ならば，M は下限 (または上限) をもつ．

(証明) M が下方に有界であるとします．M の下界の全体を A とし，A の $\mathbf{R}$ における補集合を B とします．このとき，$A\cup B=\mathbf{R}$, $A\cap B=\phi$ であり，M が下方に有界であるから，A と B はともに空集合ではない．また，$a\in A$, $b\in B$ ならば，$a<b$ である．実際，$b\leq a$ であるとすると，a が M の下界であるから b も M の下界となり，$b\in A$ となってしまいます．よって，$a<b$ であり (A,B) は $\mathbf{R}$ の切断となります．$\mathbf{R}$ の連続性により A に最大元があるか，あるいは B に最小元があるかのいずれかである．

　実は，B には最小元が存在しないことが以下のようにして分かります．いま，任意の $b\in B$ をとります．b は M の下界ではないから，$x<b$ となる $x\in M$ が存在します．実際，もしこのような $x\in M$ が存在しないならば，すべての $x\in M$ に対して $b\leq x$ を満たすから $b\in A$ となります．よって，$x<b$ となる $x\in M$ が存在します．ところで，$\mathbf{R}$ の自己稠密性により $x<b'<b$ となる $b'\in\mathbf{R}$ が存在します．$x\in M$ に対して，$x<b'$ となるから b' は M の下界ではない．よって，$b'\in B$ である．また，$b'<b$ であり，$b\in B$ は任意であったから，B のいかなる元 b をとっても，それよりも小さい B の元 b' が存在することが分かります．これは，B には最小元が存在しないことを示しています．したがって，A に最大元 a が存在します．これが M の下限 $a=\inf M$ です．M が上方に有界である場合も同様にして，上限 $a'=\sup M$ の存在が示されます．∎

例 5.1.1 有理数全体の集合 $\mathbf{Q}$ の部分集合を $A=\{x\in\mathbf{Q}\mid x^2<2\}$ とおくとき，A は有界集合であるが，$\mathbf{Q}$ においては $\inf A$, $\sup A$ が存在しない．このことから，$\mathbf{Q}$ が連続集合でないことが分かります (定理 5.1.1 を参照)．

　実数の無限数列について

$$a_1 \leqq a_2 \leqq \cdots \leqq a_n \leqq \cdots$$

となる $\{a_n\}$ を**単調増加列**といいます．また

$$a_1 \geqq a_2 \geqq \cdots \geqq a_n \geqq \cdots$$

となる $\{a_n\}$ を**単調減少列**といいます．不等号 $\leqq$ (または $\geqq$) を，$<$ (または $>$) で置きかえたときには，$\{a_n\}$ を**狭義の単調増加列** (または**狭義の単調減少列**) といいます．

定理 5.1.2 実数列について，有界な単調増加列 (単調減少列) は収束する．

(証明) $\{a_n\}$ を有界な単調増加列とすると

$$a_1 \leqq a_2 \leqq \cdots \leqq a_n \leqq \cdots < M$$

となる $M \in \mathbf{R}$ が存在します．このとき，ある $n \in \mathbf{N}$ をとれば $a < a_n$ となるような $a \in \mathbf{R}$ の全体集合を A とします．$\mathbf{R}$ における A の補集合を B とするとき，(A,B) は $\mathbf{R}$ の切断となります．実際，A,B の構成の仕方から，$A \cup B = \mathbf{R}$，$A \cap B = \phi$ であることは明らかです．数列の初項 a_1 に対して，$a < a_1$ となる $a \in \mathbf{R}$ が存在するから，$a \in A$ となります．したがって，$A \neq \phi$ であることが分かります．また，すべての $n \in \mathbf{N}$ に対して $a_n < M$ となります．よって，$M \in B$ であるから $B \neq \phi$ です．

次に，任意の $a \in A, b \in B$ に対して，$a < b$ であることを示します．$a \in A$ より，ある a_{n_1} が存在して $a < a_{n_1}$ となっています．また，$b \in B$ より，すべての $n \in \mathbf{N}$ に対して，$a_n \leqq b$ であるから $a < a_{n_1} \leqq b$ となります．以上により (A,B) が $\mathbf{R}$ の切断であることが分かります．$\mathbf{R}$ の連続性により，A の最大元，または B の最小元が存在します．ところで，A には最大元は存在しないことが，次のようにして分かります．いま，A の最大元 $\max A = \alpha$ が存在したとすると，$\alpha \in A$ であるから $\alpha < a_n$ となる a_n が存在します．$\mathbf{R}$ の自己稠密性により，$\alpha < c < a_n$ となる $c\ (\in \mathbf{R})$ があって $c \in A$ となります．これは，α が A の最大元であるとしたことに反します．よって，A には最大元は存在しない．したがって，B に最小元 $\min B = \beta$ が存在します．任意の $\varepsilon > 0$ に対して，区間 $(\beta - \varepsilon, \beta] = \{x \in \mathbf{R} \mid \beta - \varepsilon < x \leqq \beta\}$ を考えると，この区間は A の元を含むので，ある番号 N を

とると $a_N \in (\beta-\varepsilon, \beta)$ となります．したがって，$n \geq N$ ならば，$a_n \in (\beta-\varepsilon, \beta)$ となります．すなわち，任意の $\varepsilon > 0$ に対して

$$|a_n - \beta| < \varepsilon \qquad (n \geq N)$$

が成り立ちます．このことにより $\lim_{n \to \infty} a_n = \beta$ となり，$\{a_n\}$ は β に収束します．有界な単調減少列 $\{a_n\}$ に対しても同様にして，$\{a_n\}$ が収束することが示されます． ∎

一般には，実数列が収束するとは限りません．数列 $\{a_n\}$ が収束しないとき，これを**発散する**といいます．発散数列については，次の場合が考えられます．

(i) $n \to \infty$ (n が限りなく大きくなる) とき，a_n が限りなく大きくなる．すなわち，任意の $M > 0$ に対して，番号 n_0 があって $n > n_0$ ならば，$M < a_n$ である．この場合，$\lim_{n \to \infty} a_n = +\infty$ と表し，$\{a_n\}$ は**正の無限大に発散する**という．

(ii) 各 a_n が負で，$\lim_{n \to \infty} |a_n| = +\infty$ となる場合には，$\lim_{n \to \infty} a_n = -\infty$ と表し，$\{a_n\}$ は**負の無限大に発散する**という．

(iii) 収束もせず，(i), (ii) の場合にもあてはまらない数列は**振動する**という．

例 5.1.2 $a_n = \cos n\pi$ $(n = 0, 1, 2, \cdots)$ によって定義される数列 $\{a_n\}$ は，n が偶数のとき $a_n = 1$ で，n が奇数のとき $a_n = -1$ であるから，$\{a_n\}$ は振動する数列です．

例 5.1.3 数列 $\{a_n\}$ $(a_n > 0)$ に対して，$\lim_{n \to \infty} a_n = +\infty$ であることと $\lim_{n \to \infty} \dfrac{1}{a_n} = 0$ であることは同値である (注 3.2.4 の (ii))．すなわち $\{a_n\}$ $(a_n > 0)$ が無限大に発散することと $\left\{\dfrac{1}{a_n}\right\}$ が 0 に収束することとは同値です．

補題 5.1.3 収束する数列は有界である．

(証明) $\lim_{n \to \infty} a_n = \alpha$ とするとき，$\varepsilon = 1$ に対して，番号 n_0 $(\in \mathbf{N})$ があって

$$|a_n - \alpha| < \varepsilon = 1 \qquad (n > n_0).$$

これより $\alpha-1 < a_n < \alpha+1$ $(n > n_0)$ となります．そこで

$$M = \max\{|\alpha+1|, |\alpha-1|, |a_1|, |a_2|, \cdots, |a_{n_0}|\}$$

とおくと，$|a_n| \leq M$ $(n \in \mathbf{N})$ となります．すなわち，$\{a_n\}$ は有界です． ∎

定理 5.1.4 収束する数列 $\{a_n\}$, $\{b_n\}$; $\lim_{n\to\infty} a_n = \alpha$, $\lim_{n\to\infty} b_n = \beta$ に対して，次が成り立つ．

(1) $\lim_{n\to\infty}(a_n \pm b_n) = \alpha \pm \beta$.

(2) 実数 c に対して，$\lim_{n\to\infty}(ca_n) = c\alpha$.

(3) $\lim_{n\to\infty}(a_n b_n) = \alpha\beta$.

(4) $b_n \neq 0$ $(n \in \mathbf{N})$, $\beta \neq 0$ のとき，$\lim_{n\to\infty}\left(\dfrac{a_n}{b_n}\right) = \dfrac{\alpha}{\beta}$.

(5) $a_n \leq c_n \leq b_n$ $(n \in \mathbf{N})$ が成り立っているとき $\alpha = \lim_{n\to\infty} a_n = \lim_{n\to\infty} b_n$ ならば，$\{c_n\}$ も収束し，$\lim_{n\to\infty} c_n = \alpha$.

(証明) 以下では，$\varepsilon > 0$ は任意とします．

(1) $\lim_{n\to\infty} a_n = \alpha$ より，番号 n_1 $(\in \mathbf{N})$ があって

$$|a_n - \alpha| < \varepsilon/2 \quad (n > n_1).$$

また，$\lim_{n\to\infty} b_n = \beta$ より，番号 n_2 $(\in \mathbf{N})$ があって

$$|b_n - \beta| < \varepsilon/2 \quad (n > n_2).$$

よって

$$|(a_n \pm b_n) - (\alpha \pm \beta)| = |(a_n - \alpha) \pm (b_n - \beta)|$$
$$\leq |a_n - \alpha| + |b_n - \beta| < \frac{\varepsilon}{2} + \frac{\varepsilon}{2} = \varepsilon \quad (n > \max\{n_1, n_2\}).$$

すなわち，$\lim_{n\to\infty}(a_n \pm b_n) = \alpha \pm \beta$ となります．

(2) $c = 0$ のときは明らかです．$c \neq 0$ のとき，$\dfrac{\varepsilon}{|c|} > 0$ であるから，$\dfrac{\varepsilon}{|c|} > \varepsilon' > 0$ なる ε' が存在します．$\lim_{n\to\infty} a_n = \alpha$ より ε' に対して，ある番号 n_0 $(\in \mathbf{N})$ が

あって，$|a_n-\alpha|<\varepsilon'$ $(n>n_0)$ となります．したがって

$$|ca_n-c\alpha|=|c||a_n-\alpha|<|c|\varepsilon'<\varepsilon \qquad (n>n_0)$$

が成り立ちます．すなわち，$\lim_{n\to\infty}(ca_n)=c\alpha$ となります．

(3) まず，$\alpha=0$ または $\beta=0$ の場合を考えます．いま，$\alpha=0$ であるとします．$\{b_n\}$ は収束列であるから有界です．ある $M>0$ があって，$|b_n|\leqq M$ ($n\in \mathbf{N}$) となっています．また，$\lim_{n\to\infty}a_n=0$ より $\varepsilon/M>0$ に対して，ある番号 n_0 があって，$|a_n|<\varepsilon/M$ $(n>n_0)$ となります．よって，$|a_nb_n|=|a_n||b_n|<|b_n|\varepsilon/M\leqq \varepsilon$ $(n>n_0)$ を満たします．したがって，$\lim_{n\to\infty}(a_nb_n)=0$ が示されます．$\beta=0$ としても同様です．

次に，$\alpha\neq 0, \beta\neq 0$ の場合を考えます．$\lim_{n\to\infty}a_n=\alpha$ より，$\varepsilon_1=\min\left\{\sqrt{\dfrac{\varepsilon}{3}}, \dfrac{\varepsilon}{3|\beta|}\right\}>0$ に対して，ある番号 n_1 があって

$$|a_n-\alpha|<\varepsilon_1 \qquad (n>n_1).$$

また，$\lim_{n\to\infty}b_n=\beta$ より，$\varepsilon_2=\min\left\{\sqrt{\dfrac{\varepsilon}{3}}, \dfrac{\varepsilon}{3|\alpha|}\right\}>0$ に対して，ある番号 n_2 があって

$$|b_n-\beta|<\varepsilon_2 \qquad (n>n_2).$$

ところで

$$a_nb_n-\alpha\beta=(a_n-\alpha)(b_n-\beta)+\alpha(b_n-\beta)+\beta(a_n-\alpha)$$

であるから

$$\begin{aligned}|a_nb_n-\alpha\beta|&\leqq|(a_n-\alpha)(b_n-\beta)|+|\alpha(b_n-\beta)|+|\beta(a_n-\alpha)|\\&=|a_n-\alpha||b_n-\beta|+|\alpha||b_n-\beta|+|\beta||a_n-\alpha|\\&<\varepsilon_1\varepsilon_2+|\alpha|\varepsilon_2+|\beta|\varepsilon_1\leqq \varepsilon/3+\varepsilon/3+\varepsilon/3=\varepsilon \qquad (n>\max\{n_1,n_2\}).\end{aligned}$$

したがって，$\lim_{n\to\infty}(a_nb_n)=\alpha\beta$ となります．

(4) $b_n\neq 0$ $(n\in\mathbf{N})$, $\beta\neq 0$ であるとき，$\lim_{n\to\infty}\left(\dfrac{1}{b_n}\right)=\dfrac{1}{\beta}$ を示します．$\lim_{n\to\infty}b_n=$

β より, $0<\varepsilon'<\min\left\{\varepsilon, \dfrac{|\beta|^2\varepsilon}{2}\right\}$ に対して, ある番号 $n_1(\in \mathbf{N})$ があって, $|b_n-\beta|<\varepsilon'$ $(n>n_1)$ となっています. また, $n_2\in\mathbf{N}$ を適当にとると $|b_n|>|\beta|/2$ $(n>n_2)$ となるようにできます. したがって

$$\left|\frac{1}{b_n}-\frac{1}{\beta}\right|=\frac{|b_n-\beta|}{|b_n||\beta|}\leq\frac{2|b_n-\beta|}{|\beta|^2}$$
$$<\frac{2}{|\beta|^2}\varepsilon'<\varepsilon \quad (n>\max\{n_1,n_2\}).$$

すなわち, $\displaystyle\lim_{n\to\infty}\left(\frac{1}{b_n}\right)=\frac{1}{\beta}$ となります. したがって, (3) により

$$\lim_{n\to\infty}\left(\frac{a_n}{b_n}\right)=\lim_{n\to\infty}a_n\left(\frac{1}{b_n}\right)=\alpha\cdot\frac{1}{\beta}=\frac{\alpha}{\beta}$$

となるから, (4) が示されます.

(5) 仮定により, 番号 n_1 があって, $|a_n-\alpha|<\varepsilon$ $(n>n_1)$ であるから

$$\alpha-\varepsilon<a_n<\alpha+\varepsilon \quad (n>n_1).$$

また, 番号 n_2 があって, $|b_n-\alpha|<\varepsilon$ $(n>n_2)$ であるから $\alpha-\varepsilon<b_n<\alpha+\varepsilon$ $(n>n_2)$ となります. したがって

$$\alpha-\varepsilon<a_n\leq c_n\leq b_n<\alpha+\varepsilon \quad (n>\max\{n_1,n_2\}).$$

これより, $|c_n-\alpha|<\varepsilon$ $(n>\max\{n_1,n_2\})$, すなわち, $\displaystyle\lim_{n\to\infty}c_n=\alpha$ となります. (5) は**挟み打ちの原理**と呼ばれています. ∎

5.2 実数の完備性

この節では, 実数の完備性について議論します. まずは, 次の定理を準備します. この定理は**区間縮小法**と呼ばれていて, 今後いくつかの場面で適用されます. この区間縮小法は直観的にも理解しやすいものとなっています.

定理 5.2.1 (**区間縮小法**) 閉区間の列 $I_n=[a_n,b_n]$ $(n\in\mathbf{N})$ に対して, 次の条件が満たされているとする.

(i) 各 $n \in \mathbf{N}$ に対して $I_{n+1} \subset I_n$ である.

(ii) n が限りなく大きくなるとき,区間 I_n の幅 $|I_n|=b_n-a_n$ は限りなく小さくなる.すなわち,任意の $\varepsilon>0$ に対して,ある番号 N を適当にとると,$0 \leq |I_n|=b_n-a_n<\varepsilon\ (n>N)$ となる.

このとき,すべての区間に共通な数 $\alpha\ (\in \mathbf{R})$ が,ただ 1 つ存在する.

(証明) 条件 (i) により

$$a_1 \leq a_2 \leq \cdots \leq a_n \leq \cdots \leq b_n \leq \cdots \leq b_2 \leq b_1$$

である.定理 5.1.2 により,有界な単調増加列および単調減少列は収束するので,$\lim_{n\to\infty} a_n=\alpha,\ \lim_{n\to\infty} b_n=\beta$ が存在します.また,任意の $m,n \in \mathbf{N}$ に対して,$a_n<b_m$ が成り立つ.このとき,$n\to\infty$ とすると $\alpha \leq b_m$ が任意の $m \in \mathbf{N}$ に対して成り立ちます.ここで,$m\to\infty$ とすると $\alpha \leq \beta$ となります.実際,$\beta<\alpha$ であったとすると,極限値 α,β の性質から,$\beta \leq b_{n_2} < \alpha$ なる b_{n_2} が存在します.さらに,$\beta \leq b_{n_2} < a_{n_1} \leq \alpha$ となる a_{n_1} が存在することになり矛盾を生じます.実は,$\alpha=\beta$ であることが次のように示されます.条件 (ii) より,任意の $\varepsilon>0$ に対して,ある番号 n_0 があって,$|b_n-a_n|<\varepsilon\ (n>n_0)$ となっています.

ところで,$a_n \leq \alpha \leq \beta \leq b_n$ であるから,$0 \leq \beta-\alpha<\varepsilon$ が任意の $\varepsilon>0$ に対して成り立ち,$\alpha=\beta$ であることが分かります.したがって,任意の $n \in \mathbf{N}$ に対して,$a_n \leq \alpha \leq b_n$ より α は各区間 $I_n=[a_n,b_n]$ に属する.このような α がただ 1 つであることは,上の証明から明らかです. ■

注 5.2.1 任意の $\varepsilon>0$ 対して,$|a|<\varepsilon$ となるならば $a=0$ である.実際,$a \neq 0$ とすると $|a|>0$ であるから,$\mathbf{R}$ の自己稠密性により,$0<\varepsilon<|a|$ となる $\varepsilon>0$ が存在して,仮定に反します.

定理 5.2.2 数列 $\{a_n\}$ が収束するための必要十分条件は,任意の $\varepsilon>0$ に対して,ある番号 n_0 があって $m,n>n_0$ ならば $|a_m-a_n|<\varepsilon$ となることである.

(証明) まず,$\{a_n\}$ が α に収束すると仮定すると,任意の $\varepsilon>0$ に対して番号 N があって

$$|a_m-\alpha|<\varepsilon/2, \quad |a_n-\alpha|<\varepsilon/2 \quad (m,n>N).$$

よって，$m,n>N$ ならば

$$|a_m-a_n|=|(a_m-\alpha)-(a_n-\alpha)|\leqq|a_m-\alpha|+|a_n-\alpha|<\varepsilon/2+\varepsilon/2=\varepsilon$$

となります．逆に，いま 1 つの $\varepsilon>0$ に対して，番号 N があって $m,n>N$ ならば，$|a_n-a_m|<\varepsilon$ が成り立っているとします．$m=N+1$ に対して，$|a_n-a_{N+1}|<\varepsilon$ $(n>N)$ であるから，次が成り立ちます．

$$a_{N+1}-\varepsilon<a_n<a_{N+1}+\varepsilon \quad (n>N).$$

ここで，$M=\max\{|a_{N+1}-\varepsilon|,|a_{N+1}+\varepsilon|,|a_1|,|a_2|,\cdots,|a_N|\}$ とおくと $|a_n|\leqq M$ $(n\in\mathbf{N})$ となり，$\{a_n\}$ は有界数列となります．そこで，集合 $\{a_n,a_{n+1},\cdots,a_{n+k},\cdots\}$ に対する下限，上限を考え

$$\alpha_n=\inf\{a_n,a_{n+1},\cdots,a_{n+k},\cdots\}, \quad \beta_n=\sup\{a_n,a_{n+1},\cdots,a_{n+k},\cdots\} \quad (n\in\mathbf{N})$$

とおくと

$$\alpha_1\leqq\alpha_2\leqq\cdots\leqq\alpha_n\leqq\cdots\leqq\beta_n\leqq\cdots\leqq\beta_2\leqq\beta_1 \tag{5.2.1}$$

となります．閉区間 $I_n=[\alpha_n,\beta_n]$ $(n\in\mathbf{N})$ を考えると，(i) $I_{n+1}\subset I_n$ $(n\in\mathbf{N})$ であり，(ii) n を限りなく大きくすると，α_n, β_n の定め方により，区間 I_n の幅 $|I_n|=\beta_n-\alpha_n$ は限りなく小さくなります．実際，$\varepsilon>0$ を任意とします．$\varepsilon/3$ に対して $n_0(>N)$ があって

$$|a_m-a_n|<\varepsilon/3 \quad (m,n>n_0)$$

となります．また，α_n, β_n の定め方と (5.2.1) により $n_1,n_2>n_0$ があって

$$|a_{n_1}-a_{n_2}|<\varepsilon/3 \quad かつ \quad a_{n_1}-\varepsilon/3<\alpha_n\leqq\beta_n<a_{n_2}+\varepsilon/3 \quad (n>n_0)$$

となっています．よって

$$0\leqq\beta_n-\alpha_n\leqq|a_{n_2}-a_{n_1}|+2\varepsilon/3<\varepsilon/3+2\varepsilon/3=\varepsilon$$

となり，(ii) が成り立つことが分かります．したがって，区間縮小法 (定理 5.2.1) により，すべての区間に共通な数がただ 1 つ存在する．この数を α とすると

$$\lim_{n\to\infty}\alpha_n=\lim_{n\to\infty}\beta_n=\alpha$$

となります．ところで，a_n と α は区間 $I_n=[\alpha_n,\beta_n]$ に属するから，任意の $\varepsilon>0$ に対して番号 n_0 があって

$$|a_n-\alpha|\leqq|\beta_n-\alpha_n|<\varepsilon \qquad (n>n_0)$$

したがって，$\lim_{n\to\infty}a_n=\alpha$ となります． ■

"任意の $\varepsilon>0$ に対して，番号 n_0 を適当にとると，$m,n>n_0$ ならば $|a_m-a_n|<\varepsilon$ が成り立つ"という条件を満たす数列 $\{a_n\}$ は**基本列**(または**コーシー (Cauchy) 列**)と呼ばれます．定理 5.2.2 により，$\mathbf{R}$ における基本列は必ず収束します．このことを**実数の完備性**といいます．

定理 5.2.3（ボルツァーノ–ワイヤストラスの定理）有界な無限数列は，収束する無限部分列を含む．

(証明) $\{a_n\}$ を有界な無限数列とすると，$L\leqq a_n\leqq M$ $(n\in\mathbf{N})$ となる定数 L,M が存在します．ここで，$I_1=[L,M]$ (閉区間) とおき，I_1 を 2 つの区間 $[L,(L+M)/2]$ と $[(L+M)/2,M]$ に分けます．このうちどちらか一方は，無限個の番号に対する $\{a_n\}$ の要素を含みます．$\{a_n\}$ の無限個の番号に対する要素を含む区間を I_2 とします．両方とも $\{a_n\}$ の無限個の番号に対する要素を含む場合には，左側の区間を I_2 とします．区間 I_2 に対して，上と同様の操作を行い，区間 I_3 を作ります．以下，同様の操作を繰り返し行って区間の列 $I_4,I_5,\cdots,I_n,\cdots$ を作ることができます．このとき，明らかに

$$I_1\supset I_2\supset\cdots\supset I_n\supset\cdots$$

となっています．また，各区間は $I_n=[c_n,d_n]$ と表すことができて，区間の幅は

$$|I_n|=d_n-c_n=\frac{1}{2^{n-1}}(M-L) \qquad (n\in\mathbf{N})$$

となるから，任意の $\varepsilon>0$ に対して番号 n_0 があって

$$|I_n|=d_n-c_n<\varepsilon \qquad (n>n_0) \tag{5.2.2}$$

となります．したがって，定理 5.2.1 の条件 (i), (ii) が満たされます．区間縮小法により，すべての区間に共通な数がただ 1 つ存在します．この数を α とすると，$\lim_{n\to\infty} c_n = \lim_{n\to\infty} d_n = \alpha$ となっています．ところで，各区間 I_k は数列 $\{a_n\}$ の無限個の番号に対する要素を含んでいます．これら I_k に含まれる要素のうち最小番号であるものを $a_{n(k)}$ とすると，$\{a_{n(k)}\}$ は $\{a_n\}$ の無限部分列で，$n(k) < n(k')$ $(k < k')$ となっています．ところで，$c_k \leqq \alpha \leqq d_k$, $c_k \leqq a_{n(k)} \leqq d_k$ $(k \in \mathbf{N})$ であるから，(5.2.2) により

$$0 \leqq |a_{n(k)} - \alpha| \leqq d_k - c_k < \varepsilon \qquad (n(k) > n_0).$$

したがって，$\lim_{k\to\infty} a_{n(k)} = \alpha$ となり，$\{a_n\}$ の収束する無限部分列 $\{a_{n(k)}\}$ が存在することが分かります． ∎

5.3 複素数列の収束

複素数列について考えます．複素数 $z = x + yi$ の絶対値は $|z| = \sqrt{x^2 + y^2}$ によって与えられます．$|z|$ は複素平面 $\mathbf{C}$ の原点 O から z の表す点 P までの距離を表しています．ここで，不等式に関する次の補題を準備しておきます．

補題 5.3.1 複素数 $z = x + yi$, z_1, z_2 に対して，次が成り立つ．

(1) $\max\{|x|, |y|\} \leqq |z|$.
(2) $|z + \bar{z}| \leqq 2|z|$.
(3) $|z_1| - |z_2| \leqq |z_1 + z_2| \leqq |z_1| + |z_2|$.

(証明) (1) $|z| = \sqrt{x^2 + y^2}$ より，$|z| \geqq \sqrt{x^2} = |x|$, $|z| \geqq \sqrt{y^2} = |y|$ であるから，$\max\{|x|, |y|\} \leqq |z|$ が成り立ちます．

(2) $z + \bar{z} = 2x$ となるから (1) より $|z + \bar{z}| = 2|x| \leqq 2|z|$ が示されます．

(3) $|z_1 + z_2| \leqq (|z_1| + |z_2|)$ は性質 4.1.3 の (4) により示されています．また

$$|z_1| = |z_1 + z_2 - z_2| \leqq |z_1 + z_2| + |-z_2| = |z_1 + z_2| + |z_2|$$

となるから，$|z_1| - |z_2| \leqq |z_1 + z_2|$ であることが示されます． ∎

複素平面 $\mathbf{C}$ において，$z_0 \in \mathbf{C}$ と $\varepsilon > 0$ に対して

$$U_\varepsilon(z_0) = \{z \in \mathbf{C} \mid |z-z_0| < \varepsilon\}$$

は z_0 を中心，半径を ε とする円の内部の点集合を表します．この $U_\varepsilon(z_0)$ は，**開円板**または z_0 の **ε–近傍**と呼ばれています．複素数列を今後は複素平面 $\mathbf{C}$ における点列と考えることにし，(複素) 点列ということにします．点列 $\{z_n\}$ と z_0 について，任意の $\varepsilon > 0$ に対して，ある番号 n_0 があって

$$|z_n - z_0| < \varepsilon \qquad (n > n_0)$$

となっているとき，点列 $\{z_n\}$ は z_0 に収束するといい，$\lim_{n\to\infty} z_n = z_0$ で表します．この z_0 を点列 $\{z_n\}$ の**極限点**といいます．点列 $\{z_n\}$ が z_0 に収束するとは，どんな小さな ε–近傍 $U_\varepsilon(z_0)$ をとっても，ある番号 n_0 があって，$n > n_0$ に対するすべての z_n が $U_\varepsilon(z_0)$ に入ってしまうことを意味しています．

補題 5.3.2 点列 $\{z_n\}$ と z_0 が $z_n = x_n + y_n i \ (n \in \mathbf{N})$，$z_0 = x_0 + y_0 i$ と表されているとき，点列 $\{z_n\}$ が z_0 に収束するための必要十分条件は，実数列 $\{x_n\}$，$\{y_n\}$ がそれぞれ x_0, y_0 に収束することである．

(証明) $|z_n - z_0| = \sqrt{(x_n-x_0)^2 + (y_n-y_0)^2} \leq |x_n - x_0| + |y_n - y_0| \ (n \in \mathbf{N})$

だから，$\{x_n\}$，$\{y_n\}$ がそれぞれ x_0, y_0 に収束すれば，$\{z_n\}$ も z_0 に収束することが分かります．補題 5.3.1 の (1) により，$|x_n - x_0|, |y_n - y_0| \leq |z_n - z_0| \ (n \in \mathbf{N})$ となるから，$\{z_n\}$ が z_0 に収束すれば，$\{x_n\}$，$\{y_n\}$ はそれぞれ x_0, y_0 に収束します． ∎

複素点列に対しても，実数列に対する定理 5.1.4 と同様の性質が成り立ちます．複素平面における点 $z = x + yi$ は，直交座標平面 (xy 平面) における点 (x,y) と同一視されます．複素平面における性質は座標平面においても同様に成り立ちます．以下において，座標平面における点列の収束について考えます．繰り返しになりますが，定義や表記等について述べておきます．平面上の点 (x,y) を太文字を用いて $\boldsymbol{x} = (x,y)$ のように表すことにします．2 点 $\boldsymbol{x_1} = (x_1, y_1)$，$\boldsymbol{x_2} = (x_2, y_2)$ に対して，$\boldsymbol{x_1}$ と $\boldsymbol{x_2}$ の間の距離は

$$|\boldsymbol{x_1}-\boldsymbol{x_2}|=\sqrt{(x_1-x_2)^2+(y_1-y_2)^2}$$

で定義されます．一般には，$|\boldsymbol{x}|$ は $\boldsymbol{x}$ の**ノルム**と呼ばれています．ノルムの定義が複素数における絶対値の定め方と同じであることに注意すれば，補題 5.3.1 におけるのと同様の不等式関係が成り立つことが分かります．すなわち，平面の点 $\boldsymbol{x}=(x,y)$, $\boldsymbol{x_1}$, $\boldsymbol{x_2}$ に対して

(1)′ $\max\{|x|,|y|\}\leqq |\boldsymbol{x}|$,
(2)′ $|\boldsymbol{x_1}|-|\boldsymbol{x_2}|\leqq |\boldsymbol{x_1}+\boldsymbol{x_2}|\leqq |\boldsymbol{x_1}|+|\boldsymbol{x_2}|$

が成り立ちます．平面の点 $\boldsymbol{a}=(a,b)$ と $\varepsilon>0$ に対して，$U_\varepsilon(\boldsymbol{a})=\{\boldsymbol{x}\mid |\boldsymbol{x}-\boldsymbol{a}|<\varepsilon\}$ は座標平面上の円板 (円の内部) を表し，複素平面におけるのと同様に $\boldsymbol{a}$ の ε–**近傍**といいます．平面上の点列 $\{\boldsymbol{a_n}\}$ が $\boldsymbol{a}$ に収束するとは，任意の $\varepsilon>0$ に対して，ある番号 n_0 があって

$$|\boldsymbol{a_n}-\boldsymbol{a}|<\varepsilon \quad (n>n_0)$$

が成り立つことをいいます．このことは，$n>n_0$ ならば，$\boldsymbol{a_n}\in U_\varepsilon(\boldsymbol{a})$ となることと同値です．このとき，$\lim_{n\to\infty}\boldsymbol{a_n}=\boldsymbol{a}$ と表します．

補題 5.3.2 を平面の点列の場合に表現すると，次のようになります．

補題 5.3.3 $\boldsymbol{a_n}=(a_n,b_n)\ (n\in\mathbf{N})$, $\boldsymbol{a}=(a,b)$ であるとする．点列 $\{\boldsymbol{a_n}\}$ が $\boldsymbol{a}$ に収束するための必要十分条件は，実数列 $\{a_n\}$, $\{b_n\}$ がそれぞれ a,b に収束することである．

また，$\{\boldsymbol{a_n}\}$ が**基本点列** (または **Cauchy 点列**) であるとは，任意の $\varepsilon>0$ に対して，番号 n_0 を適当にとるとき

$$m,n>n_0 \quad \text{ならば}\quad |\boldsymbol{a_m}-\boldsymbol{a_n}|<\varepsilon$$

が成り立つようにできることをいいます．

定理 5.3.4 平面上の点列 $\{\boldsymbol{a_n}\}$ が収束するための必要十分条件は，$\{\boldsymbol{a_n}\}$ が基本点列であることである．

(証明) まず，$\{a_n\}$ が基本点列であるとします．$a_n=(a_n,b_n)$ $(n\in \mathbf{N})$ に対して

$$|a_m-a_n|, \quad |b_m-b_n|\leqq |\boldsymbol{a}_m-\boldsymbol{a}_n| \quad (m,n\in \mathbf{N})$$

となるから $\{\boldsymbol{a}_n\}$ が基本点列ならば，$\{a_n\}$, $\{b_n\}$ はともに実数列として基本列である．定理 5.2.2 より，$\{a_n\}$, $\{b_n\}$ はともに収束するから $\lim_{n\to\infty}a_n=a$ かつ $\lim_{n\to\infty}b_n=b$ となる $a,b\in \mathbf{R}$ が存在します．そこで，$\boldsymbol{a}=(a,b)$ とおくと，補題 5.3.3 により，$\{\boldsymbol{a}_n\}$ は $\boldsymbol{a}=(a,b)$ に収束します．逆に，$\{\boldsymbol{a}_n\}$ が収束点列であるとします．すなわち，$\lim_{n\to\infty}\boldsymbol{a}_n=\boldsymbol{a}$ とします．このとき，任意の $\varepsilon>0$ に対して，番号 n_0 があって，$|\boldsymbol{a}_n-\boldsymbol{a}|<\varepsilon/2$ $(n>n_0)$ となっています．したがって，$m,n>n_0$ ならば

$$|\boldsymbol{a}_m-\boldsymbol{a}_n|=|(\boldsymbol{a}_m-\boldsymbol{a})-(\boldsymbol{a}_n-\boldsymbol{a})|$$
$$\leqq |\boldsymbol{a}_m-\boldsymbol{a}|+|\boldsymbol{a}_n-\boldsymbol{a}|<\varepsilon/2+\varepsilon/2=\varepsilon.$$

すなわち，$\{\boldsymbol{a}_n\}$ は基本点列となります． ∎

平面の点集合 M が有界であるとは，ある定数 K (>0) があって，任意の $\boldsymbol{x}\in M$ に対して，$|\boldsymbol{x}|\leqq K$ となっているときをいいます．

平面における点集合 M について，ある点 $\boldsymbol{a}$ が M の**集積点**であるとは，任意の $\varepsilon>0$ に対して，$\boldsymbol{a}$ の近傍 $U_\varepsilon(\boldsymbol{a})$ が M の点を無数に含むことをいいます．すなわち，$\boldsymbol{a}$ のどれほど近いところにも M の点が無数にあります．ただし，$\boldsymbol{a}$ が M に属している必要はありません．

例 5.3.1 半径 $r>0$ の閉円板（境界を含む）；$\overline{S}_r=\{\boldsymbol{x}\mid |\boldsymbol{x}|\leqq r\}$ の境界は $\overline{S}_r$ の集積点であり，$\overline{S}_r$ に含まれている．一方，開円板 $S_r=\{\boldsymbol{x}\mid |\boldsymbol{x}|<r\}$ の境界は，S_r の集積点であるが，S_r には含まれてはいない．

定理 5.3.5 平面の相異なる無数の点を含む有界集合 M において，集積点が存在する．

(証明) 集合 M は有界であるから，辺が両軸に平行である 1 つの正方形 S に含まれます．S は左側の辺と下側の辺を含み，右側と上側の両辺は含まないとして

よい．この正方形 S を，対辺の中点同士を結ぶ 2 つの線分によって四等分します．ただし，これら小正方形は，左側と下側の境界を含むようにします．これら四等分された小正方形のうち少なくとも 1 つは M の点を無数に含みます．その 1 つを S_1 としよう．M の点を無数に含む小正方形が 2 つ以上あるときには，小正方形に適当な順番付けをして，この順番に従い M の点を無数に含む最初のものを S_1 とします．S_1 は M の点を無数に含むので，再び上と同様の方法で四等分して小正方形を作ります．このとき，M の点を無数に含む正方形 S_2 が存在します．このことを繰り返すと，M の点を無数に含む正方形の列 $S_1, S_2, \cdots, S_n, \cdots$ が得られます．このとき

 (i) $S \supset S_1 \supset S_2 \supset \cdots \supset S_n \supset \cdots$
 (ii) $n \to \infty$ のとき，S_n の辺の長さは限りなく小さくなる．

正方形 S および各 n に対する S_n の頂点で，左下の座標をそれぞれ $(a,b), (a_n,b_n)$ と表すとき

$$a \leqq a_1 \leqq a_2 \leqq \cdots \leqq a_n \leqq \cdots \leqq K, \quad b \leqq b_1 \leqq b_2 \leqq \cdots \leqq b_n \leqq \cdots \leqq K$$

となっています．ここに，K はある定数である．数列 $\{a_n\}, \{b_n\}$ は有界な単調増加列であるから

$$\lim_{n \to \infty} a_n = \alpha, \quad \lim_{n \to \infty} b_n = \beta$$

が存在します．このとき，$\boldsymbol{a}_0 = (\alpha, \beta)$ が M の集積点です．実際，任意の $\varepsilon > 0$ に対して，番号 n_0 があって $n > n_0$ ならば，近傍 $U_\varepsilon(\boldsymbol{a}_0)$ は正方形 S_n を含みます．S_n は M の点を無数に含んでいるから $U_\varepsilon(\boldsymbol{a}_0)$ も M の点を無数に含んでいます．したがって，$\boldsymbol{a}_0 = (\alpha, \beta)$ は M の集積点です． ∎

系 5.3.6 平面における有界な無限点列は収束する無限部分点列を含む．

章末問題 5

問題 5.1 $0<a<1$ で，p は任意の自然数とします．このとき，$\lim_{n\to\infty} n^p a^n = 0$ であることを示してください．

問題 5.2 平面の有界な閉円板 (境界をも含む) の列 $S_1, S_2, \cdots, S_n, \cdots$ が，次の条件を満たしているとします．

(1) $S_1 \supset S_2 \supset \cdots \supset S_n \supset \cdots$.
(2) n を限りなく大きくするとき，S_n の直径が限りなく小さくなる．

このとき，すべての円板に共通な点がただ 1 つ存在する．このことを示してください．

第6章
環と体の性質

　これまで，自然数から複素数に至る数の体系についてみてきました．そこでは，代数的演算 (加，減，乗，除) および順序 (大小関係)，極限について議論してきました．第 1 章で"数学は，数をモデルとして発展してきた"と述べましたが，数の体系は，数学の最も基礎的な部分を成しています．数学の対象をより多くし，その適用範囲を拡げようとするのが現代数学の流れです．これら現代数学の主たる特徴は，一般化と抽象化です．数学が進歩し，複雑化するにつれ，一般化と抽象化の方法が数学の発展に重要な役割を果たすことになります．一般化とは，与えられた一組の対象から，それを含むより大きな組へ進もうとする方法です．一方，抽象化とは，いくつかの具体的なものから，それらがもっている特殊な性質を除き，これらに共通している性質だけを抜き出して 1 つの概念をつくり上げる方法です．

　数学的対象をある観点に着目し，抽象的に考えたもの，およびその仕組みを**数学的構造**といいます．たとえば，実数の基本的性質 (1)〜(9) (性質 3.1.1) だけに着目し，加，減，乗，除の演算のみによって有用な概念を生み，そこから新たな理論が構築されます．このような概念を一括して**体の構造**といいます．基本的性質 (1)〜(8) だけに着目した場合には**環の構造**，また，演算が加法，減法 (あるいは乗法，除法) の場合，基本的性質 (1)〜(4) (あるいは (6), (8), (9)) だけに着目したときには**群の構造**といいます．これらは総括して**代数的構造**と呼ばれます．代数的構造の他に順序構造，極限や連続性などに着目した位相構造などがありま

す．このような一般化と抽象化によって，これまでに個々に扱っていたものが統一的に捉えられ，数学的構造を見えやすくしています．この章では，環と体について，その基本的性質を見ていくことにします．

キーワード

環，整数環，部分環，整域，零因子，イデアル，同値類，代表元，合同，剰余環，単位元，逆元，準同型，同型，公約因子，互いに素，標準写像，多項式環，因数定理，可約，既約因子分解

新しい記号

$\mathbf{R}$, $\mathbf{Z}_p$, $\mathcal{R}/I$, $\mathrm{Ker}(\varphi)$, $\mathrm{Im}(\varphi)$, $\mathbf{Q}[x]$, $\mathbf{R}[x]$, $\mathbf{C}[x]$

6.1 環とイデアル

整数の和，差，積はまた整数となるが，2つの整数の商は整数になるとは限りません．この整数全体の集合 $\mathbf{Z}$ と同じような代数的構造をもつ環について述べ，その性質を調べることにします．

定義 6.1.1 集合 $\mathcal{R}$ ($\neq \phi$) において，2つの演算として和 $+$ と積 $\cdot$ が定義され，この演算に関して閉じていて，$a, b, c \in \mathcal{R}$ に対して

(1) $a+b=b+a$,
(2) $(a+b)+c=a+(b+c)$,
(3) ある特定の元 0 (零元) $\in \mathcal{R}$ が存在し $a+0=0+a=a$,
(4) a に対して $x \in \mathcal{R}$ が存在して $a+x=x+a=0$,
(5) $(a \cdot b) \cdot c = a \cdot (b \cdot c)$,
(6) $a \cdot (b+c) = a \cdot b + a \cdot c$, $\quad (a+b) \cdot c = a \cdot c + b \cdot c$

が満たされているとき，$\mathcal{R}$ を環という．さらに

(7) 元 $e \in \mathcal{R}$ が存在して，すべての $a \in \mathcal{R}$ に対して

$$a \cdot e = e \cdot a = a$$

を満たすとき，e を $\mathcal{R}$ の積に関する**単位元**といい，このとき，$\mathcal{R}$ を単位元をもつ環という．さらに

(8) 任意の $a, b \in \mathcal{R}$ に対して，$a \cdot b = b \cdot a$ が満たされているとき，$\mathcal{R}$ を**可換環**という．

(4) における x を和に関する a の逆元といい，$-a \; (\in \mathcal{R})$ と表します．

集合 $\mathcal{R}$ が加法に関して，定義 6.1.1 の条件 (1)〜(4) を満たすとき，$\mathcal{R}$ を**加法群**といいます．特に，環は加法群です．

注 6.1.1 環 $\mathcal{R}$ においては，任意の元の和に関する逆元は一意的に存在します．実際，b, b' を和に関する a の逆元であるとすると，$a+b=0, a+b'=0$ であるから，(3) により $b = b+0 = b+(a+b') = (a+b)+b' = 0+b' = b'$ となります．また，$a, b \in \mathcal{R}$ に対して，$-b \in \mathcal{R}$ であるから $a-b \in \mathcal{R}$ となります．

整数全体の集合 $\mathbf{Z}$ は，通常の和 $+$ と積 $\cdot$ に関して可換環となります．この $\mathbf{Z}$ は**整数環**と呼ばれています．また，有理数全体の集合 $\mathbf{Q}$ および実数全体の集合 $\mathbf{R}$，複素数全体の集合 $\mathbf{C}$ も可換環となります (性質 3.1.1 を参照)．単位元 e をもつ環 $\mathcal{R}$ において，$a \in \mathcal{R}$ に対して $ab = ba = e$ を満たす $b \; (\in \mathcal{R})$ が存在するならば，a を**正則元**といいます．このとき，b を積に関する a の**逆元**といい，a^{-1} と表します．また，$a \in \mathcal{R}$ が，0 でないある $x \in \mathcal{R}$ に対して $a \cdot x = 0 \; (x \cdot a = 0)$ を満たすならば，a を**左零因子 (右零因子)** といいます．$a \in \mathcal{R}$ が左零因子であり，かつ右零因子であるときは，a を単に**零因子**といいます．0 も零因子の 1 つです．0 以外に左零因子も右零因子ももたない環は**整域**と呼ばれます．整数環 $\mathbf{Z}$ には，0 以外には零因子は存在しません．したがって，整数環 $\mathbf{Z}$ は整域です．

定理 6.1.1 単位元をもつ環 $\mathcal{R}$ の元 a が左零因子 (または右零因子) ならば，a は正則元ではない．

(証明) いま，$a \in \mathcal{R}$ が左零因子であって，しかも正則元であるとします．a は零因子だから，$a \cdot b = 0$ かつ $b \neq 0$ となる $b \in \mathcal{R}$ が存在します．一方，a は正則

元でもあるから，逆元 a^{-1} が存在して，$a \cdot a^{-1} = a^{-1}a = e$ ($\mathcal{R}$ の単位元) となります．$a \cdot b = 0$ であるから，$b = e \cdot b = (a^{-1} \cdot a) \cdot b = a^{-1} \cdot (a \cdot b) = a^{-1} \cdot 0 = 0$ となります．これは $b \neq 0$ であったことに反します．よって，a が左零因子ならば，a は正則元ではないことが分かります．a が右零因子である場合も同様に証明できます．∎

系 6.1.2 整域においては消去法が成り立つ．すなわち，$a,b,c \in \mathcal{R}$ ($a \neq 0$) に対して，$ab = ac$ ならば，$b = c$ である．

(証明) $ab = ac$ ならば，$a(b-c) = 0$ です．$\mathcal{R}$ は整域であるから，$a \neq 0$ より $b - c = 0$ です．すなわち，$b = c$ となります．∎

環 $\mathcal{R}$ の部分集合 $\mathcal{S}$ ($\neq \phi$) が，再び環であるならば，$\mathcal{S}$ を $\mathcal{R}$ の**部分環**といいます．

定理 6.1.3 環 $\mathcal{R}$ の空でない部分集合 $\mathcal{S}$ が部分環であるための必要十分条件は

$$a, b \in \mathcal{S} \Longrightarrow a - b \in \mathcal{S} \text{ かつ } ab \in \mathcal{S} \tag{6.1.1}$$

が成り立つことである．

(証明) $\mathcal{S}$ が部分環であるとすると，$\mathcal{S}$ において (6.1.1) が成り立つことは明らかです．逆に，(6.1.1) が成り立っているとします．まず，$\mathcal{S}$ が和に関して閉じていることを示します．$a \in \mathcal{S}$ に対して，$0 = a - a \in \mathcal{S}$ であり $\mathcal{S}$ は零元を含みます．$a \in \mathcal{S}$ に対して，(6.1.1) により $-a = 0 - a \in \mathcal{S}$ となります．したがって，$a \in \mathcal{S}$ に対して和に関する逆元 $-a$ ($\in \mathcal{S}$) が存在します．このことから $a, b \in \mathcal{S}$ に対して，$a + b = a - (-b) \in \mathcal{S}$ となります．(6.1.1) より，$\mathcal{S}$ は積に関しても閉じています．定義6.1.1 の (1), (2), (5), (6) は $\mathcal{S}$ においても成り立っているから，$\mathcal{S}$ は $\mathcal{R}$ の部分環となります．∎

定理 6.1.4 S を環 $\mathcal{R}$ の空でない部分集合とし，$\{A_\lambda \mid \lambda \in \Gamma\}$ を S を含む $\mathcal{R}$ の部分環の全体とする．ここに，Γ はパラメータの集合である．このとき，$\bigcap_{\lambda \in \Gamma} A_\lambda$ は $\mathcal{R}$ の部分環で，S を含む最小の環である．この環を S で**生成される部分環**という．

(証明) $S \subset A_\lambda$ $(\lambda \in \Gamma)$ より $S \subset \underset{\lambda \in \Gamma}{\cap} A_\lambda$ となります．いま，$a, b \in \underset{\lambda \in \Gamma}{\cap} A_\lambda$ とすると，$a, b \in A_\lambda$ $(\lambda \in \Gamma)$ であり，各 A_λ は部分環であるから $a-b \in A_\lambda$ かつ，$ab \in A_\lambda$ $(\lambda \in \Gamma)$ となっています．したがって，$ab, a-b \in \underset{\lambda \in \Gamma}{\cap} A_\lambda$ となり，定理 6.1.3 によって，$\underset{\lambda \in \Gamma}{\cap} A_\lambda$ は $\mathcal{S}$ を含む部分環です．S を含む任意の部分環を A とすると $A \in \{A_\lambda \mid \lambda \in \Gamma\}$ であるから，$\underset{\lambda \in \Gamma}{\cap} A_\lambda \subset A$ となります．したがって，$\underset{\lambda \in \Gamma}{\cap} A_\lambda$ は S を含む最小の部分環となります． ∎

定義 6.1.2 環 $\mathcal{R}$ の部分集合 I $(\neq \phi)$ が，次の条件 (i), (ii) を満たすとき，I を $\mathcal{R}$ の**右イデアル**という．

(i) $a, b \in I \Longrightarrow a-b \in I$.

(ii) $a \in I, x \in \mathcal{R} \Longrightarrow ax \in I$.

また，(i) を満たし，(ii) の代わりに条件

(ii)′ $a \in I, x \in \mathcal{R} \Longrightarrow xa \in I$

を満たすとき，I を**左イデアル**であるという．さらに，I が右イデアルかつ左イデアルであるときは，I を**両側イデアル** (単に**イデアル**) という．

以下では，主に右イデアルについて述べることにします．左イデアルおよび両側イデアルについても同様の性質が成り立ちます．

注 6.1.2 環 $\mathcal{R}$ 自身は $\mathcal{R}$ の 1 つのイデアルである．また，$\mathcal{R}$ のイデアル I は $\mathcal{R}$ の部分環です．定義の条件 (i) により，$a \in I$ ならば，$0 = a - a \in I$ であるからイデアル I は 0 を含みます．しかし，$\mathcal{R}$ が積に関する単位元を含むとしても，I がその単位元を含むとは限りません．

I が右イデアルのとき，$0 \in I$ であるから $b \in I$ に対して，$-b = 0 - b \in I$ を満たします．したがって，定義 6.1.2 の条件 (i) は次と同値です．

$$a, b \in I \Longrightarrow a+b \in I \text{ かつ } -a \in I.$$

例 6.1.1 整数環 $\mathbf{Z}$ において，2 の倍数全体の集合 $2\mathbf{Z} = \{2n \mid n \in \mathbf{Z}\}$ は $\mathbf{Z}$ のイデアルである．実際，$2n, 2m \in 2\mathbf{Z}$ に対して，$2n - 2m = 2(n-m) \in 2\mathbf{Z}$ で，条件 (i) を満たします．また，$2n \in 2\mathbf{Z}$ であり，$m \in \mathbf{Z}$ に対して $(2n)m = m(2n) = 2(mn) \in 2\mathbf{Z}$ となるから，条件 (ii) が満たされます．したがって，$2\mathbf{Z}$ は $\mathbf{Z}$ のイデアルです．一般に，$p \in \mathbf{Z}$ に対して $p\mathbf{Z} = \{pn \mid n \in \mathbf{Z}\}$ は $\mathbf{Z}$ のイデアルとなります．ところで，$2\mathbf{Z}$ は $\mathbf{Z}$ の単位元 1 を含みません．

例 6.1.2 単位元をもつ環 $\mathcal{R}$ において，$\mathcal{R}$ の元 a に対して

$$a\mathcal{R} = \{ax \mid x \in \mathcal{R}\}$$

とおくと，$a\mathcal{R}$ が $\mathcal{R}$ の右イデアルであることが例 6.1.1 と同様に示されます．また

$$\mathcal{R}a = \{xa \mid x \in \mathcal{R}\}$$

が $\mathcal{R}$ の左イデアルであることも示されます．特に，$\mathcal{R}$ が可換環であるとき，$a\mathcal{R} = \{ax = xa \mid x \in \mathcal{R}\}$ は (両側) イデアルとなります．

上の例における $2\mathbf{Z}, a\mathcal{R}$ のようなイデアルは，それぞれ $2, a$ によって生成される**単項イデアル**と呼ばれます．以下では，$\mathcal{R}$ が可換環であるとき，$a \in \mathcal{R}$ に対し，$a\mathcal{R}$ ($=\mathcal{R}a$) を (a) なる記号で表すことにします．$\mathcal{R}$ が単位元をもつ環であるとき，単位元 e に対しては $(e) = \mathcal{R}$ となります．また，(0) も $\mathcal{R}$ のイデアルです．これを**零イデアル**といいます．$\mathcal{R}$ が可換環のとき，$a \in \mathcal{R}$ ($a \neq 0$) に対して，(a) は a を含む $\mathcal{R}$ の最小のイデアルとなります．実際，I を a を含む $\mathcal{R}$ のイデアルとすると，(a) の任意の元 ax ($x \in \mathcal{R}$) に対して，$ax \in I$ であるから $(a) \subset I$ となります．すなわち，(a) は $a \in \mathcal{R}$ を含む $\mathcal{R}$ の最小のイデアルです．

定理 6.1.5 I_λ ($\lambda \in \Gamma$) を環 $\mathcal{R}$ の右 (左または両側) イデアルとするとき，$I = \bigcap_{\lambda \in \Gamma} I_\lambda$ は $\mathcal{R}$ の右 (左または両側) イデアルである．ここに，Γ はパラメータの集合である．

(証明) $a, b \in I, x \in \mathcal{R}$ に対して，各 I_λ は右イデアルであるから，$a - b, ax \in I_\lambda$ ($\lambda \in \Gamma$) を満たします．したがって，$a - b, ax \in I = \bigcap_{\lambda \in \Gamma} I_\lambda$ となるから $\bigcap_{\lambda \in \Gamma} I_\lambda$ は

右イデアルとなります．各 I_λ が左または両側イデアルである場合にも同様にして，$I = \bigcap_{\lambda \in \Gamma} I_\lambda$ が左イデアルまたは両側イデアルであることが示されます．■

環 $\mathcal{R}$ の空でない部分集合 M に対して，M を含むすべての $\mathcal{R}$ の右イデアルを $\{I_\lambda \mid \lambda \in \Gamma\}$ とするとき，$I = \bigcap_{\lambda \in \Gamma} I_\lambda$ は M を含む最小の $\mathcal{R}$ の右イデアルとなります．実際，$I = \bigcap_{\lambda \in \Gamma} I_\lambda$ が右イデアルであることは定理 6.1.5 で示されました．M を含む任意の右イデアルを I' とすると，I の構成の仕方から $I \subset I'$ となっています．したがって，I が M を含む最小の右イデアルとなります．この $I = \bigcap_{\lambda \in \Gamma} I_\lambda$ は M によって**生成される** $\mathcal{R}$ **の右イデアル**と呼ばれます．同様に，M を含むすべての $\mathcal{R}$ の左または両側イデアルに対しても I が M を含む最小の左または両側イデアルとなることが示されます．特に，可換環 $\mathcal{R}$ の元 $a_1, a_2, \cdots, a_n$ に対して

$$J = \{a_1 x_1 + a_2 x_2 + \cdots + a_n x_n \mid x_1, x_2, \cdots, x_n \in \mathcal{R}\}$$
$$\left(= \{x_1 a_1 + x_2 a_2 + \cdots + x_n a_n \mid x_1, x_2, \cdots, x_n \in \mathcal{R}\}\right)$$

も $\mathcal{R}$ のイデアルとなります．このとき，$J = (a_1, a_2, \cdots, a_n)$ と表し，J を $a_1, a_2, \cdots, a_n$ によって生成される $\mathcal{R}$ のイデアルといいます．

定理 6.1.6 a, b を相異なる自然数とし，a と b の最大公約数を d とする．いま，$A = \{na + mb \mid n, m \in \mathbf{Z}\}$ とおくと，A は整数環 $\mathbf{Z}$ の単項イデアルで，$A = (d)$ である．

(証明) A が $\mathbf{Z}$ のイデアルであることを示そう．$na + mb, n'a + m'b \in A$ に対して

$$(na + mb) - (n'a + m'b) = (n - n')a + (m - m')b \in A.$$

また，$na + mb \in A$, $x \in \mathbf{Z}$ に対して

$$(na + mb)x = (nx)a + (mx)b \in A$$

となり，A は $\mathbf{Z}$ のイデアルとなります．次に，補題 1.1.10 により a, b とその最大公約数 d に対して，$ax + by = d$ となる $x, y \in \mathbf{Z}$ が存在します．任意の $z \in \mathbf{Z}$

に対して

$$zd = z(ax+by) = (xz)a+(yz)b \in A$$

となるから，$(d) \subset A$ となります．一方，$na+mb \in A$ とすると，$(a,b)=d$ であるから $a=qd, b=rd$ となる $q,r \in \mathbf{Z}$ が存在します．これより

$$na+mb = n(qd)+m(rd) = (qn+rm)d \in (d)$$

であるから，$A \subset (d)$ が示されます．したがって，$A=(d)$ となります．すなわち，正の整数 a, b の最大公約数を d とすると

$$(d) = \{ax+by \mid x,y \in \mathbf{Z}\}$$

が成り立ちます．特に，a, b が互いに素であれば，$\mathbf{Z} = (1) = \{ax+by \mid a,b \in \mathbf{Z}\}$ となります． ■

注 6.1.3 整数 a, b がともに n と互いに素であれば，ab も n と互いに素となります．実際，仮定から $ax+ny=1, bx'+ny'=1$ となる x,x',y,y' ($\in \mathbf{Z}$) が存在します．2式の両辺同士の積をとると

$$ab(xx')+n(axy'+byx'+nyy')=1$$

となるから，系 1.1.11 により ab と n は互いに素であることが分かります．

定理 6.1.7 $\mathbf{Z}$ のイデアルは単項イデアルである．

(証明) I を $\mathbf{Z}$ の任意のイデアルとする．$I=(0)$ のときは明らかです．$I \neq (0)$ のとき，$a \in I$ ($a \neq 0$) が存在します．このとき，$-a \in I$ であるから，I は正の整数を含みます．そこで，I に含まれる正の整数のうち最小のものを a_0 とすると，(a_0) は a_0 を含む最小のイデアルであるから $(a_0) \subset I$ となります．実は，$I=(a_0)$ となります．このことを示します．いま，I の任意の元 a は，除法の定理により $a=pa_0+r$ ($p \in \mathbf{Z}, 0 \leq r < a_0$) と表され，$r=a-pa_0 \in I$ ($0 \leq r < a_0$) となります．ところで，a_0 は I に含まれる最小の正の整数であるから $r=0$ です．よって，$a=pa_0$，すなわち，$a \in (a_0)$ となり $I \subset (a_0)$ が示されます．したがって，$I=(a_0)$ であることが分かります． ■

6.2 剰余環

一般の集合における同値関係を定義しておきます．集合 S の任意の元 a, b に対して，関係 $\sim$ が与えられ，$a \sim b$ であるか否かが定められていて，次の (i), (ii), (iii) が成り立っているとします．$a, b, c \in S$ に対して

(i) $a \sim a$,
(ii) $a \sim b \Longrightarrow b \sim a$,
(iii) $a \sim b$ かつ $b \sim c \Longrightarrow a \sim c$.

このとき，関係 $\sim$ を S の**同値関係**といいます．以下，集合 S に同値関係 $\sim$ が与えられているとします．$a \in S$ に対して，a と同値な元 $x \in S$ の全体集合を $C_a = \{x \in S \mid a \sim x\}$ と表し，a の**同値類**といいます．a を C_a の**代表元**といいます．このとき，$S = \underset{a \in S}{\cup} C_a$ です．

定理 6.2.1 集合 S に同値関係 $\sim$ が与えられているとする．このとき，S は同値関係 $\sim$ により同値類に類別される．すなわち

(1) 任意の $a \in S$ に対して，$C_a \neq \phi$.
(2) 任意の $a, b \in S$ に対して，$C_a = C_b$ であるか，あるいは $C_a \cap C_b = \phi$ であるかのいずれかである．

(証明) (1) 任意の $a \in S$ に対し，$a \sim a$ であるから $a \in C_a$ となります．よって，$C_a \neq \phi$ です．

(2) $C_a \cap C_b \neq \phi$ ならば，$C_a = C_b$ であることを示せばよい．$c \in C_a \cap C_b$ とすると $c \sim a, c \sim b$ である．任意の $x \in C_a$ に対して，$a \sim x, c \sim a$ であるから $c \sim x$ となります．したがって，$x \in C_c$ となり，$C_a \subset C_c$ が示されます．

一方，$x \in C_c$ とすると $c \sim x$ です．また，$a \sim c$ でもあるから $a \sim x$ となります．よって，$x \in C_a$ であり，$C_c \subset C_a$ が示されます．したがって，$C_c = C_a$ であることが分かります．また，$c \sim b$ であるから上と同様にして $C_c = C_b$ であることも示されます．したがって，$C_a = C_b$ となります．■

注 6.2.1 S の任意の同値類 C_a に対して，$c \in C_a$ ならば $C_c = C_a$ であるから，

C_a の任意の元は，この類の代表元となり得ます．したがって，同値類は代表元のとり方によらず確定します．

1.2 節でみてきたように，整数環 $\mathbf{Z}$ は p ($p \in \mathbf{N}$) を法とする剰余類 $\overline{0}, \overline{1}, \overline{2}, \cdots,$ $\overline{p-1}$ に分類されます．いま，$\mathbf{Z}_p = \{\overline{0}, \overline{1}, \overline{2}, \cdots, \overline{p-1}\}$ と表します．$\overline{m} \in \mathbf{Z}_p$ は $m \in \mathbf{Z}$ を p で割ったときの余りの属する剰余類を表しています．同値類は代表元のとり方によらず確定するので，$m = m'p + r$ ($0 \leq r < p$) のとき $\overline{m} = \overline{r}$ です．ところで

$$m = n + kp \quad (k \in \mathbf{Z}) \iff m \equiv n \pmod{p}$$

であるから

$$\overline{m} = \overline{n} \iff m \equiv n \pmod{p}$$

が成り立ちます．また，定理 1.2.2 の (1), (2) により，合同関係に関して $m \equiv m'$, $n \equiv n' \pmod{p}$ ならば

$$m + n \equiv m' + n' \pmod{p}, \quad mn \equiv m'n' \pmod{p}$$

であるから，$\overline{m+n} = \overline{m'+n'}$, $\overline{mn} = \overline{m'n'}$ が成り立ちます．このことにより，$\mathbf{Z}_p$ において，$\overline{m}, \overline{n} \in \mathbf{Z}_p$ に対する和と積を次のように定義することができます．

$$\overline{m} + \overline{n} = \overline{m+n}, \quad \overline{m} \cdot \overline{n} = \overline{mn}. \tag{6.2.1}$$

この和と積の演算の定義は同値類の代表元のとり方によらない．このとき，$\overline{m} + \overline{n}, \overline{m} \cdot \overline{n} \in \mathbf{Z}_p$ です．さらに，$\mathbf{Z}_p$ において，定義 6.1.1 の (1)〜(8) が成り立ちます．したがって，$\mathbf{Z}_p$ は可換環となります．$\mathbf{Z}_p$ は $\mathbf{Z}/p\mathbf{Z}$ とも表され，$\mathbf{Z}$ のイデアル $p\mathbf{Z} = (p)$ による**剰余環**と呼ばれます．

次に，一般の環に対する剰余環を考えよう．$\mathcal{R}$ を可換環とし，I を $\mathcal{R}$ でも (0) でもない $\mathcal{R}$ のイデアルとする．$\mathcal{R}$ の元 x, y に対して，$x - y \in I$ のとき x と y は I **を法として合同である**といい，$x \equiv y \pmod{I}$ と表します．この合同であるという関係 $\equiv$ が，$\mathcal{R}$ の元の間の同値関係を与えていることは容易に確かめられます (注 1.2.2 を参照)．$x \in \mathcal{R}$ と合同である元の全体を x の剰余類といい，$\bar{x}$ と表します．すなわち，$\bar{x} = \{y \in \mathcal{R} \mid y \equiv x \pmod{I}\}$ とします．この同値関係に

よって $\mathcal{R}$ は剰余類に類別されます (定理 6.2.1). これら剰余類を I によって類別される剰余類といいます. この同値関係は次の性質をもちます. $x, y, x', y' \in \mathcal{R}$ に対して, $x \equiv y, x' \equiv y' \pmod{I}$ ならば

(i) $x + x' \equiv y + y' \pmod{I}$,
(ii) $xx' \equiv yy' \pmod{I}$

が成り立ちます. 実際, 仮定より $x - y, x' - y' \in I$ であるから

$$x + x' - (y + y') = (x - y) + (x' - y') \in I,$$
$$xx' - yy' = (x - y)x' + y(x' - y') \in I$$

となります. このように, 同値関係 $\equiv$ が (i), (ii) の性質をもつとき, $\equiv$ は**和と積の演算が両立する**といいます. このとき, $x, y \in \mathcal{R}$ について $x + y, xy$ の同値類は x, y の同値類のみで決まります.

いま, I によって類別される剰余類の全体を $\mathcal{R}/I$ と表します. $\mathcal{R}/I$ の元は $\overline{x}$ の形のものですが, $x + I$ としても表されます. すなわち, $\overline{x} = x + I$ です. このとき, 性質 (i), (ii) により, $\mathcal{R}/I$ における和と積を, $\overline{x}, \overline{y} \in \mathcal{R}/I$ に対して

$$\overline{x} + \overline{y} = \overline{x + y}, \quad \overline{x} \cdot \overline{y} = \overline{xy} \tag{6.2.2}$$

によって定義することができます.

注 6.2.2 これは, $(x + I) + (y + I) = (x + y) + I, (x + I)(y + I) = xy + I$ を意味しているから, (6.2.2) は自然な定義といえます.

(6.2.2) によって定義される和と積の演算に関して, $\mathcal{R}/I$ は環となります. 実際, $\overline{0} = I, \overline{x} = x + I \in \mathcal{R}/I$ に対して, $\overline{0} + \overline{x} = \overline{x} + \overline{0} = x + I = \overline{x}$ であるから $\overline{0} = I$ は零元です. また, $\mathcal{R}$ が単位元 e をもつときは, $\overline{e} = e + I$ であり, $\overline{x} = x + I$ ($x \in \mathcal{R}$) に対して, $\overline{x} \cdot \overline{e} = \overline{xe} = \overline{x} = \overline{ex} = \overline{e} \cdot \overline{x}$ を満たします. したがって, $\mathcal{R}/I$ は単位元 $\overline{e}$ をもちます. $\equiv$ が演算と両立していることから, $\mathcal{R}/I$ は (6.2.2) によって定義される和と積に関して結合法則, 分配法則が成り立ちます. したがって, $\mathcal{R}/I$ は環となります. この $\mathcal{R}/I$ を $\mathcal{R}$ のイデアル I に関する**剰余環**といいます.

定理 6.2.2 $\mathcal{R}$ を可換環，I を $(I \neq \mathcal{R})$ $\mathcal{R}$ のイデアルとする．このとき，次の 2 条件は同値である．

(1) $x, y \in \mathcal{R}$ について，$xy \in I$ ならば $x \in I$ または $y \in I$ である．
(2) $\mathcal{R}/I$ は整域である．

(証明) (1) を仮定する．$\overline{x} \cdot \overline{y} = \overline{0}$ ならば，$\overline{xy} = \overline{0}$ であるから $xy \in I$ です．仮定により，$x \in I$ または $y \in I$ となります．よって，$\overline{x} = \overline{0}$ または $\overline{y} = \overline{0}$ となるから，$\mathcal{R}/I$ は整域となります．次に，(2) を仮定します．

$$xy \in I \iff \overline{x} \cdot \overline{y} = \overline{xy} = \overline{0}$$

であり，$\mathcal{R}/I$ は整域であるから $\overline{x} = \overline{0}$ または $\overline{y} = \overline{0}$ となります．すなわち $x \in I$ または $y \in I$ となります． ∎

定義 6.2.1 $\mathcal{R}$ を可換環，I を $(I \neq \mathcal{R})$ $\mathcal{R}$ のイデアルとする．$x, y \in \mathcal{R}$ について，$xy \in I$ ならば，$x \in I$ または $y \in I$ を満たすとき，I を $\mathcal{R}$ の**素イデアル**という．

定理 6.2.2 から，次が得られます．

系 6.2.3 可換環 $\mathcal{R}$ のイデアル I に対して，次が成り立つ．
I が $\mathcal{R}$ の素イデアルである．$\iff \mathcal{R}/I$ は整域である．

注 6.2.3 上の系において，特に $I = (0)$ ならば，次が成り立つ．
$\mathcal{R}$ の零イデアルが素イデアルである．$\iff \mathcal{R}$ が整域である．

例 6.2.1 $p \in \mathbf{Z}$ $(p \geq 2)$ を素数とする．定理 1.1.8 の (3) により，$a, b \in \mathbf{Z}$ に対して，p が ab を割り切れば，a, b の少なくとも一方は p で割り切れます．これより，p により生成される単項イデアルを (p) とするとき，$ab \in (p) \Longrightarrow a \in (p)$ または $b \in (p)$ となります．すなわち (p) は $\mathbf{Z}$ の素イデアルです．また，$\mathbf{Z}$ は整域であるから，零イデアル (0) は素イデアルとなります．

6.3 体と剰余類体

有理数全体の集合 $\mathbf{Q}$, 実数全体の集合 $\mathbf{R}$ および複素数全体の集合 $\mathbf{C}$ は，四則演算に関して閉じていて，性質 3.1.1 の基本的性質 (1)～(9) を満たしています．$\mathbf{Q}, \mathbf{R}, \mathbf{C}$ はそれぞれ有理数体，実数体，複素数体と呼ばれているものです．$\mathbf{Q}, \mathbf{R}, \mathbf{C}$ における四則演算のもつ規則性に着目し，一般の体を考えることができます．以下においては，$\mathbf{Q}, \mathbf{R}, \mathbf{C}$ を数体ということにします．

定義 6.3.1 集合 $\mathbf{K}$ において 2 つの演算 $+, \cdot$ が定義されていて，$\mathbf{K}$ がこの 2 つの演算に関して閉じているとする．任意の $a, b, c \in \mathbf{K}$ に対して，次の (1)～(8) が満たされているとき，$\mathbf{K}$ は**体**であるという．

(1) (**交換法則**) $a+b=b+a$.
(2) (**結合法則**) $(a+b)+c=a+(b+c)$.
(3) (**零元の存在**) ある特定の元 $0 \in \mathbf{K}$ が存在して $a+0=0+a=a$.
(4) (**逆元の存在**) $a \in \mathbf{K}$ に対して，$x \in \mathbf{K}$ が存在して $a+x=x+a=0$.
(5) (**積に関する結合法則**) $(a \cdot b) \cdot c = a \cdot (b \cdot c)$.
(6) (**分配法則**) $a \cdot (b+c) = a \cdot b + a \cdot c$, $(a+b) \cdot c = a \cdot c + b \cdot c$.
(7) (**積に関する単位元の存在**) ある特定の元 $e \in \mathbf{K}$ が存して
$$a \cdot e = e \cdot a = a.$$
(8) (**積に関する逆元の存在**) $a \in \mathbf{K}$ ($a \neq 0$) に対して，$z \in \mathbf{K}$ が存在して
$$a \cdot z = z \cdot a = e.$$

さらに，次の (9) も満たされているならば，$\mathbf{K}$ は**可換体**と呼ばれる．

(9) (**積に関する交換法則**) 任意の $a, b \in \mathbf{K}$ に対して，$a \cdot b = b \cdot a$.

(3) における特定の元 0 を**零元**，(7) における特定の元 e を**単位元**という．また，(8) を満たす z を a の**逆元**といい，$z = a^{-1}$ と表す．

注 6.3.1 体 $\mathbf{K}$ において，積 $\cdot$ に関する単位元 e および 0 以外の元の逆元は一意的に定まります．実際，e, e' がともに単位元であったとすると，任意の元

$a \in \mathbf{K}$ に対して $a \cdot e = e \cdot a = a$ である．ここで，$a = e'$ とすると $e' \cdot e = e \cdot e' = e'$ となります．また，$e = e \cdot e'$ でもあるから $e = e'$ となります．逆元については，$a \neq 0$ の逆元が b, b' であったとすると，$a \cdot b = b \cdot a = e, a \cdot b' = b' \cdot a = e$ であるから

$$b = b \cdot e = b \cdot (a \cdot b') = (b \cdot a) \cdot b' = e \cdot b' = b'$$

となり，逆元の一意性が示されます．

例 6.3.1 集合 $\mathbf{Q}[\sqrt{3}] = \{a + b\sqrt{3} \mid a, b \in \mathbf{Q}\}$ は，$\mathbf{R}$ の部分集合であり，数における通常の加法，乗法の演算に関して体となります．実際

$$a + b\sqrt{3} + a' + b'\sqrt{3} = (a + a') + (b + b')\sqrt{3} \in \mathbf{Q}[\sqrt{3}],$$
$$(a + b\sqrt{3})(a' + b'\sqrt{3}) = (aa' + 3bb') + (ab' + a'b)\sqrt{3} \in \mathbf{Q}[\sqrt{3}]$$

となるから，和と積の演算に関して閉じています．交換法則，結合法則，分配法則が実数体 $\mathbf{R}$ において成り立っているから，$\mathbf{Q}[\sqrt{3}]$ においても成り立ちます．また，乗法に関する単位元は $1 = (1 + 0\sqrt{3})$ で，任意の $a + b\sqrt{3} \in \mathbf{Q}[\sqrt{3}]$ に対して，$1 \cdot (a + b\sqrt{3}) = (a + b\sqrt{3}) \cdot 1 = a + b\sqrt{3}$ を満たします．ところで，等式について，$a, b, a', b' \in \mathbf{Q}$ に対して

$$a + b\sqrt{3} = a' + b'\sqrt{3} \iff (a - a') + (b - b')\sqrt{3} = 0 \iff a = a', b = b'$$

となります．特に，$a \pm b\sqrt{3} = 0 \iff a = b = 0$ です．これより，$\alpha = a + b\sqrt{3} \neq 0$ ならば $a^2 \neq 3b^2$ である．0 でない $\alpha = a + b\sqrt{3} \in \mathbf{Q}[\sqrt{3}]$ の逆元は

$$\alpha^{-1} = \frac{1}{a + b\sqrt{3}} = \frac{a - b\sqrt{3}}{a^2 - 3b^2} = \frac{a}{a^2 - 3b^2} + \frac{-b}{a^2 - 3b^2}\sqrt{3} \in \mathbf{Q}[\sqrt{3}]$$

です．実際，$\alpha\alpha^{-1} = \alpha^{-1}\alpha = 1$ を満たします．したがって，$\mathbf{Q}[\sqrt{3}]$ は体となります．

定理 6.3.1 体 $\mathbf{K}$ に対して，次が成り立つ．

(1) $\mathbf{K}$ は 0 以外には零因子をもたない．
(2) $\mathbf{K}$ において消去法則が成り立つ．

(証明)　(1)　$a \in \mathbf{K}$ $(a \neq 0)$ とする．$\mathbf{K}$ は体であるから，a は正則元である．定理 6.1.1 により，a は零因子ではない．

(2)　(1) により，体 $\mathbf{K}$ には 0 以外に零因子はないので，$\mathbf{K}$ は整域である．したがって，系 6.1.2 により，K においては消去法則が成り立ちます．　∎

有限集合に限り，次が成り立ちます．

定理 6.3.2　相異なる有限個の要素から成る集合

$$I = \{a_1, a_2, \cdots, a_n\}$$

が演算 $+, \cdot$ に関して可換環であり，積に関する単位元 e を含むとする．このとき，I が 0 以外の零因子を含まないならば，I は体となる．

(証明)　0 でない任意の元 $a \in I$ が逆元をもつことを示します．$a \cdot a_i \in I$ $(i=1,2,\cdots,n)$ であることは明らかです．また，$a_i \neq a_j$ $(i \neq j)$ ならば，$a \cdot a_i \neq a \cdot a_j$ である．実際，$a \cdot a_i = a \cdot a_j$ であったとすると $a \cdot a_i - a \cdot a_j = a \cdot (a_i - a_j) = 0$ となります．仮定により，I には 0 以外の零因子が存在しないから，$a \neq 0$ より $a_i - a_j = 0$．すなわち，$a_i = a_j$ となります．これは，$a_i \neq a_j$ であったから不合理です．したがって，$a_i \neq a_j$ $(i \neq j)$ ならば，$a \cdot a_i \neq a \cdot a_j$ であることが分かります．このとき

$$I = \{a_1, a_2, \cdots, a_n\} = \{a \cdot a_1, a \cdot a_2, \cdots, a \cdot a_n\}$$

となります．I には積 $\cdot$ に関する単位元 e が存在するから，$a \cdot a_k = a_k \cdot a = e$ となる $a_k \in I$ が存在します．このとき，a_k が a の逆元です．したがって，a は正則元となります．$a \in I$ $(a \neq 0)$ は任意であったから I は体となります．　∎

定義 6.3.2　体 $\mathbf{K}$ の部分集合 $\mathbf{F}$ が $\mathbf{K}$ の演算に関して体を成すとき，$\mathbf{F}$ を $\mathbf{K}$ の**部分体**という．

例 6.3.2　数体については，次の関係がある．
(i)　有理数体 $\mathbf{Q}$ は，実数体 $\mathbf{R}$ および複素数体 $\mathbf{C}$ の部分体である．
(ii)　例 6.3.1 における $\mathbf{Q}[\sqrt{3}]$ は $\mathbf{R}$ の部分体である．

(iii) $\mathbf{Q}[i]=\{a+bi \mid a, b\in\mathbf{Q}\}$ は $\mathbf{C}$ の部分体である．ここに，$i\,(=\sqrt{-1})$ は虚数単位である．実際，(i), (ii) については明らかです．(iii) を示します．$\mathbf{Q}[i]\subset\mathbf{C}$ であることは明らかです．$a+bi, a'+b'i\in\mathbf{Q}[i]$ に対して

$$(a+bi)+(a'+b'i)=(a+a')+(b+b')i\in\mathbf{Q}[i],$$
$$(a+bi)(a'+b'i)=aa'-bb'+(ab'+a'b)i\in\mathbf{Q}[i]$$

となり，$\mathbf{Q}[i]$ は和と積に関して閉じています．

ところで，結合法則，分配法則は $\mathbf{C}$ において成り立っているので，$\mathbf{Q}[i]$ においても成り立ちます．また，単位元は 1 です．任意の $a+bi\neq 0$ に対して，$a^2+b^2\neq 0$ であるから

$$(a+bi)\frac{(a-bi)}{a^2+b^2}=1$$

となり，$a+bi$ は逆元 $\dfrac{a-bi}{a^2+b^2}\in\mathbf{Q}[i]$ をもち正則元となります．したがって，$\mathbf{Q}[i]$ は $\mathbf{C}$ の部分体です．

定理 6.3.3 有理数体 $\mathbf{Q}$ の部分体は $\mathbf{Q}$ だけである．

(証明) $\mathbf{Q}$ の部分体 $\mathbf{K}$ は，$1\in\mathbf{K}$ であるから $n=1+1+\cdots+1\in\mathbf{K}$ となります．また，$-n\in\mathbf{K}$ です．したがって，整数環 $\mathbf{Z}$ は体 $\mathbf{K}$ に含まれます．$\mathbf{K}$ は除法について閉じている (分母 $\neq 0$) から，$\mathbf{Q}\subset\mathbf{K}$ となります．ところで，$\mathbf{K}$ は $\mathbf{Q}$ の部分体であるから $\mathbf{K}=\mathbf{Q}$ となります． ∎

有理数体のように，真の部分体を含まない体を**素体**といいます．

前節で見てきたように，正の整数 p を法とする $\mathbf{Z}$ の剰余類の全体

$$\mathbf{Z}_p=\{\overline{0},\overline{1},\overline{2},\cdots,\overline{p-1}\}$$

は環を成します．ここに，a と $b\,(\in\mathbf{Z})$ を代表元とする剰余類 $\overline{a}$ と $\overline{b}$ に対して

$$\overline{a}=\overline{b}\Longleftrightarrow a\equiv b \pmod{p}$$

です．また，和と積は (6.2.1) によって決まります．$\mathbf{Z}_p$ が体となる場合があります．

例 6.3.3 環 $\mathbf{Z}_5=\{\bar{0},\bar{1},\bar{2},\bar{3},\bar{4}\}$ においては，$\bar{3}+\bar{4}=\overline{3+4}=\bar{2}$, $\bar{2}+\bar{3}=\overline{2+3}=\bar{0}$, $\bar{2}\cdot\bar{4}=\overline{2\cdot 4}=\bar{3}$ である．実は，この $\mathbf{Z}_5$ は体となります．実際，各 $\bar{a}\in\mathbf{Z}_5$ $(\bar{a}\neq\bar{0})$ に対して $\bar{a}\cdot\bar{b}=\bar{1}$ となる $\bar{b}$ は，$\bar{a}=\bar{1}$ のとき $\bar{b}=\bar{1}$, $\bar{a}=\bar{2}$ のとき $\bar{b}=\bar{3}$, $\bar{a}=\bar{3}$ のとき $\bar{b}=\bar{2}$, $\bar{a}=\bar{4}$ のとき $\bar{b}=\bar{4}$ であるから，各 $\bar{a}\neq\bar{0}$ は正則元です．したがって，$\mathbf{Z}_5$ は体となります．

一般に，環 $\mathbf{Z}_p$ について次が成り立ちます．

定理 6.3.4 p を正の整数とするとき

(1) p が素数ならば，$\mathbf{Z}_p$ は体となる．
(2) p が合成数ならば，$\mathbf{Z}_p$ は体とはならない．

(証明) (1) p は素数であるとする．$\bar{1}$ が $\mathbf{Z}_p$ の単位元です．任意の $\bar{a}\in\mathbf{Z}_p$ $(\bar{a}\neq\bar{0})$ が正則元であることを示そう．$\bar{a}$ の代表元を a とすると，a と p は互いに素である．系 1.1.11 により，$ab+pq=1$ となる $b,q\in\mathbf{Z}$ が存在します．このとき

$$\bar{1}=\overline{ab+pq}=\overline{ab}+\overline{pq}=\bar{a}\cdot\bar{b}$$

であるから，$\bar{b}$ が $\bar{a}$ の逆元となります．したがって，任意の元 $\bar{a}\in\mathbf{Z}_p$ は正則元であり，$\mathbf{Z}_p$ は体となります．

(2) p が合成数であるとする．$p=st$ $(1<s\leq t<p)$ となる $s,t\in\mathbf{Z}$ が存在します．特に，$\bar{s}\neq\bar{0}, \bar{t}\neq\bar{0}$ です．一方，$\bar{s}\cdot\bar{t}=\overline{st}=\bar{p}=\bar{0}$ であるから，$\bar{s},\bar{t}$ は零因子である．体には 0 零元以外に零因子が存在しない (定理 6.3.1 の (1)) から，$\mathbf{Z}_p$ は体とはなり得ないことが分かります．■

注 6.3.2 p が素数のとき，体 $\mathbf{Z}_p$ は**剰余類体**と呼ばれています．$\mathbf{Z}_p$ が体ならば，p は素数である (定理 6.3.4 の (2))．

6.4 準同型写像

この節では，集合上の写像の概念が必要になります．ここでは，後々のために一般の写像を定義し，その基本的性質について述べることにします．U, V, W を集合とする．U の各要素に対して V の要素をただ 1 つ定める対応 f を U から V への写像といい，記号で $f; U \to V$ とかくことにします．U を f の**定義域**，V を f の**値域**といいます．$x \in U$ が $y \in V$ に対応しているとき $y = f(x)$ と表し，y を f による x の**像**といいます．いま，写像 $f; U \to V$ が与えられているとき，U の元の f による像全体の集合を f による U の像といい，$f(U)$ または $\text{Im}(f)$ と表すことにします．すなわち

$$f(U) = \text{Im}(f) = \{f(x) \mid x \in U\}.$$

また，$y \in \text{Im}(f)$ に対して，y を像とする U の元全体の集合を y の**逆像**といい $f^{-1}(y)$ と表します (図 6.1)．すなわち

$$f^{-1}(y) = \{x \in U \mid f(x) = y\}.$$

各 $y \in V$ に対して $y = f(x)$ となる $x \in U$ が存在するとき，f は**全射**であるといいます．また，U の要素 x, x' が $x \neq x'$ ならば，常に $f(x) \neq f(x')$ が成り立つとき，f は**単射**であるといいます．f が単射であることは，$f(x) = f(x')$ ならば $x = x'$ が常に成り立つことと同値です (対偶法)．

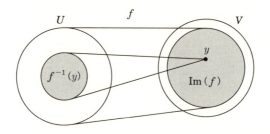

図 **6.1**

$f; U \to V$ が全射でありかつ単射であるとき f を**全単射**といいます．写像 $f; U \to V$ が全単射であるときは，V の各要素 y に対して U の要素 x で，$y = f(x)$ となるものがただ 1 つ存在します．このとき，各 $y\,(\in V)$ に対して，上の

ように定まる U の要素 x を対応させる対応を考えることができます．このようにして定まる V から U への対応を f の**逆写像**といい，$f^{-1}\,;V\to U$ と表します．このとき，

$$y=f(x)\Longleftrightarrow x=f^{-1}(y)$$

が成り立ちます．したがって，$f\,;U\to V$ が全単射ならば，$f^{-1}\,;V\to U$ も全単射となります．また，2つの写像 $f\,;U\to V,\ g\,;V\to W$ が与えられているとき，U から W への写像を次のように定義します．各 $x\in U$ に対して，$y=f(x)$ となる $y\in V$ が定まり，この y に対して，$z=g(y)$ となる $z\in W$ がただ1つ定まる．このとき，x に $z=g(y)=g(f(x))$ を対応させる写像を f と g の**合成写像**といい，$g\circ f\,;U\to W$ と表します．また，同じ定義域と値域をもつ写像 $f,g\,;U\to V$ に対して，$f(x)=g(x)\ (x\in U)$ が成り立っているとき，$f=g$ と表し，f と g は写像として**等しい**といいます．写像 $f,g\,;U\to V$ に対して，和 $f+g\,;U\to V$ を $(f+g)(x)=f(x)+g(x)\ (x\in U)$ によって定義します．また，U から U 自身への写像で，各 $x\in U$ にそれ自身を対応させるものを U の**恒等写像**といい，$I_d\,;U\to U$ と表します．すなわち $I_d(x)=x\ (x\in U)$ です．明らかに，$I_d\,;U\to U$ は全単射です．この恒等写像の定義域 U を明確にしたい場合には，I_d を I_U と表すことにします．以下では，定義域と値域が同じである写像を**変換**といいます．

性質 6.4.1 (1) 写像 $f\,;U\to V,\ g\,;V\to W,\ h\,;W\to Z$ に対して次の結合法則が成り立つ．

$$h\circ(g\circ f)=(h\circ g)\circ f.$$

(2) 写像 $f\,;U\to V,\ g\,;V\to W$ がともに全単射ならば，$g\circ f\,;U\to W$ も全単射である．

(3) 写像 $f\,;U\to V$ が全単射ならば，逆写像 $f^{-1};V\to U$ が存在し，$f^{-1}\circ f=I_U,\ f\circ f^{-1}=I_V$ を満たす．ここに，$I_U,\ I_V$ はそれぞれ $U,\ V$ の恒等変換である．

(証明) (1) $(h \circ (g \circ f))(x) = h((g \circ f)(x)) = h(g(f(x)))$ $(x \in U)$,

$$((h \circ g) \circ f)(x) = (h \circ g)(f(x)) = h(g(f(x))) \quad (x \in U)$$

であるから

$$(h \circ (g \circ f))(x) = ((h \circ g) \circ f)(x) \quad (x \in U)$$

となり，$h \circ (g \circ f) = (h \circ g) \circ f$ が成り立ちます．

(2) $g ; V \to W$ は全射であるから任意の $z \in W$ に対して，$z = g(y)$ となる $y \in V$ が存在します．また，$f ; U \to V$ も全射であるから $y = f(x)$ となる $x \in U$ が存在します．したがって，$z = g(y) = g(f(x)) = (g \circ f)(x)$ となる $x \in U$ が存在し，$g \circ f ; U \to W$ は全射となります．次に，$x, x' \in U$ に対して，$(g \circ f)(x) = (g \circ f)(x')$ とすると $g(f(x)) = g(f(x'))$ となり，g が単射であるから $f(x) = f(x')$ となります．また，f も単射であるから $x = x'$ となり，$(g \circ f)$ が単射であることが分かります．したがって，$(g \circ f)$ は全単射です．

(3) $f ; U \to V$ が全単射であるならば，$f^{-1} ; V \to U$ も全単射であるから，(2) により $f^{-1} \circ f ; U \to U$ および $f \circ f^{-1} ; V \to V$ は全単射となります．$f^{-1}(y) = x \iff f(x) = y$ であるから，$(f^{-1} \circ f)(x) = x$ $(x \in U)$, $(f \circ f^{-1})(y) = y$ $(y \in V)$ を満たします．したがって，$f^{-1} \circ f = I_U$, $f \circ f^{-1} = I_V$ となります． ■

以下では，定義域も値域もともに環である場合を考えます．

定義 6.4.1 $\mathcal{R}, \mathcal{R}'$ を環とする．写像 $\varphi ; \mathcal{R} \to \mathcal{R}'$ が任意の $a, b \in \mathcal{R}$ に対して，条件;

(i) $\varphi(a+b) = \varphi(a) + \varphi(b)$,
(ii) $\varphi(ab) = \varphi(a)\varphi(b)$

を満たすとき，φ を $\mathcal{R}$ から $\mathcal{R}'$ への**環準同型写像** (単に，**準同型写像**) という．また，$\varphi ; \mathcal{R} \to \mathcal{R}'$ が全単射であるとき，$\mathcal{R}$ と $\mathcal{R}'$ は**同型**であるといい，$\mathcal{R} \cong \mathcal{R}'$ と表す．このとき，$\varphi ; \mathcal{R} \to \mathcal{R}'$ を**同型写像**という．$\mathcal{R}$ から $\mathcal{R}$ 自身への準同型写像を**自己準同型**という．

注 6.4.1 $\varphi ; \mathcal{R} \to \mathcal{R}'$ を準同型写像とし，$\mathcal{R}, \mathcal{R}'$ の零元をそれぞれ $0, 0'$ とす

る (以下, $\mathcal{R}, \mathcal{R}'$ の零元をそれぞれ $0, 0'$ と表します). このとき, $\varphi(0)=\varphi(0+0)=\varphi(0)+\varphi(0)$ より $\varphi(0)=0'$ です. また, $\varphi(a)+\varphi(-a)=\varphi(a-a)=\varphi(0)=0'$ により $\varphi(-a)=-\varphi(a)$ $(a\in\mathcal{R})$ を満たします. これらはいずれも定義 6.4.1 の (i) から得られます.

注 6.4.2 環 $\mathcal{R}, \mathcal{R}'$ は加法群とみなすことができます. このとき, 写像 $\varphi;\mathcal{R}\to\mathcal{R}'$ が定義 6.4.1 の条件 (i) を満たせば, それだけで φ を加法群としての準同型写像といいます. さらに, $\varphi;\mathcal{R}\to\mathcal{R}'$ が全単射のときは加法群としての同型写像といい, $\mathcal{R}$ と $\mathcal{R}'$ は, 加法群として同型であるといいます.

定理 6.4.2 $\mathcal{R}, \mathcal{R}'$ を環とする. 環準同型写像 $\varphi;\mathcal{R}\to\mathcal{R}'$ に対して

(1) $\mathrm{Im}(\varphi)$ は $\mathcal{R}'$ の部分環である.
(2) $\mathrm{Ker}(\varphi)=\{x\in\mathcal{R} \mid \varphi(x)=0'\}$ は $\mathcal{R}$ の部分環である.
(3) φ が単射である. $\iff \mathrm{Ker}(\varphi)=\{0\}$ が成り立つ.
(4) $\varphi;\mathcal{R}\to\mathcal{R}'$ が同型写像ならば, $\varphi^{-1};\mathcal{R}'\to\mathcal{R}$ も同型写像である.

(証明) (1) 環準同型写像の定義により, $a,b\in\mathcal{R}$ に対して

$$\varphi(a)-\varphi(b)=\varphi(a-b)\in\mathrm{Im}(\varphi), \quad \varphi(a)\varphi(b)=\varphi(ab)\in\mathrm{Im}(\varphi)$$

であるから定理 6.1.3 により, $\mathrm{Im}(\varphi)$ は $\mathcal{R}'$ の部分環となります.

(2) $x,x'\in\mathrm{Ker}(\varphi)$ に対して, $\varphi(x-x')=\varphi(x)-\varphi(x')=0'$, $\varphi(xx')=\varphi(x)\varphi(x')=0'$ であるから, $x-x'\in\mathrm{Ker}(\varphi)$, $xx'\in\mathrm{Ker}(\varphi)$ となって $\mathrm{Ker}(\varphi)$ は $\mathcal{R}$ の部分環となります.

(3) φ が単射であるとする. $x\in\mathrm{Ker}(\varphi)$ ならば, $\varphi(x)=0'=\varphi(0)$ であるから $x=0$ となります. したがって, $\mathrm{Ker}(\varphi)=\{0\}$ です. 次に, $\mathrm{Ker}(\varphi)=\{0\}$ であると仮定する. $\varphi(x)=\varphi(x')$ ならば, $\varphi(x-x')=\varphi(x)-\varphi(x')=0'$ であるから $x-x'\in\mathrm{Ker}(\varphi)=\{0\}$, すなわち, $x=x'$ となり φ は単射となります.

(4) 性質 6.4.1 の (3) により, 逆写像 $\varphi^{-1};\mathcal{R}'\to\mathcal{R}$ が存在し, φ^{-1} は全単射である. $a',b'\in\mathcal{R}'$ に対して, $a'=\varphi(a), b'=\varphi(b)$ となる $a,b\in\mathcal{R}$ が存在して, $a=\varphi^{-1}(a'), b=\varphi^{-1}(b')$ となります. ところで, $\varphi(a+b)=\varphi(a)+\varphi(b)=a'+b'$ であるから $\varphi^{-1}(a'+b')=a+b=\varphi^{-1}(a')+\varphi^{-1}(b')$ となり, 定義 6.4.1 (i) が満た

されます．また，$\varphi(ab)=\varphi(a)\varphi(b)=a'b'$ より $\varphi^{-1}(a'b')=ab=\varphi^{-1}(a')\varphi^{-1}(b')$ となるから，定義 6.4.1 の (ii) も満たされます．したがって，$\varphi^{-1};\mathcal{R}'\to\mathcal{R}$ は同型写像となります．∎

定理 6.4.3 整数環 $\mathbf{Z}$ の自己準同型写像 $\varphi;\mathbf{Z}\to\mathbf{Z}$ は，零写像 ($\varphi=0$) であるかまたは恒等写像であるかのいずれかである．

(証明) $\mathbf{Z}$ は整域であるから，$\varphi(1)=\varphi(1\cdot 1)=\varphi(1)\varphi(1)$ より，$\varphi(1)=1$ または $\varphi(1)=0$ である．$n\in\mathbf{Z}$ ($n\geqq 1$) に対して

$$\varphi(n)=\varphi(1+1+1+\cdots+1)=\varphi(1)+\varphi(1)+\cdots+\varphi(1)=n\varphi(1).$$

ところで，$\varphi(-n)=-\varphi(n)$ ($n\geqq 1$) であるから任意の $m\in\mathbf{Z}$ に対して，$\varphi(m)=m\varphi(1)$ を満たします．したがって，$\varphi(1)=1$ のときは，$\varphi(m)=m$ ($m\in\mathbf{Z}$) となり，$\varphi;\mathbf{Z}\to\mathbf{Z}$ は恒等写像です．また，$\varphi(1)=0$ のときは，$\varphi(m)=0$ ($m\in\mathbf{Z}$) であるから，$\varphi;\mathbf{Z}\to\mathbf{Z}$ は零写像となります．∎

定理 6.4.4 有理数体 $\mathbf{Q}$ は環でもある．$\varphi;\mathbf{Q}\to\mathbf{Q}$ を環としての自己準同型写像とする．このとき，φ は零写像であるかまたは恒等写像である．

(証明) 前定理により，任意の $m\in\mathbf{Z}$ に対して，$\varphi(m)=m$ または $\varphi(m)=0$ である．任意の $a\in\mathbf{Q}$ は $a=\dfrac{m}{n}$ ($m,n\in\mathbf{Z}$, $n\geqq 1$) と表され，$na=m$ である．ところで，$n\varphi(a)=\varphi(a)+\varphi(a)+\cdots+\varphi(a)=\varphi(na)=\varphi(m)$ であるから，$\varphi(m)=m$ のときは $\varphi(a)=\dfrac{m}{n}=a$ となります．$\varphi(m)=0$ のときは，$n\varphi(a)=\varphi(m)=0$ より $\varphi(a)=0$ です．$a\in\mathbf{Q}$ は任意であるから，$\varphi;\mathbf{Q}\to\mathbf{Q}$ は，$\varphi(a)=a$ のとき恒等写像で，$\varphi(a)=0$ のとき零写像となります．∎

注 6.4.3 $\mathcal{R},\mathcal{R}'$ を環とし，e,e' をそれぞれの単位元とする．このとき，環準同型写像 $\varphi;\mathcal{R}\to\mathcal{R}'$ が $\varphi(e)=e'$ を満たすとは限りません．たとえば，零写像 $\varphi(x)=0$ ($x\in\mathcal{R}$) に対しては $\varphi(e)=0$ となります．零写像以外に $\varphi(e)\neq e'$ となるものとして次の例が考えられます．

例 6.4.1 剰余環 $\mathbf{Z}_2=\{\tilde{0},\tilde{1}\}$, $\mathbf{Z}_6=\{\bar{0},\bar{1},\bar{2},\bar{3},\bar{4},\bar{5}\}$ を考えよう．$I=\{\bar{0},\bar{3}\}$ は $\mathbf{Z}_6$

のイデアルである．実際，加法に関して閉じていることは明らかです．さらに，$\bar{0}\cdot\bar{3}=\bar{0}$, $\bar{1}\cdot\bar{3}=\bar{3}$, $\bar{2}\cdot\bar{3}=\bar{0}$, $\bar{3}\cdot\bar{3}=\bar{3}$, $\bar{4}\cdot\bar{3}=\bar{0}$, $\bar{5}\cdot\bar{3}=\bar{3}$ であるから任意の $\bar{a}\in\mathbf{Z}_6$ に対して，$\bar{a}\cdot\bar{0}(=\bar{0})$, $\bar{a}\cdot\bar{3}\in I$ を満たします．したがって，I は $\mathbf{Z}_6$ のイデアルで，部分環となります．そこで，写像 $\varphi ; \mathbf{Z}_2 \to \mathbf{Z}_6$ を $\varphi(\tilde{0})=\bar{0}$, $\varphi(\tilde{1})=\bar{3}$ によって定義します．このとき

$$\varphi(\tilde{0}+\tilde{1})=\varphi(\tilde{1})=\bar{3}=\varphi(\tilde{0})+\varphi(\tilde{1}), \quad \varphi(\tilde{0}\cdot\tilde{1})=\varphi(\tilde{0})=\bar{0}=\varphi(\tilde{0})\cdot\varphi(\tilde{1})$$

を満たし，φ は準同型です．また，$\varphi(\mathbf{Z}_2)=I\ (\subset \mathbf{Z}_6)$ となっています．このとき，I には単位元 $\bar{1}$ が含まれないので，$\mathbf{Z}_2$ から $\mathbf{Z}_6$ への準同型写像 φ に対して，$\varphi(\tilde{1})\ne\bar{1}$ となっています．

定理 6.4.5 $\mathcal{R}, \mathcal{R}'$ は環，$\varphi ; \mathcal{R} \to \mathcal{R}'$ を準同型写像とする．このとき

(1) I が $\mathcal{R}$ の右イデアル (左イデアルまたは両側イデアル) ならば，$\varphi(I)$ は $\varphi(\mathcal{R})(=\mathrm{Im}(\varphi))$ の右イデアル (左イデアルまたは両側イデアル) である．

(2) I' が $\mathcal{R}'$ の右イデアル (左イデアルまたは両側イデアル) ならば $\varphi^{-1}(I')$ は $\mathcal{R}$ の右イデアル (左イデアルまたは両側イデアル) である．特に，$\mathrm{Ker}(\varphi)$ は $\mathcal{R}$ の両側イデアルである．

(3) $\mathrm{Ker}(\varphi)$ を含むイデアル I に対して，$\varphi^{-1}(\varphi(I))=I$ である．また $\varphi(\mathcal{R})(=\mathrm{Im}(\varphi))$ のイデアル I' に対して，$\varphi(\varphi^{-1}(I'))=I'$ である．

(証明) (1) $\varphi(\mathcal{R})\ (=\mathrm{Im}(\varphi))$ は $\mathcal{R}'$ の部分環である (定理 6.4.2 の (1))．いま，I を $\mathcal{R}$ の右イデアルとする．$a', b' \in \varphi(I)$, $x' \in \varphi(\mathcal{R})$ に対して，$a'=\varphi(a)$, $b'=\varphi(b)$ となる $a, b\in I$ と $x'=\varphi(x)$ となる $x\in\mathcal{R}$ が存在します．I は右イデアルであるから

$$a'-b'=\varphi(a)-\varphi(b)=\varphi(a-b)\in\varphi(I),$$
$$a'x'=\varphi(a)\varphi(x)=\varphi(ax)\in\varphi(I)$$

となります．したがって，$\varphi(I)$ は $\varphi(\mathcal{R})=\mathrm{Im}(\varphi)$ の右イデアルとなります．I が $\mathcal{R}$ の左イデアルまたは両側イデアルとしても同様に証明されます．

(2) $\mathcal{R}, \mathcal{R}'$ の零元をそれぞれ $0, 0'$ とするとき，注 6.4.1 より $\varphi(0)=0'\in$

I' であるから $0 \in \varphi^{-1}(I')$ となり，$\varphi^{-1}(I') \neq \phi$ です．$a,b \in \varphi^{-1}(I')$ に対して，$\varphi(a), \varphi(b) \in I'$ より $\varphi(a-b) = \varphi(a) - \varphi(b) \in I'$ となり，$a-b \in \varphi^{-1}(I')$ を満たします．$x \in \mathcal{R}$ に対して，$\varphi(x) \in \varphi(\mathcal{R}) \subset \mathcal{R}'$ であり，$\varphi(ax) = \varphi(a)\varphi(x) \in I'$ となります．したがって，$ax \in \varphi^{-1}(I')$ となるから，$\varphi^{-1}(I')$ は $\mathcal{R}$ の右イデアルです．I' が左イデアルまたは両側イデアルのときも同様に $\varphi^{-1}(I')$ が左イデアルまたは両側イデアルであることが示されます．特に，$I' = (0')$ は $\mathcal{R}'$ の両側イデアルであるから $\mathrm{Ker}(\varphi) = \varphi^{-1}(0')$ は $\mathcal{R}$ の両側イデアルとなります．

(3) $x \in \varphi^{-1}(\varphi(I))$ ならば，$\varphi(x) \in \varphi(I)$ であるから $\varphi(x) = \varphi(y)$ となる $y \in I$ が存在します．このとき，$\varphi(x-y) = \varphi(x) - \varphi(y) = 0'$ より $x-y \in \mathrm{Ker}(\varphi) \subset I$ となります．$y \in I$ より $x \in I$ となって，$\varphi^{-1}(\varphi(I)) \subset I$ が成り立ちます．一方，$x \in I$ に対して $\varphi(x) \in \varphi(I)$ であるから $x \in \varphi^{-1}(\varphi(I))$ となります．これより $I \subset \varphi^{-1}(\varphi(I))$ となり，$I = \varphi^{-1}(\varphi(I))$ であることが分かります．次に後半を示そう．$\varphi ; \mathcal{R} \to \varphi(\mathcal{R})$ は全射であるから，$\varphi(\mathcal{R})(\subset \mathcal{R}')$ のイデアル I' に対して，逆像の性質により $\varphi(\varphi^{-1}(I')) = I'$ となります．∎

$\mathcal{R}$ が可換環であるとき，単項イデアルを (a) $(a \in \mathcal{R})$ と表すことにするが，一般的には可換でない場合にはこの表記は用いないことにします．ただし，$(0), (e)$ のような両側イデアルに対してはこの表記を用いることとします．

補題 6.4.6 $\mathcal{R}$ を単位元 e をもつ環とする．このとき，次は同値である．

(1) $\mathcal{R}$ は体である．
(2) $\mathcal{R}$ は $\{0\}$ および $\mathcal{R}$ 以外に右イデアルをもたない．

(証明) $\mathcal{R}$ は体であるとする．いま，I が $\{0\}$ でない $\mathcal{R}$ の右イデアルならば $a \in I$ $(a \neq 0)$ が存在します．このとき，任意の $b \in \mathcal{R}$ に対して，$b = a(a^{-1}b) \in I$ であるから $I = \mathcal{R}$ となります．逆に，$\mathcal{R}$ の右イデアルは $\{0\}$ と $\mathcal{R}$ のみであるとする．$a \in \mathcal{R}$ $(a \neq 0)$ に対して，$a\mathcal{R} = \mathcal{R}$ となります．ところで，$e \in \mathcal{R}$ であるから $ab = e$ となる $b \in \mathcal{R}$ が存在します．このとき $b \neq 0$ である．同様にして $bc = e$ となる $c \in \mathcal{R}$ が存在することが示されます．このとき，$a = a(bc) = (ab)c = c$ であるから，両辺に左から b をかけると，$ba = bc = e$ となるから $ab = ba = e$ を満たし，a の逆元 b が存在します．$a \in \mathcal{R}$ $(a \neq 0)$ は任意でよいから，$\mathcal{R}$ は体とな

ります．また，(2) の条件で，$\mathcal{R}$ が $\{0\}$ および $\mathcal{R}$ 以外に左イデアルまたは両側イデアルをもたないとしても，(1) と (2) が同値であることが示されます．■

定理 6.4.7 体 **K** から環 $\mathcal{R}$ への準同型写像は，単射であるか零写像であるかのいずれかである．

(証明) φ ; $\mathbf{K} \to \mathcal{R}$ を準同型写像とすると，定理 6.4.5 の (2) より $\mathrm{Ker}(\varphi)$ は **K** の両側イデアルである．補題 6.4.6 により，体 **K** のイデアルは $\{0\}$ か **K** 自身であるから，$\{0\} = \mathrm{Ker}(\varphi)$ または $\mathbf{K} = \mathrm{Ker}(\varphi)$ です．すなわち，φ ; $\mathbf{K} \to \mathcal{R}$ は単射であるかまたは零写像であるかのいずれかです．■

I を環 $\mathcal{R}$ の両側イデアルとし，写像 π ; $\mathcal{R} \to \mathcal{R}/I$ を $\pi(x) = x + I$ ($x \in \mathcal{R}$) と定義すると，π は全射準同型写像となります．このとき，$\mathrm{Ker}(\pi) = I$ ($\mathcal{R}/I$ の零元), $\mathrm{Im}(\pi) = \mathcal{R}/I$ です．この π ; $\mathcal{R} \to \mathcal{R}/I$ は**標準的準同型写像**，単に，**標準写像**と呼ばれます．標準写像 π ; $\mathcal{R} \to \mathcal{R}/I$ は，x ($\in \mathcal{R}$) に I を法とする x を含む剰余類を対応させる写像であり，$\pi(x) = \pi(x')$ であることは $x \equiv x' \pmod{I}$ となることと同値です．

定理 6.4.8 I を環 $\mathcal{R}$ の両側イデアルとする．このとき，標準的準同型写像 π ; $\mathcal{R} \to \mathcal{R}/I$ により，$I = \mathrm{Ker}(\pi)$ を含む $\mathcal{R}$ のイデアルと $\mathcal{R}/I$ のイデアルが 1 対 1 に対応する．標準写像 π はイデアルの間の包含関係を保つ．

(証明) I を含む $\mathcal{R}$ の両側イデアル全体の集合を $\mathcal{M}$, $\mathcal{R}/I$ の両側イデアル全体の集合を $\mathcal{M}'$ とする．このとき，標準的準同型写像 π ; $\mathcal{R} \to \mathcal{R}/I$ は全射であるから，定理 6.4.5 の (2) により $J' \in \mathcal{M}'$ に対して，$\pi^{-1}(J') \in \mathcal{M}$ となります．また，定理 6.4.5 の (3) により $\pi(\pi^{-1}(J')) = J'$ を満たします．一方，$J \in \mathcal{M}$ に対して，$\pi(J) \in \mathcal{M}'$ (定理 6.4.5 の (1))．また，仮定により $\mathrm{Ker}(\pi) = I \subset J$ であるから，定理 6.4.5 の (3) により $\pi^{-1}(\pi(J)) = J$ となります．そこで，π をイデアル間の写像とみることにします．このとき，写像 π ; $\mathcal{M} \to \mathcal{M}'$ と π^{-1} ; $\mathcal{M}' \to \mathcal{M}$ とは互いに逆写像関係にあり，$\mathcal{M}$ と $\mathcal{M}'$ との間の 1 対 1 対応を与えています．すなわち，π ; $\mathcal{M} \to \mathcal{M}'$ はイデアル間の全単射写像となっています．また，$I_1, I_2 \in \mathcal{M}$ に対して，$I_1 \subset I_2 \iff \pi(I_1) \subset \pi(I_2)$, そして $J'_1, J'_2 \in \mathcal{M}'$ に対して，

$J_1' \subset J_2' \Longleftrightarrow \pi^{-1}(J_1') \subset \pi^{-1}(J_2')$ を満たしています．これより，$\pi; \mathcal{R} \to \mathcal{R}/I$ はイデアル間の包含関係をも保つ準同型写像であることが分かります．∎

定理 6.4.9（準同型定理）$\mathcal{R}, \mathcal{R}'$ を環，$\varphi; \mathcal{R} \to \mathcal{R}'$ を準同型写像とする．このとき，次が成り立つ．

(1) $I = \mathrm{Ker}(\varphi)$ とおき，I を法とする x を含む剰余類を $\bar{x} = x + I \in \mathcal{R}/I$ と表し，$\rho(\bar{x}) = \rho(x+I) = \varphi(x)$ ($\bar{x} = x + I \in \mathcal{R}/I$) によって $\mathcal{R}/I$ から $\mathrm{Im}(\varphi)$ への写像を定義する．このとき，$\rho; \mathcal{R}/I \to \mathrm{Im}(\varphi)$ は同型写像である．特に，写像 $\varphi; \mathcal{R} \to \mathcal{R}'$ が全射ならば，$\mathcal{R}/I$ と $\mathcal{R}'$ は同型である．

(2) φ が全射であるとき，$\mathcal{R}'$ の両側イデアル I' に対し，$J = \varphi^{-1}(I')$ とおくとき，$\rho'(x+J) = \varphi(x) + I'$ によって定義される写像 $\rho'; \mathcal{R}/J \to \mathcal{R}'/I'$ は同型写像である．

（証明） (1) $I = \mathrm{Ker}(\varphi)$ は両側イデアルであるから，$\mathcal{R}/I$ は剰余環となります．写像 $\rho; \mathcal{R}/I \to \mathrm{Im}(\varphi)$ が全射となることは明らかです．$\rho(\bar{x}) = \rho(\overline{x'})$，すなわち，$\rho(x+I) = \rho(x'+I)$ ならば，$\varphi(x) = \varphi(x')$ です．したがって，$\varphi(x-x') = 0$ となり $x - x' \in \mathrm{Ker}(\varphi) = I$ であるから，$\bar{x} = x + I = x' + I = \overline{x'}$ となります．よって，ρ は単射です．さらに，$\bar{x} = x + I, \overline{x'} = x' + I \in \mathcal{R}/I$ に対して

$$\rho((x+I)+(x'+I)) = \rho((x+x')+I) = \varphi(x+x')$$
$$= \varphi(x) + \varphi(x') = \rho(x+I) + \rho(x'+I),$$
$$\rho((x+I)(x'+I)) = \rho(xx'+I) = \varphi(xx')$$
$$= \varphi(x)\varphi(x') = \rho(x+I)\rho(x'+I)$$

であるから

$$\rho(\bar{x}+\overline{x'}) = \rho(\bar{x}) + \rho(\overline{x'}), \quad \rho(\bar{x}\overline{x'}) = \rho(\bar{x})\rho(\overline{x'})$$

を満たします．したがって，ρ は $\mathcal{R}/I (= \mathcal{R}/\mathrm{Ker}(\varphi))$ から $\mathrm{Im}(\varphi)$ への環同型写像となります．$\mathrm{Im}(\varphi) = \mathcal{R}'$ ならば，$\rho; \mathcal{R}/I \to \mathcal{R}'$ が同型写像となり，$\mathcal{R}/I$ と $\mathcal{R}'$ は同型です．

(2) $\pi'; \mathcal{R}' \to \mathcal{R}'/I'$ を標準的準同型写像とします．すなわち，$\pi'(x') = x' + I'$

($x' \in \mathcal{R}'$) です.また,φ と π' はともに全射準同型写像であるから,合成写像 $\eta = \pi' \cdot \varphi$; $\mathcal{R} \to \mathcal{R}'/I'$ は全射準同型写像となります.したがって,$\mathrm{Im}(\eta) = \mathrm{Im}(\pi' \cdot \varphi) = \mathcal{R}'/I'$ です.また,π' ; $\mathcal{R}' \to \mathcal{R}'/I'$ は標準的準同型写像であるから,$I' = \mathrm{Ker}(\pi')$ は $\mathcal{R}'$ の両側イデアルです.したがって,$J = \varphi^{-1}(I') = \varphi^{-1}(\mathrm{Ker}(\pi')) = \mathrm{Ker}(\eta)$ は $\mathcal{R}$ の両側イデアルであり,$\mathcal{R}/J$ は剰余環となります.(1) により,$\rho'(x+J) = \varphi(x) + I' = (\pi' \cdot \varphi)(x) = \eta(x)$ $(x \in \mathcal{R})$ によって定義される写像

$$\rho' : \mathcal{R}/J \longrightarrow \mathcal{R}'/I'$$

は環同型写像です. ∎

注 6.4.4 (i) 定理 6.4.9 の (1) において,同型写像 ρ ; $\mathcal{R}/I \to \mathrm{Im}(\varphi) \subset \mathcal{R}'$ と標準的準同型写像 π ; $\mathcal{R} \to \mathcal{R}/I$ に対して,$(\rho \cdot \pi)(x) = \varphi(x)$ $(x \in \mathcal{R})$ となっています.このようにいくつかの準同型写像を合成したものの間で,定義域と値域が同じであるものが写像として一致するならば,図 6.2 (1) は**可換である**といいます.

(ii) 定理 6.4.9 の (2) において,準同型写像 φ ; $\mathcal{R} \to \mathcal{R}'$ が全射のとき,$I' = \mathrm{Ker}(\pi')$,$J = \varphi^{-1}(I')$ ならば $\mathrm{Ker}(\pi' \cdot \varphi) = J$ です.実際,$(\pi' \cdot \varphi)(x) = 0 \Longleftrightarrow \varphi(x) \in \mathrm{Ker}(\pi') = I' \Longleftrightarrow x \in \varphi^{-1}(I') = J$ であるから $\mathrm{Ker}(\pi' \cdot \varphi) = J$ が成り立ちます.

(iii) 定理 6.4.9 の (2) における準同型写像 φ に対して,$\mathrm{Ker}(\varphi)$ を含む $\mathcal{R}$ の両側イデアル J と $\mathcal{R}'$ の両側イデアル I' とが $J = \varphi^{-1}(I')$ によって 1 対 1 に対応しています (定理 6.4.8).このとき,$\rho'(x+J) = \varphi(x) + I'$ $(x \in \mathcal{R})$ によって定義される写像 ρ' ; $\mathcal{R}/J \to \mathcal{R}'/I'$ は同型写像です.また,$\tilde{\pi}(x) = x + J$ $(x \in \mathcal{R})$ によって与えられる標準的準同型写像 $\tilde{\pi}$; $\mathcal{R} \to \mathcal{R}/J$ は,図 6.2 (2) を可換にします.すなわち,$\pi' \cdot \varphi = \rho' \cdot \tilde{\pi} = \eta$ となっています.ここに,π' ; $\mathcal{R}' \to \mathcal{R}'/I'$ は標準写像です.

この同型写像 ρ' ; $\mathcal{R}/J \to \mathcal{R}'/I'$ により,$\mathcal{R}/J$ と $\mathcal{R}'/I'$ は同型となります.したがって,系 6.2.3 により,次の (i)〜(iv) は同値となります.

(i) $\mathcal{R}'/I'$ は整域である.
(ii) $\mathcal{R}/\varphi^{-1}(I')$ は整域である.
(iii) I' は $\mathcal{R}$ の素イデアルである.

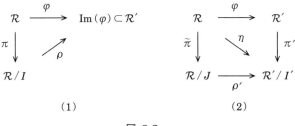

図 **6.2**

(iv) $\varphi^{-1}(I')(=J)$ は $\mathcal{R}$ の素イデアルである．

$\mathcal{R}$ を環とする．$I \neq \mathcal{R}$ なる両側イデアル I を $\mathcal{R}$ の**真のイデアル**といいます．

定義 6.4.2 $\mathcal{R}$ を可換環とし，M を $\mathcal{R}$ のイデアルで $M \neq \mathcal{R}$ とする．このとき，M と $\mathcal{R}$ の間に $I \neq M$ となる $\mathcal{R}$ の真のイデアル I が存在しないならば，M を $\mathcal{R}$ の**極大イデアル**という．

ここで，可換環における極大イデアルの存在を示すためにツォルン (Zorn) の補題が必要となります．以下，このことについて述べておきます．半順序集合 $\mathbf{S}$ ($\neq \phi$) の元 a が $\mathbf{S}$ の元 x に対して，$x \geq a$ ならば $a = x$ を満たす (すなわち，$a < c$ となる $c \in \mathbf{S}$ が存在しない) とき，a を $\mathbf{S}$ の**極大元**といいます．同様に，$\mathbf{S}$ の元 b が，$b \geq x$ ならば $b = x$ を満たす (すなわち，$b > c$ となる $c \in \mathbf{S}$ が存在しない) とき，b を $\mathbf{S}$ の**極小元**といいます．最大元は極大元であるが，極大元が最大元であるとは限らない．最小元と極小元との関係についても同様です (定義 5.1.1 を参照).

例 6.4.2 集合 $X = \{1,2,3,4,5,6,7\}$ の部分集合全体を $\mathcal{S}_X$ とします．$\mathcal{S}_X$ に包含関係による順序を入れます．すなわち，$A, B \in \mathcal{S}_X$ について

$$A \leq B \Longleftrightarrow A \subset B$$

とします．この順序 $\leq$ によって $\mathcal{S}_X$ は，半順序集合となりますが全順序集合ではありません (例 3.1.2)．ここで，X の部分集合 $A_1 = \{2,4\}$，$A_2 = \{2,4,5,6\}$，$A_3 = \{2,4,7\}$ とすると，$A_i \in \mathcal{S}_X$ $(i = 1,2,3)$ です．

$$\mathcal{M} = \{A_1, A_2, A_3\}$$

において A_2, A_3 は $\mathcal{M}$ の極大元であるが,最大元ではない. $\mathcal{M}$ に最大元はありません. A_1 は $\mathcal{M}$ の極小元であり,最小元でもある.

定義 6.4.3 $\mathcal{S}$ を半順序集合とする. $\mathcal{S}$ の任意の空でない全順序部分集合 $\mathcal{M}$ が $\mathcal{S}$ に上界をもつ ($\mathcal{M}$ のすべての元 x に対して $x \leq b$ となる元 $b \in \mathcal{S}$ が存在する)とき, $\mathcal{S}$ を**帰納的順序集合**という.

例 6.4.3 集合 U の部分集合全体 $\mathcal{S}_U$ (例 3.1.2 を参照) は,集合の包含関係による順序で帰納的順序集合となります. 実際, $\mathcal{M} = \{A_\nu\}_{\nu \in \Lambda}$ ($A_\nu \in \mathcal{S}_U$) (Λ はパラメータの集合) を $\mathcal{S}_U$ の全順序部分集合とするとき, $\underset{\nu \in \Lambda}{\cup} A_\nu$ は $\mathcal{M}$ の元であるとは限らないが,各 A_ν を含み $\mathcal{M} = \{A_\nu\}_{\nu \in \Lambda}$ の $\mathcal{S}_U$ における上界となります. したがって, $\mathcal{S}_U$ は帰納的順序集合です.

補題 6.4.10 (Zornの補題) 帰納的順序集合は少なくとも 1 つの極大元をもつ.

ここでは,Zorn の補題を認めて,可換環における極大イデアルの存在を示します.

定理 6.4.11 $\mathcal{R}$ を単位元 e を含む可換環とし, M をその真のイデアル ($M \neq \mathcal{R}$) とする. このとき, M を含むような $\mathcal{R}$ の極大イデアルが存在する.

(証明) M を含むような $\mathcal{R}$ の真のイデアルの全体集合を $\mathcal{B}$ とすると, $M \in \mathcal{B}$ より $\mathcal{B} \neq \phi$ です. $\mathcal{B}$ は,集合の包含関係によって定義される順序により半順序集合となります. そこで $\mathcal{C} = \{M_\lambda \mid \lambda \in \Gamma\}$ を $\mathcal{B}$ の任意の全順序集合としよう. ここに, Γ はパラメータの集合です. $I = \underset{\lambda \in \Gamma}{\cup} M_\lambda$ とおくと, I は $\mathcal{R}$ のイデアルです. 実際, $a, b \in I$ とすると $a \in M_{\lambda_1}, b \in M_{\lambda_2}$ となる $M_{\lambda_1}, M_{\lambda_2}$ が存在します. ところで, $\mathcal{C}$ は全順序集合であるから $M_{\lambda_1} \subset M_{\lambda_2}$ または $M_{\lambda_2} \subset M_{\lambda_1}$ となっています. $M_{\lambda_1}, M_{\lambda_2}$ は $\mathcal{R}$ のイデアルであるから, $a \pm b \in M_{\lambda_1}$ または $a \pm b \in M_{\lambda_2}$ を満たします. したがって, $a \pm b \in I$ となります. また, $r \in \mathcal{R}$ に対して, $ra \in M_{\lambda_1}$ であり, $ra \in I$ をも満たします. よって, I は $\mathcal{R}$ のイデアルとなります.

どの $M_\lambda \in \mathcal{C}$ も単位元 e を含みません．実際，$e \in M_\lambda$ であるとすると，M_λ はイデアルであるから，$\mathcal{R} = e\mathcal{R} \subset M_\lambda$ となります．これは M_λ が $\mathcal{R}$ の真のイデアルであることに反します．したがって，I も単位元を含まないから，$I \neq \mathcal{R}$ となります．また，$M \subset I$ であるから，$I \in \mathcal{B}$ となります．したがって，I は $\mathcal{B}$ における $\mathcal{C}$ の上界となり，$\mathcal{B}$ は帰納的順序集合となります．Zorn の補題により，$\mathcal{B}$ は極大元 J をもちます．このとき，J は $M \subset J \neq \mathcal{R}$ となるイデアルであるから，J は M を含む真のイデアルです．したがって，J は M を含む極大イデアルとなります． ∎

$\mathcal{R}$ は単位元 e をもつ可換環であるとします．M が $\mathcal{R}$ のイデアルならば，標準的準同型写像 $\pi : \mathcal{R} \to \mathcal{R}/M$ により，M を含む $\mathcal{R}$ のイデアルと $\mathcal{R}/M$ のイデアルが1対1に対応しています (定理 6.4.8)．したがって，M が極大イデアルであることと $\mathcal{R}/M$ が $(\bar{0})$ および $\mathcal{R}/M$ 以外にイデアルをもたないことは同値となります．ここに，$(\bar{0})$ は $\mathcal{R}/M$ の零イデアルで，$\mathcal{R}/M$ は単位元 $\bar{e}\,(=e+M)$ を含みます．補題 6.4.6 により，可換環 $\mathcal{R}$ が体であることと $\mathcal{R}$ が $\{0\}$ および $\mathcal{R}$ 以外にイデアルをもたないことは同値であるから，次の定理が得られます．

定理 6.4.12 $\mathcal{R}$ は単位元をもつ可換環，M を $\mathcal{R}$ の真のイデアル (両側イデアルである) とする．このとき，M が極大イデアルであることと $\mathcal{R}/M$ が体であることとは同値である．

単位元をもつ可換環 $\mathcal{R}$ において極大イデアルは素イデアルです．実際，M を $\mathcal{R}$ の極大イデアルとすると定理 6.4.12 により $\mathcal{R}/M$ は体となるから整域です．したがって，M は $\mathcal{R}$ の素イデアルです (系 6.2.3)．

注 6.4.5 $\mathbf{Z}$ のイデアル (0) は素イデアルであるが極大イデアルではない．実際，$2\mathbf{Z} = \{2n \mid n \in \mathbf{Z}\}$ は，$2\mathbf{Z} \neq (0), 2\mathbf{Z} \neq \mathbf{Z}$ なる $\mathbf{Z}$ のイデアルです．

注 6.4.6 整数環 $\mathbf{Z}$ は整域であるが体ではない．

定理 6.4.13 整数環 $\mathbf{Z}$ と整数 $p\,(\geqq 2)$ に対して，次は同値である．

(1) p は素数である．

(2) (p) は素イデアルである．
(3) $\mathbf{Z}_p = \mathbf{Z}/(p)$ は体である．
(4) (p) は極大イデアルである．

(証明) 注 6.3.2 と例 6.2.1 により $(1) \Longleftrightarrow (2)$ である．定理 6.4.12 により $(3) \Longleftrightarrow (4)$ が成り立つ．さらに，定理 6.3.4 により $(1) \Longrightarrow (3)$ が成り立ちます．$\mathbf{Z}_p = \mathbf{Z}/(p)$ は体であるから整域である．したがって，系 6.2.3 により (p) は素イデアルである．すなわち，$(3) \Longrightarrow (2)$ が成り立ちます．これで $(1), (2), (3), (4)$ が互いに同値であることが分かります． ∎

6.5 多項式環

実数を係数とする変数 x の多項式全体の集合 $\mathbf{R}[x]$ を考えます．第 1 章において，整数を係数とする多項式全体の集合 $\mathbf{Z}[x]$ が和，差，積の演算に関して閉じていて，整数環 $\mathbf{Z}$ と同じような性質をもつことを見てきました．$\mathbf{R}[x]$ においても和，差，積の演算が定義できて，これらの演算に関して閉じていることが $\mathbf{Z}[x]$ の場合と同様に示されます．実は，$\mathbf{R}[x]$ は環としての構造をもちます．以下この節では，$\mathbf{R}[x]$ の多元環としての性質をみていくことにします．

$f(x), g(x) \in \mathbf{R}[x]$ に対して

$$f(x) = \sum_{i=0}^{n} a_i x^i, \quad g(x) = \sum_{j=0}^{m} b_j x^j$$

であるとき，$m=n$ であり，$a_k = b_k$ $(0 \leq k \leq n = m)$ となっているならば，$f(x)$ と $g(x)$ は等しいといい $f(x) = g(x)$ と表します．特に，$a_k = 0$ $(0 \leq k \leq n)$ のとき，$f(x) = 0$ とします．また，$N = \max\{n, m\}$ とするとき，$f(x)$ と $g(x)$ の和を

$$f(x) + g(x) = \sum_{i=0}^{n} a_i x^i + \sum_{j=0}^{m} b_j x^j = \sum_{j=0}^{N} (a_j + b_j) x^j \quad (\in \mathbf{R}[x])$$

によって定義します．また，$f(x)$ と $g(x)$ の積を

$$f(x)g(x) = \left(\sum_{i=0}^{n} a_i x^i\right)\left(\sum_{j=0}^{m} b_j x^j\right) = \sum_{i+j=0}^{n+m} a_i b_j x^{i+j} \quad (\in \mathbf{R}[x])$$

によって定義します.

性質 6.5.1 $f(x), g(x), h(x) \in \mathbf{R}[x]$ に対して,次が成り立つ.

(1) $f(x)+g(x)=g(x)+f(x)$.
(2) $(f(x)+g(x))+h(x)=f(x)+(g(x)+h(x))$.
(3) $f(x)+0=0+f(x)=f(x)$ (ここに $0 \in \mathbf{R}$ である).
(4) $f(x)$ に対して,$f(x)+q(x)=q(x)+f(x)=0$ を満たす $q(x) \in \mathbf{R}[x]$ が存在する.
(5) $(f(x)g(x))h(x)=f(x)(g(x)h(x))$.
(6) $(f(x)+g(x))h(x)=f(x)h(x)+g(x)h(x)$,
$f(x)(g(x)+h(x))=f(x)g(x)+f(x)h(x)$.
(7) $1 \in \mathbf{R}$ に対して,$f(x) \cdot 1 = 1 \cdot f(x) = f(x)$.
(8) $f(x)g(x)=g(x)f(x)$.

(証明) (1), (2), (3), (7), (8) は明らかです. (4) は $f(x)=\sum_{i=0}^{n} a_i x^i$ に対して,
$q(x)=\sum_{i=0}^{n}(-a_i)x^i = -\sum_{i=0}^{n} a_i x^i = -f(x)$ とおけばよい.

そこで,(5) を示そう.

$$f(x)=\sum_{i=0}^{n} a_i x^i, \quad g(x)=\sum_{j=0}^{m} b_j x^j, \quad h(x)=\sum_{k=0}^{l} c_k x^k$$

に対して,実数の結合則と,指数法則により

$$f(x)(g(x)h(x))=\sum_{i=0}^{n} a_i x^i \left(\sum_{j+k=0}^{m+l} b_j c_k x^{j+k} \right) = \sum_{i+j+k=0}^{n+m+l} a_i b_j c_k x^{i+j+k}$$

となります. また,$f(x)(g(x)h(x))$ を計算すると

$$(f(x)g(x))h(x) = \left(\sum_{i+j=0}^{n+m} a_i b_j x^{i+j} \right) \sum_{k=0}^{l} c_k x^k = \sum_{i+j+k=0}^{n+m+l} a_i b_j c_k x^{i+j+k}$$

となり,(5) が成り立ちます. 次に,(6) を示します. 和と積の定義により

$$(f(x)+g(x))h(x) = \sum_{i=0}^{N}(a_i+b_i)x^i \sum_{k=0}^{l} c_k x^k = \sum_{i+k=0}^{N+l}(a_i+b_i)c_k x^{i+k}$$

$$= \sum_{i+k=0}^{N+l} a_i c_k x^{i+k} + \sum_{i+k=0}^{N+l} b_i c_k x^{i+k}$$

$$= f(x)h(x)+g(x)h(x)$$

となります．また，可換性 (8) により

$$f(x)(g(x)+h(x)) = f(x)g(x)+f(x)h(x)$$

であることも示されます．したがって，(6) が成り立ちます． ∎

$\mathbf{R}[x]$ は ($\mathbf{R}$ 上の) **多項式環**と呼ばれます．

注 6.5.1 実数 r と多項式 $f(x)(\in \mathbf{R}[x])$ の積 $rf(x)(\in \mathbf{R}[x])$ は，また多項式で，次が成り立ちます．$r, r' \in \mathbf{R}$, $f(x), g(x) \in \mathbf{R}[x]$ に対して

(1) $r(f(x)+g(x)) = rf(x)+rg(x)$,
(2) $(r+r')f(x) = rf(x)+r'f(x)$,
(3) $(rr')f(x) = r(r'f(x))$,
(4) $1 \cdot f(x) = f(x)$.

このとき，$\mathbf{R}[x]$ は $\mathbf{R}$ **加群**を成すといいます．

$f(x) = \sum_{i=0}^{n} a_i x^i \in \mathbf{R}[x]$ に対して，$a_n \neq 0$ であるとき，n を $f(x)$ の**次数**といい，$n = \deg(f)$ とかくことにします．ここでは，$f(x) = 0$ の次数は $-\infty$, $f(x) = a_0$ (0 でない定数) に対しては，$\deg(f) = 0$ と定めます．

$f(x), g(x) \in \mathbf{R}[x]$ ($f(x), g(x) \neq 0$) に対して

(1) $\deg(f+g) \leq \max\{\deg(f), \deg(g)\}$,
(2) $\deg(fg) = \deg(f)+\deg(g)$

が成り立ちます．

注 6.5.2 有理数係数の多項式全体 $\mathbf{Q}[x]$ および複素数係数の多項式全体 $\mathbf{C}[x]$

においても,同様に演算が定義されて,性質 6.5.1 の (1)〜(8) および次数についての関係式 (1), (2) が成り立ちます.したがって,$\mathbf{Q}[x]$, $\mathbf{C}[x]$ も多項式環となります.このとき,$\mathbf{Z}[x] \subset \mathbf{Q}[x] \subset \mathbf{R}[x] \subset \mathbf{C}[x]$ となっています.

多項式環 $\mathbf{Z}[x]$, $\mathbf{Q}[x]$, $\mathbf{R}[x]$ および $\mathbf{C}[x]$ は単位元 1 をもち,0 以外には零因子を含まない.したがって,$\mathbf{Z}[x]$, $\mathbf{Q}[x]$, $\mathbf{R}[x]$, $\mathbf{C}[x]$ はいずれも整域です.ここに,$p(x)$ が**零因子**とは,$q(x) \neq 0$ かつ $p(x)q(x) = 0$ となる $q(x)$ が存在するときをいいます.

ここで,次の除法の定理を示します.

定理 6.5.2 任意の $f(x), g(x) \in \mathbf{C}[x]$ $(g(x) \neq 0)$ に対して

$$f(x) = p(x)g(x) + r(x), \quad r(x) = 0 \text{ または } \deg(r) < \deg(g) \quad (6.5.1)$$

を満たす $p(x), r(x) \in \mathbf{C}[x]$ が,定数係数の違いを除いてただ 1 通りに存在する.

(証明) $\deg(g) = 0$ ならば,$g(x) = b \neq 0$ (定数) であるから $p(x) = f(x)/b$, $r(x) = 0$ とすればよい.そこで,$\deg(g) > 0$ の場合を考えます.$\deg(f) < \deg(g)$ ならば,$p(x) = 0$, $r(x) = f(x)$ として,(6.5.1) が成り立ちます.

次に,$n = \deg(f) \geq \deg(g) = m$ とします.このとき,n に関する数学的帰納法によって,(6.5.1) が成り立つことを証明します.いま,$n-1$ 次以下の多項式 $f(x)$ に対しては,等式 (6.5.1) を満たす $p(x)$ と $r(x)$ が存在するものとします.そこで

$$f(x) = \sum_{k=0}^{n} a_k x^k, \quad g(x) = \sum_{k=0}^{m} b_k x^k \quad (a_n \neq 0, b_m \neq 0, n \geq m)$$

に対して

$$\varphi(x) = f(x) - a_n b_m^{-1} x^{n-m} g(x) \quad (6.5.2)$$

とおくと,$\varphi(x)$ は $n-1$ 次以下の多項式となります.仮定から

$$\varphi(x) = p_1(x)g(x) + r_1(x), \quad r_1(x) = 0 \text{ または } \deg(r_1) < \deg(g) \quad (6.5.3)$$

を満たす $p_1(x), r_1(x) \in \mathbf{C}[x]$ が存在します (もし,$m = n$ なら先に見たように $p_1(x) = 0$, $\varphi(x) = r_1(x)$ とすればよい).ここで $p(x) = a_n b_m^{-1} x^{n-m} + p_1(x)$, $r(x) =$

$r_1(x)$ とおくと，(6.5.2), (6.5.3) により

$$f(x) = \varphi(x) + a_n b_m^{-1} x^{n-m} g(x) = (p_1(x) + a_n b_m^{-1} x^{n-m}) g(x) + r(x)$$
$$= p(x) g(x) + r(x).$$

したがって，(6.5.1) を満たす $p(x)$ と $r(x)$ が存在します．次に一意性を示そう．

$$f(x) = p_1(x) g(x) + r_1(x) = p_2(x) g(x) + r_2(x), \tag{6.5.4}$$
$$r_i(x) = 0 \quad \text{または} \quad \deg(r_i) < \deg(g)$$

なる $p_i(x), r_i(x)$ $(i=1,2)$ が存在したとすると，

$$(p_1(x) - p_2(x)) g(x) = r_2(x) - r_1(x)$$

となります．$r_1(x) \neq r_2(x)$ ならば，$p_1(x) - p_2(x) \neq 0$ となるから

$$\deg(g) > \deg(r_2 - r_1) = \deg(p_1 - p_2) + \deg(g)$$

となり，矛盾を生じます．よって，$r_1(x) = r_2(x)$ となります．(6.5.4) により，$p_1(x) = p_2(x)$ となり，(6.5.1) の表し方は定数のちがいを除いて一意的であることが分かります． ∎

定理 6.5.2 は，$\mathbf{Q}[x]$, $\mathbf{R}[x]$ の多項式に対しても成り立ちます．一般に，体 $\mathbf{K}$ の要素を係数とする多項式環 $\mathbf{K}[x]$ において成り立ちます．$\mathbf{Z}[x]$ において，$g(x) = x - \alpha$ に対しては成り立ちます ((1.2.1))．しかし，一般には $\mathbf{Z}[x]$ において，(6.5.1) の表現は成り立ちません．

例 6.5.1 $f(x), g(x) \in \mathbf{Z}[x]$ として

$$f(x) = x^n + x^{n-1} + \cdots + 1,$$
$$g(x) = a_m x^m + a_{m-1} x^{m-1} + \cdots + a_0 \quad (a_i \in \mathbf{Z}, \; i = 0, 1, \cdots, m)$$

として (6.5.1) が $p(x) = b_{n-m} x^{n-m} + b_{n-m-1} x^{n-m-1} + \cdots + b_0$ $(b_j \in \mathbf{Z}, \; j = 0, 1, \cdots, n-m)$ に対して成り立っているとすると，$a_m b_{n-m} = 1$ でなければならないが，これは $\mathbf{Z}$ においては，一般に成り立ちません (定理 3.1.2 を参照)．

等式 (6.5.1) において，$r(x) = 0$ ならば，$f(x) = p(x) g(x)$ となります．この

とき，$g(x)$ は $f(x)$ を**割り切る**，または $g(x)$ は $f(x)$ の**因子**であるといいます．一般に，$g(x)$ が 0 でない有限個の多項式 $f_1(x), f_2(x), \cdots, f_l(x)$ の共通の因子であるとき，$g(x)$ を $f_1(x), f_2(x), \cdots, f_l(x)$ の**公約因子** (共通因子) といいます．さらに，$f_1(x), f_2(x), \cdots, f_l(x)$ の公約因子のうち次数が最大であるものを**最大公約因子**といいます．特に，2 つの多項式 $f_1(x)$ と $f_2(x)$ の最大公約因子が定数以外にないとき，$f_1(x)$ と $f_2(x)$ は**互いに素**であるといいます．また，0 でない $h(x) \in \mathbf{C}[x]$ が各 $f_i(x)$ の倍因子である，すなわち，$h(x) = p_i(x) f_i(x)$ ($1 \leq i \leq l$) なる $p_i(x) \in \mathbf{C}[x]$ が存在するとき，$h(x)$ を $f_1(x), f_2(x), \cdots, f_l(x)$ の**公倍因子**といいます．$f_1(x), f_2(x), \cdots, f_l(x)$ の公倍因子で，次数が最小であるものを $f_1(x), f_2(x), \cdots, f_l(x)$ の**最小公倍因子**といいます．

多項式環においては，因数定理 (系 6.5.3) がしばしば用いられます．そこでは，複素数解をもつ方程式が関係してきます．多項式 $f(x) \in \mathbf{C}[x]$ に対して，$f(\alpha) = 0$ となる $\alpha (\in \mathbf{C})$ が存在すれば，これを**方程式** $f(x) = 0$ **の解**といいます．

系 6.5.3（**因数定理**）多項式 $f(x) \in \mathbf{C}[x]$ が $(x - \alpha)$ で割り切れるための必要十分条件は，$f(\alpha) = 0$ となることである．

(証明) 等式 (6.5.1) において $g(x) = x - \alpha$ とすると，$f(x) = (x - \alpha) p(x) + r$ (r は定数) と表されます．いま，$f(\alpha) = 0$ と仮定すると，$r = 0$ より $f(x) = (x - \alpha) p(x)$ となります．したがって，$f(x)$ は $(x - \alpha)$ で割り切れます．逆に，$f(x)$ が $(x - \alpha)$ で割り切れるとすると，$f(x) = (x - \alpha) p(x)$ と表されるから $f(\alpha) = 0$ となります． ∎

代数学の基本定理 (4.2 節を参照) と系 6.5.3 により，次の定理が得られます．

定理 6.5.4 n 次の多項式 $f(x) \in \mathbf{C}[x]$ は 1 次式の積として

$$f(x) = a(x - \alpha_1)(x - \alpha_2) \cdots (x - \alpha_n) \qquad (6.5.5)$$

と表される．ここに，$a \neq 0$ で，$\alpha_1, \alpha_2, \cdots, \alpha_n (\in \mathbf{C})$ は方程式 $f(x) = 0$ の解である．

(証明) α_1 は方程式の解であるから，系 6.5.3 (因数定理) により $f(x) = (x -$

$\alpha_1)g_1(x)$ と表されます．α_2 は方程式 $g_1(x)=0$ の解となっています．再び，因数定理により $g_1(x)=(x-\alpha_2)g_2(x)$ の形に表され，$f(x)=(x-\alpha_1)(x-\alpha_2)g_2(x)$ となります．このことを続けて行うことにより，$g_i(x)$ $(1\leqq i\leqq n)$ が定まります．このとき，$f(x)$ が n 次式であるから $g_{n-1}(x)$ は 1 次式で $g_{n-1}(x)=a(x-\alpha_n)$ $(a\neq 0)$ となります．したがって，$f(x)$ は (6.5.5) のように表されることが分かります．■

注 6.5.3 方程式 $f(x)=0$ の解 $\alpha_1,\alpha_2,\cdots,\alpha_n$ に対して，(6.5.5) の表し方は積の順序を除いて一意的です．

定理 6.5.5 多項式 $f(x),g(x)\in \mathbf{C}[x]$ $(f(x),g(x)\neq 0)$ の最大公約因子を $d(x)$ とすると

$$d(x)=p(x)f(x)+q(x)g(x)$$

を満たす $p(x),q(x)\in \mathbf{C}[x]$ が存在する．特に，$f(x)$ と $g(x)$ が互いに素であれば

$$1=p(x)f(x)+q(x)g(x)$$

を満たす $p(x),q(x)\in \mathbf{C}[x]$ が存在する．

(証明) 互除法を用いて，整数の場合と同様に証明できます．定理 6.5.2 により

$$\begin{cases} f(x)=q_0(x)g(x)+r_0(x) & (\deg(r_0)<\deg(g)) \\ g(x)=q_1(x)r_0(x)+r_1(x) & (\deg(r_1)<\deg(r_0)) \\ r_0(x)=q_2(x)r_1(x)+r_2(x) & (\deg(r_2)<\deg(r_1)) \end{cases} \quad (6.5.6)$$

を満たす $r_i(x),q_i(x)\in \mathbf{C}[x]$ $(i=0,1,2)$ が存在します．つまり，$f(x)$, $g(x)$ に対して $q_0(x)$, $r_0(x)$ が，$g(x)$, $r_0(x)$ に対して $q_1(x)$, $r_1(x)$ が，$r_0(x)$, $r_1(x)$ に対して $q_2(x)$, $r_2(x)$ がそれぞれに対応して (6.5.6) を満たすように存在しています．ここに，(6.5.6) では $\deg(f)\geqq \deg(g)$ と仮定してよい．もし，$\deg(f)<\deg(g)$ であれば，(6.5.6) で f と g を入れ換えればよいのです．

(6.5.6) において，$r_0(x)=0$ ならば，$f(x)=q_0(x)g(x)$ であるから $g(x)$ が $f(x)$ と $g(x)$ の最大公約因子 $d(x)$ となります．このとき

$$f(x)+(1-q_0(x))g(x)=g(x)=d(x)$$

となるから，定理は成り立ちます．次に，$r_0(x) \neq 0$ の場合を考えよう．ここで，$f(x)=r_{-2}(x)$, $g(x)=r_{-1}(x)$ とし

$$\begin{cases} r_{-2}(x)=q_0(x)r_{-1}(x)+r_0(x) & (\deg(r_0)<\deg(r_{-1})) \\ r_{-1}(x)=q_1(x)r_0(x)+r_1(x) & (\deg(r_1)<\deg(r_0)) \\ r_0(x)=q_2(x)r_1(x)+r_2(x) & (\deg(r_2)<\deg(r_1)) \end{cases} \quad (6.5.7)$$

と表しておきます．ここに，$r_i(x), q_i(x) \in \mathbf{C}[x]$ ($i=0,1,2$) です．互除法を続けて行うと，$i=-2,-1,0,1,\cdots$ に対して

$$r_i(x)=q_{i+2}(x)r_{i+1}(x)+r_{i+2}(x) \quad (\deg(r_{i+2})<\deg(r_{i+1})) \quad (6.5.8)$$

を満たすように順次 $r_i(x)$, $r_{i+1}(x)$, $r_{i+2}(x)$, $q_{i+2}(x)$ が定まります．ところで，$\deg(r_j)$ ($j=0,1,2,\cdots$) は狭義の単調減少であるので $-\infty = \deg(r_{k+2}) < \deg(r_{k+1})$ となる k が存在します．このとき，$r_{k+2}(x)=0$ で

(1) $r_i(x)=q_{i+2}(x)r_{i+1}(x)+r_{i+2}(x) \quad (i=-2,-1,0,\cdots,k-1)$,
(2) $r_k(x)=q_{k+2}(x)r_{k+1}(x)$

となります．(2) により，$r_{k+1}(x)$ が $r_k(x)$ と $r_{k+1}(x)$ の最大公約因子となります．(1) で $i=k-1$ として，(2) の式を代入すると

$$r_{k-1}(x)=q_{k+1}(x)r_k(x)+r_{k+1}(x)=(q_{k+2}(x)q_{k+1}(x)+1)r_{k+1}(x) \quad (6.5.9)$$

となるから，$r_{k-1}(x)$ は r_{k+1} を因子としてもちます．そこで，(1) で $i=k-2$ とし，これに (6.5.9) の式と (2) の式を代入して整理すると

$$\begin{aligned} r_{k-2}(x) &= (q_{k+2}(x)q_{k+1}(x)q_k(x)+q_{k+2}(x)+q_k(x))r_{k+1}(x) \\ &= p(x)r_{k+1}(x) \end{aligned}$$

の形に表されます．ここに，$p(x)=q_{k+2}(x)q_{k+1}(x)q_k(x)+q_{k+2}(x)+q_k(x)$ です．よって，$r_{k-2}(x)$ は $r_{k+1}(x)$ を因子としてもちます．すなわち，$r_{k+1}(x)$ は $r_{k-1}(x)$ と $r_{k-2}(x)$ の共通因子となります．このことを続けると，$r_{k+1}(x)$ が

$r_1(x)$ と $r_2(x)$ の共通因子となります．したがって，(6.5.7) により

$$r_0(x) = p_0(x) r_{k+1}(x),$$
$$g(x) = r_{-1}(x) = p_{-1}(x) r_{k+1}(x),$$
$$f(x) = r_{-2}(x) = p_{-2}(x) r_{k+1}(x)$$

と表され，$r_{k+1}(x)$ が $f(x)$ および $g(x)$ の共通因子であることが分かります．したがって，$r_{k+1}(x)$ は $r_{-2}(x), r_{-1}(x), \cdots, r_k(x), r_{k+1}(x)$ の共通因子となります．

一方，$r_{-2}(x) = f(x), r_{-1}(x) = g(x)$ の任意の共通因子 $h(x)$ は，(6.5.8) で $i = -2, -1, 0, \cdots, k$ とすることにより，$r_0(x), r_1(x), \cdots, r_{k+1}(x)$ の共通因子でもあることが分かります．したがって，$r_{k+1}(x)$ は $f(x)$ と $g(x)$ の最大公約因子となります．(6.5.8) 式において $i = k-1, k-2$ の場合を考えると，それぞれ

$$r_{k+1}(x) = r_{k-1}(x) - r_k(x) q_{k+1}(x), \quad r_k(x) = r_{k-2}(x) - r_{k-1}(x) q_k(x)$$

となります．これらの2式から

$$r_{k+1}(x) = (1 + q_{k+1}(x) q_k(x)) r_{k-1}(x) - q_{k+1}(x) r_{k-2}(x) \qquad (6.5.10)$$

なる関係式が得られます．同様に (1) の式で $i = k-1, k-2, \cdots, 3$ として，次々と $r_i(x) = r_{i-2}(x) - q_i(x) r_{i-1}(x)$ を (6.5.10) に代入していきます．さらに，(6.5.7) における $r_0(x), r_{-1}(x) = g(x), r_{-2}(x) = f(x)$ を代入していくと，$r_{k+1}(x)$ は

$$r_{k+1}(x) = p(x) f(x) + q(x) g(x) \qquad (p(x), q(x) \in \mathbf{C}[x])$$

の形に表すことができます．$r_{k+1}(x)$ は $f(x), g(x)$ の最大公約因子であるから，$d(x) = r_{k+1}(x)$ とおいて

$$d(x) = p(x) f(x) + q(x) g(x)$$

を満たす $p(x), q(x) \in \mathbf{C}[x]$ が存在することが示されます．特に，$f(x), g(x)$ が互いに素であれば，最大公約因子は $d(x) = a (\neq 0)$ であるから，上式の両辺を a で割ることにより

$$1 = p(x) f(x) + q(x) g(x)$$

を満たす $p(x), q(x) \in C[x]$ の存在が示されます． ∎

注 6.5.4 第 1 章で，整数 $\mathbf{Z}$ に関して同様の考察を行ったことを思い出します．多項式のことを整式ともいうのです．また互除法によって最大公約因子を見つけ出すこともできるのです．

ここで，$\mathbf{K}$ は，有理数体 $\mathbf{Q}$, 実数体 $\mathbf{R}$, 複素数体 $\mathbf{C}$ のいずれかであるとします．0 でない多項式 $f(x)$ ($\in \mathbf{K}[x]$) が，定数か自分自身以外に因子をもたないとき，$f(x)$ は $\mathbf{K}[x]$ において**既約**であるといい，既約でないとき，**可約**であるといいます．たとえば，$f(x)=x^2+1$ は $\mathbf{R}[x]$ において既約であるが，$\mathbf{C}[x]$ では可約です．また，$g(x)=x^2-2$ は $\mathbf{Q}[x]$ においては既約であるが，$\mathbf{R}[x]$ においては $x^2-2=(x-\sqrt{2})(x+\sqrt{2})$ であるから可約となります．このようにどの範囲で考えるかは重要です．

多項式 $f(x) \in \mathbf{K}[x]$ が既約多項式 $p_1(x), p_2(x), \cdots, p_m(x)$ の積として

$$f(x)=p_1(x)p_2(x)\cdots p_m(x) \tag{6.5.11}$$

の形に分解されるとき，(6.5.11) を $\mathbf{K}[x]$ における $f(x)$ の**既約因子分解** (または**既約因数分解**) といいます．

定理 6.5.6（ガウスの定理）実数係数の n 次多項式 $f(x)$ は，$\mathbf{R}[x]$ において，実数係数の 1 次式と，$\mathbf{R}[x]$ における既約な 2 次式との積として

$$f(x)=a(x-\alpha_1)(x-\alpha_2)\cdots(x-\alpha_r)q_1(x)q_2(x)\cdots q_s(x) \qquad (a \neq 0)$$

のように因数分解できる．ここに，$q_i(x)$ $(1 \leqq i \leqq s)$ は，$\mathbf{R}[x]$ における既約な 2 次式である．

まず，次の補題を準備します．

補題 6.5.7 実数を係数とする方程式 $f(x)=0$ が虚数 α を解にもてば，その複素共役 $\bar{\alpha}$ も方程式の解となる．

(証明) $f(x)=a_0+a_1x+a_2x^2+\cdots+a_nx^n$ とする．ここに，$a_i \in \mathbf{R}$ $(0 \leqq i \leqq n)$ である．α を方程式の解とすると

$$f(\alpha)=a_0+a_1\alpha+a_2\alpha^2+\cdots+a_n\alpha^n=0$$

となります．ところで，$\overline{\alpha^k}=(\overline{\alpha})^k\ (k\geqq 2)$ である (性質 4.1.2 の (2)) から，等式両辺の共役をとることにより

$$f(\overline{\alpha})=a_0+a_1\overline{\alpha}+a_2\overline{\alpha}^2+\cdots+a_n\overline{\alpha}^n$$
$$=a_0+a_1\overline{\alpha}+a_2\overline{(\alpha)^2}+\cdots+a_n\overline{(\alpha)^n}=\overline{f(\alpha)}=0$$

が得られます．したがって，$\overline{\alpha}$ も方程式 $f(x)=0$ の解となります． ■

注 6.5.5 もし私たちが複素数を知らなかったなら，この補題は理解できません．数学はこのように拡大的に進歩を目指す学問なのです．

(定理 6.5.6 の証明) n 次多項式 $f(x)\in \mathbf{R}[x]$ に対して，方程式 $f(x)=0$ は複素数の範囲で，重複度を含めて n 個の解 $\alpha_1,\alpha_2,\cdots,\alpha_n$ をもちます．定理 6.5.4 により，$f(x)$ は

$$f(x)=a(x-\alpha_1)(x-\alpha_2)\cdots(x-\alpha_n) \tag{6.5.12}$$

と因数分解できます．ここに，a は 0 でない実数です．いま，α_k が虚数解であれば，補題により $\overline{\alpha_k}$ も方程式の解となります．(6.5.12) の因数分解は $(x-\overline{\alpha_k})$ を含みます．ところで，$(x-\alpha_k)(x-\overline{\alpha_k})=x^2-(\alpha_k+\overline{\alpha_k})x+|\alpha_k|^2$ であり $\alpha_k+\overline{\alpha_k}$, $|\alpha_k|^2$ は実数であるから，$q(x)=x^2-(\alpha_k+\overline{\alpha_k})x+|\alpha_k|^2$ は $\mathbf{R}[x]$ における 2 次の既約多項式です．したがって，$\alpha_1,\alpha_2,\cdots,\alpha_r$ を実数解，残りを虚数解とすれば

$$f(x)=a(x-\alpha_1)(x-\alpha_2)\cdots(x-\alpha_r)q_1(x)q_2(x)\cdots q_s(x)$$

の形の因数分解が得られます．ここに，$q_1(x),q_2(x),\cdots,q_s(x)$ は，$\mathbf{R}[x]$ における 2 次の既約多項式です． ■

注 6.5.6 奇数次の多項式 $f(x)\in \mathbf{R}[x]$ に対して，方程式 $f(x)=0$ は少なくとも 1 つの実数解をもちます．実際，方程式が虚数解のみをもつとすると，補題 6.5.7 により解は偶数個です．一方，代数学の基本定理により奇数次の方程式の解は奇数個であるから矛盾を生じます．

系 6.5.8 多項式 $f(x)(\in \mathbf{R}[x])$ は，どの 2 つも互いに素な $\mathbf{R}$ 上の既約多項式

$p_1(x), p_2(x), \cdots, p_r(x)$ の積として

$$f(x) = p_1(x)^{m_1} p_2(x)^{m_2} \cdots p_r(x)^{m_r} \qquad (6.5.13)$$

と分解される．このとき，$p_1(x), p_2(x), \cdots, p_r(x)$ は定数倍と順序を除いて一意的に定まり，正の整数 $m_1, m_2, \cdots, m_r$ も一意的に定まる．

(証明)　ガウスの定理により，$f(x) \in \mathbf{R}[x]$ は 1 次式と既約な 2 次式の積として

$$f(x) = a(x - \alpha_1)(x - \alpha_2) \cdots (x - \alpha_r) q_1(x) q_2(x) \cdots q_s(x) \qquad (a \neq 0)$$

のように分解されます．ここで，同じ既約な式はまとめて表すことにすると

$$f(x) = p_1^{m_1}(x) p_2^{m_2}(x) \cdots p_t^{m_t}(x)$$

のように因子分解されます．ここに，$p_1(x), p_2(x), \cdots, p_t(x) \in \mathbf{R}[x]$ は，どの 2 つも互いに素な既約多項式です．次に，分解の一意性を示そう．

$$f(x) = p_1(x)^{m_1} p_2(x)^{m_2} \cdots p_t(x)^{m_t} = q_1(x)^{n_1} q_2(x)^{n_2} \cdots q_s(x)^{n_s} \qquad (6.5.14)$$

と 2 通りに既約分解できたとする．$p_1(x)$ は $f(x)$ を割り切るので，(6.5.14) の右辺の $q_1(x)^{n_1} q_2(x)^{n_2} \cdots q_s(x)^{n_s}$ を割り切ることが分かります．$p_1(x)$ は既約であるから $q_1(x), q_2(x), \cdots q_s(x)$ のいずれかを割り切ることになります．いま，$p_1(x)$ が $q_{i_1}(x)$ を割り切るとすると，$q_{i_1}(x)$ も既約であるから，$p_1(x)$ と $q_{i_1}(x)$ は定数倍の違いを除いて一致します．さらに，$m_1 = n_{i_1}$ であることも分かります．このことを残りの $p_2(x), p_3(x), \cdots, p_t(x)$ に対して行うと，各 $p_j(x)$ は (6.5.14) の右辺のある既約因子 $q_{i_j}(x)$ と定数倍の違いを除いて一致します．このことから $t \leq s$ となります．対称性により，$s \leq t$ であることも示されるので，$t = s$ となります．したがって，$f(x)$ の既約分解は定数倍の違いを除いて一致します．■

$\mathbf{R}[x]$ は環であるから，イデアルが定義できます．繰り返しになりますが，$\mathbf{R}[x]$ のイデアルを定義しておきます．

定義 6.5.1　多項式環 $\mathbf{R}[x]$ の部分集合 I が次の条件；

(i)　$p(x), q(x) \in I \Longrightarrow p(x) - q(x) \in I$

(ii)　$p(x) \in I, f(x) \in \mathbf{R}[x] \Longrightarrow f(x) p(x) \in I$

を満たすとき，I を $\mathbf{R}[x]$ のイデアルという．

注 6.5.7 $\mathbf{R}[x]$ は可換環であるから，$\mathbf{R}[x]$ のイデアル I は両側イデアル，すなわち，イデアルです．

多項式 $d(x)(\in \mathbf{R}[x])$ に対して
$$I = \{p(x)d(x) \mid p(x) \in \mathbf{R}[x]\}$$
は $\mathbf{R}[x]$ のイデアルである．一般に，多項式 $d_1(x), d_2(x), \cdots, d_n(x) (\in \mathbf{R}[x])$ に対して
$$I_n = \left\{\sum_{i=1}^{n} p_i(x)d_i(x) \mid p_i(x) \in \mathbf{R}[x]\right\}$$
は，$\mathbf{R}[x]$ のイデアルである．実際，$\sum_{i=1}^{n} p_i(x)d_i(x), \sum_{i=1}^{n} q_i(x)d_i(x) \in I_n$ とすると
$$\sum_{i=1}^{n} p_i(x)d_i(x) \pm \sum_{i=1}^{n} q_i(x)d_i(x) = \sum_{i=1}^{n}(p_i(x) \pm q_i(x))d_i(x) \in I_n$$
となります．また，$c(x) \in \mathbf{R}[x]$ に対して
$$c(x)\sum_{i=1}^{n} p_i(x)d_i(x) = \sum_{i=1}^{n}(c(x)p_i(x))d_i(x) \in I_n$$
を満たし，I_n は $\mathbf{R}[x]$ のイデアルとなります．これを $I_n = (d_1(x), d_2(x), \cdots, d_n(x))$ と表し，$d_1(x), d_2(x), \cdots, d_n(x)$ から生成される $\mathbf{R}[x]$ のイデアルといいます．特に，$\{p(x)d(x) \mid p(x) \in \mathbf{R}[x]\}$ を $d(x)$ から生成される単項イデアルといい，$(d(x))$ と表します．

定理 6.5.9 $\mathbf{R}[x]$ のイデアル I は単項イデアルである．

(証明) $I=(0)$ は明らかに単項イデアルです．そこで，$I \neq (0)$ とします．I に含まれる 0 以外の多項式の中で次数が最小であるものの 1 つをとり，それを $d(x)$ とすれば，$I=(d(x))$ となります．実際，任意の $p(x) \in I$ に対して，定理 6.5.2 により
$$p(x) = q(x)d(x) + r(x) \qquad (r(x) = 0 \quad \text{または} \quad \deg(r) < \deg(d))$$

となる $q(x), r(x) \in \mathbf{R}[x]$ が存在します．このとき，$r(x) = p(x) - q(x)d(x) \in I$ となります．ところで，$d(x)$ が I に属する最小次数の多項式であるから，$r(x) = 0$ となります．したがって，$p(x) = q(x)d(x) \in (d(x))$ より，$I \subset (d(x))$ となります．一方，$d(x) \in I$ であるから，$(d(x)) \subset I$ となります．したがって，$I = (d(x))$ となり，I は単項イデアルとなります．特に，$I = (d_1(x), d_2(x), \cdots, d_n(x))$ は，$\mathbf{R}[x]$ のイデアルであるから単項イデアルとなります． ∎

定理 6.5.10 0 でない多項式 $f_1(x), f_2(x), \cdots, f_m(x) \in \mathbf{R}[x]$ の最大公約因子が $g(x)$ であれば

$$g(x) = p_1(x)f_1(x) + p_2(x)f_2(x) + \cdots + p_m(x)f_m(x) \tag{6.5.15}$$

を満たす $p_1(x), p_2(x), \cdots, p_m(x) \in \mathbf{R}[x]$ が存在する．特に，$f_1(x), f_2(x), \cdots, \cdots, f_m(x)(\in \mathbf{R}[x])$ の最大公約因子が定数 $a(\neq 0)$ であれば

$$1 = p_1(x)f_1(x) + p_2(x)f_2(x) + \cdots + p_m(x)f_m(x) \tag{6.5.16}$$

を満たす $p_1(x), p_2(x), \cdots, p_m(x) \in \mathbf{R}[x]$ が存在する．

(証明) $f_1(x), f_2(x), \cdots, f_m(x) \in \mathbf{R}[x]$ から生成される $\mathbf{R}[x]$ のイデアル $I = (f_1(x), f_2(x), \cdots, f_m(x))$ は単項イデアルであり，I に属する 0 でない最小次数の多項式を $d(x)$ とすると，$I = (d(x))$ となっています (定理 6.5.9)．このとき

$$d(x) = q_1(x)f_1(x) + q_2(x)f_2(x) + \cdots + q_m(x)f_m(x) \tag{6.5.17}$$

となる $q_i(x) \in \mathbf{R}[x]$ ($1 \leq i \leq m$) が存在します．ところで，$g(x)$ は $f_1(x), f_2(x), \cdots, f_m(x)$ の公約因子であるから $f_i(x) = p'_i(x)g(x)$ となる $p'_i(x) \in \mathbf{R}[x]$ ($1 \leq i \leq m$) が存在します．(6.5.17) により

$$d(x) = (q_1(x)p'_1(x) + q_2(x)p'_2(x) + \cdots + q_m(x)p'_m(x))g(x) \tag{6.5.18}$$

と表され，$g(x)$ は $d(x)$ の因子となります．したがって，$g(x)$ は $d(x)$ を割りきることが分かります．$d(x)$ は 0 でない I の最小次数の多項式であるから，$g(x)$ と $d(x)$ は定数倍の違いを除いて一致します．(6.5.17) の両辺を定数倍することにより

$$g(x) = p_1(x)f_1(x) + p_2(x)f_2(x) + \cdots + p_m(x)f_m(x)$$

を満たす $p_1(x), p_2(x), \cdots, p_m(x) \in \mathbf{R}[x]$ が存在することが分かります．特に，$f_1(x), f_2(x), \cdots, f_m(x)$ の最大公約因子が $g(x) = a$ (0 でない定数) であれば，上式の両辺を a で割ることにより (6.5.16) を満たす $p_1(x), p_2(x), \cdots, p_m(x) \in \mathbf{R}[x]$ が存在します． ∎

系 6.5.11 0 でない多項式 $f_1(x), f_2(x), \cdots, f_n(x) \in \mathbf{R}[x]$ の最大公約因子を $d(x)$ とすると，イデアル $(f_1(x), f_2(x), \cdots, f_n(x))$ は単項イデアルであり

$$(d(x)) = (f_1(x), f_2(x), \cdots, f_n(x))$$

となる．

■ 章末問題 6

問題 6.1 単位元をもつ可換環 $\mathcal{R}$ が次の条件 (i), (ii) を満たすとする．

(i) 零元 0, 単位元 e 以外の要素を少なくとも1つ含む．

(ii) 任意の $a, b \in \mathcal{R}$ $(a \neq 0)$ に対して，方程式 $ax = b$ は一意解をもつ．

このとき，$\mathcal{R}$ は体となることを示してください．

問題 6.2 整数環 $\mathbf{Z}$ と正の整数 a, b に対して，$a\mathbf{Z} \cap b\mathbf{Z}$ が $\mathbf{Z}$ のイデアルであることを示し，正の整数 c が存在して $a\mathbf{Z} \cap b\mathbf{Z} = c\mathbf{Z}$ が成り立つことを証明してください．

第7章

群

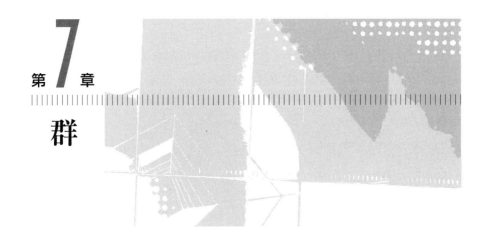

　これまでに見てきた数の集合においては，加法 + と乗法 · の 2 つの演算が定められていて，それらの集合は 2 つの演算に関して閉じていました．ここでは，1 つの演算だけに着目します．整数全体の集合 $\mathbf{Z}$ において 1 つの演算，加法 + を考えます．$a,b,c \in \mathbf{Z}$ に対して

(1) $(a+b)+c = a+(b+c)$,
(2) $a+0 = 0+a = a$,
(3) $a+x = x+a = 0$ となる $x(=-a)$ が存在する,
(4) $a+b = b+a$

が成り立ちます．このとき，$\mathbf{Z}$ は**加法群** (または**加群**) を成すといいます．

　また，有理数全体の集合 $\mathbf{Q}$，実数全体の集合 $\mathbf{R}$，複素数全体の集合 $\mathbf{C}$ においては，積の演算に関して

(1)′ $(ab)c = a(bc)$,
(2)′ $a \cdot 1 = 1 \cdot a = a$,
(3)′ $ax = 1$ $(a \neq 0)$ となる x が存在する,
(4)′ $ab = ba$

が成り立ちます．このとき，$\mathbf{Q}, \mathbf{R}, \mathbf{C}$ は 0 を除いて**乗法群**を成すといいます．この乗法に関する計算は，上の (1)′〜(4)′ の性質 (加法については，(1)〜(4) の

性質) に従って行われます．性質 (1)〜(4) と (1)′〜(4)′ に共通していることは，交換可能性と次の (I)〜(IV) です．

(I) 演算の成立とその一意性　(II) 結合法則の成立
(III) 単位元の存在　　　　　　(IV) 逆演算の可能性

キーワード

部分群，巡回部分群，位数，左 (右) 剰余類，左 (右) 完全代表系，指数，既約剰余類，正規部分群，商群，オイラー関数，置換群 (対称群)，巡回置換，偶置換，奇置換

新しい記号

$$G/H,\ HK,\ \mathbf{Z}_n^*,\ \mathrm{sign}(\sigma)$$

7.1 群の定義と基本的性質

上記の (I)〜(IV) をもとに，一般的な群の定義を与えます．いま，加法 +，または乗法 · の演算を一般化して ○ と表すことにします．

定義 7.1.1 集合 G において，演算 ○ が定義され，任意の $a, b \in G$ に対して，$a \circ b$ が G の元として一意的に定まり，次の (1)〜(3) が満たされているならば，G を群という．

(1) (**結合法則**) 任意の $a, b, c \in G$ に対して
$$a \circ (b \circ c) = (a \circ b) \circ c$$
が成り立つ．

(2) (**単位元の存在**) ある特定の元 $e \in G$ が存在し，任意の $a \in G$ に対して
$$a \circ e = e \circ a = a$$
が成り立つ．

(3) (**逆元の存在**) 任意の $a \in G$ に対して，$b \in G$ が存在して
$$a \circ b = b \circ a = e$$
を満たす．

さらに，次を満たすとき，G を**可換群**(または**アーベル** (**Abel**) **群**) という．
(4) (**交換法則**) $a, b \in G$ ならば，$a \circ b = b \circ a$．

(2) における e を**単位元**，(3) における b を a の**逆元**といい，$b = a^{-1}$ と表します．G が可換である場合には，演算 $\circ$ を和の記号 $+$ を用いて，$a \circ b$ は $a + b$ の形に表されることもあります．この場合，G は先に定義した加法群です．加法群 G において，単位元は**零元**と呼ばれ 0 と表し，a の逆元は $-a$ と表されます．

注 7.1.1 体 K は加法に関して加法群を成し，乗法に関しても $K \backslash \{0\}$ が群を成します (定義 6.3.1 の (5), (6), (7) を参照).

定義 7.1.2 G が演算 $\circ$ に関して群を成しているとする．このとき，G の部分集合 H が演算 $\circ$ に関して群を成しているならば，H を G の**部分群**という．すなわち，H は演算 $\circ$ に関して閉じていて，単位元 $e \in H$ を含み，かつ e は G の単位元と一致する．さらに，任意の元 $x \in H$ は正則元 (H に逆元をもつ) である．

以下，一般の群 G において，$a, b \in G$ に対する演算 $a \circ b$ を ab と表し，a と b の積ということにします．

ここで，群 G の部分群の例をみておきます．G の任意の元 a に対して，累乗 a^n ($n \in \mathbf{Z}$) を次のように定義します．

$$a^1 = a, \quad a^2 = aa, \quad a^n = a^{n-1}a \quad (n > 1), \quad a^0 = e \quad (\text{G の単位元}),$$
$$a^n = (a^{-1})^{|n|} \quad (n < 0).$$

このとき，次の指数法則が成り立ちます．$m, n \in \mathbf{Z}$ に対して

(1) $a^n a^m = a^{n+m}$,
(2) $(a^n)^m = a^{nm}$,
(3) G が可換である場合には，$a, b \in G$ に対して，$(ab)^n = a^n b^n$

が成り立ちます．いま，$a \in G$ に対して G の部分集合 $G_a = \{a^n \mid n \in \mathbf{Z}\}$ を考えます．G_a は G の演算に関して閉じています．さらに，可換な群を成します．実際，指数法則 (1) により，G_a においては可換法則が満たされます．$a^0 = e \in G_a$ が単位元で，$a^n \in G_a$ の逆元は a^{-n} です．結合法則が成り立つことは指数法則 (1) により明らかです．したがって，G_a は G の可換な部分群となります．この G_a を $a(\in G)$ によって生成される**巡回部分群**といいます．

定理 7.1.1 G を群とし，H を G の部分集合とする．H が G の部分群であるための必要十分条件は，次の (i), (ii) が成り立つことである．

(i) $a, b \in H$ ならば $ab \in H$．
(ii) $a \in H$ ならば $a^{-1} \in H$．

(証明) H は G の部分群であるとする．定義から，(i), (ii) が成り立つことは明らかです．逆に，(i), (ii) を仮定すると H は積に関して閉じています．したがって，$a, b, c \in H$ に対して $(ab)c, a(bc) \in H$ であり，G において結合法則が成り立っているので H においても $(ab)c = a(bc)$ が成り立ちます．(ii) により，$a \in H$ の逆元 (G における) a^{-1} が H において存在します．したがって，(i) より $e = aa^{-1} = a^{-1}a \in H$ となります．すなわち，H は単位元 e を含み，$ae = ea = a$ を満たします．したがって，H は部分群となります．■

定理 7.1.2 G を群とし，H を G の部分集合とする．このとき次が成り立つ．

$$H \text{ が } G \text{ の部分群である} \iff a, b \in H \text{ ならば } ab^{-1} \in H.$$

(証明) H は G の部分群であるとする．$a, b \in H$ に対して，$b^{-1} \in H$ であるから $ab^{-1} \in H$ となります．逆に，$a, b \in H$ に対して $ab^{-1} \in H$ であるとします．これから $a \in H$ に対して $e = aa^{-1} = a^{-1}a \in H$ であり，H は単位元を含みます．また，$b \in H$ に対しては $b^{-1} = eb^{-1} \in H$ となります．したがって，$b \in H$ は H に逆元をもちます．よって，$a, b \in H$ に対して，$b^{-1} \in H$ であり，$ab = a(b^{-1})^{-1} \in H$ を満たします．したがって，H は G の部分群となります．■

定理 7.1.3 G を群とし，H を空でない G の有限部分集合とするとき

$$H \text{ が } G \text{ の部分群である} \iff a,b \in H \text{ ならば } ab \in H.$$

(証明) H が G の部分群であるとすると，$a,b \in H$ に対して，$ab \in H$ です．逆に，$a,b \in H$ ならば $ab \in H$ であることを仮定します．定理7.1.1 により $a^{-1} \in H$ であることを示せばよい．仮定から，$a \in H$, $a^2 = aa \in H$, $a^3 = a^2 a \in H$, $\cdots$, $a^n = a^{n-1} a \in H$ ($n=1,2,3,\cdots$, ただし，$a^1 = a \in H$ とします) となっています．まず，$e \in H$ を示します．もし，$a=e$ なら $e \in H$ です．しかも，このとき $a^{-1} = e \in H$ となっています．そこで，$a \neq e$ とします．H は有限部分集合であるから，$a^m = a^n$ ($m > n \geq 1$) となる $m,n \in \mathbf{N}$ が存在して，$a^{m-n} = e$ が G において成り立ちます．ここに，$m-n=k \geq 1$ であるから，$e=a^{m-n} \in H$, すなわち，H は単位元 e を含みます．いま，$a^k = a^{m-n} = e$ とすると，$a \neq e$ より $k \geq 2$ です．このとき，$aa^{k-1}=e$, すなわち，$a^{-1} = a^{k-1} \in H$ となり，H は a の逆元を含みます．したがって，H は G の部分群となります． ∎

注 7.1.2 定理7.1.3 により，群 G の空でない有限部分集合 H が部分群であることを示すには，H が G の演算に関して閉じていることを示すだけでよい．

群 G の1つの元 a によって生成される巡回部分群 $G_a = \{a^n \mid n \in \mathbf{Z}\}$ は，以下のように2つの場合に分かれます．まず，元 $a \in G$ の位数を定義しておきます．

$$a^m = e \tag{7.1.1}$$

となる自然数 m が存在する場合を考えます．このとき，a は**有限位数**をもつといいます．a が有限位数をもつとき，(7.1.1) を満たす自然数 m の中で，最小のものを a の**位数**といい，$o(a)$ と表します．また，(7.1.1) を満たす自然数 m が存在しない ((7.1.1) を成立させるのは $m=0$ しかない) とき，a は**自由元**であるといい $o(a) = \infty$ とします．群 G の元の個数が有限であるとき，G を**有限群**といい，異なる元の個数を G の**位数**といいます．$a \in G$ を有限位数の元とし，その位数を n とする．$a^m \in G_a$ のとき，$m = pn + k$ ($0 \leq k \leq n-1$, $p \in \mathbf{Z}$, $p \geq 0$) であるから $a^m = a^k$ となります．特に，$k=0$ のとき，$a^0 (=e)$ は G_a の単位元です．したがって

$$G_a = \{e, a, a^2, \cdots, a^{n-1}\}$$

となり，G_a は G の可換な有限部分群です．この部分群 G_a を**位数 n の巡回群**といいます．また，$o(a)(a$ の位数$)=\infty$ のときは，$G_a=\{\cdots,a^{-2},a^{-1},e,a^1,a^2,\cdots\}$ は相異なる無限個の元から成る G の部分群です．このとき，G_a を**無限巡回群**といいます．

例 7.1.1 n 次方程式 $x^n-1=0$ は $\zeta=\cos\dfrac{2\pi}{n}+i\sin\dfrac{2\pi}{n}$ を 1 つの解としてもちます．このとき，$0\leqq k\leqq n-1$ に対して

$$\zeta^k=\left(\cos\frac{2\pi}{n}+i\sin\frac{2\pi}{n}\right)^k=\cos\frac{2\pi k}{n}+i\sin\frac{2\pi k}{n}$$

も方程式 $x^n-1=0$ の解です．この方程式の解全体の集合は，$\Omega=\{\zeta^k\mid k=0,1,2,\cdots,n-1\}$ で与えられます．Ω は ζ によって生成される位数 n の巡回群となります．ここに，$\zeta^0=1$ が Ω の単位元です．

群 G の 1 つの元を a とします．巡回部分群 G_a の位数 (a の位数) が n であれば，$e,a,a^2,\cdots,a^{n-1}$ は互いに異なります．いま，任意の $m\in\mathbf{N}$ に対して，$m=nq+r$ $(q,r\in\mathbf{Z},0\leqq r<n)$ とすると

$$a^m=a^{nq+r}=(a^n)^q a^r=a^r$$

であるから，a^m は $e,a,a^2,\cdots,a^{n-1}$ のどれかと一致します．特に，$r=0$ となる m を考えると，$a^m=e\Longleftrightarrow m=nq$ $(q\in\mathbf{N})$ です．すなわち，$a^m=e$ ならば m は G_a の位数 n の倍数です．

定理 7.1.4 a を群 G の元とし，$a\neq e$ とする．このとき

(1) 巡回群 $G_a=\{a^k\mid k\in\mathbf{Z}\}$ の部分群はまた巡回群である．

(2) G_a の位数が n $(\geqq 2)$ であるとき，n の任意の約数 p (>1) に対して位数 p の部分群 H が存在し，この H は $a^{n/p}$ によって生成される巡回群に限る．

(証明) (1) H を G_a の任意の部分群とします．H の単位元以外の元は a^k $(k\neq 0)$ の形です．H は部分群であるから，a^{-k} (a^k の逆元) を含みます．そこで，$a^k\in H$ となる正の整数 k の中で最小のものを m とします．このとき，$a^k\in H$ なる k は m で割り切れます．実際，$k=mq+r$ (q は整数，$0\leqq r<m$) とする

と，$a^k=a^{mq+r}=(a^m)^q a^r (\in H)$ となります．$a^m \in H$ かつ $(a^m)^{-q} \in H$ ($(a^m)^q$ の逆元）であるから，$a^r=a^{k-mq}=a^k(a^m)^{-q} \in H$ となります．$m>r=k-mq \geqq 0$ より $r=0$，すなわち，$k=mq$ となります．また，$k<0$ のとき，すでにみたように，$-k=mq'$ となる整数 q' が存在します．この場合も k は m で割り切れます．したがって，H は a^m によって生成される巡回群となります．

(2) $n=mp$ とすると，$a^n=e$ かつ $a^n=a^{mp}=(a^m)^p$ であるから，a^m を生成元とする巡回群

$$H=\{e, a^m, a^{2m}, \cdots, a^{(p-1)m}\}$$

が存在し，H の位数は p である．$m=n/p$ であるから，H は $a^{n/p}$ を生成元とする位数 p の巡回部分群となっています．そこで，G_a における位数 p の任意の部分群 H が $a^{n/p}$ によって生成される巡回部分群に限ることを示そう．H は G_a の部分群であるから，a^h の形の元によって生成されます．すなわち，h ($1<h<n$) は $a^h \in H$ となる最小の正の整数です．また，$a^n=e \in H$ であるから，(1) の証明でみたように，n は h で割り切れます．このとき，$(a^h)^{n/h}=a^n=e$ となるから，H の位数 (a^h の位数) は n/h となります．一方，H の位数は p であるから $n/h=p$ となります．また，$n=mp$ であるから，$h=m$ となります．したがって，H は $a^m=a^{n/p}$ を生成元とする位数 p の巡回部分群に限ることが分かります． ∎

注 7.1.3 G_a の位数 n が素数のとき，G_a の部分群は $H=\{e\}$ または $H=G_a$ です．

加法群 **Z** は，1 または -1 を生成元とする巡回群です．任意の整数 m に対して，$\{km \mid k \in \mathbf{Z}\}$ は **Z** の巡回部分群です．**Z** の部分群 $H \neq \{0\}$ は巡回群です．実際，$a \in H$ ならば，$-a \in H$ であるから H は正の整数を含みます．そこで，H に含まれる正の整数の中で最小のものを p としよう．任意の $m \in H$ は

$$m=pq+r \qquad (q \in \mathbf{Z}, 0 \leqq r < p)$$

と表されます．このとき，$m, pq \in H$ であるから，$r=m-pq \in H$ となります．ところで，p が H に含まれる正の整数の中で最小のものであったから $0<r<p$

ではあり得ない，すなわち，$r=0$ です．したがって，$m=pq$ となります．ところで，$m \in H$ は任意であったから，H は p によって生成される巡回部分群に含まれます．また，$p \in H$ であるから，H は，p によって生成される巡回部分群を含みます．したがって，H は p によって生成される巡回部分群と一致します．

第1章の補題 1.1.10 において，正の整数 a,b とその最大公約数 d に対して，$ax+by=d$ となる $x,y \in \mathbf{Z}$ が存在することを示しました．実は，最大公約数 d が $ax+by$ $(x,y \in \mathbf{Z})$ の形に表される正の整数のうち最小のものとして定まるというのが次の定理です．

定理 7.1.5 加法群 $\mathbf{Z}$ において，2つの異なる正の整数 a,b に対して，a,b の最大公約数 d は，$ax+by$ $(x,y \in \mathbf{Z})$ の形に表される正の整数のうち最小のものである．

(証明) $H=\{ax+by \mid x,y \in \mathbf{Z}\}$ とおきます．$ax+by, ax'+by' \in H$ に対して
$$(ax+by)-(ax'+by')=a(x-x')+b(y-y') \in H$$
となるから，定理 7.1.2 により，H は $\mathbf{Z}$ の部分群となります．注 7.1.3 の下で考察したように，H は $\mathbf{Z}$ の巡回部分群であり，H に含まれる正の整数のうち最小のもの d によって H は生成されます．すなわち，$H=(d)$ となります．$a,b \in H$ は正の整数で，$a=pd, b=qd$ と表されます．よって，d は a,b の公約数です．一方，$d \in H$ であるから $d=ax+by$ $(x,y \in \mathbf{Z})$ とかけます．a,b の公約数を c (>0) とすると，$a=p'c, b=q'c$ $(p',q' \in \mathbf{Z})$ と表されるから $d=(p'x+q'y)c$ となり，a,b の公約数 c は d の約数となります．したがって，d は a,b の最大公約数となります．つまり，最大公約数 d は $ax+by$ $(x,y \in \mathbf{Z})$ の形に表される正の整数のうち最小のものです． ■

7.2 剰余類

H を群 G の部分群とする．$a \in G$ に対して
$$aH=\{ax \mid x \in H\}, \quad Ha=\{xa \mid x \in H\}$$

とおくとき，aH は H を法とする**左剰余類** (単に，H の左剰余類)，Ha は H を**法とする右剰余類** (単に，H の右剰余類) と呼ばれます．環については，$a\mathcal{R}$ は右イデアルとして定義されました．記号的に群の左剰余類 aH と右イデアル $a\mathcal{R}$ を混同しないように注意を要します．ここでは，一般的になされている定義に従うことにします．

注 7.2.1 群 G の 2 つの部分群 H, H' に対して，次は明らかです．
$$H \subset H' \Longrightarrow Ha \subset H'a, \quad aH \subset aH' \quad (a \in G).$$

定理 7.2.1 H を群 G の部分群とするとき，2 つの左剰余類 aH, bH に対して，次が成り立つ．

(1) $aH \cap bH \neq \phi \Longrightarrow aH = bH$.

(2) $aH = bH \Longleftrightarrow a^{-1}b \in H$.

(証明) (1) $ah_1 = bh_2 \in aH \cap bH \ (h_1, h_2 \in H)$ とすると
$$b = (ah_1)h_2^{-1} = a(h_1 h_2^{-1}) \in aH$$
であるから $bH \subset aH$ となります．また，$a = b(h_2 h_1^{-1}) \in bH$ より $aH \subset bH$ となり，$aH = bH$ が示されます．

(2) ($\Longrightarrow$) $ah_1 = bh_2$ となる $h_1, h_2 \in H$ が存在します．これより，$a^{-1}b = h_1 h_2^{-1} \in H$ となります．($\Longleftarrow$) $a^{-1}b = h \in H$ と表されるとすると，$b = ah \in aH$，すなわち，$aH \cap bH \neq \phi$ となるから (1) により $aH = bH$ となります． ∎

定理 7.2.2 群 G の部分群 H に対して，Ha, Hb を 2 つの右剰余類とすると

(1)′ $Ha \cap Hb \neq \phi \Longrightarrow Ha = Hb$,

(2)′ $Ha = Hb \Longleftrightarrow ab^{-1} \in H$.

証明は，左剰余類の場合と同様にできます． ∎

H を群 G の部分群であるとしよう．$a, b \in G$ に対して $aH = bH$ ($aH \cap bH \neq \phi$ としてもよい) を満たしているとき，a と b の関係を $a \sim b$ と表します．定理

7.2.1 の (2) により $a \sim b \iff a^{-1}b \in H$ ($b^{-1}a \in H$) となります．この関係 "$\sim$" が G の同値関係を与えることは容易に確かめられます．いま，G が H を法とする左 (右) 剰余類全体の和集合として表される場合を考えます．各剰余類から 1 つずつ元をとり出して作った集合 $\{a_i \mid i \in \Gamma\}$ を G の H **を法とする左 (右) 完全代表系**といいます．ここに，Γ はパラメータの集合です．この完全代表系には G の単位元 $e = a_1$ が含まれているものとします．このとき，G は異なる左剰余類 ($a_iH \cap a_jH = \phi$) の和集合として $G = \bigcup_{i \in \Gamma} a_iH$ のように表されます．任意の $x \in aH$ に対して $x = ah$ ($h \in H$) と表され，$a^{-1}x = h \in H$ となるから，定理 7.2.1 の (2) より $xH = aH$ となって，代表元のとり方によらず剰余類は確定します．

特に，可算個からなる G の左完全代表系 $\{a_i \mid i = 1, 2, 3, \cdots\}$ に対しては，G の左剰余類の和集合を

$$G = H + a_2H + a_3H + \cdots + a_mH + \cdots$$

の形に表します．この表し方における $+$ は，群 G における演算を示しているのではなく，共通元をもたない剰余類の和集合となっていることを表しています．

注 7.2.2 群 G の部分群 H と H を法とする左完全代表系 $\{a_i \mid i \in \Gamma\}$ に対して，定理 7.2.1 の (2) と定理 7.2.2 の (2)$'$ から，$i, j \in \Gamma$ に対して

$$a_iH = a_jH \iff a_i^{-1}a_j \in H \iff a_i^{-1} \in Ha_j^{-1}$$
$$\iff Ha_i^{-1} \subset Ha_j^{-1} \iff Ha_i^{-1} = Ha_j^{-1}$$

が得られます．

定理 7.2.3 群 G の部分群 H に対して，H を法とする左剰余類全体と右剰余類全体は 1 対 1 に対応する．

(証明) $\{a_i \mid i \in \Gamma\}$ を H を法とする左完全代表系とする．すなわち，$i \neq j$ なら $a_iH \cap a_jH = \phi$ となっています．このとき，$\{a_i^{-1} \mid i \in \Gamma\}$ が右完全代表系であることを示そう．いま，$Ha_i^{-1} = Ha_j^{-1}$ ($i \neq j$) と仮定すると注 7.2.2 により，$Ha_i^{-1} = Ha_j^{-1} \iff a_iH = a_jH$ となります．しかし，これは $\{a_i \mid i \in \Gamma\}$ が

H を法とする左完全代表系であることと矛盾します．したがって，$i \neq j$ のとき $Ha_i^{-1} \neq Ha_j^{-1}$ であるから，定理 7.2.2 の (1)′ より $Ha_i^{-1} \cap Ha_j^{-1} = \phi$ となります．また，$x \in G$ とすると $x^{-1} \in G = \bigcup_{i \in \Gamma} a_i H$ であるから，ある $i \in \Gamma$ があって $x^{-1} = a_i h \ (h \in H)$ と表されます．したがって，$x = h^{-1} a_i^{-1} \in Ha_i^{-1}$ であり，$G \subset \bigcup_{i \in \Gamma} Ha_i^{-1}$ となります．$G \supset \bigcup_{i \in \Gamma} Ha_i^{-1}$ は明らかであるから $G = \bigcup_{i \in \Gamma} Ha_i^{-1}$ が示されます．このとき，$\{a_i^{-1} \mid i \in \Gamma\}$ は H を法とする右完全代表系となります．

また，右完全代表系 $\{b_i \mid i \in \Gamma\}$ に対して $\{b_i^{-1} \mid i \in \Gamma\}$ が左完全代表系となることが上と同様にして示されます．このことから，H を法とする左完全代表系 $\{a_i \mid i \in \Gamma\}$ と右完全代表系 $\{a_i^{-1} \mid i \in \Gamma\}$ とは対応；$a_i \to a_i^{-1} \ (i \in \Gamma)$ によって 1 対 1 に対応しています．したがって，対応；$a_i H \to Ha_i^{-1} \ (i \in \Gamma)$ が H を法とする左剰余類全体と右剰余類全体との 1 対 1 の対応を与えています． ∎

以下においては，パラメータの集合 Γ を可算集合として考えます．

G の部分群 H の左剰余類全体の個数を G における H の**左指数**といいます．また，G における部分群 H の右剰余類全体の個数を G における H の**右指数**といいます．定理 7.2.3 により，G における部分群 H の左剰余類全体の個数と右剰余類全体の個数は等しいからこれを $(G;H)$ と表し，G における H の**指数**といいます．特に，$(G;e)$ は G の位数です．

定理 7.2.4 群 G の部分集合を S とするとき，固定元 $a \in G$ に対して

$$\varphi_a\,;\,x \to ax \qquad (x \in S)$$

は S から aS への全単射写像である．

(証明) $y \in aS$ ならば $y = ax$ となる $x \in S$ が存在します．このとき，$\varphi_a(x) = ax = y$ となるから，$\varphi_a\,;\,S \to aS$ は全射です．次に，$x, x' \in S$ に対して，$\varphi_a(x) = \varphi_a(x')$ とすると $ax = ax'$ となります．この両辺に左から a^{-1} を乗ずると $x = x'$ となるから，φ_a は単射となります．したがって，$\varphi_a\,;\,S \to aS$ が全単射写像であることが分かります． ∎

定理 7.2.5 (**ラグランジュ (Lagrange) の定理**) G を位数 m の有限群とし，H

を G の部分群とする．G の部分群 H の位数 $(H;e)$ および指数 $(G;H)$ は m の約数である．すなわち，$m=(H;e)\cdot(G;H)$ （$(H;e)$ と $(G;H)$ の積）である．

(証明) $\{a_i \mid i \in \Gamma\}$ を H を法とする左完全代表系であるとする．各 a_i $(i \in \Gamma)$ に対して，$\varphi_{a_i}(x)=a_i x$ $(x \in H)$ によって定義される写像 $\varphi_{a_i} : H \to a_i H$ は全単射です (定理 7.2.4)．したがって，$a_i H$ の元の個数は H の位数 $(H;e)$ と等しい．また，$\{\varphi_{a_i} \mid i \in \Gamma\}$ の個数は，H を法とする左完全代表系 $\{a_i \mid i \in \Gamma\}$ の個数，すなわち，$(G;H)$ （G における H の指数) に等しい．ところで，$a_i H$ の元の個数と $\{\varphi_{a_i} \mid i \in \Gamma\}$ の個数の積が G の位数であるから

$$m=(G;e)=(G;H)\cdot(H;e)$$

が成り立ちます．したがって，$(G;H)$ および $(H;e)$ は $(G;e)$ の約数となります． ■

系 7.2.6 G を位数 n の有限群とする．任意の $a \in G$ について

(1) a の位数は n の約数である．

(2) $a^n = e$．

(3) n が素数のとき，$a \in G$ $(a \neq e)$ の位数は n ((7.1.1) を参照) で，$G = \{e, a, a^2, \cdots, a^{n-1}\}$ である．すなわち，G は a を生成元とする巡回群である．

(証明) (1) $H = \{a^k \mid k \in \mathbf{Z}\}$ を a によって生成される巡回群とする．a の位数を $p=(H;e)$ とするとき，Lagrange の定理より，p は n の約数となります．

(2) a の位数を p とすると，(1) より $n=kp$ となる $k \in \mathbf{N}$ が存在します．$a^p=e$ であるから，$a^n = a^{pk} = (a^p)^k = e^k = e$ となります．

(3) $a \neq e$ より a の位数 p は 1 ではない．(1) により p は n の約数です．仮定により n は素数であるから，$p=n$ となります．したがって，G は a によって生成される巡回群となります． ■

群 G の部分群 H に対して，H を法とする a の左剰余類と右剰余類が一致するための条件を考えます．まず，任意の $a \in G$ に対して，$aHa^{-1} = \{axa^{-1} \mid x \in H\}$ が G の部分群となることを示します．aHa^{-1} の任意の2つの元 aha^{-1},

$ah'a^{-1}$ に対して

$$(aha^{-1})(ah'a^{-1})^{-1} = (aha^{-1})(ah'^{-1}a^{-1}) = ahh'^{-1}a^{-1} \in aHa^{-1}$$

となります．また，$e = aea^{-1} (\in H)$ が aHa^{-1} の単位元であることは明らかです．さらに，任意の $aha^{-1} \in aHa^{-1}$ に対して

$$(ah^{-1}a^{-1})(aha^{-1}) = ah^{-1}(a^{-1}a)ha^{-1} = ah^{-1}ha^{-1} = aa^{-1} = e.$$

同様にして

$$(aha^{-1})(ah^{-1}a^{-1}) = e$$

が示されるから，$ah^{-1}a^{-1}$ が aha^{-1} の逆元 (aHa^{-1} における) です．したがって，aHa^{-1} は G の部分群です．また，$a^{-1}Ha = a^{-1}H(a^{-1})^{-1}$ も G の部分群となります．

定義 7.2.1 群 G の部分群 H について，すべての $a \in G$ に対して

$$aHa^{-1} = H$$

が成り立つとき，H を G の**正規部分群**という．

定理 7.2.7 群 G の部分群を H とする．すべての $a \in G$ に対して $aHa^{-1} \subset H$ が成り立つならば，H は G の正規部分群である．

(証明) $aHa^{-1} \subset H$ が任意の $a \in G$ に対して成り立つから，$a^{-1}Ha = a^{-1}H(a^{-1})^{-1} \subset H$ が示されます．これより

$$H = a(a^{-1}Ha)a^{-1} \subset aHa^{-1}$$

となり，すべての $a \in G$ に対して，$aHa^{-1} = H$ が成り立つから，H は G の正規部分群となります． ∎

定理 7.2.8 群 G の部分群 H に対して，次は同値である．

(1) H は正規部分群である．
(2) すべての $a \in G$ について $aH = Ha$ である．

(証明) (1) $\Longrightarrow$ (2) は，仮定から $aHa^{-1}=H$ である．この両辺に右側から a をかけると，注 7.2.1 により，$aH=Ha$ が示されます．(2) $\Longrightarrow$ (1) は，$aH\subset Ha$ が成り立つから，この両辺に右から a^{-1} をかけると，$aHa^{-1}\subset H$ が成り立ちます．したがって，定理 7.2.7 により，H は G の正規部分群となります．■

注 7.2.3 G の部分群 H に対して，H の左剰余類と右剰余類が一致するときには，H は正規部分群となります．特に，可換群の任意の部分群は正規部分群です．

群 G の部分群 H,K に対して，$HK=\{hk \mid h\in H, k\in K\}$ を H と K の**積**といいます．特に，$HH=H$ が成り立ちます．実際，部分群の定義により，任意の $a,b\in H$ に対して，$ab\in H$ であるから $HH\subset H$ となります．また，$x\in H$ とすると，$x=xe\in HH$ であるから $H\subset HH$ となります．したがって，$HH=H$ が成り立ちます．

また，部分群が逆をとる演算に関して閉じていることにより，$H^{-1}=\{h^{-1} \mid h\in H\}=H$ が成り立ちます．逆に，群 G の部分集合 H が，$HH=H$, $H^{-1}=H$ を満たせば，明らかに H は部分群となります．したがって，G の部分集合 H に対して

$$H \text{ が } G \text{ の部分群である} \iff HH=H, H^{-1}=H \text{ が成り立つ}. \tag{7.2.1}$$

さらに，群 G の部分群 H,K に対して

$$\begin{aligned}(HK)^{-1}&=\{(hk)^{-1} \mid h\in H, k\in K\}\\&=\{k^{-1}h^{-1} \mid h\in H, k\in K\}=K^{-1}H^{-1}=KH\end{aligned} \tag{7.2.2}$$

となります．

定理 7.2.9 H,K を群 G の部分群とする．HK が G の部分群であるための必要十分条件は，$HK=KH$ が成り立つことである．

(証明) H,K の積 HK が部分群ならば，(7.2.1), (7.2.2) により $HK=(HK)^{-1}=KH$ が成り立ちます．逆に，$HK=KH$ が成り立つとき

$$(HK)(HK) = H(KH)K = H(HK)K = HHKK = HK$$

となります．また，(7.2.2) と仮定により，$(HK)^{-1} = KH = HK$ が成り立ちます．したがって，(7.2.1) により HK は部分群となります． ∎

群 G の正規部分群を H とする．$a,b \in G$ に対して，aH と bH の積を

$$aHbH = abH$$

によって定義します．この定義が意味をもつことは次によって分かります．まず

$$aHbH = abb^{-1}HbH = ab(b^{-1}Hb)H = abHH = abH$$

となります．この積は代表元のとり方によらない，すなわち，$a,a',b,b' \in G$ に対して

$$aH = a'H, \quad bH = b'H \Longrightarrow abH = a'b'H$$

が成り立ちます．実際，$aH=a'H, bH=b'H$ とすると $a'=ah_1, b'=bh_2$ ($h_1, h_2 \in H$) と表されます．定理 7.2.8 の (2) により $h_1 b = b h_1'$ となる $h_1' \in H$ が存在し，$a'b' = ah_1 bh_2 = abh_1' h_2 \in abH$ となります．H が部分群であるから $a'b'H \subset abHH = abH$ となります．また，対称性により $abH \subset a'b'H$ も示され，$abH = a'b'H$ となります．これより積は代表元のとり方によらないことが分かります．

H を群 G の正規部分群とするとき，G は H を法とする剰余類に分類することができます．この剰余類全体の集合を G/H と表すことにします．

定理 7.2.10 群 G の正規部分群 H に対して，G/H は群となる．

(証明) $aH, bH \in G/H$ とすると，H が正規部分群であるから $aHbH = abH \in G/H$ です．さらに，(7.2.1) と定理 7.2.8 の (2) により，$(aH)H = aHH = aH$, $H(aH) = (Ha)H = a(a^{-1}Ha)H = aHH = aH$ を満たします．したがって，H は G/H の単位元です．また，$(aH)(a^{-1}H) = (aHa^{-1})H = HH = H$ です．同様にして，$(a^{-1}H)aH = H$ も示されます．よって，$a^{-1}H$ が aH の逆元となります．さらに

$$(aHbH)cH = abHcH = abcH, \quad aH(bHcH) = aHbcH = abcH$$

を満たすから，結合法則も成り立ちます．したがって，G/H は群となります．∎

G/H を G の H による**商群**といいます．

6.2 節でみてきたように，n を法とする $\mathbf{Z}$ の剰余類の全体 $\mathbf{Z}_n$ は，環を成すから位数 n の加法群となります．整数 a と n に対して，a と n が互いに素であれば，a を含む剰余類 $\bar{a}$ のすべての整数がまた n と互いに素となります．このとき，$\bar{a}$ を n **を法とする既約剰余類**といいます．n を法とする既約剰余類全体の集合を $\mathbf{Z}_n^*$ と表します．$\bar{a}, \bar{b} \in \mathbf{Z}_n^*$ に対して，積を $\bar{a}\bar{b} = \overline{ab}$ によって定義します．これは，a, b がともに n と互いに素ならば，ab もまた n と互いに素である（注 6.1.3）ことから正当化されます．

注 7.2.4 a と n が公約数 $d\,(>1)$ をもつときは，n を法とする既約剰余類 $\bar{a}$ と n はまた d を約数にもちます．

定理 7.2.11 $\mathbf{Z}_n^*$ は積に関して群を成す．

(証明) $\bar{a}, \bar{b} \in \mathbf{Z}_n^*$ であれば，積の定義により $\bar{a}\bar{b} = \overline{ab} \in \mathbf{Z}_n^*$ となります．また，$\bar{1}$ は $\mathbf{Z}_n^*$ の単位元です．$\bar{a} \in \mathbf{Z}_n^*$ とするとき，a と n は互いに素であるから，$ax + ny = 1$ となる $x, y \in \mathbf{Z}$ が存在します．このとき，x と n が互いに素であることも分かります．すなわち，$\bar{x} \in \mathbf{Z}_n^*$，また，$\overline{ny} = \bar{n}\bar{y} = \bar{0}$ であるから $\bar{a}\bar{x} = \overline{ax+ny} = \bar{1}$ を満たし，$\bar{x}$ が $\bar{a}$ の逆元となります．積の定義から結合法則が成り立つことは明らかです．したがって，$\mathbf{Z}_n^*$ は積に関して群を成します．∎

n が素数 p のとき，$\mathbf{Z}_p = \{\bar{0}, \bar{1}, \bar{2}, \bar{3}, \cdots, \overline{p-1}\}$ は p を法とする剰余類の成す体であるから，$\bar{1}, \bar{2}, \bar{3}, \cdots, \overline{p-1}$ は相異なる正則元であり，$\mathbf{Z}_p^* = \{\bar{1}, \bar{2}, \bar{3}, \cdots, \overline{p-1}\}$ は位数 $p-1$ の群を成します．

ここで，オイラー関数を定義しておきます．$n \in \mathbf{N}\,(n \geqq 2)$ に対して，$1, 2, 3, \cdots, n$ のうち n と互いに素である整数の個数を $\varphi(n)$ と表し，この φ を**オイラー関数**といいます．たとえば，$\varphi(2) = 1, \varphi(3) = 2, \cdots, \varphi(9) = 6$ です．$\mathbf{Z}_n^*$ の定義より，$\mathbf{Z}_n^*$ の位数は $\varphi(n)$ となります．特に，素数 p に対しては $\varphi(p) = p-1$ です．

定理 7.2.12（**オイラーの定理**） n が正の整数，a と n が互いに素な整数であ

るとき

$$a^{\varphi(n)} \equiv 1 \pmod{n}$$

が成り立つ．特に，n が素数 p であるときは，$a^{p-1} \equiv 1 \pmod{p}$ である．

(証明) 有限群 $\mathbf{Z}_n^*$ の位数は $\varphi(n)$ であるから，系 7.2.6 の (2) により $\bar{a} \in \mathbf{Z}_n^*$ に対して，$\bar{a}^{\varphi(n)} = \bar{1}$，すなわち，$a^{\varphi(n)} \equiv 1 \pmod{n}$ が成り立ちます．特に，$n = p$ が素数ならば，$\varphi(p) = p-1$ であるから，$a^{p-1} \equiv 1 \pmod{p}$ となります． ■

1 から 5 までの数で，素数 5 と互いに素である自然数の個数は 4 です．また，1 から 25 までの 5 の倍数は，5, 10, 15, 20, 25 の 5 個であるので，$5^2 = 25$ と互いに素である自然数の個数は $5^2 - 5 = 20$ 個となります．一般に，次が成り立ちます．

系 7.2.13 p が素数で，$n = p^m$ $(m \geq 1)$ のとき，$\mathbf{Z}_n^*$ の位数 $\varphi(n)$ は

$$\varphi(n) = p^m - p^{m-1} = p^m \left(1 - \frac{1}{p}\right)$$

となる．

(証明) $n = p^m$ と表されているとき，1 から p^m までの p の倍数となる数は

$$p,\, 2p,\, 3p,\, \cdots,\, (p-1)p,\, p^2,\, \cdots,\, (p^{m-1}-1)p,\, p^{m-1}p$$

の p^{m-1} 個です．したがって，1 から $n = p^m$ までの数で n と互いに素となる数の個数は $p^m - p^{m-1} = p^m \left(1 - \frac{1}{p}\right)$ となります．したがって

$$\varphi(n) = p^m \left(1 - \frac{1}{p}\right)$$

が成り立ちます． ■

7.3 置換群

ある集合 M 上の全単射な変換全体の集合が群となることをみていきます．M から M の上への 1 対 1 の対応 (全単射) を M の**置換**といいます．M の置換全

体の集合を $\mathcal{S}_M$ と表します．いま，$a,b \in \mathcal{S}_M$ に対して，積として写像の合成を考えます．

$$c(x) = (a \circ b)(x) = a(b(x)) \qquad (x \in M) \tag{7.3.1}$$

によって定義される c は全単射写像の合成として，M から M への全単射写像です．すなわち，$c \in \mathcal{S}_M$ となります．この c を a と b の積といい，$c = ab$ と表します．これによって $\mathcal{S}_M$ に積が定義され，$\mathcal{S}_M$ がこの積に関して閉じていることが分かります．また，$e(x) = x$ $(x \in M)$ によって定義される恒等変換 e は全単射で，$ea = ae = a$ $(a \in \mathcal{S}_M)$ を満たします．したがって，e が $\mathcal{S}_M$ の単位元となります．

一般の全単射写像についてみてきたように，性質 6.4.1 の (3) により $a \in \mathcal{S}_M$ の逆変換 a^{-1} が存在し，$aa^{-1} = a^{-1}a = e$ を満たします．すなわち，$a(\in \mathcal{S}_M)$ の逆元が存在します．また，$a,b,c \in \mathcal{S}_M$ に対して，変換の合成として

$$((ab)c)(x) = (ab)(c(x)) = a(b(c(x))),$$
$$(a(bc))(x) = a((bc)(x)) = a(b(c(x)))$$

がすべての $x \in M$ に対して成り立ちます．すなわち

$$a(bc) = (ab)c$$

となり，$\mathcal{S}_M$ において結合法則が成り立ちます．したがって，$\mathcal{S}_M$ は群となります．この $\mathcal{S}_M$ は，M の**置換群**，または M 上の**対称群**と呼ばれています．任意の $x, y \in M$ に対して，$a(x) = y$ を満たす $a \in \mathcal{S}_M$ が存在します．このような性質をもつ群 $\mathcal{S}_M$ は推移的であると呼ばれます．

次に，n 個の元から成る有限集合 $M_n = \{1, 2, 3, \cdots, n\}$ を考えます．M_n の元 $1, 2, 3, \cdots, n$ を順に，$i_1, i_2, i_3, \cdots, i_n$ と並べ換える仕方を**順列**といいます．この順列は

$$\sigma = \begin{pmatrix} 1 & 2 & 3 & \cdots & n \\ i_1 & i_2 & i_3 & \cdots & i_n \end{pmatrix} \tag{7.3.2}$$

のように表されます．これは，1 を i_1 で 2 を i_2 で置き換え，$k, \cdots, n$ を順に $i_k, \cdots, i_n$ で置き換える操作を表しています．この σ を n 次の**置換**といいます．

この n 次の置換は, $\sigma(k)=i_k$ ($k=1,2,3,\cdots,n$) と表すことができるから M_n 上の全単射な変換を表しています.

一方, M_n から M_n への全単射な変換 f ; $k \to f(k)$ ($k \in M_n$) は

$$f = \begin{pmatrix} 1 & 2 & 3 & \cdots & n \\ f(1) & f(2) & f(3) & \cdots & f(n) \end{pmatrix}$$

と表すことができて, n 次の置換とみなすことができます. M_n から M_n への全単射な変換全体の集合 $\mathcal{S}_n$ は, n 次の置換全体と同一視できます. すでに示したように $\mathcal{S}_n$ は M_n の置換群を成します. この置換群は n **次の対称群**と呼ばれます. (7.3.2) の右辺の表し方は, 上の行の $k \in M_n$ が下の行の $\sigma(k)=i_k$ と 1 対 1 に対応していることを表しています. この表し方においていくつかを列ごとに入れ換えても置換としては変わりません (同じものです). たとえば

$$\sigma = \begin{pmatrix} 1 & 2 & 3 & 4 & 5 \\ 3 & 5 & 2 & 4 & 1 \end{pmatrix} = \begin{pmatrix} 3 & 1 & 2 & 4 & 5 \\ 2 & 3 & 5 & 4 & 1 \end{pmatrix}$$

です. このように $\sigma \in \mathcal{S}_n$ が置換として表現されることから, $\mathcal{S}_n$ は n **次の置換群**とも呼ばれます.

注 7.3.1 集合 $M_n = \{1,2,3,\cdots,n\}$ に対する置き換え (順列) のすべてが $\mathcal{S}_n$ です. このことにより, 置換と順列が 1 対 1 に対応しています. 以下では, 置換と順列を同一視して考えます. ところで, 相異なる n 個の文字から n 個をとる順列の総数は $n!$ ですから, n 次の置換群 $\mathcal{S}_n$ の位数は $n!$ となります.

いま, 置換群 $\mathcal{S}_5$ を考えます.

$$\sigma = \begin{pmatrix} 1 & 2 & 3 & 4 & 5 \\ 3 & 2 & 4 & 1 & 5 \end{pmatrix} \in \mathcal{S}_5$$

なる σ は

$$\begin{pmatrix} 1 & 3 & 4 & 2 & 5 \\ 3 & 4 & 1 & 2 & 5 \end{pmatrix}$$

と同じものです．そこで，σ を

$$\begin{pmatrix} 1 & 3 & 4 \\ 3 & 4 & 1 \end{pmatrix}$$

と同じものとみることにします．一般に

$$\sigma = \begin{pmatrix} 1 & 2 & \cdots & n \\ i_1 & i_2 & \cdots & i_n \end{pmatrix} = \begin{pmatrix} 1 & 2 & \cdots & n \\ \sigma(1) & \sigma(2) & \cdots & \sigma(n) \end{pmatrix} \in \mathcal{S}_n$$

に対し，もし $\sigma(k)=k$ $(j+1 \leqq k \leqq n)$ であるならば

$$\sigma = \begin{pmatrix} 1 & 2 & \cdots & j \\ i_1 & i_2 & \cdots & i_j \end{pmatrix} = \begin{pmatrix} 1 & 2 & \cdots & j \\ \sigma(1) & \sigma(2) & \cdots & \sigma(j) \end{pmatrix}$$

と表すことにします．

$\mathcal{S}_n$ が群であることは，一般の変換群としてすでに示されていますが，ここでは，n 次の置換 $\sigma, \tau \in \mathcal{S}_n$ の積 $\tau\sigma$ が具体的にどのようになっているかをみることにし，$\mathcal{S}_n$ が群となっていることを確かめます．任意の $\sigma, \tau \in \mathcal{S}_n$ を

$$\sigma = \begin{pmatrix} 1 & 2 & \cdots & n \\ i_1 & i_2 & \cdots & i_n \end{pmatrix}, \quad \tau = \begin{pmatrix} 1 & 2 & \cdots & n \\ j_1 & j_2 & \cdots & j_n \end{pmatrix}$$

とします．τ は列ごとの入れ換えを行って

$$\tau = \begin{pmatrix} i_1 & i_2 & \cdots & i_n \\ k_1 & k_2 & \cdots & k_n \end{pmatrix}$$

の形に表されます．σ, τ の合成変換 $\tau\sigma$ は $(\tau\sigma)(s) = \tau(\sigma(s)) = \tau(i_s) = k_s$ ($s = 1, 2, \cdots, n$) となるから，積 $\tau\sigma$ は，σ の変換を行い，次に τ の変換を行って

$$\tau\sigma = \begin{pmatrix} i_1 & i_2 & \cdots & i_n \\ k_1 & k_2 & \cdots & k_n \end{pmatrix} \begin{pmatrix} 1 & 2 & \cdots & n \\ i_1 & i_2 & \cdots & i_n \end{pmatrix}$$

$$= \begin{pmatrix} 1 & 2 & \cdots & n \\ k_1 & k_2 & \cdots & k_n \end{pmatrix} \in \mathcal{S}_n$$

となります．したがって，$\mathcal{S}_n$ はこの積に関して閉じています．積 $\tau\sigma$ ($\tau,\sigma\in\mathcal{S}_n$) は合成変換ですから，$\tau\sigma=\sigma\tau$ となるとは限らないことに注意します．また，恒等変換 e は $e(s)=s$ ($1\leqq s\leqq n$) であるから

$$e=\begin{pmatrix} 1 & 2 & \cdots & n \\ e(1) & e(2) & \cdots & e(n) \end{pmatrix}=\begin{pmatrix} 1 & 2 & \cdots & n \\ 1 & 2 & \cdots & n \end{pmatrix}\in\mathcal{S}_n$$

となります．このとき，$\sigma\in\mathcal{S}_n$ に対して，$e\sigma=\sigma e=\sigma$ を満たすから，e が $\mathcal{S}_n$ の単位元となります．この e を**単位置換**といいます．以下においては，この単位置換を ε と表します．

$$\begin{pmatrix} i_1 & i_2 & \cdots & i_n \\ i_1 & i_2 & \cdots & i_n \end{pmatrix}$$

なる形の置換は，列ごとの入れ換えにより

$$\begin{pmatrix} i_1 & i_2 & \cdots & i_n \\ i_1 & i_2 & \cdots & i_n \end{pmatrix}=\begin{pmatrix} 1 & 2 & \cdots & n \\ 1 & 2 & \cdots & n \end{pmatrix}=\varepsilon\in\mathcal{S}_n$$

であるから，単位置換となります．また，任意の

$$\sigma=\begin{pmatrix} 1 & 2 & \cdots & n \\ i_1 & i_2 & \cdots & i_n \end{pmatrix}\in\mathcal{S}_n \quad \text{に対して，} \quad \sigma'=\begin{pmatrix} i_1 & i_2 & \cdots & i_n \\ 1 & 2 & \cdots & n \end{pmatrix}$$

とおくとき，$\sigma'\in\mathcal{S}_n$ であり

$$\sigma'\sigma=\begin{pmatrix} 1 & 2 & \cdots & n \\ 1 & 2 & \cdots & n \end{pmatrix}=\varepsilon, \quad \sigma\sigma'=\begin{pmatrix} i_1 & i_2 & \cdots & i_n \\ i_1 & i_2 & \cdots & i_n \end{pmatrix}=\varepsilon$$

すなわち，$\sigma'\sigma=\sigma\sigma'=\varepsilon$ を満たします．したがって，σ' が σ の逆元であることが分かります．この σ' を σ^{-1} と表し，σ の**逆置換**といいます．すなわち，$\sigma^{-1}\in\mathcal{S}_n$ で，$\sigma^{-1}\sigma=\sigma\sigma^{-1}=\varepsilon$ を満たします．以上により，$\mathcal{S}_n$ において単位元 ε と，各元の逆元の存在が示されました．さらに，結合法則については，$\sigma,\tau,\rho\in\mathcal{S}_n$ に対する変換の合成として

$$\{\rho(\tau\sigma)\}(k)=\{(\rho\tau)\sigma\}(k) \qquad (k\in M_n)$$

であるから，$\rho(\tau\sigma) = (\rho\tau)\sigma$ が成り立ちます．したがって，$\mathcal{S}_n$ は群としての条件を満たしています．

定理 7.3.1 n 次の置換群 $\mathcal{S}_n$ において，次が成り立つ．

(1) 任意に固定された $\tau \in \mathcal{S}_n$ に対して，$\{\tau\sigma \mid \sigma \in \mathcal{S}_n\} = \mathcal{S}_n$．
(2) $\{\sigma^{-1} \mid \sigma \in \mathcal{S}_n\} = \mathcal{S}_n$．

(証明) まず，$\mathcal{S}_n$ が群であることに注意しておきます．

(1) $\tau \in \mathcal{S}_n$ に対して，$\mathcal{S}(\tau) = \{\tau\sigma \mid \sigma \in \mathcal{S}_n\}$ とおく．$\sigma \in \mathcal{S}_n$ ならば $\tau\sigma \in \mathcal{S}_n$ であるから，$\mathcal{S}(\tau) \subset \mathcal{S}_n$ となります．また，$\sigma \in \mathcal{S}_n$ に対して $\rho = \tau^{-1}\sigma \in \mathcal{S}_n$ とおくと，$\sigma = \tau\rho \in \mathcal{S}(\tau)$ であるから $\mathcal{S}_n \subset \mathcal{S}(\tau)$ となります．したがって，$\mathcal{S}_n = \mathcal{S}(\tau)$ であることが分かります．

(2) $\mathcal{S}'_n = \{\sigma^{-1} \mid \sigma \in \mathcal{S}_n\}$ とおくとき，$\sigma \in \mathcal{S}_n$ に対して，$\sigma^{-1} \in \mathcal{S}_n$ であるから $\mathcal{S}'_n \subset \mathcal{S}_n$ です．一方，$\sigma \in \mathcal{S}_n$ に対して，$\sigma^{-1} \in \mathcal{S}_n$ であるから，$\sigma = (\sigma^{-1})^{-1} \in \mathcal{S}'_n$ となり，$\mathcal{S}_n \subset \mathcal{S}'_n$ が示されます．したがって，$\mathcal{S}_n = \mathcal{S}'_n$ となります． ∎

n 次の置換 $\sigma (\in \mathcal{S}_n)$ で，i_1 を i_2 に，i_2 を i_3 に，$\cdots$，i_{m-1} を i_m に，i_m を i_1 に移し，他は変えないものは

$$\sigma = \begin{pmatrix} i_1 & i_2 & \cdots & i_{m-1} & i_m & i_{m+1} & \cdots & i_n \\ i_2 & i_3 & \cdots & i_m & i_1 & i_{m+1} & \cdots & i_n \end{pmatrix}$$

です．この σ を m 次の巡回置換 (単位置換 ε の次数は 1 である) といい，$\sigma = (i_1 \, i_2 \, \cdots \, i_m)$ と表します．たとえば，$\mathcal{S}_7$ において

$$\begin{pmatrix} 1 & 2 & 3 & 4 & 5 & 6 & 7 \\ 4 & 1 & 2 & 3 & 5 & 6 & 7 \end{pmatrix} = \begin{pmatrix} 1 & 4 & 3 & 2 & 5 & 6 & 7 \\ 4 & 3 & 2 & 1 & 5 & 6 & 7 \end{pmatrix} = (1 \, 4 \, 3 \, 2)$$

となります．この場合は，$\mathcal{S}_7$ で考えているので，4 次の巡回置換 $\tau = (1 \, 4 \, 3 \, 2)$ は 7 次の置換の 1 つとみなすこともできます．以下ではこのように考えて議論していきます．巡回置換の次数と置換の次数は一般には同じではありません．単位置換 ε に $\tau = (1 \, 4 \, 3 \, 2)$ を施すことは，$1 \to 4 \to 3 \to 2 \to 1$ なる入れ換えを行い他は動かさないという変換と解釈できます．

集合 M に対し，空でない部分集合 M_1, M_2 があって，$M=M_1\cup M_2$, $M_1\cap M_2=\phi$ となっているとき，M は M_1 と M_2 に**分割される**といいます．

定理 7.3.2 $\mathcal{S}_M$ は集合 M の置換全体であるする．M が空集合でない部分集合 M_1 と M_2 に分割されているとき，置換 $\sigma_1\in\mathcal{S}_M$ は M_2 の元を動かさず（$y\in M_2$ に対しては $\sigma_1(y)=y$），かつ置換 $\sigma_2\in\mathcal{S}_M$ は M_1 の元を動かさない（$x\in M_1$ に対しては $\sigma_2(x)=x$）ならば，σ_1 と σ_2 は可換である．すなわち，$\sigma_1\sigma_2=\sigma_2\sigma_1$ が成り立つ．

(証明) $x\in M_1$ に対して $\sigma_1(x)\in M_1$ である．実際，$\sigma_1(x)=y\in M_2$ であったとすると，σ_1 は M_2 の元を動かさないから $\sigma_1(y)=y$ であり，$\sigma_1(x)=\sigma_1(y)$ となります．$x\neq y$ であるから，これは σ_1 が置換であることに反します．よって，$\sigma_1(x)\in M_1$ となります．したがって，$x\in M_1$ に対して $\sigma_2(x)=x$, $\sigma_2(\sigma_1(x))=\sigma_1(x)$ であるから

$$(\sigma_2\sigma_1)(x)=\sigma_2(\sigma_1(x))=\sigma_1(x)=\sigma_1(\sigma_2(x))=(\sigma_1\sigma_2)(x)$$

が成り立ちます．同様に，$y\in M_2$ に対して $\sigma_2(y)\in M_2$ が示され，$\sigma_1(y)=y$, $\sigma_1(\sigma_2(y))=\sigma_2(y)$ であるから

$$(\sigma_1\sigma_2)(y)=\sigma_1(\sigma_2(y))=\sigma_2(y)=\sigma_2(\sigma_1(y))=(\sigma_2\sigma_1)(y)$$

となります．したがって，$\sigma_1\sigma_2=\sigma_2\sigma_1$ となり，σ_1 と σ_2 が可換であることが分かります． ■

系 7.3.3 置換群 $\mathcal{S}_n$ において，巡回置換 $\sigma=(i_1\ i_2\ \cdots\ i_s)$, $\sigma'=(j_1\ j_2\ \cdots\ j_t)$ に対して，$M_1=\{i_1,i_2,\cdots,i_s\}$ と $M_2=\{j_1,j_2,\cdots,j_t\}$ が共通の元を含まないならば，σ と σ' は可換である．

(証明) いま，$M=\{i_1,i_2,\cdots,i_s,j_1,j_2,\cdots,j_t\}$ とします．σ, σ' を M の置換と考えます．このとき，$M_1=\{i_1,i_2,\cdots,i_s\}$ と $M_2=\{j_1,j_2,\cdots,j_t\}$ は M の分割となっています．また，σ は M_2 の元を動かさず，σ' は M_1 の元を動かさないので，定理7.3.2により，σ と σ' は可換となります． ■

上の系におけるように，M_1 と M_2 が共通の元を含まないとき，σ が M_2 の元を動かさず，かつ σ' が M_1 の元を動かさないならば，置換 σ と σ' は互いに**素**であるといいます．互いに素な置換は可換となります．

定理 7.3.4 置換群 $\mathcal{S}_n$ において，単位置換でない置換は巡回置換の積として表すことができる．

(証明) 任意の置換 $\sigma \in \mathcal{S}_n$ を

$$\sigma = \begin{pmatrix} 1 & 2 & \cdots & n \\ \sigma(1) & \sigma(2) & \cdots & \sigma(n) \end{pmatrix}$$

と表したとき，$\sigma(1)=i_1$ としよう．1 は i_1 に移される．もし $i_1=1$ なら $\sigma_1=(1)=\varepsilon$ とします．$i_1 \neq 1$ のときは σ によって i_1 はある j_1 に移されます．このとき，$j_1=1$ なら $\sigma_1=(1\ i_1)$ とします．$j_1 \neq 1$ であれば，σ によって j_1 はある k_1 に移される．このことを 1 が現れるまで繰り返すと

$$1 \to i_1 \to j_1 \to k_1 \to \cdots \to s_1 \to 1$$

となります．この変換による操作は巡回置換 $\sigma_1=(1\ i_1\ j_1\ \cdots\ s_1)$ を定めます．

次に，σ_1 に現れない M_n の最小の元を i_2 とします．上のようにして $\sigma(i_2)=i_2$ ならば $\sigma_2=(i_2)=\varepsilon$ とします．$\sigma(i_2)\neq i_2$ であれば，上と同様の操作を i_2 が現れるまで繰り返すと

$$i_2 \to j_2 \to k_2 \to \cdots \to t_2 \to i_2$$

となります．これは巡回置換 $\sigma_2=(i_2\ j_2\ k_2\ \cdots\ t_2)$ を定めます．以下同様の操作を繰り返すとき，この操作は有限回で終わり，巡回置換の列 $\sigma_1,\sigma_2,\cdots,\sigma_m$ が得られ，σ はこれらの積として

$$\sigma=\sigma_1\sigma_2\cdots\sigma_m$$

と表されます．$\sigma_1,\sigma_2,\cdots,\sigma_m$ が互いに素であることは以下のように示されます．異なる任意の r,r' ($1\leq r,r' \leq m$) に対して，巡回置換 $\sigma_r=(i_r,j_r,k_r,\cdots)$, $\sigma_{r'}=(i_{r'},j_{r'},k_{r'},\cdots)$ を構成している元(数)の集合をそれぞれ $M_r=\{i_r,j_r,k_r,\cdots\}$, $M_{r'}=\{i_{r'},j_{r'},k_{r'},\cdots\}$ とおきます．ここに，$i_1=1$ です．このとき，2 つの $M_r, M_{r'}$

($r \neq r'$) は共通の元を含まない．また，$\sigma_{r'}$ は M_r の元を動かさず，σ_r は $M_{r'}$ の元を動かさない．したがって，σ_r と $\sigma_{r'}$ は互いに素であり，σ_r と $\sigma_{r'}$ は可換となります (系 7.3.3)．σ_r と $\sigma_{r'}$ ($r \neq r'$) は任意であるから，$\sigma_1, \sigma_2, \cdots, \sigma_m$ は互いに可換となります．したがって，σ の積としての表し方は，$\sigma_1, \sigma_2, \cdots, \sigma_m$ の積の順序によらないことが分かります．■

例 7.3.1

$$\sigma = \begin{pmatrix} 1 & 2 & 3 & 4 & 5 & 6 & 7 \\ 5 & 3 & 4 & 2 & 1 & 7 & 6 \end{pmatrix} = (1\ 5)(2\ 3\ 4)(6\ 7)$$

となり，σ は巡回置換 $(1\ 5), (2\ 3\ 4), (6\ 7)$ の積として表されます．

定理 7.3.5 置換群 $\mathcal{S}_n$ において，すべての巡回置換は互換の積として表すことができる．すなわち

$$(i_1 i_2 \cdots i_m) = (i_1 i_m)(i_1 i_{m-1}) \cdots (i_1 i_3)(i_1 i_2). \tag{7.3.3}$$

この右辺の互換の積は右側から順に操作を行うこととする．

(証明) m 次巡回置換 $(i_1 i_2 \cdots i_m)$ に対して，等式 (7.3.3) が成り立つことを m についての数学的帰納法で証明しよう．$m = 2$ のときは明らかです．すなわち，(i_1, i_2) は互換です．そこで，$m = k \geq 2$ のとき，k 次の巡回置換は互換の積として

$$(i_1 i_2 \cdots i_k) = (i_1 i_k)(i_1 i_{k-1}) \cdots (i_1 i_3)(i_1 i_2)$$

のように表されることを仮定します．$m = k+1$ のとき

$$(i_1 i_2 \cdots i_k i_{k+1}) = \begin{pmatrix} i_1 & i_2 & i_3 & \cdots & i_k & i_{k+1} & i_{k+2} & \cdots i_n \\ i_2 & i_3 & i_4 & \cdots & i_{k+1} & i_1 & i_{k+2} & \cdots i_n \end{pmatrix}$$

$$= (i_1 i_{k+1}) \begin{pmatrix} i_1 & i_2 & i_3 & \cdots & i_{k-1} & i_k & i_{k+1} & \cdots i_n \\ i_2 & i_3 & i_4 & \cdots & i_k & i_1 & i_{k+1} & \cdots i_n \end{pmatrix}$$

$$= (i_1 i_{k+1})(i_1 i_2 \cdots i_k)$$

と表されます．したがって，帰納法の仮定により

$$(i_1 i_2 i_3 \cdots i_{k+1}) = (i_1 i_{k+1})(i_1 i_k) \cdots (i_1 i_3)(i_1 i_2)$$

が成り立ちます．ゆえに，$m \leqq n$ なるすべての自然数 m に対して，(7.3.3) は成り立ちます． ∎

定理 7.3.4 と定理 7.3.5 により，すべての置換は互換の積として表されることが分かります．この互換の積としての表し方は一意的ではありません．たとえば

$$\sigma = \begin{pmatrix} 1 & 2 & 3 & 4 \\ 2 & 1 & 4 & 3 \end{pmatrix} = (1\ 2)(3\ 4)$$

のように 2 個の互換の積として表される σ は，また

$$\sigma = (2\ 3)(1\ 4)(1\ 3)(2\ 4)$$

のように 4 個の互換の積としても表されます．このことは単位置換 ε に対して，互換 $(2\ 4), (1\ 3), (1\ 4), (2\ 3)$ の操作を順に右側から行えばその結果として σ が得られることから分かります．上の例では，互換の積としての表し方はいずれも偶数個です．一般に，$\sigma \in \mathcal{S}_n$ を互換の積として表したとき，その互換の個数について，次の定理が成り立ちます．

定理 7.3.6 置換 $\sigma \in \mathcal{S}_n$ は互換の積として表すことができる．その表し方が一意的であるとは限らないが，その互換の個数が偶数であるか奇数であるかは σ によって一定である．

証明を与える前に，次を準備をしておきます．変数 x_1, x_2, x_3 の多項式

$$P(x_1, x_2, x_3) = (x_1 - x_2)(x_1 - x_3)(x_2 - x_3)$$

を考えます．いま，互換 $\sigma = (1\ 3)$（すなわち，$\sigma(1) = 3, \sigma(2) = 2, \sigma(3) = 1$）による変数 x_i の入れ換え $x_i \to x_{\sigma(i)}$ $(i = 1, 2, 3)$ を行って得られる多項式を σP と表すことにします．このとき

7.3 置換群

$$\sigma P(x_1,x_2,x_3) = P(x_{\sigma(1)},x_{\sigma(2)},x_{\sigma(3)})$$
$$= (x_{\sigma(1)}-x_{\sigma(2)})(x_{\sigma(1)}-x_{\sigma(3)})(x_{\sigma(2)}-x_{\sigma(3)})$$
$$= (x_3-x_2)(x_3-x_1)(x_2-x_1)$$
$$= -(x_1-x_2)(x_1-x_3)(x_2-x_3)$$
$$= -P(x_1,x_2,x_3)$$

となります．また，互換 $\sigma=(1\ 2), (2\ 3)$ に対しても，同様にしてそれぞれが $\sigma P(x_1,x_2,x_3) = -P(x_1,x_2,x_3)$ となることが分かります．そこで，n 変数 $x_1, x_2, \cdots, x_n$ の多項式

$$P(x_1,x_2,\cdots,x_n) = \Pi_{1\leq i<j\leq n}(x_i-x_j)$$

を考えます．この右辺は，**差積**と呼ばれています．これを $\Delta(x_1,x_2,\cdots,x_n)$ なる記号を用いて表すことにします．すなわち

$$\Delta(x_1,x_2,\cdots,x_n) = \Pi_{1\leq i<j\leq n}(x_i-x_j). \tag{7.3.4}$$

この右辺の表現は，$1\leq i<j\leq n$ であるすべての i,j に対する (x_i-x_j) の積を表しています．そこで，置換 $\sigma\in\mathcal{S}_n$ を差積 $\Delta(x_1,x_2,\cdots,x_n)$ に作用させた結果を $\sigma\Delta$ と表します．このとき

$$\sigma\Delta(x_1,x_2,\cdots,x_n) = \Delta(x_{\sigma(1)},x_{\sigma(2)},\cdots,x_{\sigma(n)}) = \Pi_{1\leq i<j\leq n}(x_{\sigma(i)}-x_{\sigma(j)})$$

となり，また差積となります．特に，互換 $\sigma=(i\ j)\ (1\leq i<j\leq n)$ に対しては $\sigma(i)=j, \sigma(j)=i, \sigma(k)=k\ (i\neq k, j\neq k)$ です．このとき，$\sigma(\Delta)=-\Delta$ となります．以下で，このことを示します．互換 $\sigma=(i\ j)$ に対して

$$(x_{\sigma(i)}-x_{\sigma(j)}) = (x_j-x_i) = -(x_i-x_j)$$

となります．このことを $x_{\sigma(i)}$ と $x_{\sigma(j)}$ の間には**転倒**があるといいます．$\sigma\Delta(x_1,x_2,\cdots,x_n) = \Pi_{1\leq r<s\leq n}(x_{\sigma(r)}-x_{\sigma(s)})$ について，転倒がある組の総数を $\sigma(\Delta)$ の**転倒数**ということにします．そこで，$\sigma\Delta$ の転倒数を次のように場合分けして調べます．まず，簡単な場合から扱っていきます．

(i) $j=i+1$ のとき

$$\Delta = \Pi_{k=2}^{n}(x_1-x_k)\Pi_{k=3}^{n}(x_2-x_k)\cdots\Pi_{k=i}^{n}(x_{i-1}-x_k)$$
$$\times \Pi_{k=i+1}^{n}(x_i-x_k)\Pi_{k=i+2}^{n}(x_{i+1}-x_k)\cdots\Pi_{k=n}^{n}(x_{n-1}-x_k)$$

と表されます．ここで

$$\Delta_1 = \Pi_{k=2}^{n}(x_1-x_k)\Pi_{k=3}^{n}(x_2-x_k)\cdots\Pi_{k=i}^{n}(x_{i-1}-x_k)$$

とおくとき，$\sigma\Delta_1$ には転倒は起こりません．次に

$$\Delta_2 = \Pi_{k=i+1}^{n}(x_i-x_k) = (x_i-x_{i+1})\Pi_{k=i+2}^{n}(x_i-x_k)$$
$$= (x_i-x_{i+1})\Delta_2' = (x_i-x_j)\Delta_2'$$

とおきます．ここに，$\Delta_2' = \Pi_{k=i+2}^{n}(x_i-x_k)$ で，$\sigma\Delta_2'$ には転倒は起こりません．よって

$$\sigma\Delta_2 = (x_j-x_i)\sigma\Delta_2' = -(x_i-x_j)\Delta_2'$$

となります．したがって，$\sigma\Delta_2$ には転倒が起こり，転倒数は 1 です．また

$$\Delta_3 = \Pi_{k=i+2}^{n}(x_{i+1}-x_k)\Pi_{k=i+3}^{n}(x_{i+2}-x_k)\cdots\Pi_{k=n}^{n}(x_{n-1}-x_k)$$

については転倒は起こりません．ところで，$\Delta = \Delta_1\Delta_2\Delta_3$ であるから，$j=i+1$ のとき，$\sigma\Delta$ の転倒数は 1 です．すなわち，隣りの数との入れ換えに対しては $\sigma\Delta$ の転倒数は 1 であり，$\sigma\Delta = -\Delta$ となります．

(ii) $j > i+1$ の場合を考えます．互換 $\sigma = (i,j)$ は

$$\sigma = \begin{pmatrix} 1 & 2 & \cdots & i & \cdots & j & \cdots & n \\ 1 & 2 & \cdots & j & \cdots & i & \cdots & n \end{pmatrix}$$

と表されます．ここで，σ を単位置換 ε にもどす操作を考えることにします．σ の下段において i 番目の $\sigma(i)=j$ を右隣りの下段の数 $i+1$ と入れ換えると

$$\begin{pmatrix} 1 & 2 & \cdots & i-1 & i & i+1 & i+2 & \cdots & j & \cdots & n \\ 1 & 2 & \cdots & i-1 & i+1 & j & i+2 & \cdots & i & \cdots & n \end{pmatrix}$$

となります．このように j を右隣りに移すことを繰り返し，j 番目の i の左隣に移します．結果として右隣りとの入れ換えを $j-i-1$ 回行って $j-1$ 番目に移し

て得られる置換 σ' は

$$\sigma' = \begin{pmatrix} 1 & 2 & \cdots & i-1 & i & \cdots & j-1 & j & j+1 & \cdots & n \\ 1 & 2 & \cdots & i-1 & i+1 & \cdots & j & i & j+1 & \cdots & n \end{pmatrix}$$

となります．σ' は右隣りとの入れ換えを $j-i-1$ 回行ったものであるから，(i) の結果により

$$(\sigma'\sigma)\Delta = \sigma'(\sigma\Delta) = (-1)^{j-i-1}(\sigma\Delta) \tag{7.3.5}$$

となります．ここに，順列の積 $\sigma'\sigma$ は置換としての積を意味します．今度は，上とは反対に $\sigma'\sigma$ の j 番目の $\sigma(j)=i$ を左隣りの数と入れ換える操作を $j-i$ 回行って，i を i 番目に移して得られる順列を σ'' とすると

$$\sigma''\sigma'\sigma = \sigma''(\sigma'\sigma) = \begin{pmatrix} 1 & 2 & \cdots & i & \cdots & j & \cdots & n \\ 1 & 2 & \cdots & i & \cdots & j & \cdots & n \end{pmatrix} = \varepsilon$$

となります．ここに，ε は単位順列，すなわち単位置換を表しています．(i) の結果により

$$\Delta = \sigma''(\sigma'\sigma\Delta) = (-1)^{j-i}(\sigma'\sigma\Delta) \tag{7.3.6}$$

となります．(7.3.5) と (7.3.6) により

$$\Delta = (-1)^{j-i}(-1)^{j-i-1}(\sigma\Delta) = -(\sigma\Delta)$$

となります．すなわち，互換 σ に対して，$\sigma\Delta = -\Delta$ が成り立ちます．

(定理 7.3.6 の証明) $\sigma \in \mathcal{S}_n$ が互換の積として表されることは，定理 7.3.4 と定理 7.3.5 から従います．いま，$\sigma \in \mathcal{S}_n$ が互換の積として 2 通りに

$$\sigma = \sigma_1\sigma_2\cdots\sigma_s = \tau_1\tau_2\cdots\tau_t$$

と表されたとすると，$\sigma_i\Delta = -\Delta$ $(1 \leq i \leq s)$, $\tau_j\Delta = -\Delta$ $(1 \leq j \leq t)$ であるから

$$(-1)^s\Delta = \sigma\Delta = (-1)^t\Delta$$

となります．これより $(-1)^s = (-1)^t$ となり，s, t はともに偶数であるか，ともに奇数であるかのいずれかであることが分かります． ■

偶数個の互換の積として表される置換を**偶置換**，奇数個の互換の積として表される置換を**奇置換**といいます．単位置換は $\varepsilon = (1\ 2)(1\ 2) = (i\ j)(i\ j)$ などと表されるので偶置換です．

置換 $\sigma \in \mathcal{S}_n$ に対して，符号 $\mathrm{sign}(\sigma)$ を次によって定義します．

$$\mathrm{sign}(\sigma) = \begin{cases} +1 & (\sigma\ \text{が偶置換のとき}) \\ -1 & (\sigma\ \text{が奇置換のとき}) \end{cases}$$

このとき

$$\begin{cases} \text{(i)} & \mathrm{sign}(\tau\sigma) = \mathrm{sign}(\tau)\cdot\mathrm{sign}(\sigma), \\ \text{(ii)} & \mathrm{sign}(\sigma^{-1}) = \mathrm{sign}(\sigma) \end{cases} \quad (7.3.7)$$

が成り立ちます．実際，(i) は $s, t \in \mathbf{N}$ に対して，$(-1)^s \cdot (-1)^t = (-1)^{s+t}$ であることに注意すれば明らかです．(ii) は，$\sigma\sigma^{-1} = \varepsilon$ で，$\mathrm{sign}(\varepsilon) = 1$ であるから，(i) により $\mathrm{sign}(\sigma) \cdot \mathrm{sign}(\sigma^{-1}) = 1$ となります．したがって，$\mathrm{sign}(\sigma) = \mathrm{sign}(\sigma^{-1})$ が成り立ちます．

位数 $n!$ の置換群 $\mathcal{S}_n$ において，偶置換全体の集合を $\mathcal{A}_n$ と表します．$\mathcal{A}_n$ は，位数 $n!/2$ の $\mathcal{S}_n$ の部分群となります．実際，(i), (ii) により，2 つの偶置換の積は偶置換であるから，$\mathcal{A}_n$ は置換の演算に関して閉じています．また，単位置換 ε も偶置換です．$\mathcal{S}_n$ は有限群であるから，$\mathcal{A}_n$ は $\mathcal{S}_n$ の部分群です (注 7.1.2)．次に，$\mathcal{A}_n$ の位数が $n!/2$ であることを示します．いま，互換 $(1\ 2)$ に対して，写像 $\varphi(\sigma) = (1\ 2)\sigma\ (\sigma \in \mathcal{S}_n)$ を考えよう．$\sigma \neq \sigma'$ ならば $(1\ 2)\sigma \neq (1\ 2)\sigma'$ であるから，φ は $\mathcal{S}_n$ 上の全単射写像です．ところで，$\sigma \in \mathcal{A}_n$(偶置換) ならば，$\varphi(\sigma) = (1\ 2)\sigma$ は奇置換です．また，σ が奇置換ならば $\varphi(\sigma) = (1\ 2)\sigma$ は偶置換です．したがって，偶置換全体の個数と奇置換全体の個数は等しく，$n!/2$ となります．これより，$\mathcal{A}_n$ は，位数が $n!/2$ である $\mathcal{S}_n$ の部分群であることが分かります．奇置換全体の集合 $\mathcal{S}_n \setminus \mathcal{A}_n$ は群にはなりません．

定理 7.3.7 巡回置換 $(1, 2, \cdots, n)$ は，n が偶数のとき奇置換で，$n\ (\geq 3)$ が奇数のとき偶置換である．

(証明)　$(1\ 2\cdots n)=(1\ n)(1\ n-1)\cdots(1\ 3)(1\ 2)$ と $n-1$ 個の互換の積として表されます．n が偶数ならば，右辺は奇数個の互換の積であるから奇置換です．また，n が奇数ならば，右辺は偶数個の互換の積であるから偶置換です．　∎

例 7.3.2　$\mathcal{S}_4$ の置換は，次のように互換の積として表されます．

$$\varepsilon=\begin{pmatrix}1&2&3&4\\1&2&3&4\end{pmatrix},\quad \sigma_1=\begin{pmatrix}1&2&3&4\\2&3&4&1\end{pmatrix}=(1\ 4)(1\ 3)(1\ 2),$$

$$\sigma_1^2=\begin{pmatrix}1&2&3&4\\3&4&1&2\end{pmatrix}=(1\ 3)(2\ 4),\quad \sigma_1^3=\begin{pmatrix}1&2&3&4\\4&1&2&3\end{pmatrix}=(1\ 4)(2\ 4)(3\ 4),$$

$$\sigma_2=\begin{pmatrix}1&2&3&4\\4&3&1&2\end{pmatrix}=(1\ 4)(2\ 3)(3\ 4),\quad \sigma_2^2=\begin{pmatrix}1&2&3&4\\2&1&4&3\end{pmatrix}=(3\ 4)(1\ 2),$$

$$\sigma_2^3=\begin{pmatrix}1&2&3&4\\3&4&2&1\end{pmatrix}=(1\ 3)(2\ 4)(3\ 4),$$

$$\sigma_3=\begin{pmatrix}1&2&3&4\\3&1&4&2\end{pmatrix}=(1\ 3)(2\ 4)(2\ 3),\quad \sigma_3^2=\begin{pmatrix}1&2&3&4\\4&3&2&1\end{pmatrix}=(2\ 3)(1\ 4),$$

$$\sigma_3^3=\begin{pmatrix}1&2&3&4\\2&4&1&3\end{pmatrix}=(1\ 2)(2\ 4)(3\ 4),$$

$$\tau_1=\begin{pmatrix}1&2&3&4\\1&4&2&3\end{pmatrix}=(2\ 4)(3\ 4),\quad \tau_1^2=\begin{pmatrix}1&2&3&4\\1&3&4&2\end{pmatrix}=(2\ 3)(3\ 4),$$

$$\tau_2=\begin{pmatrix}1&2&3&4\\4&2&1&3\end{pmatrix}=(1\ 4)(3\ 4),\quad \tau_2^2=\begin{pmatrix}1&2&3&4\\3&2&4&1\end{pmatrix}=(1\ 3)(3\ 4),$$

$$\tau_3=\begin{pmatrix}1&2&3&4\\4&1&3&2\end{pmatrix}=(1\ 4)(2\ 4),\quad \tau_3^2=\begin{pmatrix}1&2&3&4\\2&4&3&1\end{pmatrix}=(1\ 2)(2\ 4),$$

$$\tau_4=\begin{pmatrix}1&2&3&4\\3&1&2&4\end{pmatrix}=(1\ 3)(2\ 3),\quad \tau_4^2=\begin{pmatrix}1&2&3&4\\2&3&1&4\end{pmatrix}=(1\ 2)(2\ 3),$$

$$\sigma_1'=\begin{pmatrix}1&2&3&4\\3&2&1&4\end{pmatrix}=(1\ 3),\quad \sigma_2'=\begin{pmatrix}1&2&3&4\\2&1&3&4\end{pmatrix}=(1\ 2),$$

$$\sigma'_3 = \begin{pmatrix} 1 & 2 & 3 & 4 \\ 1 & 3 & 2 & 4 \end{pmatrix} = (2\ 3), \quad \sigma'_4 = \begin{pmatrix} 1 & 2 & 3 & 4 \\ 1 & 2 & 4 & 3 \end{pmatrix} = (3, 4),$$

$$\sigma'_5 = \begin{pmatrix} 1 & 2 & 3 & 4 \\ 4 & 2 & 3 & 1 \end{pmatrix} = (1\ 4), \quad \sigma'_6 = \begin{pmatrix} 1 & 2 & 3 & 4 \\ 1 & 4 & 3 & 2 \end{pmatrix} = (2\ 4)$$

と表されます．したがって，4次の置換全体は

$$\mathcal{S}_4 = \{\varepsilon, \sigma_1, \sigma_1^2, \sigma_1^3, \sigma_2, \sigma_2^2, \sigma_2^3, \sigma_3, \sigma_3^2, \sigma_3^3, \tau_1, \tau_1^2,$$
$$\tau_2, \tau_2^2, \tau_3, \tau_3^2, \tau_4, \tau_4^2, \sigma'_1\ \sigma'_2, \sigma'_3,\ \sigma'_4,\ \sigma'_5,\ \sigma'_6\}$$

となります．このうち偶置換は

$$\mathcal{A}_4 = \{\varepsilon,\ \sigma_1^2,\ \sigma_2^2,\ \sigma_3^2,\ \tau_1,\ \tau_1^2,\ \tau_2,\ \tau_2^2,\ \tau_3,\ \tau_3^2,\ \tau_4,\ \tau_4^2\}$$

であり，残りは奇置換です．

■ 章末問題 7

問題 7.1 置換群 $\mathcal{S}_n$ おける $j\ (2 \leqq j \leqq n)$ 次の巡回置換 $\sigma = (i_1\ i_2 \cdots i_j)$ について

$$\sigma^k \neq \varepsilon \quad (1 \leqq k \leqq j-1), \quad \sigma^j = \varepsilon$$

が成り立つことを示してください．

問題 7.2 複素数全体の集合 $\mathbf{C}$ において，演算として通常の積を考えます．このとき，方程式

$$z^6 = 1$$

の解の全体 Ω は積に関して可換群を成すことを示してください．

第8章
ベクトル空間と線形写像

　代数的構造の1つに**線形構造**があります．ここからしばらくは，線形構造をもつ**線形空間**(ベクトル空間)について述べます．大きさと向きをもつ量として導入されたものがベクトルです．このベクトルは，図形的には有向線分を用いて表されますが，一般的にベクトルは幾何学的な扱いもさることながら平面や空間の点をも表します．すなわち，平面におけるベクトルは，座標系における座標成分を用いて (a_1, a_2) のように平面の点として表されます．また，空間のベクトルは，空間の直交座標成分を用いて (a_1, a_2, a_3) のように空間の点として表されます．この章では，平面および空間の点全体の成すベクトル空間と，その上に作用する線形写像について議論します．

キーワード

部分空間，線形独立，線形従属，基本ベクトル，次元，標準基底，線形変換，核空間，像空間，多元環

新しい記号

$$\mathbf{R}^2,\ \mathbf{R}^3,\ S(\boldsymbol{u}_1, \boldsymbol{u}_2, \boldsymbol{u}_3),\ \dim(W),\ \mathcal{L}(\mathbf{R}^3)$$

8.1 2次元および3次元のベクトル空間

平面の点 (x,y) を太文字を用いて $\boldsymbol{x}=(x,y)$ と表し，**ベクトル**といいます．また，平面の点 (ベクトル) 全体の集合を

$$\mathbf{R}^2 = \{\boldsymbol{x}=(x,y) \mid x,y \in \mathbf{R}\}$$

のように表します．$\mathbf{R}^2$ における演算を以下のように定義します．まずは，$\mathbf{R}^2$ のベクトル $\boldsymbol{a}=(a_1,a_2)$ と $\boldsymbol{b}=(b_1,b_2)$ が等しいとは，対応する成分がそれぞれ等しいとき，すなわち

$$\boldsymbol{a}=\boldsymbol{b} \Longleftrightarrow a_i=b_i \qquad (i=1,2)$$

であるときをいいます．また，$\boldsymbol{a}=(a_1,a_2), \boldsymbol{b}=(b_1,b_2) \in \mathbf{R}^2, h \in \mathbf{R}$ に対して

$$\begin{cases} \boldsymbol{a}+\boldsymbol{b}=(a_1+b_1, a_2+b_2) \\ h\boldsymbol{a}=(ha_1, ha_2) \end{cases} \tag{8.1.1}$$

によって和とスカラー倍を定義します．このとき，明らかに $\boldsymbol{a}+\boldsymbol{b} \in \mathbf{R}^2, h\boldsymbol{a} \in \mathbf{R}^2$ となり，$\mathbf{R}^2$ は和とスカラー倍の演算に関して閉じています．$\mathbf{R}^2$ のベクトルに対する和とスカラー倍の演算 (8.1.1) を**線形演算**といいます．

性質 8.1.1　任意の $\boldsymbol{a}, \boldsymbol{b}, \boldsymbol{c} \in \mathbf{R}^2, h,k \in \mathbf{R}$ に対して

(1) $\boldsymbol{a}+\boldsymbol{b}=\boldsymbol{b}+\boldsymbol{a}$,

(2) $(\boldsymbol{a}+\boldsymbol{b})+\boldsymbol{c}=\boldsymbol{a}+(\boldsymbol{b}+\boldsymbol{c})$,

(3) $\boldsymbol{0}=(0,0)$ とするとき $\boldsymbol{a}+\boldsymbol{0}=\boldsymbol{a}$,

(4) $\boldsymbol{a}$ に対して，$\boldsymbol{a}+\boldsymbol{b}=\boldsymbol{0}$ を満たす $\boldsymbol{b} \in \mathbf{R}^2$ が存在する，

(5) $h(\boldsymbol{a}+\boldsymbol{b})=h\boldsymbol{a}+h\boldsymbol{b}, \quad (h+k)\boldsymbol{a}=h\boldsymbol{a}+k\boldsymbol{a}$,

(6) $(hk)\boldsymbol{a}=h(k\boldsymbol{a})$,

(7) $1\boldsymbol{a}=\boldsymbol{a}$.

この (1)〜(7) は，ベクトルの**基本的性質**と呼ばれています．和 + に関して可換であることは自明とします．$\boldsymbol{0}=(0,0)$ は**零ベクトル**，$\boldsymbol{a}=(a_1,a_2) \in \mathbf{R}^2$ に対し，(4) における $\boldsymbol{b}$ を $\boldsymbol{a}$ の**逆ベクトル**といい，$\boldsymbol{b}=-\boldsymbol{a}=(-a_1,-a_2)$ と表しま

す．$\mathbf{R}^2$ を $\mathbf{R}$ 上の **2 次元線形空間**または **2 次元実ベクトル空間**といいます．和とスカラー倍の演算が，各座標成分ごとの和と積によって定義されていることに注意しておきます．各座標成分についての計算規則は，実数における計算規則そのものであり，実数の基本的性質により $\mathbf{R}^2$ において (1)〜(7) が成り立つことが分かります．このように実数のいくつかの性質がベクトルの性質として引き継がれることを $\mathbf{R}$ の性質がベクトル空間 $\mathbf{R}^2$ の性質へ**遺伝**するといいます．実数体 $\mathbf{R}$ は加群でもあり，実数の基本的性質 (性質 3.1.1) の (1)〜(4) から $\mathbf{R}^2$ における性質 8.1.1 の (1), (2), (3), (4) が満たされます．したがって，$\mathbf{R}^2$ は加群となります．性質 8.1.1 は，加群 $\mathbf{R}^2$ にスカラー倍の演算が定義され，性質 (5), (6), (7) が成り立っていることを主張しています．

例 8.1.1 複素数体 $\mathbf{C}$ は加群である．また，$z=x+yi, z_1, z_2 \in \mathbf{C}, h, k \in \mathbf{R}$ に対して

$$h(z_1+z_2)=hz_1+hz_2, \quad (h+k)z=hz+kz,$$
$$(hk)z=h(kz), \quad 1z=z$$

が成り立つ (注 4.1.2) から，$\mathbf{C}$ は $\mathbf{R}$ 上の線形空間となっています．このことは，複素数 $z=x+yi$ と平面の点 $(x,y) \in \mathbf{R}^2$ とを同一視してきたことからも明らかです．

次に，空間の点全体の集合 $\mathbf{R}^3 = \{\boldsymbol{x}=(x,y,z) \mid x,y,z \in \mathbf{R}\}$ を考えます．空間の点は $\boldsymbol{x}=(x,y,z)$ のように表され，**行ベクトル**と呼ばれます．以下においては，便宜上

$$\boldsymbol{x} = \begin{pmatrix} x \\ y \\ z \end{pmatrix}$$

と表し，これを**列ベクトル** (単に **ベクトル**) といいます．さらに，表記の都合上，空間の列ベクトルを $^t(x,y,z)$ のように横書きとして表します．すなわち

$$\boldsymbol{x} = \begin{pmatrix} x \\ y \\ z \end{pmatrix} = {}^t(x,y,z)$$

です．右辺の左上の t は転置 (transpose) をとることを意味する記号です．以下では，$\mathbf{R}^3$ のベクトルを $\boldsymbol{a} = {}^t(a_1,a_2,a_3)$ のように列ベクトルとして表します．平面のベクトルについても同様の表記を用います．すなわち，$\boldsymbol{x} \in \mathbf{R}^2$ に対しても

$$\boldsymbol{x} = \begin{pmatrix} x \\ y \end{pmatrix} = {}^t(x,y)$$

と表すことにします．

$\mathbf{R}^2$ におけるのと同様，$\mathbf{R}^3$ のベクトル $\boldsymbol{a} = {}^t(a_1,a_2,a_3)$ と $\boldsymbol{b} = {}^t(b_1,b_2,b_3)$ に対しても，$a_i = b_i$ $(i=1,2,3)$ であるとき $\boldsymbol{a} = \boldsymbol{b}$ と表し，$\boldsymbol{a}$ と $\boldsymbol{b}$ は等しいといいます．$\mathbf{R}^3$ のベクトル $\boldsymbol{a} = {}^t(a_1,a_2,a_3)$, $\boldsymbol{b} = {}^t(b_1,b_2,b_3)$ と $h \in \mathbf{R}$ に対して，和とスカラー倍の演算 (線形演算) を

$$\begin{cases} \boldsymbol{a}+\boldsymbol{b} = {}^t(a_1+b_1, a_2+b_2, a_3+b_3) \\ h\boldsymbol{a} = {}^t(ha_1, ha_2, ha_3) \end{cases} \tag{8.1.2}$$

によって定義します．$\mathbf{R}^3$ においても性質 8.1.1 の (1)〜(7) と同様の性質が成り立ちます．この $\mathbf{R}^3$ を $\mathbf{R}$ 上の **3 次元線形空間** (または **3 次元実ベクトル空間**) といいます．

定義 8.1.1 $\mathbf{R}$ 上の 3 次元ベクトル空間 $\mathbf{R}^3$ の部分集合を W とする．任意の $\boldsymbol{x}, \boldsymbol{y} \in W$, $h \in \mathbf{R}$ に対して

$$\boldsymbol{x}+\boldsymbol{y} \in W, \quad h\boldsymbol{x} \in W \tag{8.1.3}$$

が満たされているとき，W を $\mathbf{R}^3$ の **部分空間** という．

注 8.1.1 (8.1.3) により，W は線形演算に関して閉じていて，W 自身 $\mathbf{R}$ 上のベクトル空間であることが分かります．また，零ベクトル $\boldsymbol{0} = {}^t(0,0,0)$ だけから成る空間 $\{\boldsymbol{0}\}$ や $\mathbf{R}^3$ 自身も $\mathbf{R}^3$ の部分空間と考えます．これらは**自明な部分空**

間と呼ばれています．

$\mathbf{R}^3$ のベクトルで ${}^t(a_1,a_2,0)$ の形のものを $\mathbf{R}^2$ のベクトル ${}^t(a_1,a_2)$ と同一視することにより $\mathbf{R}^2$ を $\mathbf{R}^3$ の部分空間とみることができます．以下においては，$\mathbf{R}$ そして $\mathbf{R}^2$ を $\mathbf{R}^3$ の部分空間と考えることにします．私たちは $\mathbf{R}$ の元 (数) をスカラーとしても用いていることに注意しておきます．

ベクトル $\boldsymbol{a}, \boldsymbol{b} \in \mathbf{R}^3$ に対して，$h\boldsymbol{a}+k\boldsymbol{b}$ $(h,k\in\mathbf{R})$ の形のベクトル全体の集合を

$$W = \{h\boldsymbol{a}+k\boldsymbol{b} \mid h,k\in\mathbf{R}\}$$

とおきます．このとき，W は $\mathbf{R}^3$ の部分空間となります．実際，$W\subset\mathbf{R}^3$ であることは明らかです．$h\boldsymbol{a}+k\boldsymbol{b}, h'\boldsymbol{a}+k'\boldsymbol{b}\in W, c\in\mathbf{R}$ に対して

$$(h\boldsymbol{a}+k\boldsymbol{b})+(h'\boldsymbol{a}+k'\boldsymbol{b}) = (h+h')\boldsymbol{a}+(k+k')\boldsymbol{b}\in W,$$

$$c(h\boldsymbol{a}+k\boldsymbol{b}) = (ch)\boldsymbol{a}+(ck)\boldsymbol{b}\in W$$

となるから W は $\mathbf{R}^3$ の部分空間です．この部分空間をベクトル $\boldsymbol{a}, \boldsymbol{b}$ によって**生成される部分空間** (または $\boldsymbol{a}, \boldsymbol{b}$ によって張られる部分空間) といい，$W=S(\boldsymbol{a},\boldsymbol{b})$ と表します．3 つのベクトル $\boldsymbol{a}, \boldsymbol{b}, \boldsymbol{c}$ に対しても同様に

$$W' = \{h\boldsymbol{a}+k\boldsymbol{b}+r\boldsymbol{c} \mid h,k,r\in\mathbf{R}\}$$

とおくとき，W' が $\mathbf{R}^3$ の部分空間となることも上と同様にして示されます．この場合も $W'=S(\boldsymbol{a},\boldsymbol{b},\boldsymbol{c})$ のように表し，$\boldsymbol{a}, \boldsymbol{b}, \boldsymbol{c}$ によって生成される部分空間といいます．また，$\boldsymbol{a},\boldsymbol{b},\boldsymbol{c}\in\mathbf{R}^3$ について，$h\boldsymbol{a}+k\boldsymbol{b}+r\boldsymbol{c}$ (または $h\boldsymbol{a}+k\boldsymbol{b}$) の形に表されるベクトルを $\boldsymbol{a}, \boldsymbol{b}, \boldsymbol{c}$ (または $\boldsymbol{a}, \boldsymbol{b}$) の **1 次結合**，あるいは**線形結合**といいます．

定義 8.1.2 $\boldsymbol{0}$ でないベクトル $\boldsymbol{a}, \boldsymbol{b}, \boldsymbol{c}$ について

"$h\boldsymbol{a}+k\boldsymbol{b}+r\boldsymbol{c}=\boldsymbol{0}$ となるのは，$h=k=r=0$ のときに限る"

という条件を満たすとき，$\boldsymbol{a}, \boldsymbol{b}, \boldsymbol{c}$ は **1 次独立** (または**線形独立**) であるという．また，$\boldsymbol{a}, \boldsymbol{b}, \boldsymbol{c}$ が 1 次独立でないとき，これらのベクトルは **1 次従属**であるという．2 つのベクトル $\boldsymbol{a}, \boldsymbol{b}$ に対しても 1 次独立，1 次従属であることが同様に定義される．

注 8.1.2 (i) $a \neq \mathbf{0}$ のとき,$h a=\mathbf{0}$ となるのは $h=0$ のときに限るから,ベクトル a は 1 次独立です.

(ii) $a, b, c \in \mathbf{R}^3$ が 1 次独立であることは,a, b, c のうちどの 1 つも残りの 2 つのベクトルの 1 次結合で表すことができないことを意味しています.

例 8.1.2 $\mathbf{R}^3$ のベクトル $e_1 = {}^t(1,0,0)$,$e_2 = {}^t(0,1,0)$,$e_3 = {}^t(0,0,1)$ に対して,次が成り立つ.

(i) e_1, e_2, e_3 は 1 次独立である.
(ii) $\mathbf{R}^3 = S(e_1, e_2, e_3)$ である.

(証明) (i) $e_i \neq \mathbf{0}$ $(i=1,2,3)$ である.いま,$h e_1 + k e_2 + r e_3 = \mathbf{0}$ とすると

$$h e_1 + k e_2 + r e_3 = {}^t(h,0,0) + {}^t(0,k,0) + {}^t(0,0,r) = {}^t(h,k,r)$$

であるから,${}^t(h,k,r) = \mathbf{0} = {}^t(0,0,0)$ となります.したがって,$h = k = r = 0$ であり,e_1, e_2, e_3 は 1 次独立となります.

(ii) $S(e_1, e_2, e_3)$ は $\mathbf{R}^3$ の部分空間で,$S(e_1, e_2, e_3) \subset \mathbf{R}^3$ となっています.一方,$\mathbf{R}^3$ の任意のベクトル $x = {}^t(x,y,z)$ は

$$x = {}^t(x,y,z) = x e_1 + y e_2 + z e_3$$

と表すことができるから,$x \in S(e_1, e_2, e_3)$ です.したがって $\mathbf{R}^3 \subset S(e_1, e_2, e_3)$ となり,$\mathbf{R}^3 = S(e_1, e_2, e_3)$ であることが分かります.■

$\mathbf{R}^3$ のベクトル e_1, e_2, e_3 は**基本ベクトル**と呼ばれます.空間の xyz 座標系 (直交座標系) において,e_1 は x 軸方向,e_2 は y 軸方向,e_3 は z 軸方向にそれぞれが向きをもつ長さ 1 のベクトルです.$\mathbf{R}^2$ のベクトル $e_1 = {}^t(1,0)$,$e_2 = {}^t(0,1)$ は,それぞれ x 軸方向,y 軸方向に向きをもつ長さ 1 のベクトルです.e_1, e_2 は 1 次独立で,$\mathbf{R}^2 = S(e_1, e_2)$ であることが示されます.e_1, e_2 も $\mathbf{R}^2$ の基本ベクトルと呼ばれます.

補題 8.1.2 $\mathbf{R}^3$ の 1 次独立なベクトル u_1, u_2, u_3 に対して,$v \in \mathbf{R}^3$ が存在して

$$u_1 = a_1 v + a_2 u_2 + a_3 u_3 \tag{8.1.4}$$

と表されるならば

$$S(v, u_2, u_3) = S(u_1, u_2, u_3)$$

が成り立つ．

(証明) (8.1.4) により，$u_1 \in S(v, u_2, u_3)$ となるから

$$S(u_1, u_2, u_3) \subset S(v, u_2, u_3) \tag{8.1.5}$$

が成り立ちます．次に，逆の包含関係を示そう．等式 (8.1.4) において，$a_1 \neq 0$ である．実際，$a_1 = 0$ であるとすると，$u_1 = a_2 u_2 + a_3 u_3$ より，u_1, u_2, u_3 は 1 次従属となります．これは u_1, u_2, u_3 が 1 次独立であることに反します．よって，$a_1 \neq 0$ です．これより

$$v = b_1 u_1 + b_2 u_2 + b_3 u_3 \in S(u_1, u_2, u_3) \quad (b_1, b_2, b_3 \in \mathbf{R})$$

と表すことができます．したがって

$$S(v, u_2, u_3) \subset S(u_1, u_2, u_3) \tag{8.1.6}$$

が示されます．(8.1.5) と (8.1.6) により

$$S(v, u_2, u_3) = S(u_1, u_2, u_3)$$

となります． ■

定理 8.1.3 e_1, e_2, e_3 を $\mathbf{R}^3$ の基本ベクトルとする．このとき，$S(e_1, e_2, e_3)$ には 1 次独立な 3 個のベクトルが存在し，3 個より多くの 1 次独立なベクトルは存在しない．

(証明) 基本ベクトルは 1 次独立であるから，3 個の 1 次独立なベクトルが存在することはよい．そこで，3 個より多くの 1 次独立なベクトルが存在しないことを示そう．いま，$v_1, v_2, v_3, v_4 \in S(e_1, e_2, e_3)$ が 1 次独立であったとします．$v_1 \in S(e_1, e_2, e_3)$, $v_1 \neq \mathbf{0}$ より，$v_1 = c_1 e_1 + c_2 e_2 + c_3 e_3$ と表され，c_1, c_2, c_3 のうち少なくとも 1 つは 0 ではない．いま，$c_1 \neq 0$ とする ($c_2 \neq 0$ または $c_3 \neq 0$ とし

ても以下同様にすればよい) とき

$$e_1 = \frac{1}{c_1}v_1 - \frac{c_2}{c_1}e_2 - \frac{c_3}{c_1}e_3$$

と表せるから $e_1 \in S(v_1, e_2, e_3)$ です．したがって，補題 8.1.2 により $S(v_1, e_2, e_3) = S(e_1, e_2, e_3)$ となります．$v_2 \in S(e_1, e_2, e_3) = S(v_1, e_2, e_3)$, $v_2 \neq \mathbf{0}$ より $v_2 = b_1 v_1 + b_2 e_2 + b_3 e_3$ と表されます．このとき，$b_2 \neq 0$ または $b_3 \neq 0$ である．実際，$b_2 = b_3 = 0$ であったとすると $b_1 \neq 0$ であるから，$v_2 = b_1 v_1$ となって，v_1, v_2 が 1 次独立であることに反します．そこで，$b_2 \neq 0$ とすると

$$e_2 = \frac{1}{b_2}v_2 - \frac{b_1}{b_2}v_1 - \frac{b_3}{b_2}e_3 \in S(v_1, v_2, e_3).$$

よって，補題 8.1.2 により，$S(v_1, v_2, e_3) = S(v_1, e_2, e_3) = S(e_1, e_2, e_3)$ となります．このことから $v_3 \in S(v_1, v_2, e_3)$ であり，$v_3 = a_1 v_1 + a_2 v_2 + a_3 e_3$ と表されます．v_1, v_2, v_3 が 1 次独立であることから，$a_3 \neq 0$ であり $e_3 = b_1 v_1 + b_2 v_2 + b_3 v_3$ と表されます．補題 8.1.2 により，$S(v_1, v_2, v_3) = S(v_1, v_2, e_3) = S(e_1, e_2, e_3)$ となります．これより $v_4 \in S(e_1, e_2, e_3) = S(v_1, v_2, v_3)$ となります．これは v_4 が v_1, v_2, v_3 の 1 次結合で表されることになり，v_1, v_2, v_3, v_4 が 1 次独立であることと矛盾します．したがって，$S(e_1, e_2, e_3)$ には 3 個より多くの 1 次独立なベクトルは存在しないことが分かります． ∎

系 8.1.4 v_1, v_2, v_3 が $\mathbf{R}^3$ の 1 次独立なベクトルならば，$S(v_1, v_2, v_3) = \mathbf{R}^3$ である．

定義 8.1.3 $W(\neq \{\mathbf{0}\})$ をベクトル空間 $\mathbf{R}^3$ の部分空間とする．このとき，W に属する 1 次独立なベクトルの組をとることができて，それらの 1 次結合全体の集合が W と一致するならば，これら 1 次独立なベクトルの組を W の**基底**という．

例 8.1.3 ベクトル $v_1, v_2, v_3 \in \mathbf{R}^3$ が 1 次独立ならば，系 8.1.4 により $\{v_1, v_2, v_3\}$ は $\mathbf{R}^3$ の基底である．特に，$\mathbf{R}^3$ の基本ベクトルの組 $\{e_1, e_2, e_3\}$ は $\mathbf{R}^3$ の基底である．このとき，$\{e_1, e_2, e_3\}$ は $\mathbf{R}^3$ の**標準基底**と呼ばれている．

$\mathbf{R}^3$ において，基底としての1次独立なベクトルの組は幾通りも存在するが，これら各組の1次独立なベクトルの個数は3で一定です．この個数3を $\mathbf{R}^3$ の次元といい，$\dim(\mathbf{R}^3)=3$ と表します．$\mathbf{R}^3$ の部分空間 W に対しても次元 $\dim(W)$ を次のように定義します．$W=\{\mathbf{0}\}$ ならば $\dim(W)=0$ とします．$W\neq\{\mathbf{0}\}$ のときは $\boldsymbol{v}_1\in W$ ($\boldsymbol{v}_1\neq\mathbf{0}$) が存在する．このとき，$W=S(\boldsymbol{v}_1)$ ならば，$\{\boldsymbol{v}_1\}$ が W の基底となるから $\dim(W)=1$ とします．$W\neq S(\boldsymbol{v})$ ならば，$\boldsymbol{v}_2\in W$, $\boldsymbol{v}_2\notin S(\boldsymbol{v}_1)$ が存在し，$\boldsymbol{v}_1, \boldsymbol{v}_2$ は1次独立である．このとき，$W=S(\boldsymbol{v}_1,\boldsymbol{v}_2)$ ならば，$\{\boldsymbol{v}_1,\boldsymbol{v}_2\}$ が W の基底となるから $\dim(W)=2$ とします．また，$W\neq S(\boldsymbol{v}_1,\boldsymbol{v}_2)$ ならば，$\boldsymbol{v}_3\in W$, $\boldsymbol{v}_3\notin S(\boldsymbol{v}_1,\boldsymbol{v}_2)$ が存在し，$\boldsymbol{v}_1, \boldsymbol{v}_2, \boldsymbol{v}_3$ が1次独立となるから，$\{\boldsymbol{v}_1,\boldsymbol{v}_2,\boldsymbol{v}_3\}$ が W の基底となります．このとき，$\dim(W)=3$ とします．

注 8.1.3 $\mathbf{R}^3$ の部分空間 W の基底が $\{\boldsymbol{v}_1\}$ (または $\{\boldsymbol{v}_1,\boldsymbol{v}_2\}$) であるとき，$\mathbf{R}^3$ のベクトル $\boldsymbol{u}_2, \boldsymbol{u}_3$ (または $\boldsymbol{u}_3$) を適当に選んで $\{\boldsymbol{v}_1,\boldsymbol{u}_2,\boldsymbol{u}_3\}$ (または $\{\boldsymbol{v}_1,\boldsymbol{v}_2,\boldsymbol{u}_3\}$) が $\mathbf{R}^3$ の基底となるようにできます．

8.2 線形変換の性質

以下においては，定義域と値域がともにベクトル空間 $\mathbf{R}^3$ (または $\mathbf{R}^2$) である写像を考えます．

定義 8.2.1 写像 f ; $\mathbf{R}^3 \to \mathbf{R}^3$ が次の条件を満たしているとする．$\boldsymbol{x},\boldsymbol{y}\in\mathbf{R}^3$, $\alpha\in\mathbf{R}$ に対して

$$\begin{cases} f(\boldsymbol{x}+\boldsymbol{y})=f(\boldsymbol{x})+f(\boldsymbol{y}) \\ f(\alpha\boldsymbol{x})=\alpha f(\boldsymbol{x}). \end{cases} \tag{8.2.1}$$

このとき，f を $\mathbf{R}^3$ から $\mathbf{R}^3$ への**線形写像**という．

上のように定義域と値域が一致している場合は，f は**線形変換**と呼ばれます．以下においては，f ; $\mathbf{R}^3 \to \mathbf{R}^3$ を線形変換といいます．線形変換 f ; $\mathbf{R}^3 \to \mathbf{R}^3$ に対しては，一般には $f(\mathbf{R}^3)=\{f(\boldsymbol{x}) \mid \boldsymbol{x}\in\mathbf{R}^3\}$ は $\mathbf{R}^3$ の部分集合で，$f(\mathbf{R}^3)=\mathbf{R}^3$ となるとは限りません．そこで，線形変換 f ; $\mathbf{R}^3 \to \mathbf{R}^3$ が全単射のとき，f

を同型な**線形変換**といいます．恒等写像 I_d ; $\mathbf{R}^3 \to \mathbf{R}^3$ ($I_d(\boldsymbol{x}) = \boldsymbol{x}$) は明らかに同型な線形変換です．これを**恒等変換**といいます．また，零写像 $f(\boldsymbol{x}) = \boldsymbol{0}$ ($\boldsymbol{x} \in \mathbf{R}^3$) を $f = 0$ と表し，**零変換**といいます．

注 8.2.1 変換 f ; $\mathbf{R}^3 \to \mathbf{R}^3$ に対して，(8.2.1) が満たされていることは

$$f(\alpha\boldsymbol{x} + \beta\boldsymbol{y}) = \alpha f(\boldsymbol{x}) + \beta f(\boldsymbol{y}) \qquad (\boldsymbol{x}, \boldsymbol{y} \in \mathbf{R}^3, \alpha, \beta \in \mathbf{R}) \tag{8.2.2}$$

が満たされることと同値です．

ここで，$\mathbf{R}^3$ 上の線形変換の全体集合 $\mathcal{L}(\mathbf{R}^3) = \{f \mid f ; \mathbf{R}^3 \to \mathbf{R}^3\}$ を考えよう．$f, g \in \mathcal{L}(\mathbf{R}^3)$, $\alpha \in \mathbf{R}$ に対して，和と積 (合成) およびスカラー倍の演算が次のように定義されます．任意の $\boldsymbol{x} \in \mathbf{R}^3$ に対して

$$(f + g)(\boldsymbol{x}) = f(\boldsymbol{x}) + g(\boldsymbol{x}),$$
$$(g \circ f)(\boldsymbol{x}) = g(f(\boldsymbol{x})),$$
$$(\alpha f)(\boldsymbol{x}) = f(\alpha \boldsymbol{x}).$$

このとき，$f + g$, $g \circ f$, $\alpha f \in \mathcal{L}(\mathbf{R}^3)$ であることが容易に確かめられます．

定理 8.2.1 $f, g, h \in \mathcal{L}(\mathbf{R}^3)$, $\alpha, \beta \in \mathbf{R}$ に対して，次が成り立つ．

(1) $f + g = g + f$.
(2) $(f + g) + h = f + (g + h)$.
(3) $f + 0 = f$, ここに，0 は零変換である．
(4) $f + \varphi = 0$ となる $\varphi \in \mathcal{L}(\mathbf{R}^3)$ が存在する．
(5) $(f \circ g) \circ h = f \circ (g \circ h)$.
(6) $f \circ (g + h) = f \circ g + f \circ h$, $(f + g) \circ h = f \circ h + g \circ h$.
(7) $f \circ I_d = I_d \circ f = f$, ここに，$I_d$ は恒等変換である．
(8) $\alpha(f + g) = \alpha f + \alpha g$, $(\alpha + \beta) f = \alpha f + \beta f$.
(9) $(\alpha f) \circ g = f \circ (\alpha g) = \alpha (f \circ g)$, $(\alpha \beta) f = \alpha(\beta f)$.

(証明) (1)〜(4) は定義から明らかです．

(5) $((f\circ g)\circ h)(\boldsymbol{x})=(f\circ g)(h(\boldsymbol{x}))=f(g(h(\boldsymbol{x})))$
$$=f((g\circ h)(\boldsymbol{x}))=(f\circ(g\circ h))(\boldsymbol{x}) \qquad (\boldsymbol{x}\in\mathbf{R}^3),$$

すなわち，$(f\circ g)\circ h=f\circ(g\circ h)$ が成り立ちます．

(6) $(f\circ(g+h))(\boldsymbol{x})=f((g+h)(\boldsymbol{x}))=f(g(\boldsymbol{x})+h(\boldsymbol{x}))$
$$=f(g(\boldsymbol{x}))+f(h(\boldsymbol{x}))=(f\circ g)(\boldsymbol{x})+(f\circ h)(\boldsymbol{x})$$
$$=(f\circ g+f\circ h)(\boldsymbol{x}) \qquad (\boldsymbol{x}\in\mathbf{R}^3)$$

であるから，$f\circ(g+h)=f\circ g+f\circ h$ が成り立ちます．同様にして $(f+g)\circ h=f\circ h+g\circ h$ が成り立つことも示されます．

(7) は恒等変換の定義から明らかです．

(8) $(\alpha(f+g))(\boldsymbol{x})=(f+g)(\alpha\boldsymbol{x})=f(\alpha\boldsymbol{x})+g(\alpha\boldsymbol{x})$
$$=\alpha f(\boldsymbol{x})+\alpha g(\boldsymbol{x})=(\alpha f+\alpha g)(\boldsymbol{x}) \qquad (\boldsymbol{x}\in\mathbf{R}^3).$$

よって，$\alpha(f+g)=\alpha f+\alpha g$ となります．また

$$((\alpha+\beta)f)(\boldsymbol{x})=(\alpha+\beta)f(\boldsymbol{x})=f((\alpha+\beta)\boldsymbol{x})=f(\alpha\boldsymbol{x}+\beta\boldsymbol{x})$$
$$=\alpha f(\boldsymbol{x})+\beta f(\boldsymbol{x})=(\alpha f)(\boldsymbol{x})+(\beta f)(\boldsymbol{x})$$
$$=(\alpha f+\beta f)(\boldsymbol{x}) \qquad (\boldsymbol{x}\in\mathbf{R}^3)$$

より，$(\alpha+\beta)f=\alpha f+\beta f$ が成り立ちます．

(9) $((\alpha f)\circ g)(\boldsymbol{x})=(\alpha f(g(\boldsymbol{x})))=\alpha(f(g(\boldsymbol{x})))=(\alpha(f\circ g))(\boldsymbol{x})$ $(\boldsymbol{x}\in\mathbf{R}^3)$ となります．同様に，

$$(f\circ(\alpha g))(\boldsymbol{x})=(\alpha(f\circ g))(\boldsymbol{x}) \qquad (\boldsymbol{x}\in\mathbf{R}^3)$$

も示され，$(\alpha f)\circ g=f\circ(\alpha g)=\alpha(f\circ g)$ が成り立ちます． ■

定理 8.2.1 の (1)〜(7) により，$\mathcal{L}(\mathbf{R}^3)$ は環としての条件を満たしています．特に，$\mathcal{L}(\mathbf{R}^3)$ は加群です．さらに，この加群は条件 (8), (9) を満たします．一般に，加群が条件 (8), (9) をも満たすならば，これは **R 加群を成す** といいます．ここに，**R** は実数体です．この $\mathcal{L}(\mathbf{R}^3)$ は和と積およびスカラー倍の演算に関して閉じていて，条件 (1)〜(9) を満たします．一般に，集合 $\mathcal{A}$ が **R** 加群であり，

$\mathcal{A}$ において積が定義され，定理 8.2.1 の条件 (1)〜(9) が満たされているならば，$\mathcal{A}$ は**多元環**と呼ばれます．特に，$\mathcal{L}(\mathbf{R}^3)$ は多元環です．

線形変換 $f:\mathbf{R}^3 \to \mathbf{R}^3$ に対して

$$\mathrm{Im}(f)=\{f(\boldsymbol{x}) \mid \boldsymbol{x}\in\mathbf{R}^3\}, \quad \mathrm{Ker}(f)=\{\boldsymbol{x}\in\mathbf{R}^3 \mid f(\boldsymbol{x})=\boldsymbol{0}\}$$

とおくと，$\mathrm{Im}(f), \mathrm{Ker}(f)$ は $\mathbf{R}^3$ の部分ベクトル空間となります．実際，$\boldsymbol{y},\boldsymbol{y}'\in\mathrm{Im}(f), h\in\mathbf{R}$ とすると，$\boldsymbol{y}=f(\boldsymbol{x}), \boldsymbol{y}'=f(\boldsymbol{x}')$ となる $\boldsymbol{x},\boldsymbol{x}'\in\mathbf{R}^3$ が存在します．このとき

$$\boldsymbol{y}+\boldsymbol{y}'=f(\boldsymbol{x})+f(\boldsymbol{x}')=f(\boldsymbol{x}+\boldsymbol{x}')\in\mathrm{Im}(f)$$

となります．また，$h\boldsymbol{x}\in\mathbf{R}^3$ より

$$h\boldsymbol{y}=hf(\boldsymbol{x})=f(h\boldsymbol{x})\in\mathrm{Im}(f)$$

であるから，$\mathrm{Im}(f)$ は部分空間となります．この $\mathrm{Im}(f)$ を f の**像空間**といいます．次に，$\boldsymbol{x},\boldsymbol{x}'\in\mathrm{Ker}(f), h\in\mathbf{R}$ に対して

$$f(\boldsymbol{x}+\boldsymbol{x}')=f(\boldsymbol{x})+f(\boldsymbol{x}')=\boldsymbol{0}+\boldsymbol{0}=\boldsymbol{0},$$
$$f(h\boldsymbol{x})=hf(\boldsymbol{x})=h\boldsymbol{0}=\boldsymbol{0}$$

を満たすから，$\boldsymbol{x}+\boldsymbol{x}'\in\mathrm{Ker}(f), h\boldsymbol{x}\in\mathrm{Ker}(f)$ となり，$\mathrm{Ker}(f)$ も部分空間となります．$\mathrm{Ker}(f)$ を f の**核空間**といいます．

線形変換 $f:\mathbf{R}^3\to\mathbf{R}^3$ に対して，次が成り立ちます．

(i) f は全射である $\iff \mathrm{Im}(f)=\mathbf{R}^3$．
(ii) f は単射である $\iff \mathrm{Ker}(f)=\{\boldsymbol{0}\}$．

実際，(i) は明らかです．(ii) を示します．f が単射であるとすると，$f(\boldsymbol{x})=\boldsymbol{0}$ ならば，$\boldsymbol{x}=\boldsymbol{0}$ であるから $\mathrm{Ker}(f)=\{\boldsymbol{0}\}$ となります．次に，$\mathrm{Ker}(f)=\{\boldsymbol{0}\}$ を仮定します．$\boldsymbol{x},\boldsymbol{x}'\in\mathbf{R}^3$ に対して，$f(\boldsymbol{x})=f(\boldsymbol{x}')$ ならば，$f(\boldsymbol{x}-\boldsymbol{x}')=f(\boldsymbol{x})-f(\boldsymbol{x}')=\boldsymbol{0}$ となります．よって，$\boldsymbol{x}-\boldsymbol{x}'\in\mathrm{Ker}(f)=\{\boldsymbol{0}\}$，すなわち，$\boldsymbol{x}=\boldsymbol{x}'$ となります．したがって，f は単射となります．

定理 8.2.2 線形変換 $f:\mathbf{R}^3\to\mathbf{R}^3$ が単射であるための必要十分条件は，$\boldsymbol{v}_1,\boldsymbol{v}_2,\boldsymbol{v}_3$

$\in \mathbf{R}^3$ が 1 次独立であるとき, $f(\boldsymbol{v}_1), f(\boldsymbol{v}_2), f(\boldsymbol{v}_3)$ も 1 次独立となることである.

(証明) f は単射であると仮定します. $\boldsymbol{v}_1, \boldsymbol{v}_2, \boldsymbol{v}_3 \in \mathbf{R}^3$ が 1 次独立のとき, $c_1 f(\boldsymbol{v}_1) + c_2 f(\boldsymbol{v}_2) + c_3 f(\boldsymbol{v}_3) = \boldsymbol{0}$ ならば, $f(c_1 \boldsymbol{v}_1 + c_2 \boldsymbol{v}_2 + c_3 \boldsymbol{v}_3) = \boldsymbol{0}$ となり, f は単射であるから $c_1 \boldsymbol{v}_1 + c_2 \boldsymbol{v}_2 + c_3 \boldsymbol{v}_3 = \boldsymbol{0}$ です. ところで, $\boldsymbol{v}_1, \boldsymbol{v}_2, \boldsymbol{v}_3$ は 1 次独立であるから $c_1 = c_2 = c_3 = 0$ となります. したがって, $f(\boldsymbol{v}_1), f(\boldsymbol{v}_2), f(\boldsymbol{v}_3)$ が 1 次独立であることが分かります. 逆に, $\boldsymbol{v}_1, \boldsymbol{v}_2, \boldsymbol{v}_3 \in \mathbf{R}^3$ が 1 次独立であるとき, $f(\boldsymbol{v}_1), f(\boldsymbol{v}_2), f(\boldsymbol{v}_3)$ も 1 次独立であると仮定します. f が単射であることを示すには, $\boldsymbol{a} \in \mathbf{R}^3$ ($\boldsymbol{a} \neq \boldsymbol{0}$) に対して, $f(\boldsymbol{a}) \neq \boldsymbol{0}$ であることを示せばよい. $\mathbf{R}^3 = S(\boldsymbol{v}_1, \boldsymbol{v}_2, \boldsymbol{v}_3)$ であるから, $\boldsymbol{a} = c_1 \boldsymbol{v}_1 + c_2 \boldsymbol{v}_2 + c_3 \boldsymbol{v}_3$ と表されて, c_1, c_2, c_3 のうち少なくとも 1 つは 0 ではない. ところで, $f(\boldsymbol{v}_1), f(\boldsymbol{v}_2), f(\boldsymbol{v}_3)$ は 1 次独立であるから

$$f(\boldsymbol{a}) = f(c_1 \boldsymbol{v}_1 + c_2 \boldsymbol{v}_2 + c_3 \boldsymbol{v}_3) = c_1 f(\boldsymbol{v}_1) + c_2 f(\boldsymbol{v}_2) + c_3 f(\boldsymbol{v}_3) \neq \boldsymbol{0}$$

である. したがって, $f; \mathbf{R}^3 \to \mathbf{R}^3$ は単射です. ∎

定理 8.2.3 線形変換 $f; \mathbf{R}^3 \to \mathbf{R}^3$ が単射であるための必要十分条件は, f が全射であることである.

(証明) f は単射であるとすると, 定理 8.2.2 により, $\mathbf{R}^3$ の 1 次独立なベクトル $\boldsymbol{v}_1, \boldsymbol{v}_2, \boldsymbol{v}_3$ に対して, $f(\boldsymbol{v}_1), f(\boldsymbol{v}_2), f(\boldsymbol{v}_3)$ も $\mathbf{R}^3$ の 1 次独立なベクトルとなります. したがって, 系 8.1.4 により $\mathbf{R}^3 = S(f(\boldsymbol{v}_1), f(\boldsymbol{v}_2), f(\boldsymbol{v}_3)) \subset \mathrm{Im}(f)$ であるから, $\mathrm{Im}(f) = \mathbf{R}^3$, すなわち, f は全射です. 逆に, f が全射であるとすると $\mathrm{Im}(f) = \mathbf{R}^3$ であり, $\mathrm{Im}(f)$ の基底 $\{\boldsymbol{u}_1, \boldsymbol{u}_2, \boldsymbol{u}_3\}$ が存在します. このとき, $\boldsymbol{u}_i = f(\boldsymbol{v}_i)$ ($i=1,2,3$) となる 1 次独立なベクトル $\boldsymbol{v}_1, \boldsymbol{v}_2, \boldsymbol{v}_3$ が存在し, $\{\boldsymbol{v}_1, \boldsymbol{v}_2, \boldsymbol{v}_3\}$ が $\mathbf{R}^3$ の基底となります (実際, $\boldsymbol{v}_1, \boldsymbol{v}_2, \boldsymbol{v}_3$ が 1 次従属ならば, $\boldsymbol{u}_1 = f(\boldsymbol{v}_1), \boldsymbol{u}_2 = f(\boldsymbol{v}_2), \boldsymbol{u}_3 = f(\boldsymbol{v}_3)$ も 1 次従属となる). そこで, f が単射であることを示します. いま, $f(\boldsymbol{x}) = \boldsymbol{0}$ とします. $\boldsymbol{x} = c_1 \boldsymbol{v}_1 + c_2 \boldsymbol{v}_2 + c_3 \boldsymbol{v}_3$ と表すとき, $c_1 \boldsymbol{u}_1 + c_2 \boldsymbol{u}_2 + c_3 \boldsymbol{u}_3 = c_1 f(\boldsymbol{v}_1) + c_2 f(\boldsymbol{v}_2) + c_3 f(\boldsymbol{v}_3) = f(c_1 \boldsymbol{v}_1 + c_2 \boldsymbol{v}_2 + c_3 \boldsymbol{v}_3) = f(\boldsymbol{x}) = \boldsymbol{0}$ である. ところで, $\boldsymbol{u}_1, \boldsymbol{u}_2, \boldsymbol{u}_3$ は 1 次独立であるから $c_1 = c_2 = c_3 = 0$, すなわち $\boldsymbol{x} = \boldsymbol{0}$ です. これより f が単射であることが分かります. ∎

系 8.2.4 $f; \mathbf{R}^3 \to \mathbf{R}^3$ を線形変換とする. このとき

(1) f は単射である $\iff f$ は全射である $\iff f$ は同型変換である.

(2) $f ; \mathbf{R}^3 \to \mathbf{R}^3$ が同型変換ならば，f の逆変換 f^{-1} が存在し，線形変換である．さらに，$f^{-1} \circ f = I_d, f \circ f^{-1} = I_d$ を満たす．ここに，I_d は $\mathbf{R}^3$ 上の恒等変換である．

(証明) (1) は定理 8.2.3 より明らかです．

(2) 任意の $\boldsymbol{x}', \boldsymbol{y}' \in \mathbf{R}^3$ と $h \in \mathbf{R}$ に対して，f は全単射であるから，$f(\boldsymbol{x}) = \boldsymbol{x}'$, $f(\boldsymbol{y}) = \boldsymbol{y}'$ を満たす $\boldsymbol{x}, \boldsymbol{y} \in \mathbf{R}^3$ が一意的に定まります．このとき，$\boldsymbol{x} = f^{-1}(\boldsymbol{x}')$, $\boldsymbol{y} = f^{-1}(\boldsymbol{y}')$ であり，$\boldsymbol{x}' + \boldsymbol{y}' = f(\boldsymbol{x}) + f(\boldsymbol{y}) = f(\boldsymbol{x} + \boldsymbol{y})$ となるから

$$f^{-1}(\boldsymbol{x}' + \boldsymbol{y}') = \boldsymbol{x} + \boldsymbol{y} = f^{-1}(\boldsymbol{x}') + f^{-1}(\boldsymbol{y}')$$

を満たします．また，$h\boldsymbol{x}' = hf(\boldsymbol{x}) = f(h\boldsymbol{x})$ であるから，$f^{-1}(h\boldsymbol{x}') = h\boldsymbol{x} = hf^{-1}(\boldsymbol{x}')$ をも満たします．したがって，$f^{-1} ; \mathbf{R}^3 \to \mathbf{R}^3$ は線形変換となります．さらに，$f(\boldsymbol{x}) = \boldsymbol{x}'$ を満たす $\boldsymbol{x}, \boldsymbol{x}' \in \mathbf{R}^3$ に対して，$f^{-1}(\boldsymbol{x}') = \boldsymbol{x}$ である．このとき

$$f^{-1} \circ f(\boldsymbol{x}) = f^{-1}(f(\boldsymbol{x})) = f^{-1}(\boldsymbol{x}') = \boldsymbol{x}, \quad f \circ f^{-1}(\boldsymbol{x}') = f(f^{-1}(\boldsymbol{x}')) = f(\boldsymbol{x}) = \boldsymbol{x}'$$

を満たします．したがって，$f^{-1} \circ f = I_d, f \circ f^{-1} = I_d$ となります． ■

定理 8.2.5 $f ; \mathbf{R}^3 \to \mathbf{R}^3$ を線形変換とするとき，次が成り立つ．

$$\dim(\mathrm{Im}(f)) + \dim(\mathrm{Ker}(f)) = 3. \tag{8.2.3}$$

(証明) $\mathrm{Im}(f), \mathrm{Ker}(f)$ は部分空間であるから次元をもちます．そこで，$\dim(\mathrm{Im}(f)), \dim(\mathrm{Ker}(f))$ について，次の各場合を考えます．

(i) $\dim(\mathrm{Ker}(f)) = 3 \iff \dim(\mathrm{Im}(f)) = 0$ である．実際

$$\mathrm{Im}(f) = \{\boldsymbol{0}\} \iff f(\boldsymbol{x}) = \boldsymbol{0} \quad (\boldsymbol{x} \in \mathbf{R}^3) \iff \mathrm{Ker}(f) = \mathbf{R}^3$$

より

$$\dim(\mathrm{Im}(f)) = 0 \iff \dim(\mathrm{Ker}(f)) = 3$$

が成り立ちます．

(ii) $\dim(\mathrm{Ker}(f)) = 0 \iff \dim(\mathrm{Im}(f)) = 3$ を示します．定理 8.2.3 により

$$\mathrm{Ker}(f) = \{\mathbf{0}\} \iff \mathrm{Im}(f) = \mathbf{R}^3$$

であるから

$$\dim(\mathrm{Ker}(f)) = 0 \iff \dim(\mathrm{Im}(f)) = 3$$

となります. したがって, (i), (ii) により

$$\dim(\mathrm{Im}(f)) = 0 \quad \text{または} \quad \dim(\mathrm{Im}(f)) = 3$$

ならば, (8.2.3) が成り立ちます.

(iii) $\dim(\mathrm{Ker}(f)) = 1 \iff \dim(\mathrm{Im}(f)) = 2$ を示します.

$\dim(\mathrm{Ker}(f)) = 1$ のとき, $\boldsymbol{v}_1 \in \mathrm{Ker}(f)$ ($\boldsymbol{v}_1 \neq \mathbf{0}$) が存在して, $S(\boldsymbol{v}_1) = \mathrm{Ker}(f)$ となります. このとき, $\boldsymbol{v}_2, \boldsymbol{v}_3 \in \mathbf{R}^3$ ($\boldsymbol{v}_2, \boldsymbol{v}_3 \notin \mathrm{Ker}(f)$) で, $\{\boldsymbol{v}_1, \boldsymbol{v}_2, \boldsymbol{v}_3\}$ が $\mathbf{R}^3$ の基底となるものが存在します. ここに, $f(\boldsymbol{v}_2), f(\boldsymbol{v}_3)$ は $\mathrm{Im}(f)$ の一次独立なベクトルである. 実際, $f(\boldsymbol{v}_2) = c f(\boldsymbol{v}_3)$ ならば, $f(\boldsymbol{v}_2 - c\boldsymbol{v}_3) = \mathbf{0}$ であるから $\boldsymbol{v}_2 - c\boldsymbol{v}_3 \in \mathrm{Ker}(f) = S(\boldsymbol{v}_1)$, すなわち, $\boldsymbol{v}_2 - c\boldsymbol{v}_3 = c'\boldsymbol{v}_1$ となります. これは $\boldsymbol{v}_1, \boldsymbol{v}_2, \boldsymbol{v}_3$ が 1 次独立であったことと矛盾します. よって, $f(\boldsymbol{v}_2), f(\boldsymbol{v}_3)$ は $\mathrm{Im}(f)$ の一次独立なベクトルとなります. したがって, $\dim(\mathrm{Im}(f)) \geqq 2$ であることが分かります. (ii) により $\dim(\mathrm{Im}(f)) = 3$ ではないから, $\dim(\mathrm{Im}(f)) = 2$ となります. 逆に, $\dim(\mathrm{Im}(f)) = 2$ であると仮定して, $\dim(\mathrm{Ker}(f)) \neq 2$ であることを示そう. いま, $\dim(\mathrm{Ker}(f)) = 2$ であるとすると, $\mathrm{Ker}(f)$ の基底 $\{\boldsymbol{v}_1, \boldsymbol{v}_2\}$ が存在する. ここで, $\boldsymbol{v}_3 \in \mathbf{R}^3$ ($\boldsymbol{v}_3 \notin S(\boldsymbol{v}_1, \boldsymbol{v}_2)$) を適当にとって $\{\boldsymbol{v}_1, \boldsymbol{v}_2, \boldsymbol{v}_3\}$ が $\mathbf{R}^3$ の基底になるようにできます. そこで, $\boldsymbol{u}_3 = f(\boldsymbol{v}_3)$ とおくと, $\boldsymbol{v}_3 \notin S(\boldsymbol{v}_1, \boldsymbol{v}_2) = \mathrm{Ker}(f)$ より $\boldsymbol{u}_3 \neq \mathbf{0}$ となります. さらに, $\mathrm{Im}(f) = S(\boldsymbol{u}_3)$ である. 実際, 任意の $\boldsymbol{y} \in \mathrm{Im}(f)$ に対して, $f(\boldsymbol{x}) = \boldsymbol{y}$ となる $\boldsymbol{x} \in \mathbf{R}^3$ が存在します. このとき, $\boldsymbol{x} = c_1 \boldsymbol{v}_1 + c_2 \boldsymbol{v}_2 + c_3 \boldsymbol{v}_3$, $c_1 \boldsymbol{v}_1 + c_2 \boldsymbol{v}_2 \in \mathrm{Ker}(f)$ と表されるから

$$\boldsymbol{y} = f(\boldsymbol{x}) = f(c_1 \boldsymbol{v}_1 + c_2 \boldsymbol{v}_2 + c_3 \boldsymbol{v}_3)$$

$$= f(c_1 \boldsymbol{v}_1 + c_2 \boldsymbol{v}_2) + c_3 f(\boldsymbol{v}_3) = c_3 f(\boldsymbol{v}_3) = c_3 \boldsymbol{u}_3 \in S(\boldsymbol{u}_3)$$

である. よって, $\mathrm{Im}(f) \subset S(\boldsymbol{u}_3)$ となるが, これは $\dim(\mathrm{Im}(f)) = 2$ と仮定したことに反します. したがって, $\dim(\mathrm{Ker}(f)) \neq 2$ です. (i), (ii) により, $\dim(\mathrm{Im}(f)) = 2$ のとき, $\dim(\mathrm{Ker}(f)) \neq 3$ かつ $\dim(\mathrm{Ker}(f)) \neq 0$ である. そして, $\dim(\mathrm{Ker}(f)) \neq$

2 であったから，$\dim(\mathrm{Ker}(f))=1$ でなければならない．したがって，この場合も (8.2.3) が成り立つことが分かります．

(iv) $\dim(\mathrm{Ker}(f))=2 \Longleftrightarrow \dim(\mathrm{Im}(f))=1$ は，(i), (ii), (iii) が同値関係で成り立っていることに注意すれば明らかです．したがって，この場合も (8.2.3) が成り立ちます． ∎

■ 章末問題 8

問題 8.1 $\mathbf{R}^3$ のベクトル $a={}^t(2,2,-3)$, $b={}^t(2,0,4)$, $c={}^t(1,-2,1)$ に対して

(1) a, b, c が 1 次独立 (線形独立) であるかどうかを調べてください．

(2) $6(x-a)+4b=3c+2x$ を満たすベクトル $x\in\mathbf{R}^3$ を求めてください．

問題 8.2 $\mathbf{R}^3$ のベクトル $a={}^t(1,3,1)$, $b={}^t(3,-1,3)$, $c={}^t(2,1,2)$ に対して $S(a,b,c)\neq S(e_1,e_2)$ であることを示してください．ここに，e_1, e_2 は $\mathbf{R}^3$ の基本ベクトルです．

問題 8.3 線形変換 $f: \mathbf{R}^3 \to \mathbf{R}^3$ が任意の $x={}^t(x,y,z)$ と $x'={}^t(x-y+z, y+z, x+2z)$ に対して $f(x)=x'$ を満たしているとする．このとき，$\mathrm{Im}(f)$ および $\mathrm{Ker}(f)$ の次元を求めてください．

第9章

線形変換と行列

線形代数の応用場面では,線形写像または線形変換が重要な働きをします.有限次元ベクトル空間では,一般の線形写像は行列として表現されます.ここでは,$\mathbf{R}^3$ 上の線形変換が 3 次の行列として表現されることを示します.さらに,3 次の行列全体の集合が環 (多元環) となることも示されます.

―― キーワード ――――――――――――――――――――

表現行列,零行列,単位行列,逆行列,正則行列,転置行列,直交行列,一般線形群,直交群,行列式,サラスの方法,多重線形性,内積,直交変換

―― 新しい記号 ――――――――――――――――――――

$M_3(\mathbf{R})$, $GL(3,\mathbf{R})$, $O(2,\mathbf{R})$, $O(3,\mathbf{R})$, $|A|$, $(\boldsymbol{a},\boldsymbol{b})$

9.1 行列とその演算

$f : \mathbf{R}^3 \to \mathbf{R}^3$ を線形変換とし,$\boldsymbol{e}_1, \boldsymbol{e}_2, \boldsymbol{e}_3$ を $\mathbf{R}^3$ の基本ベクトルとすると,例 8.1.3 により $\mathbf{R}^3 = S(\boldsymbol{e}_1, \boldsymbol{e}_2, \boldsymbol{e}_3)$ となります.以下,$\mathbf{R}^3$ の基底として標準基底 $\{\boldsymbol{e}_1, \boldsymbol{e}_2, \boldsymbol{e}_3\}$ を考えます.任意の $\boldsymbol{x} = {}^t(x_1, x_2, x_3) \in \mathbf{R}^3$ は $\boldsymbol{x} = x_1 \boldsymbol{e}_1 + x_2 \boldsymbol{e}_2 + x_3 \boldsymbol{e}_3$ と表されます.f の線形性により

$$f(\boldsymbol{x}) = x_1 f(\boldsymbol{e}_1) + x_2 f(\boldsymbol{e}_2) + x_3 f(\boldsymbol{e}_3) \tag{9.1.1}$$

となります．(9.1.1) は標準基底 $\{\boldsymbol{e}_1, \boldsymbol{e}_2, \boldsymbol{e}_3\}$ に対して，$f(\boldsymbol{e}_1), f(\boldsymbol{e}_2), f(\boldsymbol{e}_3)$ によって，f が一意的に決まることを示しています．ところで，$f(\boldsymbol{e}_1), f(\boldsymbol{e}_2), f(\boldsymbol{e}_3)$ は $\mathbf{R}^3$ のベクトルであるから

$$f(\boldsymbol{e}_1) = \sum_{i=1}^{3} a_{i1} \boldsymbol{e}_i = {}^t(a_{11}, a_{21}, a_{31}) = \boldsymbol{a}_1,$$
$$f(\boldsymbol{e}_2) = \sum_{i=1}^{3} a_{i2} \boldsymbol{e}_i = {}^t(a_{12}, a_{22}, a_{32}) = \boldsymbol{a}_2,$$
$$f(\boldsymbol{e}_3) = \sum_{i=1}^{3} a_{i3} \boldsymbol{e}_i = {}^t(a_{13}, a_{23}, a_{33}) = \boldsymbol{a}_3$$

と表すことができます．これをまとめて $(f(\boldsymbol{e}_1), f(\boldsymbol{e}_2), f(\boldsymbol{e}_3)) = (\boldsymbol{a}_1, \boldsymbol{a}_2, \boldsymbol{a}_3)$ と表します．さらに，成分で

$$(\boldsymbol{a}_1, \boldsymbol{a}_2, \boldsymbol{a}_3) = \begin{pmatrix} a_{11} & a_{12} & a_{13} \\ a_{21} & a_{22} & a_{23} \\ a_{31} & a_{32} & a_{33} \end{pmatrix} \tag{9.1.2}$$

と表し，A と書くことにします．この A を線形変換 $f; \mathbf{R}^3 \to \mathbf{R}^3$ の **表現行列** といいます．標準基底 $\{\boldsymbol{e}_1, \boldsymbol{e}_2, \boldsymbol{e}_3\}$ に対して，線形変換 f の表現行列は一意的に決まります．

注 9.1.1 線形変換 $f; \mathbf{R}^3 \to \mathbf{R}^3$ は標準基底 $\{\boldsymbol{e}_1, \boldsymbol{e}_2, \boldsymbol{e}_3\}$ をどのように移すかによって一意的に定まります．

(9.1.2) のように，実数を 3 行 3 列の正方形に配列したものを **3 次の行列** といいます．ここからしばらくは，線形変換とは独立に実数を成分とする 3 次の行列をみていくことにします．

$$A = \begin{pmatrix} a_{11} & a_{12} & a_{13} \\ a_{21} & a_{22} & a_{23} \\ a_{31} & a_{32} & a_{33} \end{pmatrix} = (\boldsymbol{a}_1, \boldsymbol{a}_2, \boldsymbol{a}_3)$$

において a_{ij} を行列 A の (i,j) 成分, $\boldsymbol{a}_j = {}^t(a_{1j}, a_{2j}, a_{3j})$ を A の j 列ベクトルといいます. 3 次の行列全体の集合を $M_3(\mathbf{R})$ と表します. 3 次の行列で成分がすべて 0 であるものを**零行列**といい, O と表します. また

$$E = \begin{pmatrix} 1 & 0 & 0 \\ 0 & 1 & 0 \\ 0 & 0 & 1 \end{pmatrix} \in M_3(\mathbf{R})$$

によって定義される E を**単位行列**といいます. 行列全体の集合 $M_3(\mathbf{R})$ には等式関係と和, スカラー倍の演算が, 以下のように定義されます.

$$A = \begin{pmatrix} a_{11} & a_{12} & a_{13} \\ a_{21} & a_{22} & a_{23} \\ a_{31} & a_{32} & a_{33} \end{pmatrix}, \quad B = \begin{pmatrix} b_{11} & b_{12} & b_{13} \\ b_{21} & b_{22} & b_{23} \\ b_{31} & b_{32} & b_{33} \end{pmatrix}$$

に対して, A と B が等しい ($A=B$) とは各成分が等しい, すなわち, $a_{ij} = b_{ij}$ ($i,j=1,2,3$) のときをいいます. 特に, $A=O$ ならば $a_{ij}=0$ ($i,j=1,2,3$) です. また, A と B の和を

$$A + B = \begin{pmatrix} a_{11}+b_{11} & a_{12}+b_{12} & a_{13}+b_{13} \\ a_{21}+b_{21} & a_{22}+b_{22} & a_{23}+b_{23} \\ a_{31}+b_{31} & a_{32}+b_{32} & a_{33}+b_{33} \end{pmatrix}, \qquad (9.1.3)$$

$h \in \mathbf{R}$ と A に対して, スカラー倍を

$$hA = \begin{pmatrix} ha_{11} & ha_{12} & ha_{13} \\ ha_{21} & ha_{22} & ha_{23} \\ ha_{31} & ha_{32} & ha_{33} \end{pmatrix} \qquad (9.1.4)$$

と定めます. このとき, $A+B, hA \in M_3(\mathbf{R})$ となります. したがって, $M_3(\mathbf{R})$ には線形演算が定義され, これらの演算に関して閉じていることが分かります. さらに, $A \in M_3(\mathbf{R})$ と列ベクトル

$$\boldsymbol{x} = \begin{pmatrix} x_1 \\ x_2 \\ x_3 \end{pmatrix} \in \mathbf{R}^3$$

との積 $A\boldsymbol{x}$ を

$$A\boldsymbol{x} = \begin{pmatrix} a_{11} & a_{12} & a_{13} \\ a_{21} & a_{22} & a_{23} \\ a_{31} & a_{32} & a_{33} \end{pmatrix} \begin{pmatrix} x_1 \\ x_2 \\ x_3 \end{pmatrix} = \begin{pmatrix} a_{11}x_1 + a_{12}x_2 + a_{13}x_3 \\ a_{21}x_1 + a_{22}x_2 + a_{23}x_3 \\ a_{31}x_1 + a_{32}x_2 + a_{33}x_3 \end{pmatrix} \tag{9.1.5}$$

と定めます．以下においては，行列やベクトルに関する計算の表記が煩雑にならないように Σ 記号を用いることにします．(9.1.5) の右辺の各行は

$$a_{i1}x_1 + a_{i2}x_2 + a_{i3}x_3 = \sum_{k=1}^{3} a_{ik}x_k \qquad (i=1,2,3)$$

とかけるから，(9.1.5) は

$$A\boldsymbol{x} = \begin{pmatrix} \sum_{k=1}^{3} a_{1k}x_k \\ \sum_{k=1}^{3} a_{2k}x_k \\ \sum_{k=1}^{3} a_{3k}x_k \end{pmatrix}$$

$$= {}^t\!\Big(\sum_{k=1}^{3} a_{1k}x_k, \sum_{k=1}^{3} a_{2k}x_k, \sum_{k=1}^{3} a_{3k}x_k \Big) = \sum_{k=1}^{3} x_k \boldsymbol{a}_k \tag{9.1.5}'$$

と表記されます．ここに，$\boldsymbol{a}_k = {}^t(a_{1k}, a_{2k}, a_{3k})$ $(k=1,2,3)$ です．

定理 9.1.1 $A \in M_3(\mathbf{R})$ のとき，$\boldsymbol{x}, \boldsymbol{y} \in \mathbf{R}^3, h \in \mathbf{R}$ に対して

$$A(\boldsymbol{x}+\boldsymbol{y}) = A\boldsymbol{x} + A\boldsymbol{y}, \qquad A(h\boldsymbol{x}) = hA\boldsymbol{x},$$

が成り立つ．特に，単位行列 E に対しては $E\boldsymbol{x} = \boldsymbol{x}$ である．

(証明)

$$A=\begin{pmatrix} a_{11} & a_{12} & a_{13} \\ a_{21} & a_{22} & a_{23} \\ a_{31} & a_{32} & a_{33} \end{pmatrix}, \quad \boldsymbol{x}={}^t(x_1,x_2,x_3), \quad \boldsymbol{y}={}^t(y_1,y_2,y_3)$$

とすると

$$\begin{aligned} A(\boldsymbol{x}+\boldsymbol{y}) &= {}^t\Big(\sum_{k=1}^{3} a_{1k}(x_k+y_k), \sum_{k=1}^{3} a_{2k}(x_k+y_k), \sum_{k=1}^{3} a_{3k}(x_k+y_k)\Big) \\ &= {}^t\Big(\sum_{k=1}^{3} a_{1k}x_k + \sum_{k=1}^{3} a_{1k}y_k, \sum_{k=1}^{3} a_{2k}x_k + \sum_{k=1}^{3} a_{2k}y_k, \sum_{k=1}^{3} a_{3k}x_k + \sum_{k=1}^{3} a_{3k}y_k\Big) \\ &= {}^t\Big(\sum_{k=1}^{3} a_{1k}x_k, \sum_{k=1}^{3} a_{2k}x_k, \sum_{k=1}^{3} a_{3k}x_k\Big) + {}^t\Big(\sum_{k=1}^{3} a_{1k}y_k, \sum_{k=1}^{3} a_{2k}y_k, \sum_{k=1}^{3} a_{3k}y_k\Big) \\ &= A\boldsymbol{x} + A\boldsymbol{y} \end{aligned}$$

が成り立ちます（$(9.1.5)'$ を参照）．$h \in \mathbf{R}$ に対しては

$$\begin{aligned} A(h\boldsymbol{x}) &= {}^t\Big(\sum_{k=1}^{3} a_{1k}(hx_k), \sum_{k=1}^{3} a_{2k}(hx_k), \sum_{k=1}^{3} a_{3k}(hx_k)\Big) \\ &= {}^t\Big(h\sum_{k=1}^{3} a_{1k}x_k, h\sum_{k=1}^{3} a_{2k}x_k, h\sum_{k=1}^{3} a_{3k}x_k\Big) \\ &= h \cdot {}^t\Big(\sum_{k=1}^{3} a_{1k}x_k, \sum_{k=1}^{3} a_{2k}x_k, \sum_{k=1}^{3} a_{3k}x_k\Big) = hA\boldsymbol{x} \end{aligned}$$

となります．また，単位行列 E の (i,j) 成分は，A の (i,j) 成分 a_{ij} において，$a_{ii}=1, a_{ij}=0 \ (i \neq j)$ としたものであるから，$(9.1.5)$ より

$$E\boldsymbol{x} = {}^t(x_1, x_2, x_3) = \boldsymbol{x}$$

となります． ∎

次に，行列 $A, B \in M_3(\mathbf{R})$ に対して，A と B の積を定義しよう．

$$A=\begin{pmatrix} a_{11} & a_{12} & a_{13} \\ a_{21} & a_{22} & a_{23} \\ a_{31} & a_{32} & a_{33} \end{pmatrix}, \quad B=\begin{pmatrix} b_{11} & b_{12} & b_{13} \\ b_{21} & b_{22} & b_{23} \\ b_{31} & b_{32} & b_{33} \end{pmatrix} = (\boldsymbol{b}_1, \boldsymbol{b}_2, \boldsymbol{b}_3)$$

とするとき，積 AB を次のように定めます（(9.1.5) 参照）．

$$AB = A(\boldsymbol{b}_1, \boldsymbol{b}_2, \boldsymbol{b}_3) = (A\boldsymbol{b}_1, A\boldsymbol{b}_2, A\boldsymbol{b}_3)$$

$$= \begin{pmatrix} \sum_{i=1}^{3} a_{1i}b_{i1} & \sum_{j=1}^{3} a_{1j}b_{j2} & \sum_{k=1}^{3} a_{1k}b_{k3} \\ \sum_{i=1}^{3} a_{2i}b_{i1} & \sum_{j=1}^{3} a_{2j}b_{j2} & \sum_{k=1}^{3} a_{2k}b_{k3} \\ \sum_{i=1}^{3} a_{3i}b_{i1} & \sum_{j=1}^{3} a_{3j}b_{j2} & \sum_{k=1}^{3} a_{3k}b_{k3} \end{pmatrix}. \tag{9.1.6}$$

ここで，$c_{ij} = \sum_{k=1}^{3} a_{ik}b_{kj}$, $\boldsymbol{c}_j = {}^t(c_{1j}, c_{2j}, c_{3j})$ $(j=1,2,3)$ とおくと

$$AB = \begin{pmatrix} c_{11} & c_{12} & c_{13} \\ c_{21} & c_{22} & c_{23} \\ c_{31} & c_{32} & c_{33} \end{pmatrix} = (\boldsymbol{c}_1, \boldsymbol{c}_2, \boldsymbol{c}_3) \in M_3(\mathbf{R})$$

となります．すなわち，A の i 行と B の j 列の各成分ごとの積をとり，それらの和を AB の (i,j) 成分とします．$M_3(\mathbf{R})$ はこの積に関して閉じています．いま，行列 $A \in M_3(\mathbf{R})$ の成分表示を略記して $A=[a_{ij}]$ のように表すことにします．この表示は 3 次の行列 A の (i,j) 成分が a_{ij} であることを表します．ここに，$i,j=1,2,3$ です．この略記法によると単位行列 E は

$$\delta_{ij} = \begin{cases} 1 & (i=j) \\ 0 & (i \neq j) \end{cases}$$

によって定義される δ_{ij} によって，$E=[\delta_{ij}]$ と表されます．ここに，δ_{ij} はデルタ記号と呼ばれています．

ここで，結合法則が成り立つことを示します．すなわち，$A,B,C \in M_3(\mathbf{R})$ に対して

$$(AB)C = A(BC). \tag{9.1.7}$$

実際，$AB=[\alpha_{ij}]$, $BC=[\beta_{ij}]$ とおくと

$$\alpha_{ij}=\sum_{k=1}^{3}a_{ik}b_{kj}, \quad \beta_{ij}=\sum_{m=1}^{3}b_{im}c_{mj}$$

となります．さらに，$(AB)C=[\gamma_{ij}]$ とおくと

$$\gamma_{ij}=\sum_{m=1}^{3}\alpha_{im}c_{mj}=\sum_{m=1}^{3}\Bigl(\sum_{k=1}^{3}a_{ik}b_{km}\Bigr)c_{mj}$$
$$=\sum_{k=1}^{3}a_{ik}\Bigl(\sum_{m=1}^{3}b_{km}c_{mj}\Bigr)=\sum_{k=1}^{3}a_{ik}\beta_{kj}.$$

一方，$A(BC)=[\gamma'_{ij}]$ とおくと，$\gamma'_{ij}=\sum_{k=1}^{3}a_{ik}\beta_{kj}$ であるから $\gamma_{ij}=\gamma'_{ij}$ $(i,j=1,2,3)$ となり，$(AB)C=A(BC)$ が成り立ちます．

注 9.1.2 2次の行列に対しても積が定義され，次のようになります．

$$A=\begin{pmatrix}a & b \\ c & d\end{pmatrix}, \quad B=\begin{pmatrix}a' & b' \\ c' & d'\end{pmatrix}$$

に対して

$$AB=\begin{pmatrix}aa'+bc' & ab'+bd' \\ ca'+dc' & cb'+dd'\end{pmatrix}.$$

一般に，n 行 n 列の行列が考えられ，これらの行列に対しても同様に積が定義されます(第11章を参照)．この章においては3次の行列を考えます．まず，$M_3(\mathbf{R})$ が環であり，線形空間としての性質をもつことを示します．

定義 9.1.1 $E\in M_3(\mathbf{R})$ を単位行列とする．$A\in M_3(\mathbf{R})$ に対して，$AB=BA=E$ となる $B\in M_3(\mathbf{R})$ が存在するならば，A を**正則行列**という．このとき，B を A の**逆行列**といい $B=A^{-1}$ と表す．

上の定義における B はまた正則であって $A=B^{-1}$ です．任意の行列に対して逆行列が存在するとは限らないが，もし $A\in M_3(\mathbf{R})$ の逆行列が存在すれば，それはただ1つです．実際，$B,B'\in M_3(\mathbf{R})$ がともに A の逆行列であるとすると $AB=BA=E, AB'=B'A=E$ を満たしているから，(9.1.7) により

$$B = BE = B(AB') = (BA)B' = EB' = B'$$

となります.

定理 9.1.2 $A, B \in M_3(\mathbf{R})$ がともに正則ならば AB も正則で, $(AB)^{-1} = B^{-1}A^{-1}$ である.

(証明) 結合法則により

$$(AB)(B^{-1}A^{-1}) = A(BB^{-1})A^{-1} = AEA^{-1} = AA^{-1} = E,$$
$$(B^{-1}A^{-1})(AB) = B^{-1}(A^{-1}A)B = B^{-1}EB = B^{-1}B = E$$

となるから AB は正則です. 逆行列の一意性により, $B^{-1}A^{-1}$ は AB の逆行列となります. すなわち, $(AB)^{-1} = B^{-1}A^{-1}$ です. ∎

例 9.1.1 次で与えられる行列

$$A(\theta) = \begin{pmatrix} \cos\theta & -\sin\theta & 0 \\ \sin\theta & \cos\theta & 0 \\ 0 & 0 & 1 \end{pmatrix}$$

に対して, 加法定理により, 次が得られます.

$$A(\theta)A(\theta') = \begin{pmatrix} \cos\theta & -\sin\theta & 0 \\ \sin\theta & \cos\theta & 0 \\ 0 & 0 & 1 \end{pmatrix} \begin{pmatrix} \cos\theta' & -\sin\theta' & 0 \\ \sin\theta' & \cos\theta' & 0 \\ 0 & 0 & 1 \end{pmatrix}$$
$$= \begin{pmatrix} \cos\theta\cos\theta' - \sin\theta\sin\theta' & -\cos\theta\sin\theta' - \sin\theta\cos\theta' & 0 \\ \sin\theta\cos\theta' + \cos\theta\sin\theta' & -\sin\theta\sin\theta' + \cos\theta\cos\theta' & 0 \\ 0 & 0 & 1 \end{pmatrix}$$
$$= \begin{pmatrix} \cos(\theta+\theta') & -\sin(\theta+\theta') & 0 \\ \sin(\theta+\theta') & \cos(\theta+\theta') & 0 \\ 0 & 0 & 1 \end{pmatrix} = A(\theta+\theta').$$

同様に

$$B(\theta) = \begin{pmatrix} \cos\theta & 0 & \sin\theta \\ 0 & 1 & 0 \\ -\sin\theta & 0 & \cos\theta \end{pmatrix} \qquad (\theta \in \mathbf{R})$$

によって与えられる $B(\theta)$ に対しても次が得られます.

$$\begin{aligned}
B(\theta)B(\theta') &= \begin{pmatrix} \cos\theta & 0 & \sin\theta \\ 0 & 1 & 0 \\ -\sin\theta & 0 & \cos\theta \end{pmatrix} \begin{pmatrix} \cos\theta' & 0 & \sin\theta' \\ 0 & 1 & 0 \\ -\sin\theta' & 0 & \cos\theta' \end{pmatrix} \\
&= \begin{pmatrix} \cos\theta\cos\theta' - \sin\theta\sin\theta' & 0 & \cos\theta\sin\theta' + \sin\theta\cos\theta' \\ 0 & 1 & 0 \\ -\sin\theta\cos\theta' - \cos\theta\sin\theta' & 0 & -\sin\theta\sin\theta' + \cos\theta\cos\theta' \end{pmatrix} \\
&= \begin{pmatrix} \cos(\theta+\theta') & 0 & \sin(\theta+\theta') \\ 0 & 1 & 0 \\ -\sin(\theta+\theta') & 0 & \cos(\theta+\theta') \end{pmatrix} = B(\theta+\theta').
\end{aligned}$$

特に, $\theta' = -\theta$ ならば, $A(\theta)A(-\theta) = A(0) = E$, $B(\theta)B(-\theta) = B(0) = E$ となります. したがって, $A(\theta), B(\theta)$ はともに正則であり, $A(\theta), B(\theta)$ の逆行列はそれぞれ $A(-\theta), B(-\theta)$ です.

注 9.1.3 2 次の場合も, 次の形で与えられる行列 $A(\theta), B(\theta)$ は同じ性質をもちます. すなわち

$$A(\theta) = \begin{pmatrix} \cos\theta & -\sin\theta \\ \sin\theta & \cos\theta \end{pmatrix}, \quad B(\theta) = \begin{pmatrix} \cos\theta & \sin\theta \\ -\sin\theta & \cos\theta \end{pmatrix} \qquad (\theta \in \mathbf{R})$$

に対しても, 上と同様の計算により

$$A(\theta)A(\theta') = \begin{pmatrix} \cos(\theta+\theta') & -\sin(\theta+\theta') \\ \sin(\theta+\theta') & \cos(\theta+\theta') \end{pmatrix},$$

$$B(\theta)B(\theta') = \begin{pmatrix} \cos(\theta+\theta') & \sin(\theta+\theta') \\ -\sin(\theta+\theta') & \cos(\theta+\theta') \end{pmatrix} \qquad (\theta, \theta' \in \mathbf{R})$$

が成り立ちます．特に，$A(\theta)A(-\theta)=E$, $B(\theta)B(-\theta)=E$ となります．

注 9.1.4 行列の和，積およびスカラー倍における各成分の関係式は同じ形式をしているので，これらの演算に関する関係式は，(i,j) 成分についてみておけばよいことが分かります．

定理 9.1.3 任意の $A,B,C \in M_3(\mathbf{R})$, $h,k \in \mathbf{R}$ に対して，次が成り立つ．

(1) $A+B=B+A$.
(2) $(A+B)+C=A+(B+C)$.
(3) $A+O=A$, ここに，O は零行列である．
(4) $A+X=O$ となる $X \in M_3(\mathbf{R})$ が存在する．
(5) $(AB)C=A(BC)$.
(6) $A(B+C)=AB+AC$, $(A+B)C=AC+BC$.
(7) $AE=EA=A$, ここに，E は単位行列である．
(8) $h(A+B)=hA+hB$, $(h+k)A=hA+kA$.
(9) $(hA)B=A(hB)=hAB$, $(hh')A=h(h'A)$.

(証明) 行列の和が各成分ごとの和によって定義されていることに注意して，$A=[a_{ij}]$, $B=[b_{ij}] \in M_3(\mathbf{R})$ のように略記します．

(1) $A+B=[a_{ij}+b_{ij}]=[b_{ij}+a_{ij}]=B+A$.
(2) $[a_{ij}+b_{ij}]+[c_{ij}]=[a_{ij}+b_{ij}+c_{ij}]=[a_{ij}]+[b_{ij}+c_{ij}]$ より $(A+B)+C=A+(B+C)$.
(3) O の各成分は 0 であるから，次が成り立ちます．
$$A+O=[a_{ij}+0]=[a_{ij}]=A.$$
(4) $A=[a_{ij}]$ に対して，$X=[-a_{ij}]$ $(\in M_3(\mathbf{R}))$ とおくと $A+X=[a_{ij}-a_{ij}]=[0]=O$ が成り立ちます．
(5) はすでに示されています ((9.1.7))．
(6) $A(B+C)=[\alpha_{ij}]$, $(A+B)C=[\beta_{ij}]$ とおくと

$$\alpha_{ij} = \sum_{k=1}^{3} a_{ik}(b_{kj}+c_{kj}) = \sum_{k=1}^{3} a_{ik}b_{kj} + \sum_{k=1}^{3} a_{ik}c_{kj}$$

であるが，この右辺の第1項，第2項はそれぞれ AB, AC の (i,j) 成分です．したがって，$A(B+C)=AB+AC$ が成り立ちます．同様に

$$\beta_{ij} = \sum_{k=1}^{3}(a_{ik}+b_{kj})c_{kj} = \sum_{k=1}^{3} a_{ik}c_{kj} + \sum_{k=1}^{3} b_{ik}c_{kj}$$

となり，右辺の第1項，第2項は，それぞれ AC, BC の (i,j) 成分となっているから，$(A+B)C=AC+BC$ が成り立ちます．

(7) $AE=[\alpha_{ij}]$ とおくと，$E=[\delta_{ij}]$ に対して

$$\alpha_{ij} = \sum_{k=1}^{3} a_{ik}\delta_{kj} = a_{ij} \qquad (i,j=1,2,3)$$

であるから，$AE=[a_{ij}]=A$ が成り立ちます．

(8) $h[a_{ij}]=[ha_{ij}]$ であるから

$$h(A+B) = h[a_{ij}+b_{ij}] = [ha_{ij}+hb_{ij}] = h[a_{ij}]+h[b_{ij}] = hA+hB,$$

$$(h+h')A = (h+h')[a_{ij}] = [(h+h')a_{ij}] = h[a_{ij}]+h'[a_{ij}] = hA+h'A$$

が成り立ちます．

(9) $(hA)B=[\alpha_{ij}]$, $A(hB)=[\beta_{ij}]$ とおくと

$$\alpha_{ij} = \sum_{k=1}^{3}(ha_{ik})b_{kj} = h\sum_{k=1}^{3} a_{ik}b_{kj} = \sum_{k=1}^{3} a_{ik}(hb_{kj}) = \beta_{ij} \qquad (i,j=1,2,3)$$

となるから $(hA)B=hAB=A(hB)$ が成り立ちます．また，$[(hh')a_{ij}]=h[h'a_{ij}]$ $(i,j=1,2,3)$ より，$(hh')A=h(h'A)$ も成り立ちます． ∎

定理 9.1.3 の (1)〜(9) は，定理 8.2.1 の (1)〜(9) と同じ性質です．したがって，$M_3(\mathbf{R})$ も多元環を成すことが分かります．また，$A \in M_3(\mathbf{R})$, $h=1$ に対して，$1 \cdot A = A$ を満たします．したがって，$M_3(\mathbf{R})$ において，ベクトルの基本的性質 (性質 8.1.1 の (1)〜(7)) が成り立ちます．この $M_3(\mathbf{R})$ のように，ベクトルの基本的性質 (1)〜(7) に対応する条件を満たす集合を一般の $\mathbf{R}$ 上の**線形空間** (または**実ベクトル空間**) といいます．また，基本的性質 (1)〜(7) は $M_2(\mathbf{R})$ や

$\mathcal{L}(\mathbf{R}^3)$ ($\mathbf{R}^3$ 上の線形変換の全体) に対しても成り立ちます．したがって，$M_2(\mathbf{R})$, $\mathcal{L}(\mathbf{R}^3)$ は実ベクトル空間となります．

注 9.1.5 2次の行列全体の成す環 $M_2(\mathbf{R})$ において

$$A = \begin{pmatrix} 1 & 2 \\ 2 & 4 \end{pmatrix}, \quad B = \begin{pmatrix} -2 & 2 \\ 1 & -1 \end{pmatrix}$$

とするとき，$A \neq O, B \neq O$ かつ $AB = O$ となっています．このとき，A は左零因子，B は右零因子です．これより，$M_2(\mathbf{R})$ は整域ではありません．この A, B は正則ではなく，逆行列も存在しません．ところで，A, B は $BA \neq O$ を満たしています．

3次の正則行列全体の集合を $GL(3, \mathbf{R})$ と表すと，$GL(3, \mathbf{R})$ は行列積の演算に関して群をなします．実際，定理9.1.2により，$GL(3, \mathbf{R})$ は行列積に関して閉じています．また，$E \in GL(3, \mathbf{R})$ であることは明らかで，$A \in GL(3, \mathbf{R})$ に対して，$AE = EA = A$ を満たします．したがって，E が $GL(3, \mathbf{R})$ の単位元となります．$A \in GL(3, \mathbf{R})$ の逆行列 A^{-1} は $AA^{-1} = A^{-1}A = E$ を満たしていて $A^{-1} \in GL(3, \mathbf{R})$ であるから，A の逆元となります．結合法則は $M_3(\mathbf{R})$ において成り立っているから，$GL(3, \mathbf{R})$ においても成り立ちます．したがって，$GL(3, \mathbf{R})$ は群となります．この群は**一般線形群** (General linear group) と呼ばれています．同様に，2次の正則行列の全体の集合 $GL(2, \mathbf{R})$ も群となります．

定義 9.1.2 行列 $A = [a_{ij}] \in M_3(\mathbf{R})$ に対して ${}^t\!A = [a'_{ij}]$ を $a'_{ij} = a_{ji}$ $(i, j = 1, 2, 3)$ によって定義する．この ${}^t\!A$ を A の**転置行列**という．また，$A\,({}^t\!A) = ({}^t\!A)A = E$ を満たす行列 $A\ (\in M_3(\mathbf{R}))$ を**直交行列**という．2次の行列 $A(\in M_2(\mathbf{R}))$ に対しても直交行列が上と同様に定義される．

例 9.1.2 直交行列の例として次を挙げます．

$$A(\theta) = \begin{pmatrix} \cos\theta & -\sin\theta \\ \sin\theta & \cos\theta \end{pmatrix}$$

に対して，転置は

$$
{}^tA(\theta) = \begin{pmatrix} \cos\theta & \sin\theta \\ -\sin\theta & \cos\theta \end{pmatrix} = \begin{pmatrix} \cos(-\theta) & -\sin(-\theta) \\ \sin(-\theta) & \cos(-\theta) \end{pmatrix} = A(-\theta)
$$

となります.このとき, ${}^tA(\theta)A(\theta) = A(-\theta)A(\theta) = E$, $A(\theta)({}^tA(\theta)) = A(\theta)A(-\theta) = E$ を満たします (注 9.1.3),すなわち,$A(\theta)$ は直交行列です.この $A(\theta)$ は平面における原点のまわりの回転を表し,直交座標系 (たとえば xy 座標系) を新たな直交座標系に移します.このことは後で詳しく触れることにします (第 10 章).

3 次の直交行列の全体集合を $O(3, \mathbf{R})$ と表します.特に,3 次の単位行列 E は $E \in O(3, \mathbf{R})$ です.また,定義により,$A \in O(3, \mathbf{R})$ ならば,${}^tA \in O(3, \mathbf{R})$ となります.

補題 9.1.4 $A = [a_{ij}], B = [b_{ij}] \in M_3(\mathbf{R})$ に対して,${}^t(AB) = ({}^tB)({}^tA)$ が成り立つ.

(証明) $AB = [c_{ij}]$ とおくと,$c_{ij} = \sum_{k=1}^{3} a_{ik}b_{kj}$ $(i,j=1,2,3)$ である.${}^t(AB) = [c'_{ij}]$ のとき,$c'_{ij} = c_{ji} = \sum_{k=1}^{3} a_{jk}b_{ki}$ となります.一方,${}^tA = [a'_{ij}]$, ${}^tB = [b'_{ij}]$, $({}^tB)({}^tA) = [c''_{ij}]$ とおくと,$a'_{ij} = a_{ji}$, $b'_{ij} = b_{ji}$ より

$$
c''_{ij} = \sum_{k=1}^{3} b'_{ik}a'_{kj} = \sum_{k=1}^{3} b_{ki}a_{jk} = \sum_{k=1}^{3} a_{jk}b_{ki}.
$$

したがって,$c'_{ij} = c''_{ij}$ $(i,j=1,2,3)$ となり,${}^t(AB) = ({}^tB)({}^tA)$ が成り立ちます. ∎

定理 9.1.5 $O(3, \mathbf{R})$ は $GL(3, \mathbf{R})$ の部分群である.

(証明) $E \in O(3, \mathbf{R})$ は単位元です.$A \in O(3, \mathbf{R})$ ならば,$A({}^tA) = ({}^tA)A = E$ であるから,$A^{-1} = {}^tA \in O(3, \mathbf{R})$,すなわち,${}^tA$ が $A(\in O(3, \mathbf{R}))$ の逆元となります.また,$A, B \in O(3, \mathbf{R})$ に対して,${}^t(AB) = ({}^tB)({}^tA)$ であるから

$$
(AB){}^t(AB) = (AB)({}^tB{}^tA) = A(B{}^tB){}^tA = A{}^tA = E,
$$
$$
{}^t(AB)(AB) = ({}^tB{}^tA)(AB) = B({}^tAA){}^tB = B({}^tB) = E.
$$

よって，$AB \in O(3, \mathbf{R})$ となり，$O(3, \mathbf{R})$ は行列積の演算に関して閉じています．結合法則は $GL(3, \mathbf{R})$ において成り立っているので，$O(3, \mathbf{R})$ においても成り立ちます．したがって，$O(3, \mathbf{R})$ は $GL(3, \mathbf{R})$ の部分群となります．$O(3, \mathbf{R})$ は **3次の直交群** (Orthogonal group) と呼ばれています． ■

注 9.1.6 $A \in M_3(\mathbf{R})$ が $({}^tA)A = E$ を満たせば，$A({}^tA) = {}^t({}^tAA) = {}^tE = E$ となり，A は直交行列で，$A \in O(3, \mathbf{R})$ となります．

注 9.1.7 2次の直交行列の全体集合 $O(2, \mathbf{R})$ も $GL(2, \mathbf{R})$ の部分群であることが，定理 9.1.5 と同様にして示されます．$O(2, \mathbf{R})$ は **2次の直交群**と呼ばれます．

9.2　線形変換の行列表現

これまでは，$M_3(\mathbf{R})$ の代数的な性質をみてきました．ここからは行列と線形変換の関係についてみていくことにします．9.1 節でも述べたように，線形変換 $f : \mathbf{R}^3 \to \mathbf{R}^3$ は行列として表現されます．すなわち，$\mathbf{R}^3$ の基本ベクトルを $\boldsymbol{e}_1, \boldsymbol{e}_2, \boldsymbol{e}_3$ とするとき

$$A = (f(\boldsymbol{e}_1), f(\boldsymbol{e}_2), f(\boldsymbol{e}_3)) = \begin{pmatrix} a_{11} & a_{12} & a_{13} \\ a_{21} & a_{22} & a_{23} \\ a_{31} & a_{32} & a_{33} \end{pmatrix}$$

と表現されます．ここに，$f(\boldsymbol{e}_j) = \sum_{k=1}^{3} a_{kj} \boldsymbol{e}_k = {}^t(a_{1j}, a_{2j}, a_{3j})$ $(j = 1, 2, 3)$ です．特に，$f = 0 \iff A = O$ です．ところで，$A \in M_3(\mathbf{R})$ と $\boldsymbol{x} = {}^t(x_1, x_2, x_3) \in \mathbf{R}^3$ の積 (9.1.5) は

$$A\boldsymbol{x} = \begin{pmatrix} \sum_{k=1}^{3} a_{1k} x_k \\ \sum_{k=1}^{3} a_{2k} x_k \\ \sum_{k=1}^{3} a_{3k} x_k \end{pmatrix}$$

となります．一方，(9.1.1) により

$$f(\boldsymbol{x}) = \sum_{k=1}^{3} x_k f(\boldsymbol{e}_k) = \sum_{k=1}^{3} \begin{pmatrix} a_{1k}x_k \\ a_{2k}x_k \\ a_{3k}x_k \end{pmatrix} = \begin{pmatrix} \sum_{k=1}^{3} a_{1k}x_k \\ \sum_{k=1}^{3} a_{2k}x_k \\ \sum_{k=1}^{3} a_{3k}x_k \end{pmatrix}$$

である．したがって，線形変換 f ; $\mathbf{R}^3 \to \mathbf{R}^3$ に対して，行列 A が定まり

$$f(\boldsymbol{x}) = A\boldsymbol{x} \qquad (\boldsymbol{x} \in \mathbf{R}^3) \tag{9.2.1}$$

を満たします．この行列 A を f の**表現行列**といいます．一方，$A \in M_3(\mathbf{R})$ に対して，$f_A(\boldsymbol{x}) = A\boldsymbol{x}$ $(\boldsymbol{x} \in \mathbf{R}^3)$ と定義すると，定理9.1.1により f_A は $\mathbf{R}^3$ から $\mathbf{R}^3$ への線形変換となります．このことにより，$\mathbf{R}^3$ 上の線形変換 $f \in \mathcal{L}(\mathbf{R}^3)$ とその表現行列 $A \in M_3(\mathbf{R})$ とが

$$f(\boldsymbol{x}) = A\boldsymbol{x} \qquad (\boldsymbol{x} \in \mathbf{R}^3)$$

によって1対1に対応しています．

零変換 $f = 0$ の表現行列は零行列 O (すべての成分が 0 である) となります．また，恒等変換 I_d に対しては，$I_d(\boldsymbol{e}_i) = \boldsymbol{e}_i$ $(i = 1, 2, 3)$ で

$$E = (\boldsymbol{e}_1, \boldsymbol{e}_2, \boldsymbol{e}_3) = \begin{pmatrix} 1 & 0 & 0 \\ 0 & 1 & 0 \\ 0 & 0 & 1 \end{pmatrix} \in M_3(\mathbf{R})$$

となるから，I_d の表現行列は単位行列 E となります．

次に，2つの線形変換 f ; $\mathbf{R}^3 \to \mathbf{R}^3$, g ; $\mathbf{R}^3 \to \mathbf{R}^3$ に対して，それぞれの表現行列を A, B とするとき，和 $f+g$，合成 $g \circ f$ の表す線形変換の表現行列を考えよう．$\mathbf{R}^3$ の基本ベクトル $\boldsymbol{e}_1, \boldsymbol{e}_2, \boldsymbol{e}_3$ に対し，$f(\boldsymbol{e}_j) = {}^t(a_{1j}, a_{2j}, a_{3j}) = \boldsymbol{a}_j$, $g(\boldsymbol{e}_j) = {}^t(b_{1j}, b_{2j}, b_{3j}) = \boldsymbol{b}_j$ $(j = 1, 2, 3)$ とおくとき，$A = (\boldsymbol{a}_1, \boldsymbol{a}_2, \boldsymbol{a}_3)$, $B = (\boldsymbol{b}_1, \boldsymbol{b}_2, \boldsymbol{b}_3)$ であり，行列の和の定義により

$$A + B = (\boldsymbol{a}_1, \boldsymbol{a}_2, \boldsymbol{a}_3) + (\boldsymbol{b}_1, \boldsymbol{b}_2, \boldsymbol{b}_3) = (\boldsymbol{a}_1 + \boldsymbol{b}_1, \boldsymbol{a}_2 + \boldsymbol{b}_2, \boldsymbol{a}_3 + \boldsymbol{b}_3)$$

一方，線形変換の和の定義により，$(f+g)(\boldsymbol{e}_j) = f(\boldsymbol{e}_j) + g(\boldsymbol{e}_j) = \boldsymbol{a}_j + \boldsymbol{b}_j$ $(j = 1, 2, 3)$ であるから，$f+g$ の表現行列は $A+B$ であり，次が成り立つことが分かります．

$$(A+B)\boldsymbol{x}=(f+g)(\boldsymbol{x})\qquad(\boldsymbol{x}\in\mathbf{R}^3). \tag{9.2.2}$$

表現行列 B と A の積 BA は，A, B をそれぞれ

$$A=\begin{pmatrix}a_{11}&a_{12}&a_{13}\\a_{21}&a_{22}&a_{23}\\a_{31}&a_{32}&a_{33}\end{pmatrix}=(\boldsymbol{a}_1,\boldsymbol{a}_2,\boldsymbol{a}_3),$$

$$B=\begin{pmatrix}b_{11}&b_{12}&b_{13}\\b_{21}&b_{22}&b_{23}\\b_{31}&b_{32}&b_{33}\end{pmatrix}=(\boldsymbol{b}_1,\boldsymbol{b}_2,\boldsymbol{b}_3)$$

によって表すとき，$BA=B(\boldsymbol{a}_1,\boldsymbol{a}_2,\boldsymbol{a}_3)=(B\boldsymbol{a}_1,B\boldsymbol{a}_2,B\boldsymbol{a}_3)$ であることに注意すると

$$BA=\begin{pmatrix}\sum_{i=1}^{3}b_{1i}a_{i1}&\sum_{j=1}^{3}b_{1j}a_{j2}&\sum_{k=1}^{3}b_{1k}a_{k3}\\\sum_{i=1}^{3}b_{2i}a_{i1}&\sum_{j=1}^{3}b_{2j}a_{j2}&\sum_{k=1}^{3}b_{2k}a_{k3}\\\sum_{i=1}^{3}b_{3i}a_{i1}&\sum_{j=1}^{3}b_{3j}a_{j2}&\sum_{k=1}^{3}b_{3k}a_{k3}\end{pmatrix} \tag{9.2.3}$$

と表されます．一方，$\mathbf{R}^3$ の基本ベクトル $\boldsymbol{e}_1, \boldsymbol{e}_2, \boldsymbol{e}_3$ に対して

$$f(\boldsymbol{e}_j)=\sum_{k=1}^{3}a_{kj}\boldsymbol{e}_k\quad(j=1,2,3),\qquad g(\boldsymbol{e}_k)=\sum_{i=1}^{3}b_{ik}\boldsymbol{e}_i\quad(k=1,2,3)$$

であるから

$$\begin{aligned}(g\circ f)(\boldsymbol{e}_j)=g(f(\boldsymbol{e}_j))&=g\Big(\sum_{k=1}^{3}a_{kj}\boldsymbol{e}_k\Big)=\sum_{k=1}^{3}a_{kj}g(\boldsymbol{e}_k)\\&=\sum_{k=1}^{3}a_{kj}\sum_{i=1}^{3}b_{ik}\boldsymbol{e}_i=\sum_{i=1}^{3}\Big(\sum_{k=1}^{3}b_{ik}a_{kj}\Big)\boldsymbol{e}_i\\&={}^t\Big(\sum_{k=1}^{3}b_{1k}a_{kj},\sum_{k=1}^{3}b_{2k}a_{kj},\sum_{k=1}^{3}b_{3k}a_{kj}\Big)\qquad(j=1,2,3)\end{aligned}$$

となります．ここに，$\sum_{k=1}^{3}b_{ik}a_{kj}$ は行列 BA の (i,j) 成分であるから，$g\circ f$ の表

現行列は BA となります．すなわち，線形変換の合成変換 $g\circ f$ には表現行列の積 BA が対応していることが分かります．

定理 9.2.1 線形変換 $f; \mathbf{R}^3 \to \mathbf{R}^3$ の表現行列を A とする．すなわち $f(\boldsymbol{x}) = A\boldsymbol{x}$ $(\boldsymbol{x}\in\mathbf{R}^3)$. このとき

$$f \text{ が全単射である} \iff A \text{ が正則である．}$$

(証明) 線形変換 $f; \mathbf{R}^3 \to \mathbf{R}^3$ が全単射であるとすると，系 8.2.4 の (2) により f の逆変換 $f^{-1}; \mathbf{R}^3 \to \mathbf{R}^3$ が存在し，線形変換となります．さらに，$f\circ f^{-1} = f^{-1}\circ f = I_d$ を満たします．そこで，f^{-1} の表現行列を B とすると，I_d の表現行列は E であるから，$AB = BA = E$ が成り立ちます．すなわち，A は正則で B が A の逆行列となります．次に，A が正則であるとすると，逆行列 A^{-1} が存在します．まず，f が単射であることを示そう．$\boldsymbol{x}, \boldsymbol{y}\in\mathbf{R}^3$ に対して $f(\boldsymbol{x}) = f(\boldsymbol{y})$ とすると $A\boldsymbol{x} = A\boldsymbol{y}$ であるから，この両辺に左から A^{-1} を乗じると，$\boldsymbol{x} = \boldsymbol{y}$ となって f が単射であることが分かります．また，定理 8.2.3 により，f は全射でもあるから，f は全単射となります． ∎

系 9.2.2 $\boldsymbol{e}_1, \boldsymbol{e}_2, \boldsymbol{e}_3$ を $\mathbf{R}^3$ の基本ベクトルとする．このとき $f; \mathbf{R}^3 \to \mathbf{R}^3$ が全単射であるための必要十分条件は，$f(\boldsymbol{e}_1), f(\boldsymbol{e}_2), f(\boldsymbol{e}_3)$ が 1 次独立であることである．したがって，$A = (f(\boldsymbol{e}_1), f(\boldsymbol{e}_2), f(\boldsymbol{e}_3)) = (\boldsymbol{a}_1, \boldsymbol{a}_2, \boldsymbol{a}_3)$ が正則であるための必要十分条件は，列ベクトル $\boldsymbol{a}_1, \boldsymbol{a}_2, \boldsymbol{a}_3$ が 1 次独立となることである．

証明は，定理 9.2.1 および定理 8.2.2 より明らかです． ∎

定理 9.2.3 $\mathbf{R}^3$ 上の線形変換全体の成す多元環 $\mathcal{L}(\mathbf{R}^3)$ と 3 次の行列全体の成す多元環 $M_3(\mathbf{R})$ は環として同型である．

(証明) この節の最初でも述べたように，各 $f\in\mathcal{L}(\mathbf{R}^3)$ に対してその表現行列 $A\in M_3(\mathbf{R})$ が $f(\boldsymbol{x}) = A\boldsymbol{x}$ によって 1 対 1 に対応しています．そこで，$\varphi(f) = A_f$ によって写像 $\varphi; \mathcal{L}(\mathbf{R}^3) \to M_3(\mathbf{R})$ を定義すると，φ は全単射です．$f, g \in \mathcal{L}(\mathbf{R}^3)$ に対して，$\varphi(f) = A_f, \varphi(g) = B_g$ とすると，(9.2.2) により

$$\varphi(f+g) = A_f + B_g = \varphi(f) + \varphi(g). \tag{9.2.4}$$

また，$g \circ f$ には表現行列の積 $B_g A_f$ が対応して

$$\varphi(g \circ f) = B_g A_f = \varphi(g)\varphi(f) \tag{9.2.5}$$

となります．したがって，$\varphi ; \mathcal{L}(\mathbf{R}^3) \to M_3(\mathbf{R})$ は環同型写像です．すなわち，$\mathcal{L}(\mathbf{R}^3)$ と $M_3(\mathbf{R})$ は環として同型です． ■

$\mathcal{L}(\mathbf{R}^3)$ と $M_3(\mathbf{R})$ は加群でもある．環同型写像 $\varphi ; \mathcal{L}(\mathbf{R}^3) \to M_3(\mathbf{R})$ は，(9.2.4) より加群としての同型写像でもある．さらに，$f \in \mathcal{L}(\mathbf{R}^3)$ は線形変換であるから，$\alpha \in \mathbf{R}$ に対して，$\alpha f (\in \mathcal{L}(\mathbf{R}^3))$ には $\alpha A_f (\in M_3(\mathbf{R}))$ が対応して

$$\varphi(\alpha f) = \alpha A_f = \alpha \varphi(f) \tag{9.2.6}$$

を満たし，$\varphi ; \mathcal{L}(\mathbf{R}^3) \to M_3(\mathbf{R})$ は $\mathbf{R}$ 加群としても同型写像となります．このような φ は多元環としての同型写像と呼ばれます．$M_3(\mathbf{R})$ と $\mathcal{L}(\mathbf{R}^3)$ は実ベクトル空間であるから，(9.2.4) と (9.2.6) により次が得られます．

系 9.2.4 多元環としての同型写像 $\varphi ; \mathcal{L}(\mathbf{R}^3) \to M_3(\mathbf{R})$ は，線形同型写像でもある．

注 9.2.1 線形写像 $f \in \mathcal{L}(\mathbf{R}^3)$ は，行列 $A \in M_3(\mathbf{R})$ と同じ線形的性質をもちます．行列は，具体的であり計算によっていろいろな性質を調べることができます．このことにより線形写像の性質がより明らかになるのです．

9.3 行列式の基本的性質

この節では，3次の行列式の性質についてみていきます．まず，導入として簡単な2次の場合を考えます．次の連立1次方程式を解いてみよう．

$$\begin{cases} a_{11}x + a_{12}y = b_1 \\ a_{21}x + a_{22}y = b_2 \end{cases} \tag{$*$}$$

(第1式)$\times a_{22}-$(第2式)$\times a_{12}$ より

$$(a_{11}a_{22} - a_{21}a_{12})x = b_1 a_{22} - b_2 a_{12}$$

となるから，$a_{11}a_{22}-a_{21}a_{12} \neq 0$ ならば，方程式 ($*$) は x について解けて

$$x = \frac{b_1 a_{22} - b_2 a_{12}}{a_{11}a_{22} - a_{21}a_{12}}$$

となります．y についても同様に解けて

$$y = \frac{a_{11} b_2 - a_{21} b_1}{a_{11}a_{22} - a_{21}a_{12}}$$

となり，方程式 ($*$) の解が求まります．ここで

$$a_{11}a_{22} - a_{21}a_{12} = \begin{vmatrix} a_{11} & a_{12} \\ a_{21} & a_{22} \end{vmatrix}$$

と表し，これを行列

$$A = \begin{pmatrix} a_{11} & a_{12} \\ a_{21} & a_{22} \end{pmatrix}$$

の**行列式**といいます．A の行列式を $|A|$ と表します．そこで，2次の行列

$$B_1 = \begin{pmatrix} b_1 & a_{12} \\ b_2 & a_{22} \end{pmatrix}, \quad B_2 = \begin{pmatrix} a_{11} & b_1 \\ a_{21} & b_2 \end{pmatrix}$$

を考えると

$$b_1 a_{22} - b_2 a_{12} = \begin{vmatrix} b_1 & a_{12} \\ b_2 & a_{22} \end{vmatrix} = |B_1|, \quad a_{11} b_2 - a_{21} b_1 = \begin{vmatrix} a_{11} & b_1 \\ a_{21} & b_2 \end{vmatrix} = |B_2|$$

となります．このとき，方程式 ($*$) の解は $x = \dfrac{|B_1|}{|A|}, y = \dfrac{|B_2|}{|A|}$ と表されます．このように連立1次方程式の解を行列式を用いて表すことができる場合があります．

　そこで，行列式を定義しその基本的性質を調べることにします．まず，2次と3次の行列について考えます．

$$P = \begin{pmatrix} p_{11} & p_{12} \\ p_{21} & p_{22} \end{pmatrix} \in M_2(\mathbf{R}), \quad A = \begin{pmatrix} a_{11} & a_{12} & a_{13} \\ a_{21} & a_{22} & a_{23} \\ a_{31} & a_{32} & a_{33} \end{pmatrix} \in M_3(\mathbf{R})$$

に対して

$$|P| = \begin{vmatrix} p_{11} & p_{12} \\ p_{21} & p_{22} \end{vmatrix} = p_{11}p_{22} - p_{12}p_{21}, \tag{9.3.1}$$

$$|A| = \begin{vmatrix} a_{11} & a_{12} & a_{13} \\ a_{21} & a_{22} & a_{23} \\ a_{31} & a_{32} & a_{33} \end{vmatrix}$$

$$= a_{11}a_{22}a_{33} + a_{12}a_{23}a_{31} + a_{13}a_{21}a_{32}$$

$$- a_{11}a_{23}a_{32} - a_{12}a_{21}a_{33} - a_{13}a_{22}a_{31} \tag{9.3.2}$$

によって行列式 $|P|$, $|A|$ を定義します．(9.3.1) および (9.3.2) の右辺を行列式 $|P|$ および $|A|$ の**展開式**といいます．

注 9.3.1 $|A|$ は A の絶対値ではありません．$|A|$ は負の値をとることもあります．後で定義されるノルム $|\boldsymbol{a}|$ とも混同しないよう注意を要します．

上の定義式 (9.3.1), (9.3.2) は，2 次と 3 次の行列式に限れば，図 9.1 のようになっています．右斜め下にかけたものに + をつけ，左斜め下にかけたものに − をつけてそれら全体の和が行列式の値となります．このようにして計算する方法を**サラスの方法**または**たすきがけ法**といいます．

 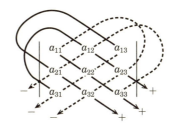

図 **9.1**

例 **9.3.1** 特別な行列式については，次のようになります．

(1) $\quad \begin{vmatrix} a_{11} & a_{12} & a_{13} \\ 0 & a_{22} & a_{23} \\ 0 & a_{32} & a_{33} \end{vmatrix} = a_{11}a_{22}a_{33} - a_{11}a_{23}a_{32}$

$$= a_{11}(a_{22}a_{33} - a_{23}a_{32}) = a_{11}\begin{vmatrix} a_{22} & a_{23} \\ a_{32} & a_{33} \end{vmatrix}.$$

特に，$a_{11} = 0$ のときは

$$\begin{vmatrix} 0 & a_{12} & a_{13} \\ 0 & a_{22} & a_{23} \\ 0 & a_{32} & a_{33} \end{vmatrix} = 0$$

です．また，次が得られます．

(2) $\quad \begin{vmatrix} a_{11} & 0 & 0 \\ 0 & a_{22} & 0 \\ 0 & 0 & a_{33} \end{vmatrix} = a_{11}a_{22}a_{33}, \quad |E| = \begin{vmatrix} 1 & 0 & 0 \\ 0 & 1 & 0 \\ 0 & 0 & 1 \end{vmatrix} = 1$

(3) $\quad \begin{vmatrix} \cos\theta & -\sin\theta & 0 \\ \sin\theta & \cos\theta & 0 \\ 0 & 0 & 1 \end{vmatrix} = \cos^2\theta + \sin^2\theta = 1.$

以下では，行列式の性質をみていきます．まず，表記を準備しておきます．行列は列ベクトルを用いて

$$A = \begin{pmatrix} a_{11} & a_{12} & a_{13} \\ a_{21} & a_{22} & a_{23} \\ a_{31} & a_{32} & a_{33} \end{pmatrix} = (\boldsymbol{a}_1, \boldsymbol{a}_2, \boldsymbol{a}_3)$$

と表されます．ここに，$\boldsymbol{a}_i = {}^t(a_{1i}, a_{2i}, a_{3i})$ $(i = 1, 2, 3)$ は A の列ベクトルです．そこで，行列式に対しても $|A| = |\boldsymbol{a}_1, \boldsymbol{a}_2, \boldsymbol{a}_3|$ と表すことにします．また，行列 A は行ベクトルを用いて

$$A = \begin{pmatrix} a_{11} & a_{12} & a_{13} \\ a_{21} & a_{22} & a_{23} \\ a_{31} & a_{32} & a_{33} \end{pmatrix} = \begin{pmatrix} \boldsymbol{a}'_1 \\ \boldsymbol{a}'_2 \\ \boldsymbol{a}'_3 \end{pmatrix}$$

と表されます．ここに，$\boldsymbol{a}'_i = (a_{i1}, a_{i2}, a_{i3})$ $(i=1,2,3)$ は A の行ベクトルです．このとき，A の行列式を

$$|A| = \begin{vmatrix} \boldsymbol{a}'_1 \\ \boldsymbol{a}'_2 \\ \boldsymbol{a}'_3 \end{vmatrix}$$

と表すことにします．

定理 9.3.1（行列式の基本的性質）

(1) $A \in M_3(\mathbf{R})$ に対して，転置行列 ${}^tA$ の行列式は A の行列式に等しい．すなわち，$|{}^tA| = |A|$ が成り立つ．

(2) 行列式の 2 つの列を入れ換えると符号が変わる．

(3) 行列式の 2 つの列で，対応する成分がそれぞれ等しいならば行列式の値は 0 である．

(4) 行列式の 1 つの列を α 倍して得られる行列式は，もとの行列式の α 倍に等しい．

(5) 行列式の 1 つの列の各成分が 2 つの数の和の形になっているとき，その行列式は 2 つの行列式の和として表される．

(6) 行列式の 1 つの列を定数倍して，他の列に加えても行列式の値は変わらない．

(7) 行列の列ベクトルが 1 次従属ならば，その行列式の値は 0 である．したがって，$|A| = |\boldsymbol{a}_1, \boldsymbol{a}_2, \boldsymbol{a}_3| \neq 0$ ならば，$\boldsymbol{a}_1, \boldsymbol{a}_2, \boldsymbol{a}_3$ は 1 次独立である．

(証明) ここでは，3 次の行列式のみを扱うが，2 次の場合も同様に証明されます．

(1) $A \in M_3(\mathbf{R})$ とします．

$$A=\begin{pmatrix} a_{11} & a_{12} & a_{13} \\ a_{21} & a_{22} & a_{23} \\ a_{31} & a_{32} & a_{33} \end{pmatrix} \quad \text{のとき,} \quad {}^{t}\!A=\begin{pmatrix} a_{11} & a_{21} & a_{31} \\ a_{12} & a_{22} & a_{32} \\ a_{13} & a_{23} & a_{33} \end{pmatrix}$$

であるから

$$|{}^{t}\!A|=\begin{vmatrix} a_{11} & a_{21} & a_{31} \\ a_{12} & a_{22} & a_{32} \\ a_{13} & a_{23} & a_{33} \end{vmatrix} = a_{11}a_{22}a_{33}+a_{21}a_{32}a_{13}+a_{12}a_{23}a_{31}$$

$$-a_{11}a_{23}a_{32}-a_{21}a_{12}a_{33}-a_{13}a_{22}a_{31}$$

となりこの右辺は，$|A|$ の展開式 ((9.3.2) の右辺) と一致しています．したがって，$|{}^{t}\!A|=|A|$ となります．

(2) $i,j,k\ (=1,2,3)$ に対して，次の行列式を考えます．

$$\Gamma_{ijk}=\begin{vmatrix} a_{1i} & a_{1j} & a_{1k} \\ a_{2i} & a_{2j} & a_{2k} \\ a_{3i} & a_{3j} & a_{3k} \end{vmatrix}$$

このとき，展開式 (9.3.2) により

$$\Gamma_{ijk}=a_{1i}a_{2j}a_{3k}+a_{1j}a_{2k}a_{3i}+a_{1k}a_{2i}a_{3j}$$

$$-a_{1i}a_{2k}a_{3j}-a_{1j}a_{2i}a_{3k}-a_{1k}a_{2j}a_{3i}$$

$$=a_{1k}(a_{2i}a_{3j}-a_{3i}a_{2j})+a_{2k}(a_{3i}a_{1j}-a_{1i}a_{3j})$$

$$+a_{3k}(a_{1i}a_{2j}-a_{2i}a_{1j}) \tag{9.3.3}$$

となります．ここで，行列式 Γ_{ijk} において 1 列目と 2 列目を入れ換えると Γ_{jik} であり，これは (9.3.3) 式の両辺で i と j を入れ換えたものです．このとき，(9.3.3) の右辺の符号が変わります．すなわち

$$\Gamma_{jik}=\begin{vmatrix} a_{1j} & a_{1i} & a_{1k} \\ a_{2j} & a_{2i} & a_{2k} \\ a_{3j} & a_{3i} & a_{3k} \end{vmatrix} =-\begin{vmatrix} a_{1i} & a_{1j} & a_{1k} \\ a_{2i} & a_{2j} & a_{2k} \\ a_{3i} & a_{3j} & a_{3k} \end{vmatrix} =-\Gamma_{ijk}$$

となります．また，Γ_{ikj} は Γ_{ijk} によって定義される行列式の 2 列目と 3 列目を入れ換えたもので，展開式 (9.3.3) の第 2 式において j と k を入れ換えたものです．したがって

$$\Gamma_{ikj} = a_{1j}(a_{2i}a_{3k} - a_{3i}a_{2k}) + a_{2j}(a_{3i}a_{1k} - a_{1i}a_{3k})$$
$$+ a_{3j}(a_{1i}a_{2k} - a_{2i}a_{1k})$$
$$= -\{a_{1k}(a_{2i}a_{3j} - a_{2j}a_{3i}) + a_{2k}(a_{3i}a_{1j} - a_{1i}a_{3j})$$
$$+ a_{3k}(a_{1i}a_{2j} - a_{2i}a_{1j})\} = -\Gamma_{ijk}$$

となります．同様にして，i と k の入れ換えによって，次の関係式が得られます．

$$\Gamma_{kji} = a_{1i}(a_{2k}a_{3j} - a_{3k}a_{2j}) + a_{2i}(a_{3k}a_{1j} - a_{1k}a_{3j})$$
$$+ a_{3i}(a_{1k}a_{2j} - a_{2k}a_{1j})$$
$$= -\{a_{1k}(a_{2i}a_{3j} - a_{2j}a_{3i}) + a_{2k}(a_{3i}a_{1j} - a_{1i}a_{3j})$$
$$+ a_{3k}(a_{1i}a_{2j} - a_{2i}a_{1j})\} = -\Gamma_{ijk}.$$

したがって

$$\Gamma_{jik} = \Gamma_{kji} = \Gamma_{ikj} = -\Gamma_{ijk}$$

となり，2 つの列の入れ換えによって行列式の符号が変わることが分かります．このことを列ベクトルを用いて表すと，次のようになります．$|A| = |\boldsymbol{a}_1, \boldsymbol{a}_2, \boldsymbol{a}_3|$ において，2 つの列を入れ換えると符号が変わる．すなわち

$$|\boldsymbol{a}_2, \boldsymbol{a}_1, \boldsymbol{a}_3| = |\boldsymbol{a}_3, \boldsymbol{a}_2, \boldsymbol{a}_1| = |\boldsymbol{a}_1, \boldsymbol{a}_3, \boldsymbol{a}_2| = -|A|. \tag{9.3.4}$$

(3) (9.3.3) の両辺において，$i = j$ とすると，右辺の値は 0 となるから行列式の値は 0 となります．(9.3.3) の右辺の 2 式のそれぞれにおいて，$i = k$ または $j = k$ としても行列式の値は 0 となります．すなわち，2 つの列で対応する成分がそれぞれ等しい行列式の値は 0 となります．

(4) $A \in M_3(\mathbf{R})$, $\alpha \in \mathbf{R}$ に対して

$$A = \begin{pmatrix} a_{11} & a_{12} & a_{13} \\ a_{21} & a_{22} & a_{23} \\ a_{31} & a_{32} & a_{33} \end{pmatrix}, \quad A' = \begin{pmatrix} \alpha a_{11} & a_{12} & a_{13} \\ \alpha a_{21} & a_{22} & a_{23} \\ \alpha a_{31} & a_{32} & a_{33} \end{pmatrix}$$

とおくとき

$$|A'| = (\alpha a_{11})a_{22}a_{33} + a_{12}a_{23}(\alpha a_{31}) + (\alpha a_{13})(\alpha a_{21})a_{32}$$
$$- (\alpha a_{11})a_{23}a_{32} - a_{12}(\alpha a_{21})a_{33} - a_{13}a_{22}(\alpha a_{31})$$
$$= \alpha(a_{11}a_{22}a_{33} + a_{12}a_{23}a_{31} + a_{13}a_{21}a_{32}$$
$$- a_{11}a_{23}a_{32} - a_{12}a_{21}a_{33} - a_{13}a_{22}a_{31}) = \alpha|A|$$

となります．このことと (2) を用いることにより，第 2 列目または第 3 列目のベクトルを α 倍した行列式の値も $\alpha|A|$ であることが示されます．このことを列ベクトルを用いて表すと，$|A| = |\boldsymbol{a}_1, \boldsymbol{a}_2, \boldsymbol{a}_3|$ のとき

$$|\alpha\boldsymbol{a}_1, \boldsymbol{a}_2, \boldsymbol{a}_3| = |\boldsymbol{a}_1, \alpha\boldsymbol{a}_2, \boldsymbol{a}_3| = |\boldsymbol{a}_1, \boldsymbol{a}_2, \alpha\boldsymbol{a}_3| = \alpha|A| \tag{9.3.5}$$

となります．

(5) まず，第 1 列の各成分が 2 つの数の和となっている場合を示します．

$$\begin{vmatrix} a_{11} + a'_{11} & a_{12} & a_{13} \\ a_{21} + a'_{21} & a_{22} & a_{23} \\ a_{31} + a'_{31} & a_{32} & a_{33} \end{vmatrix}$$
$$= (a_{11} + a'_{11})a_{22}a_{33} + a_{12}a_{23}(a_{31} + a'_{31}) + a_{13}(a_{21} + a'_{21})a_{32}$$
$$- (a_{11} + a'_{11})a_{23}a_{32} - a_{12}(a_{21} + a'_{21})a_{33} - a_{13}a_{22}(a_{31} + a'_{31})$$
$$= (a_{11}a_{22}a_{33} + a_{12}a_{23}a_{31} + a_{13}a_{21}a_{32}$$
$$- a_{11}a_{23}a_{32} - a_{12}a_{21}a_{33} - a_{13}a_{22}a_{31})$$
$$+ (a'_{11}a_{22}a_{33} + a_{12}a_{23}a'_{31} + a_{13}a'_{21}a_{32}$$
$$- a'_{11}a_{23}a_{32} - a_{12}a'_{21}a_{33} - a_{13}a_{22}a'_{31})$$

$$= \begin{vmatrix} a_{11} & a_{12} & a_{13} \\ a_{21} & a_{22} & a_{23} \\ a_{31} & a_{32} & a_{33} \end{vmatrix} + \begin{vmatrix} a'_{11} & a_{12} & a_{13} \\ a'_{21} & a_{22} & a_{23} \\ a'_{31} & a_{32} & a_{33} \end{vmatrix}.$$

第2列,第3列についても,(2) を用いて同様に示されます.列ベクトルを用いて表すと次のようになります.

$$|\boldsymbol{a}_1+\boldsymbol{a}'_1,\boldsymbol{a}_2,\boldsymbol{a}_3|=|\boldsymbol{a}_1,\boldsymbol{a}_2,\boldsymbol{a}_3|+|\boldsymbol{a}'_1,\boldsymbol{a}_2,\boldsymbol{a}_3|, \qquad (9.3.6)$$

$$|\boldsymbol{a}_1,\boldsymbol{a}_2+\boldsymbol{a}'_2,\boldsymbol{a}_3|=|\boldsymbol{a}_1,\boldsymbol{a}_2,\boldsymbol{a}_3|+|\boldsymbol{a}_1,\boldsymbol{a}'_2,\boldsymbol{a}_3|,$$

$$|\boldsymbol{a}_1,\boldsymbol{a}_2,\boldsymbol{a}_3+\boldsymbol{a}'_3|=|\boldsymbol{a}_1,\boldsymbol{a}_2,\boldsymbol{a}_3|+|\boldsymbol{a}_1,\boldsymbol{a}_2,\boldsymbol{a}'_3|.$$

(6) (2) により,第1列の α 倍を第2列に加える場合を示せばよい.(9.3.6) と (4) により

$$|\boldsymbol{a}_1,\boldsymbol{a}_2+\alpha\boldsymbol{a}_1,\boldsymbol{a}_3|=|\boldsymbol{a}_1,\boldsymbol{a}_2,\boldsymbol{a}_3|+|\boldsymbol{a}_1,\alpha\boldsymbol{a}_1,\boldsymbol{a}_3|$$

$$=|\boldsymbol{a}_1,\boldsymbol{a}_2,\boldsymbol{a}_3|+\alpha|\boldsymbol{a}_1,\boldsymbol{a}_1,\boldsymbol{a}_3|$$

$$=|\boldsymbol{a}_1,\boldsymbol{a}_2,\boldsymbol{a}_3|$$

となります.したがって,1つの列の定数倍を他の列に加えても行列式の値は変わらない.

(7) $\boldsymbol{a}_1, \boldsymbol{a}_2, \boldsymbol{a}_3$ が1次従属ならば,どれか1つのベクトルは残りの2つのベクトルの1次結合で表されます.いま,$\boldsymbol{a}_1=\alpha\boldsymbol{a}_2+\beta\boldsymbol{a}_3$ であるとすると,(6) と (3) により

$$|\boldsymbol{a}_1,\boldsymbol{a}_2,\boldsymbol{a}_3|=|\alpha\boldsymbol{a}_2+\beta\boldsymbol{a}_3,\boldsymbol{a}_2,\boldsymbol{a}_3|=\alpha|\boldsymbol{a}_2,\boldsymbol{a}_2,\boldsymbol{a}_3|+\beta|\boldsymbol{a}_3,\boldsymbol{a}_2,\boldsymbol{a}_3|=0$$

となります.(2) により,$\boldsymbol{a}_2=\alpha\boldsymbol{a}_1+\beta\boldsymbol{a}_3$,$\boldsymbol{a}_3=\alpha\boldsymbol{a}_1+\beta\boldsymbol{a}_2$ である場合も行列式の値は0となります. ∎

(9.3.5) と (9.3.6) の等式関係を行列式の**多重線形性**(各列ごとに線形)といいます.

$|{}^tA|=|A|$ であることから,次の系が得られます.

系 9.3.2 行列 $A\in M_3(\mathbf{R})$ に対して,行列式の列に関する性質 (2)〜(7) は,行

9.3 行列式の基本的性質 201

に関する性質として成り立つ．すなわち

(2)' 行列式の 2 つの行を入れ換えると符号が変わる．
(3)' 行列式の 2 つの行で対応する成分がそれぞれ等しいならば，行列式の値は 0 である．
(4)' 行列式の 1 つの行を α 倍して得られる行列式は，もとの行列式の α 倍に等しい．
(5)' 行列式の 1 つの行の各成分が 2 つの数の和になっているとき，その行列式は 2 つの行列式の和として表される．
(6)' 行列式の 1 つの行を定数倍して他の行に加えても行列式の値は変わらない．
(7)' 行列の行ベクトルが 1 次従属ならば，その行列式の値は 0 である．

定理 9.3.3 $P, Q \in M_2(\mathbf{R})$, $A, B \in M_3(\mathbf{R})$ に対して，次が成り立つ．

(1) $|PQ| = |P||Q|$.
(2) $|AB| = |A||B|$.

(証明) (1) $P = \begin{pmatrix} p_{11} & p_{12} \\ p_{21} & p_{22} \end{pmatrix} = (\boldsymbol{p}_1, \boldsymbol{p}_2)$, $Q = \begin{pmatrix} q_{11} & q_{12} \\ q_{21} & q_{22} \end{pmatrix} = (\boldsymbol{q}_1, \boldsymbol{q}_2)$

に対して

$$PQ = \begin{pmatrix} p_{11}q_{11} + p_{12}q_{21} & p_{11}q_{12} + p_{12}q_{22} \\ p_{21}q_{11} + p_{22}q_{21} & p_{21}q_{12} + p_{22}q_{22} \end{pmatrix} = (\boldsymbol{p}_1 q_{11} + \boldsymbol{p}_2 q_{21}, \boldsymbol{p}_1 q_{12} + \boldsymbol{p}_2 q_{22})$$

であるから，$|\boldsymbol{p}_i, \boldsymbol{p}_j| = 0$ $(i = j)$, $|\boldsymbol{p}_2, \boldsymbol{p}_1| = -|\boldsymbol{p}_1, \boldsymbol{p}_2|$ であることに注意して

$$\begin{aligned}
|PQ| &= |\boldsymbol{p}_1 q_{11} + \boldsymbol{p}_2 q_{21}, \boldsymbol{p}_1 q_{12} + \boldsymbol{p}_2 q_{22}| \\
&= |\boldsymbol{p}_1 q_{11}, \boldsymbol{p}_1 q_{12}| + |\boldsymbol{p}_1 q_{11}, \boldsymbol{p}_2 q_{22}| + |\boldsymbol{p}_2 q_{21}, \boldsymbol{p}_1 q_{12}| + |\boldsymbol{p}_2 q_{21}, \boldsymbol{p}_2 q_{22}| \\
&= |\boldsymbol{p}_1, \boldsymbol{p}_1| q_{11} q_{12} + |\boldsymbol{p}_1, \boldsymbol{p}_2| q_{11} q_{22} + |\boldsymbol{p}_2, \boldsymbol{p}_1| q_{21} q_{12} + |\boldsymbol{p}_2, \boldsymbol{p}_2| q_{21} q_{22} \\
&= |\boldsymbol{p}_1, \boldsymbol{p}_2| q_{11} q_{22} + |\boldsymbol{p}_2, \boldsymbol{p}_1| q_{21} q_{12} \\
&= |\boldsymbol{p}_1, \boldsymbol{p}_2| (q_{11} q_{22} - q_{21} q_{12}) = |\boldsymbol{p}_1, \boldsymbol{p}_2| |\boldsymbol{q}_1, \boldsymbol{q}_2| = |P||Q|.
\end{aligned}$$

(2) $A = \begin{pmatrix} a_{11} & a_{12} & a_{13} \\ a_{21} & a_{22} & a_{23} \\ a_{31} & a_{32} & a_{33} \end{pmatrix} = (\boldsymbol{a}_1, \boldsymbol{a}_2, \boldsymbol{a}_3), \quad B = \begin{pmatrix} b_{11} & b_{12} & b_{13} \\ b_{21} & b_{22} & b_{23} \\ b_{31} & b_{32} & b_{33} \end{pmatrix}$

に対して

$$AB = \begin{pmatrix} \sum_{i=1}^{3} a_{1i}b_{i1} & \sum_{j=1}^{3} a_{1j}b_{j2} & \sum_{k=1}^{3} a_{1k}b_{k3} \\ \sum_{i=1}^{3} a_{2i}b_{i1} & \sum_{j=1}^{3} a_{2j}b_{j2} & \sum_{k=1}^{3} a_{2k}b_{k3} \\ \sum_{i=1}^{3} a_{3i}b_{i1} & \sum_{j=1}^{3} a_{3j}b_{j2} & \sum_{k=1}^{3} a_{3k}b_{k3} \end{pmatrix}$$

$$= \sum_{ijk} \begin{pmatrix} a_{1i}b_{i1} & a_{1j}b_{j2} & a_{1k}b_{k3} \\ a_{2i}b_{i1} & a_{2j}b_{j2} & a_{2k}b_{k3} \\ a_{3i}b_{i1} & a_{3j}b_{j2} & a_{3k}b_{k3} \end{pmatrix} = \sum_{ijk} (\boldsymbol{a}_i b_{i1}, \boldsymbol{a}_j b_{j2}, \boldsymbol{a}_k b_{k3})$$

であるから,多重線形性により

$$|AB| = |\sum_{ijk} (\boldsymbol{a}_i b_{i1}, \boldsymbol{a}_j b_{j2}, \boldsymbol{a}_k b_{k3})|$$

$$= \sum_{ijk} |\boldsymbol{a}_i b_{i1}, \boldsymbol{a}_j b_{j2}, \boldsymbol{a}_k b_{k3}| = \sum_{ijk} b_{i1} b_{j2} b_{k3} |\boldsymbol{a}_i, \boldsymbol{a}_j, \boldsymbol{a}_k| \quad (9.3.7)$$

となります.ここに,$\sum_{i,j,k}$ は,$i=1,2,3$, $j=1,2,3$, $k=1,2,3$ に対して,すべての和をとることを意味します.そこで,この右辺の和をみていきます.まず,置換

$$\sigma = \begin{pmatrix} 1 & 2 & 3 \\ i & j & k \end{pmatrix}$$

に関して考えます.σ が偶置換,すなわち

$$\begin{pmatrix} 1 & 2 & 3 \\ 1 & 2 & 3 \end{pmatrix} = \varepsilon, \quad \begin{pmatrix} 1 & 2 & 3 \\ 2 & 3 & 1 \end{pmatrix} = (1\ 2)(2\ 3),$$

$$\begin{pmatrix} 1 & 2 & 3 \\ 3 & 1 & 2 \end{pmatrix} = (1\ 2)(1\ 3).$$

この場合は
$$|\boldsymbol{a}_i,\boldsymbol{a}_j,\boldsymbol{a}_k|=|A|$$
となります．また，σ が奇置換，すなわち

$$\begin{pmatrix}1 & 2 & 3 \\ 1 & 3 & 2\end{pmatrix}=(2\ 3), \quad \begin{pmatrix}1 & 2 & 3 \\ 2 & 1 & 3\end{pmatrix}=(1\ 2), \quad \begin{pmatrix}1 & 2 & 3 \\ 3 & 2 & 1\end{pmatrix}=(1\ 3).$$

これらの場合は
$$|\boldsymbol{a}_i,\boldsymbol{a}_j,\boldsymbol{a}_k|=-|A|$$
となります．次に，置換でない (すなわち i, j, k の少なくとも 2 つが一致する) 場合には，$\{\boldsymbol{a}_i,\boldsymbol{a}_j,\boldsymbol{a}_k\}$ には同じ列ベクトルが含まれるから，定理 9.3.1 の (3) により，$|\boldsymbol{a}_i,\boldsymbol{a}_j,\boldsymbol{a}_k|=0$ となります．したがって，(9.3.7) より

$$\begin{aligned}|AB|&=(b_{11}b_{22}b_{33}+b_{21}b_{32}b_{13}+b_{31}b_{12}b_{23})|A|\\ &\quad +(b_{11}b_{32}b_{23}+b_{21}b_{12}b_{33}+b_{31}b_{22}b_{13})(-|A|)\\ &=\{b_{11}b_{22}b_{33}+b_{21}b_{32}b_{13}+b_{31}b_{12}b_{23}\\ &\quad -(b_{11}b_{32}b_{23}+b_{21}b_{12}b_{33}+b_{31}b_{22}b_{13})\}|A|=|B||A|=|A||B|\end{aligned}$$

となります． ∎

定理 9.3.4 行列 $A\in M_3(\mathbf{R})$ が正則であるための必要十分条件は，$|A|\neq 0$ である．

(証明) A が正則ならば，逆行列 A^{-1} が存在し $AA^{-1}=A^{-1}A=E$ であるから，$|A||A^{-1}|=|AA^{-1}|=|E|=1$ となります．したがって，$|A|\neq 0$ です．逆に，$|A|\neq 0$ であるとする．いま，$A=(\boldsymbol{a}_1,\boldsymbol{a}_2,\boldsymbol{a}_3)$ とおくと，定理 9.3.1 の (7) により，$\boldsymbol{a}_1, \boldsymbol{a}_2, \boldsymbol{a}_3$ は 1 次独立である．系 9.2.2 により A は正則となります． ∎

系 9.3.5 $A\in M_3(\mathbf{R})$ が正則ならば，$|A^{-1}|=\dfrac{1}{|A|}$ である．

注 9.3.2 $A\in M_3(\mathbf{R})$ に対して，$AB=E$ を満たす $B\in M_3(\mathbf{R})$ が存在すれば，

A は正則となります．実際，$|A||B|=|AB|=|E|=1$ より $|A|\neq 0$ となり A は正則です．

注 9.3.3 $A\in M_3(\mathbf{R})$ が正則でない $\iff |A|=0$ である．このとき，任意の $B\in M_3(\mathbf{R})$ に対して，$|AB|=|A||B|=0$ となります．

9.4 内積

計量的な性質をそなえたベクトル空間を考えるために内積を導入します．内積が定義されたベクトル空間を**内積空間** (または**計量ベクトル空間**) といいます．内積によってベクトルに大きさ (ノルム) が定義され，ベクトル空間の幾何学的性質が明らかになります．

$\boldsymbol{a}={}^t(a_1,a_2,a_3)$, $\boldsymbol{b}={}^t(b_1,b_2,b_3)\in\mathbf{R}^3$ に対して，$\boldsymbol{a}$ と $\boldsymbol{b}$ の **内積** $(\boldsymbol{a},\boldsymbol{b})$ を次によって定義します．

$$(\boldsymbol{a},\boldsymbol{b})=a_1 b_1+a_2 b_2+a_3 b_3.$$

注 9.4.1 ベクトル $\boldsymbol{a}, \boldsymbol{b}$ の内積 $(\boldsymbol{a},\boldsymbol{b})$ の表記は一般的に使われているものですが，行列の列ベクトル表現と混同するおそれがあり，注意を要します．紛らわしい場合にはその都度断りを入れます．

内積の定義から，次が成り立ちます．$\boldsymbol{a},\boldsymbol{b},\boldsymbol{c}\in\mathbf{R}^3$, $\alpha\in\mathbf{R}$ に対して

(i) $(\boldsymbol{a},\boldsymbol{b})=(\boldsymbol{b},\boldsymbol{a})$.
(ii) $(\boldsymbol{a},\boldsymbol{b}+\boldsymbol{c})=(\boldsymbol{a},\boldsymbol{b})+(\boldsymbol{a},\boldsymbol{c})$.
(iii) $(\alpha\boldsymbol{a},\boldsymbol{b})=(\boldsymbol{a},\alpha\boldsymbol{b})=\alpha(\boldsymbol{a},\boldsymbol{b})$.

$\boldsymbol{a}={}^t(a_1,a_2,a_3)\in\mathbf{R}^3$ に対して，$(\boldsymbol{a},\boldsymbol{a})=a_1^2+a_2^2+a_3^2\geqq 0$ であり

$$(\boldsymbol{a},\boldsymbol{a})=0 \text{ は } \boldsymbol{a}=\boldsymbol{0} \text{ であるときに限る}.$$

ベクトル $\boldsymbol{a}\in\mathbf{R}^3$ の大きさ (ノルム) $|\boldsymbol{a}|$ は，次によって定義されます．

$$|\boldsymbol{a}|=\sqrt{(\boldsymbol{a},\boldsymbol{a})}=\sqrt{a_1^2+a_2^2+a_3^2}.$$

定理 9.4.1 $a, b \in \mathbf{R}^3$ に対して，次が成り立つ．

$$|(a,b)| \leqq |a||b|. \tag{9.4.1}$$

(証明) $b=0$ ならば，(9.4.1) は明らかに成り立ちます．そこで，$b \neq 0$ とします．任意の $x, y \in \mathbf{R}$ に対して

$$0 \leqq (xa+yb, xa+yb) = x^2(a,a) + 2xy(a,b) + y^2(b,b)$$
$$= x^2|a|^2 + 2xy(a,b) + y^2|b|^2$$

となります．ここで，$x=|b|^2,\ y=-(a,b)$ とおくと

$$0 \leqq |b|^2\{|b|^2|a|^2 - (a,b)^2\}$$

であるから，$|b| \neq 0$ より $|b|^2|a|^2 - (a,b)^2 \geqq 0$ となります．すなわち

$$|(a,b)| \leqq |a||b|$$

が成り立ちます．ここに，$|(a,b)|$ は内積 (a,b) の絶対値です． ■

系 9.4.2 0 でないベクトル $a, b\ (\in \mathbf{R}^3)$ に対して

$$-1 \leqq \frac{(a,b)}{|a||b|} \leqq 1 \tag{9.4.2}$$

が成り立ち

$$\cos\theta = \frac{(a,b)}{|a||b|}$$

を満たす $\theta \in [0,\pi]$ がただ 1 つ存在する．

(証明) $|a| \neq 0,\ |b| \neq 0$ であるから (9.4.1) により (9.4.2) は成り立ちます．ところで，x の関数として $\cos x$ は，区間 $[0,\pi]$ において連続な狭義の単調減少関数であり，$\cos 0 = 1, \cos \pi = -1$ を満たすから，中間値の定理により

$$\cos\theta = \frac{(a,b)}{|a||b|} \tag{9.4.3}$$

となる $\theta \in [0,\pi]$ が一意的に定まります． ■

この角 θ は，ベクトル a と b の間の角度を表しています (図 9.2 を参照)．この場合，θ を $0 \leq \theta \leq \pi$ の範囲で考え，θ を a と b の成す角といいます．

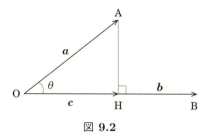

図 **9.2**

(9.4.3) より内積 (a,b) は次のようにも表されます．

$$(a,b) = |a||b|\cos\theta \tag{9.4.4}$$

ここで，内積 (a,b) の幾何学的意味を考えてみよう．

図 9.2 のように，$a = \overrightarrow{OA}$, $b = \overrightarrow{OB}$ となる 3 点 O, A, B をとります．点 A から直線 OB に垂線を引き，その足を H とし，$\overrightarrow{OH} = c$ とおきます．このベクトル c を a の b 上への**正射影**といいます．$\angle AOB = \theta \left(\leq \dfrac{\pi}{2}\right)$ とおくとき，直角三角形 AOH において $|c| = |a|\cos\theta$ となります．したがって，a と b の内積は

$$(a,b) = |a||b|\cos\theta = \begin{cases} |b||c| & \left(0 \leq \theta < \dfrac{\pi}{2}\right) \\ 0 & \left(\theta = \dfrac{\pi}{2}\right) \end{cases}$$

となります．特に，$\theta = \pi/2$ (90°) のときは $(a,b) = 0$ であり，a と b は**直交す**るといいます．a と b の成す角 θ は，通常 $0 \leq \theta \leq \pi$ で考えて

$$(a,b) = -|b||c| \qquad \left(\dfrac{\pi}{2} < \theta \leq \pi\right)$$

となります．

定理 9.4.3 $A \in M_3(\mathbf{R})$ とする．このとき

$$x, y \in \mathbf{R}^3 \text{ に対して，} (Ax, y) = (x, {}^t\!Ay)$$

が成り立つ．

(証明) $A=[a_{ij}]$ とするとき，任意の $\boldsymbol{x}={}^t(x_1,x_2,x_3)$, $\boldsymbol{y}={}^t(y_1,y_2,y_3)\in \mathbf{R}^3$ に対して

$$A\boldsymbol{x}={}^t\Bigl(\sum_{k=1}^{3}a_{1k}x_k, \sum_{k=1}^{3}a_{2k}x_k, \sum_{k=1}^{3}a_{3k}x_k\Bigr)$$

であるから

$$(A\boldsymbol{x},\boldsymbol{y})=\sum_{r=1}^{3}\Bigl(\sum_{k=1}^{3}a_{rk}x_k\Bigr)y_r=\sum_{k=1}^{3}\sum_{r=1}^{3}a_{rk}x_ky_r \tag{9.4.5}$$

となります．また，${}^tA=[a'_{ij}]$ とすると $a'_{ij}=a_{ji}$ $(i,j=1,2,3)$ であるから

$$\begin{aligned}{}^tA\boldsymbol{y}&={}^t\Bigl(\sum_{r=1}^{3}a'_{1r}y_r, \sum_{r=1}^{3}a'_{2r}y_r, \sum_{r=1}^{3}a'_{3r}y_r\Bigr)\\&={}^t\Bigl(\sum_{r=1}^{3}a_{r1}y_r, \sum_{r=1}^{3}a_{r2}y_r, \sum_{r=1}^{3}a_{r3}y_r\Bigr),\\(\boldsymbol{x},{}^tA\boldsymbol{y})&=\sum_{k=1}^{3}\Bigl(\sum_{r=1}^{3}a_{rk}y_r\Bigr)x_k=\sum_{k=1}^{3}\sum_{r=1}^{3}a_{rk}x_ky_r\end{aligned} \tag{9.4.6}$$

となります．したがって，(9.4.5) と (9.4.6) により任意の $\boldsymbol{x},\boldsymbol{y}\in\mathbf{R}^3$ に対して，$(A\boldsymbol{x},\boldsymbol{y})=(\boldsymbol{x},{}^tA\boldsymbol{y})$ が成り立ちます． ∎

定理 9.4.4 $A\in M_3(\mathbf{R})$ について，次の条件は同値である．

(1) A は直交行列である．

(2) 任意の $\boldsymbol{x},\boldsymbol{y}\in\mathbf{R}^3$ に対して

$$(A\boldsymbol{x},A\boldsymbol{y})=(\boldsymbol{x},\boldsymbol{y}) \quad (A は内積を保存する).$$

(3) 任意の $\boldsymbol{x}\in\mathbf{R}^3$ に対して

$$|A\boldsymbol{x}|=|\boldsymbol{x}| \quad (A は大きさを保存する).$$

(証明) (1)$\Longleftrightarrow$(2); 定理 9.4.3 により

$$(A\boldsymbol{x},A\boldsymbol{y})-(\boldsymbol{x},\boldsymbol{y})=(\boldsymbol{x},{}^tAA\boldsymbol{y})-(\boldsymbol{x},\boldsymbol{y})=(\boldsymbol{x},({}^tAA-E)\boldsymbol{y}) \tag{9.4.7}$$

が任意の $\boldsymbol{x},\boldsymbol{y}\in\mathbf{R}^3$ に対して成り立ちます．A が直交行列であると仮定すれば，

$^tAA=E$ であるので $(A\boldsymbol{x},A\boldsymbol{y})=(\boldsymbol{x},\boldsymbol{y})$ が成り立ちます．逆に，$(A\boldsymbol{x},A\boldsymbol{y})=(\boldsymbol{x},\boldsymbol{y})$ がすべての $\boldsymbol{x},\boldsymbol{y}\in\mathbf{R}^3$ に対して成り立つと仮定すると，(9.4.7) により，$(\boldsymbol{x},(^tAA-E)\boldsymbol{y})=0$ がすべての $\boldsymbol{x},\boldsymbol{y}\in\mathbf{R}^3$ に対して成り立ちます．そこで，$\boldsymbol{x}=(^tAA-E)\boldsymbol{y}$ とすると，$|(^tAA-E)\boldsymbol{y}|^2=0$ となるから，$(^tAA-E)\boldsymbol{y}=\boldsymbol{0}$ がすべての $\boldsymbol{y}\in\mathbf{R}^3$ に対して成り立ちます．したがって，$^tAA-E=O$，すなわち，$^tAA=E$ を満たすから A は直交行列となります．

(2)$\Longleftrightarrow$(3)；(2) を仮定すると，任意の $\boldsymbol{x}\in\mathbf{R}^3$ に対して

$$|A\boldsymbol{x}|^2=(A\boldsymbol{x},A\boldsymbol{x})=(\boldsymbol{x},\boldsymbol{x})=|\boldsymbol{x}|^2$$

であるから $|A\boldsymbol{x}|=|\boldsymbol{x}|$ が成り立ちます．(3) を仮定します．任意の $\boldsymbol{x},\boldsymbol{y}\in\mathbf{R}^3$ に対して

$$|A(\boldsymbol{x}+\boldsymbol{y})|^2-|A(\boldsymbol{x}-\boldsymbol{y})|^2=|\boldsymbol{x}+\boldsymbol{y}|^2-|\boldsymbol{x}-\boldsymbol{y}|^2 \tag{9.4.8}$$

となります．(9.4.8) の右辺を計算すると

$$|\boldsymbol{x}+\boldsymbol{y}|^2-|\boldsymbol{x}-\boldsymbol{y}|^2=(\boldsymbol{x}+\boldsymbol{y},\boldsymbol{x}+\boldsymbol{y})-(\boldsymbol{x}-\boldsymbol{y},\boldsymbol{x}-\boldsymbol{y})=4(\boldsymbol{x},\boldsymbol{y}).$$

(9.4.8) の左辺を計算して

$$|A(\boldsymbol{x}+\boldsymbol{y})|^2-|A(\boldsymbol{x}-\boldsymbol{y})|^2=4(A\boldsymbol{x},A\boldsymbol{y})$$

が得られます．したがって，$(A\boldsymbol{x},A\boldsymbol{y})=(\boldsymbol{x},\boldsymbol{y})$ が成り立ちます． ∎

直交行列は内積を変えないから，ベクトル $\boldsymbol{x}$ の大きさも変えない ($|A\boldsymbol{x}|=|\boldsymbol{x}|$)．したがって，直交行列は (9.4.3) により，2 つのベクトルの成す角度も変えないことが分かります．直交行列 A に対して，$f_A(\boldsymbol{x})=A\boldsymbol{x}$ ($\boldsymbol{x}\in\mathbf{R}^3$) によって定義される線形変換 $f_A；\mathbf{R}^3\to\mathbf{R}^3$ を**直交変換**といいます．直交変換について，次が成り立ちます．

系 9.4.5 線形変換 $f_A；\mathbf{R}^3\to\mathbf{R}^3$ に対して，次は同値である．

(1) f_A は直交変換である．
(2) f_A は内積を保存する．すなわち，$\boldsymbol{x},\boldsymbol{y}$ に対して $(f_A(\boldsymbol{x}),f_A(\boldsymbol{y}))=(\boldsymbol{x},\boldsymbol{y})$ を満たす．

(3) f_A は,$|f_A(\boldsymbol{x})|=|\boldsymbol{x}|$ を満たし,$\boldsymbol{x},\boldsymbol{y}$ の角度も変えない.すなわち f_A は合同変換である.

■ 章末問題 9

問題 9.1 $A=(\boldsymbol{a}_1,\boldsymbol{a}_2,\boldsymbol{a}_3)$ に対して

$$
{}^tAA=\begin{pmatrix}(\boldsymbol{a}_1,\boldsymbol{a}_1) & (\boldsymbol{a}_1,\boldsymbol{a}_2) & (\boldsymbol{a}_1,\boldsymbol{a}_3)\\ (\boldsymbol{a}_2,\boldsymbol{a}_1) & (\boldsymbol{a}_2,\boldsymbol{a}_2) & (\boldsymbol{a}_2,\boldsymbol{a}_3)\\ (\boldsymbol{a}_3,\boldsymbol{a}_1) & (\boldsymbol{a}_3,\boldsymbol{a}_2) & (\boldsymbol{a}_3,\boldsymbol{a}_3)\end{pmatrix}
$$

となることを示すことにより

$$
|A|^2=\begin{vmatrix}(\boldsymbol{a}_1,\boldsymbol{a}_1) & (\boldsymbol{a}_1,\boldsymbol{a}_2) & (\boldsymbol{a}_1,\boldsymbol{a}_3)\\ (\boldsymbol{a}_2,\boldsymbol{a}_1) & (\boldsymbol{a}_2,\boldsymbol{a}_2) & (\boldsymbol{a}_2,\boldsymbol{a}_3)\\ (\boldsymbol{a}_3,\boldsymbol{a}_1) & (\boldsymbol{a}_3,\boldsymbol{a}_2) & (\boldsymbol{a}_3,\boldsymbol{a}_3)\end{vmatrix}
$$

が成り立つことを証明してください.ここに,$(\boldsymbol{a}_i,\boldsymbol{a}_j)$ は $\boldsymbol{a}_i$ と $\boldsymbol{a}_j$ の内積を表します.

第10章
群の準同型とその表現

この章では，群の同型および準同型について議論します．群の同型，準同型によっていろいろな場面に潜む群構造を見出すことができます．まずは，群の現れる具体例から見ていくことにします．

― キーワード ―

回転群，特殊直交群，群同型写像，直積群，位数，標準的準同型写像，置換表現，正多面体群，右手系

― 新しい記号 ―

$SO(2,\mathbf{R})$, $SO(3,\mathbf{R})$, $\mathbf{Z}_n^* \times \mathbf{Z}_m^*$

10.1 正則行列の成す群の例

2次と3次の正則行列全体の成す群 $GL(2,\mathbf{R})$, $GL(3,\mathbf{R})$ の部分群について考えます．平面や空間における回転変換の集合が成す群の例から見ていくことにします．

例 10.1.1 平面内において，原点 O を中心にもつ正 n 角形を考えよう．この正 n 角形を，O を中心とし，正の方向 (反時計回り) に角度 $2\pi/n$ だけ回転させ，

正 n 角形自身に重ね合わせる操作を C と表すと，C^k $(k=0,1,2,3,\cdots)$ は，この操作を k 回続けて行うことで，O のまわりの角度 $(2\pi k)/n$ の回転を意味します．ただし，C^0 は全く回転しない操作を表すこととします．操作を n 回行うともとの状態にもどるから，C^n と C^0 を同一視できて，操作の全体を $\mathcal{C}_n = \{C^0, C^1, C^2, \cdots, C^{n-1}\}$ と表すことができます．そこで，$C^i, C^j \in \mathcal{C}_n$ に対して，操作 C^i に続いて操作 C^j を行うことを $C^j \circ C^i$ と定義すると，$C^i \circ C^j = C^{i+j}$ となります．ところで，$m = pn + k$ $(0 \leq k < n, p \in \mathbf{Z})$ のとき，$C^m = C^{pn+k} = C^{pn} \circ C^k = C^k$ であるから，$C^j \circ C^i = C^{\overline{j+i}}$ となります．ただし，$\overline{j+i}$ は $j+i$ を n で割ったときの余りです．したがって，$C^j \circ C^i \in \mathcal{C}_n$ となり，$\mathcal{C}_n$ は演算 (積) $\circ$ に関して閉じています．さらに，$C^i, C^j, C^k \in \mathcal{C}_n$ に対して

$$C^i \circ (C^j \circ C^k) = C^i \circ C^{\overline{j+k}} = C^{\overline{i+j+k}},$$
$$(C^i \circ C^j) \circ C^k = C^{\overline{i+j}} \circ C^k = C^{\overline{i+j+k}}$$

であるから，結合法則

$$C^i \circ (C^j \circ C^k) = (C^i \circ C^j) \circ C^k$$

が成り立ちます．$C^j \circ C^i = C^{\overline{j+i}} = C^i \circ C^j$ より，可換法則も成り立ちます．また，$C^i \circ C^0 = C^0 \circ C^i = C^i$ であるから C^0 が $\mathcal{C}_n$ の単位元です．さらに，任意の $C^i \in \mathcal{C}_n$ に対して $C^i \circ C^{n-i} = C^{n-i} \circ C^i = C^n = C^0$ となるから，C^i の逆元は $C^{n-i} \in \mathcal{C}_n$ です．したがって，$\mathcal{C}_n$ は位数 n の可換群となります．

次に，平面における回転を表す変換について述べます．まず，平面上の点の移動を考えます．平面の点 (x, y) を点 (x', y') に対応させる写像で

$$\begin{cases} x' = ax + by \\ y' = cx + dy \end{cases} \quad (10.1.1)$$

と表されるものを考えます．ここに，a, b, c, d は実数の定数です．(10.1.1) の形で与えられる (x, y) を (x', y') に対応させる変換は線形です．これを平面の**線形変換** (または 1 次変換) といいます．平面の点 (x, y), (x', y') を列ベクトルとして表すと，1 次変換 (10.1.1) は，行列と列ベクトルを用いて

212　第 10 章　群の準同型とその表現

$$\begin{pmatrix} x' \\ y' \end{pmatrix} = \begin{pmatrix} a & b \\ c & d \end{pmatrix} \begin{pmatrix} x \\ y \end{pmatrix} \tag{10.1.2}$$

と表されます．行列

$$A = \begin{pmatrix} a & b \\ c & d \end{pmatrix}$$

は 1 次変換 (10.1.1) を表す行列と呼ばれています．ところで，2×2 行列全体の集合 $M_2(\mathbf{R})$ は行列の和と積に関して環を成します．さらに，$M_2(\mathbf{R})$ の正則行列全体の集合 $GL(2,\mathbf{R}) = \{A \in M_2(\mathbf{R}) \mid |A| \neq 0\}$ は，積に関して群を成しています．

ここで，例 9.1.2 でとりあげた直交行列 $A(\theta)$ が平面における回転変換を表すことを確かめておきます．また，平面における回転の操作が線形変換であり，行列で表現されることをみておきます．平面上の点 $\mathrm{P}(x,y)$ を原点 O のまわりに角度 θ だけ回転させて得られる点を $\mathrm{P}'(x',y')$ とします．平面の点と複素平面の点とを同一視して，極形式表示を用いることにします．線分 OP が x 軸と正の向きに成す角を α とし，線分 OP の長さを $r\ (>0)$ とおくと，x, y, x', y' は

$$\begin{cases} x = r\cos\alpha \\ y = r\sin\alpha, \end{cases} \qquad \begin{cases} x' = r\cos(\alpha+\theta) \\ y' = r\sin(\alpha+\theta) \end{cases}$$

と表されます．加法定理により

$$r\cos(\alpha+\theta) = r\cos\alpha\cos\theta - r\sin\alpha\sin\theta,$$
$$r\sin(\alpha+\theta) = r\sin\alpha\cos\theta + r\cos\alpha\sin\theta$$

となるから

$$\begin{cases} x' = r\cos(\alpha+\theta) = x\cos\theta - y\sin\theta \\ y' = r\sin(\alpha+\theta) = x\sin\theta + y\cos\theta \end{cases} \tag{10.1.3}$$

が得られます．したがって，この (10.1.3) は

$$\begin{pmatrix} x' \\ y' \end{pmatrix} = \begin{pmatrix} \cos\theta & -\sin\theta \\ \sin\theta & \cos\theta \end{pmatrix} \begin{pmatrix} x \\ y \end{pmatrix}$$

のように行列で表現されます．すなわち，平面において原点 O を中心とする円周上の点を，中心 O のまわりに θ 回転させて円周上の点に移す操作は行列を用いて

$$A(\theta) = \begin{pmatrix} \cos\theta & -\sin\theta \\ \sin\theta & \cos\theta \end{pmatrix}$$

と表されます．したがって，回転の操作は線形変換となります．このとき，$|A(\theta)| = \cos^2\theta + \sin^2\theta = 1$ となり $A(\theta)$ は正則行列です (定理 9.3.4)．いま，$\mathcal{R} = \{A(\theta) \mid \theta \in \mathbf{R}\}$ (O のまわりの回転の表す変換全体) とおくとき，$\mathcal{R} \subset GL(2,\mathbf{R})$ であり，$A(\theta), A(\theta') \in \mathcal{R}$ に対して

$$\begin{aligned} A(\theta)A(\theta') &= \begin{pmatrix} \cos\theta & -\sin\theta \\ \sin\theta & \cos\theta \end{pmatrix} \begin{pmatrix} \cos\theta' & -\sin\theta' \\ \sin\theta' & \cos\theta' \end{pmatrix} \\ &= \begin{pmatrix} \cos\theta\cos\theta' - \sin\theta\sin\theta' & -\cos\theta\sin\theta' - \sin\theta\cos\theta' \\ \sin\theta\cos\theta' + \cos\theta\sin\theta' & -\sin\theta\sin\theta' + \cos\theta\cos\theta' \end{pmatrix} \\ &= \begin{pmatrix} \cos(\theta+\theta') & -\sin(\theta+\theta') \\ \sin(\theta+\theta') & \cos(\theta+\theta') \end{pmatrix} = A(\theta+\theta') \in \mathcal{R} \end{aligned}$$

となっていて，$\mathcal{R}$ は行列積に関して閉じています．また，次が成り立つことも容易に確かめられます．

(1) $A(\theta) = A(\theta+2n\pi)$ $(n \in \mathbf{Z})$, $A(0) = A(2n\pi) = E$ $(n \in \mathbf{Z})$.
(2) $A(\theta_1) \cdot A(\theta_2) = A(\theta_1+\theta_2) = A(\theta_2) \cdot A(\theta_1)$ $(\theta_1, \theta_2 \in \mathbf{R})$.
(3) $(A(\theta))^n = A(n\theta)$ $(\theta \in \mathbf{R}, n \in \mathbf{N})$.
(4) $(A(\theta))^{-1} = A(-\theta)$ $(\theta \in \mathbf{R})$ ($A(\theta)$ の逆行列).

また，結合法則はすでに $M_2(\mathbf{R})$ において成り立っています．したがって，$\mathcal{R}$ は積に関して $GL(2,\mathbf{R})$ の可換な部分群となります．

先の例 10.1.1 における $C^1 \in \mathcal{C}_n$ は，平面における回転であるから

$$A = \begin{pmatrix} \cos\dfrac{2\pi}{n} & -\sin\dfrac{2\pi}{n} \\ \sin\dfrac{2\pi}{n} & \cos\dfrac{2\pi}{n} \end{pmatrix}$$

と行列で表現することができます．このとき，C^k の表現行列は

$$A^k = \begin{pmatrix} \cos\dfrac{2\pi}{n}k & -\sin\dfrac{2\pi}{n}k \\ \sin\dfrac{2\pi}{n}k & \cos\dfrac{2\pi}{n}k \end{pmatrix} \qquad (k=0,1,2,\cdots,n-1)$$

となります．これらは正則行列で，$A^0 = A^n = E$，$A^i A^j = A^{\overline{i+j}}$ を満たしています．$\mathcal{M}_n = \{E, A, A^2, \cdots, A^{n-1}\}$ とおくと，対応 $\varphi ; C^i \to A^i$ $(i=0,1,2,\cdots,n-1)$ は $\mathcal{C}_n$ から $\mathcal{M}_n$ への全単射写像です．C^i と C^j の積 $C^i \circ C^j$ には，行列の積 $A^i A^j$ が対応しています．$\mathcal{M}_n$ は行列積の演算に関して閉じていて，$\mathcal{C}_n$ と同じ演算規則に従います．したがって，$\mathcal{M}_n$ は位数 n の群となり，$GL(2,\mathbf{R})$ の可換な部分群です．このとき，群 $\mathcal{C}_n$ と群 $\mathcal{M}_n$ を同一視することができます．

$A(\theta) \in \mathcal{R}$ の転置行列 ${}^t A(\theta)$ を考えます．${}^t A(\theta)$ の列成分は $A(\theta)$ の行成分となっています．すなわち

$$A(\theta) = \begin{pmatrix} \cos\theta & -\sin\theta \\ \sin\theta & \cos\theta \end{pmatrix} \in \mathcal{R}$$

に対しては

$${}^t A(\theta) = \begin{pmatrix} \cos\theta & \sin\theta \\ -\sin\theta & \cos\theta \end{pmatrix} = \begin{pmatrix} \cos(-\theta) & -\sin(-\theta) \\ \sin(-\theta) & \cos(-\theta) \end{pmatrix} \in \mathcal{R}$$

となります．このとき，$A(\theta)$ と ${}^t A(\theta)$ は，上の形から

$$ {}^t A(\theta) A(\theta) = A(\theta)({}^t A(\theta)) = A(0) = E \tag{10.1.4}$$

を満たしています．すなわち，$A(\theta)$ は直交行列です．さらに，$|A(\theta)| = 1$ を満たします．先にみたように，この $\mathcal{R}$ は $GL(2,\mathbf{R})$ の可換な部分群です．$\mathcal{R}$ は 2 次の**回転群**と呼ばれています．ここで，2 次の直交群 $O(2,\mathbf{R})$ の部分集合を考えます．$A \in O(2,\mathbf{R})$ に対して $A({}^t A) = ({}^t A)A = E$ であるから $|A|^2 = |A({}^t A)| = |E| = $

1 となり，$|A|=\pm 1$ です．そこで，$O(2,\mathbf{R})$ の部分集合 $SO(2,\mathbf{R})=\{A\in O(2,\mathbf{R}) \mid |A|=1\}$ を考えます．$SO(2,\mathbf{R})$ は 2 次の直交群 $O(2,\mathbf{R})$ の部分群です．実際，$|E|=1$ より $E\in SO(2,\mathbf{R})$ です．$A\in SO(2,\mathbf{R})$ のとき，A は正則であるから，系 9.3.5 により $|A^{-1}|=\dfrac{1}{|A|}=1$ を満たします．したがって，$A^{-1}\in SO(2,\mathbf{R})$ となります．また，$A,B\in SO(2,\mathbf{R})$ ならば，AB は直交行列で，$|AB|=|A||B|=1$ より $AB\in SO(2,\mathbf{R})$ となります．結合法則は，$O(2,\mathbf{R})$ において成り立つから $SO(2,\mathbf{R})$ においても成り立ちます．したがって，$SO(2,\mathbf{R})$ は $O(2,\mathbf{R})$ の部分群となります．$SO(2,\mathbf{R})$ は **2 次の特殊直交群**と呼ばれています．このとき，$\mathcal{R}\subset SO(2,\mathbf{R})$ です．次の補題から $\mathcal{R}=SO(2,\mathbf{R})$ であることが分かります．このことから $SO(2,\mathbf{R})$ は 2 次の回転群とも呼ばれています．

補題 10.1.1 行列 $A\in M_2(\mathbf{R})$ が $A({}^tA)=E, |A|=1$ を満たせば，A は次のいずれかの形となる．

$$\begin{pmatrix} \cos\theta & -\sin\theta \\ \sin\theta & \cos\theta \end{pmatrix} \quad \text{または} \quad \begin{pmatrix} \cos\theta & \sin\theta \\ -\sin\theta & \cos\theta \end{pmatrix}$$

(証明)

$$A=\begin{pmatrix} a & b \\ c & d \end{pmatrix}$$

とおく．$A({}^tA)=E$ より A は直交行列である (注 9.1.6)．また，$|A|=1$ であるから次に等式が得られます．

$$\begin{cases} a^2+b^2=1 & (1) \\ c^2+d^2=1 & (2) \\ ac+bd=0 & (3) \\ ad-bc=1 & (4) \end{cases}$$

$(3)\times c+(4)\times d, (3)\times d-(4)\times c$ より

$$a(c^2+d^2)=d, \quad b(c^2+d^2)=-c \tag{5}$$

となります．また，(1) により $a=\cos\theta, b=\pm\sin\theta$ です．このことと (2), (5) により $d=a=\cos\theta, c=-b=\mp\sin\theta$ であることが分かります．したがって，A は

$$\begin{pmatrix} \cos\theta & -\sin\theta \\ \sin\theta & \cos\theta \end{pmatrix} \quad \text{または} \quad \begin{pmatrix} \cos\theta & \sin\theta \\ -\sin\theta & \cos\theta \end{pmatrix}$$

の形のいずれかとなります． ∎

補題 10.1.1 により，$A \in SO(2,\mathbf{R})$ は

$$A_1 = \begin{pmatrix} \cos\theta & -\sin\theta \\ \sin\theta & \cos\theta \end{pmatrix} \quad \text{または} \quad A_2 = \begin{pmatrix} \cos\theta & \sin\theta \\ -\sin\theta & \cos\theta \end{pmatrix}$$

の形に表されます．ここで，

$$A_1 = \begin{pmatrix} \cos\theta & -\sin\theta \\ \sin\theta & \cos\theta \end{pmatrix} \in \mathcal{R}$$

となります．また

$$A_2 = \begin{pmatrix} \cos\theta & \sin\theta \\ -\sin\theta & \cos\theta \end{pmatrix} = \begin{pmatrix} \cos(-\theta) & -\sin(-\theta) \\ \sin(-\theta) & \cos(-\theta) \end{pmatrix} \in \mathcal{R}$$

であるから，$SO(2,\mathbf{R}) \subset \mathcal{R}$ が示されます．したがって，$SO(2,\mathbf{R}) = \mathcal{R}$ となります．

直交行列は，内積を保存し，角度を変えない (定理 9.4.4)．これより直交行列は，直交座標系を直交座標系に移す変換であることが分かります．

注 **10.1.1** 直交行列 $A \in O(2,\mathbf{R})$ は

$$A_1 = \begin{pmatrix} \cos\theta & -\sin\theta \\ \sin\theta & \cos\theta \end{pmatrix} \quad \text{または} \quad A_2 = \begin{pmatrix} \cos\theta & \sin\theta \\ \sin\theta & -\cos\theta \end{pmatrix}$$

の形となります．このとき，$A_1 \in \mathcal{R}$ であり，A_1 は向きを変えない回転の操作を

表します．A_2 は，$|A_2|=-1$ であるから $A_2 \notin \mathcal{R}$ です．このとき

$$\begin{pmatrix} \cos\theta & -\sin\theta \\ \sin\theta & \cos\theta \end{pmatrix} \begin{pmatrix} 1 & 0 \\ 0 & -1 \end{pmatrix} = \begin{pmatrix} \cos\theta & \sin\theta \\ \sin\theta & -\cos\theta \end{pmatrix} = A_2$$

となっています．すなわち，A_2 は，x 軸に関する対称移動を行い，続けて回転 A_1 を行う操作となっています．

ここで，ちょっと寄り道をして，平面と空間における点の移動に関する 2, 3 の例をみておきます．平面の点 (x,y) を点 (x',y') に対応させる線形変換

$$\begin{cases} x' = ax+by \\ y' = cx+dy \end{cases} \tag{10.1.5}$$

に対する行列表現

$$A = \begin{pmatrix} a & b \\ c & d \end{pmatrix}$$

の次のような特別な場合を考えます．まず，4 つの特別な直線 $y=0$, $x=0$, $y=x$, $y=-x$ の各々に対する折り返しを考えます．

(i) $a=1$, $b=c=0$, $d=-1$ である場合；(10.1.5) の線形変換は

$$\begin{cases} x' = x \\ y' = -y \end{cases}$$

となります．この線形変換は x 軸に関する対称移動を表し，行列で

$$S_x = \begin{pmatrix} 1 & 0 \\ 0 & -1 \end{pmatrix}$$

と表現されます．この行列は，$S_x S_x = E$, ${}^t S_x = S_x$ を満たしていて正則です．

(ii) $a=-1$, $b=c=0$, $d=1$ である場合；(10.1.5) の線形変換は y 軸に関する対称移動を表し，表現行列は

$$S_y = \begin{pmatrix} -1 & 0 \\ 0 & 1 \end{pmatrix}$$

となり $S_y S_y = E$ を満たし，正則です．また，$S_y = -S_x$ となっています．

(iii) $a=d=0, b=c=1$ である場合；(10.1.5) の線形変換は直線 $y=x$ に関する対称移動を表し，表現行列は

$$T_1 = \begin{pmatrix} 0 & 1 \\ 1 & 0 \end{pmatrix}$$

となります．これは $T_1 T_1 = E$, ${}^t T_1 = T_1$ を満たす正則行列です．

(iv) $a=d=0, b=c=-1$ である場合；この線形変換は直線 $y=-x$ に関する対称移動を表し，表現行列は

$$T_2 = \begin{pmatrix} 0 & -1 \\ -1 & 0 \end{pmatrix}$$

となります．この T_2 も正則行列で，$T_2 T_2 = E$, ${}^t T_2 = T_2$, $T_2 = -T_1$ を満たしています．

次に，2次の特殊直交群 $SO(2,\mathbf{R})$ の位数 4 の巡回部分群 $\mathcal{C}_4 = \{E, A, A^2, A^3\}$ を考えます．ここに

$$A(0) = A(2n\pi) = \begin{pmatrix} 1 & 0 \\ 0 & 1 \end{pmatrix} = E, \quad A = A(\pi/2) = \begin{pmatrix} 0 & -1 \\ 1 & 0 \end{pmatrix},$$

$$A^2 = A(\pi) = \begin{pmatrix} -1 & 0 \\ 0 & -1 \end{pmatrix} = -E, \quad A^3 = A(3\pi/2) = \begin{pmatrix} 0 & 1 \\ -1 & 0 \end{pmatrix} = -A$$

です．各 $A^i \in \mathcal{C}_4$ は次を満たします．$A^i A^j = A^{\overline{i+j}}$ $(i,j=0,1,2,3)$, $A^0 = E$, ただし，$\overline{i+j}$ は $i+j$ を 4 で割ったときの余りを表します．ここで

$$\mathcal{M} = \{E, A, A^2, A^3, S_x, S_y, T_1, T_2\}$$

とおくと，$\mathcal{M}$ は直交群 $O(2,\mathbf{R})$ の部分集合です．$\mathcal{M}$ について行列の積に関する演算表 (乗積表) を作ると，以下のようになります．

	E	A	A^2	A^3	S_x	S_y	T_1	T_2
E	E	A	A^2	A^3	S_x	S_y	T_1	T_2
A	A	A^2	A^3	E	T_1	T_2	S_y	S_x
A^2	A^2	A^3	E	A	S_y	S_x	T_2	T_1
A^3	A^3	E	A	A^2	T_2	T_1	S_x	S_y
S_x	S_x	T_2	S_y	T_1	E	A^2	A^3	A
S_y	S_y	T_1	S_x	T_2	A^2	E	A	A^3
T_1	T_1	S_x	T_2	S_y	A	A^3	E	A^2
T_2	T_2	S_y	T_1	S_x	A^3	A	A^2	E

　この乗積表は，第1列から X を，第1行から Y を探して行と列の交点を XY と読みます．このことは，最初に操作 Y を行い，次に操作 X を行うことを意味します．この乗積表により，$\mathcal{M}$ は $O(2,\mathbf{R})$ の単位元 E を含み，行列積に関して閉じていることが分かります．したがって，$\mathcal{M}$ は位数8で，$O(2,\mathbf{R})$ の部分群となります．さらに，$\mathcal{M}$ は，$\mathcal{C}_4 = \{E, A, A^2, A^3\}$ を巡回部分群として含むことが乗積表から分かります．すなわち，$\mathcal{C}_4 \subset \mathcal{M} \subset O(2,\mathbf{R})$ です．

　ここで，xy 座標平面における 4 点 A $=(-1,-1)$, B $=(1,-1)$, C $=(1,1)$, D $=(-1,1)$ を頂点とする正方形 ABCD を考えます．いま，正方形の中心(対角線の交点)を O (原点)とし，O を動かさない次の8つの移動(不動もその1つ)を考えます．これらの操作1つ1つに $\mathcal{M}$ の行列が対応しています．

(1) 静止(動かさない) ; E

(2) O のまわりの 90° 回転 ; A

(3) O のまわりの 180° 回転 ; A^2

(4) O のまわりの 270° 回転 ; A^3

(5) x 軸に関する対称移動 ; S_x

(6) y 軸に関する対称移動 ; S_y

(7) AC に関する対称移動 ; T_1

(8) BD に関する対称移動 ; T_2.

部分群 $\mathcal{M}$ を利用して，次の面白い応用例を考えてみます．

例 10.1.2 電卓の文字盤には，下の図のように 1 から 9 までの数が並んでいます．5 を中心にして 5 を含むたて，よこ，斜めの数を加えると和はいずれも 15 となっています (このような配列を魔方陣といいます)．

7	8	9
4	5	6
1	2	3

しかし，上図では 1 列の和は $7+4+1=12$, 1 行の和は $7+8+9=24$ です．そこで，中心に 5 を固定して，他の数字 $\{1,2,3,4,6,7,8,9\}$ を残りの枠に 1 個ずつ入れて，次の条件 (∗) を満たすように並び換えたい．

たて，よこ，斜めさらに各列，各行の和までもがすべて 15 である．　　(∗)

このような条件 (∗) を満たす配列すべてを求めてみよう．いま，問題の条件 (∗) を満たす数の配列が作られ，下の (10.1.6) のようになっているものとします．ここに，$a \sim h$ は 5 以外の 1 から 9 までの整数です．

f	g	h
d	5	e
a	b	c

(10.1.6)

このとき，数の配列を変えずに，5 を中心として 90°, 180°, 270° の回転移動したものはまた条件 (∗) を満たします．さらに，中心 5 を通るたて，またはよこ，両斜めの直線に関して数の配列を対称移動したものは，再び条件 (∗) を満たします．このことは，5 を中心 (原点) とし，(10.1.6) に群 $\mathcal{M}$ の各操作 $A, A^2, A^3, S_x, S_y, T_1, T_2$ を行っても，条件 (∗) が満たされていることを示しています．そこで，(10.1.6) において，1 をどこにおくかを考えます．上の考察から $a=1$ または $b=1$ の場合を考えれば十分です．

(i) $a=1$ の場合は，$h=9$ であり，$f+g=6$ ($f \neq g$) となります．これより，$f=2, g=4$ または $f=4, g=2$ の 2 通りが考えられます．ところで，$a+d+f=$

15, $a=1$, すなわち $d+f=14$ であるから $f=2$ または $f=4$ のときは $d=12$ または $d=10$ となり,$1\leqq d\leqq 9$ であったことに反します.したがって,$a=1$ ではあり得ないことが分かります.

(ii) $b=1$ の場合は,$g=9$ で $f+h=6$ となります.(i) と同様にして $f=2$, $h=4$ または $f=4$, $h=2$ が得られます.$f=2$, $h=4$ ならば,$a=6$, $d=7$, $e=3$, $c=8$ となります.また,$f=4$, $h=2$ ならば,$a=8$, $d=3$, $e=7$, $c=6$ となります.これら2組は,確かに,条件 (*) を満たし,5を通るたての直線に関して互いに他を対称移動したものとなっています.いま

$$X = \begin{array}{|c|c|c|} \hline 2 & 9 & 4 \\ \hline 7 & 5 & 3 \\ \hline 6 & 1 & 8 \\ \hline \end{array} \tag{10.1.7}$$

を考え,これに群 $\mathcal{M}$ の操作 A を行うことを AX と表すことにすると,次が得られます.ここに,$EX=X$ です.

$$AX = \begin{array}{|c|c|c|} \hline 4 & 3 & 8 \\ \hline 9 & 5 & 1 \\ \hline 2 & 7 & 6 \\ \hline \end{array}, \quad A^2 X = \begin{array}{|c|c|c|} \hline 8 & 1 & 6 \\ \hline 3 & 5 & 7 \\ \hline 4 & 9 & 2 \\ \hline \end{array}, \quad A^3 X = \begin{array}{|c|c|c|} \hline 6 & 7 & 2 \\ \hline 1 & 5 & 9 \\ \hline 8 & 3 & 4 \\ \hline \end{array},$$

$$S_x X = \begin{array}{|c|c|c|} \hline 6 & 1 & 8 \\ \hline 7 & 5 & 3 \\ \hline 2 & 9 & 4 \\ \hline \end{array}, \quad S_y X = \begin{array}{|c|c|c|} \hline 4 & 9 & 2 \\ \hline 3 & 5 & 7 \\ \hline 8 & 1 & 6 \\ \hline \end{array}, \quad T_1 X = \begin{array}{|c|c|c|} \hline 8 & 3 & 4 \\ \hline 1 & 5 & 9 \\ \hline 6 & 7 & 2 \\ \hline \end{array},$$

$$T_2 X = \begin{array}{|c|c|c|} \hline 2 & 7 & 6 \\ \hline 9 & 5 & 1 \\ \hline 4 & 3 & 8 \\ \hline \end{array}.$$

これらが条件 (*) を満たす配列のすべてです.∎

以下においては,扱う対象が複雑になって用いられる記号も多くなります.ここで,2次の行列について用いられる記号とその定義を確かめておきます.$M_2(\mathbf{R})$ は2次の行列全体の集合です.2次の一般線形群 $GL(2,\mathbf{R})$ は,$M_2(\mathbf{R})$ の正則

行列の全体です．すなわち $AB=BA=E$ (単位行列) を満たす $B\in M_2(\mathbf{R})$ が存在するような $A\in M_2(\mathbf{R})$ の全体です．$A\in M_2(\mathbf{R})$ が正則であることと $|A|\neq 0$ であることは同値である (定理 9.3.4) から，$GL(2,\mathbf{R})=\{A\in M_2(\mathbf{R}) \mid |A|\neq 0\}$ と表されます．2 次の直交行列の全体 $O(2,\mathbf{R})=\{A\in M_2(\mathbf{R}) \mid {}^tAA=A({}^tA)=E\}$ は 2 次の直交群を成します．また，$O(2,\mathbf{R})$ の部分群で，$SO(2,\mathbf{R})=\{A\in O(2,\mathbf{R}) \mid |A|=1\}$ は 2 次の特殊直交群または 2 次の回転群と呼ばれているものです．$A\in SO(2,\mathbf{R})$ は，裏返しのない変換となっています．

空間の線形変換は 3 次の行列として表現されます．これらのいくつかの集合，たとえば正則行列の全体 $GL(3,\mathbf{R})$ は，2 次の場合と同じように群を成します．ここでは，空間における回転群について見ていくことにします．球面は，球の中心に関して対称であり，空間図形の中で完全な対称性をもつものの 1 つです．この球面の対称性を不変にする変換の 1 つが回転です．以下では，空間における回転の表す変換がどのように行列表現されるかをみていきます．3 次の直交行列の全体集合 $O(3,\mathbf{R})=\{A\in GL(3,\mathbf{R}) \mid {}^tAA=A({}^tA)=E\}$ は群を成します (定理 9.1.5)．さらに，$SO(3,\mathbf{R})=\{A\in O(3,\mathbf{R}) \mid |A|=1\}$ が，2 次の場合と同様にして $O(3,\mathbf{R})$ の部分群であることが示されます．$SO(3,\mathbf{R})$ は **3 次の特殊直交群** (Special othogonal group) または **3 次の回転群**と呼ばれています．ここで，空間の回転についてみておきます．ここでいう回転とは，原点 O を中心とする回転変換のことであり，O からの距離を変えず，角度 (2 つのベクトルの成す角) も変えない合同変換のことです．

まず，回転の向きについて述べます．空間の xyz 座標系 (直交座標系) に対して，x 軸 (または z 軸) の正の部分を y 軸 (x 軸) の正の部分に重ねるように右手でねじを回すとき，z 軸 (y 軸) の正の部分の向きにねじが進むならば，この座標系を**右手系**といいます．回転変換が右手系を右手系に移すとき，この回転の向きは正であるといいます．そこで，1 つの軸のまわりの回転について，回転軸に矢印をつけてこの向きが右手系 (右手でねじを回すときにねじの進む方向) であるとき，回転は正の向きであるとします．以下では，このように回転の向きが定められているものとします．

ところで，回転も線形変換であり，行列で表すことができます．z 軸を回転軸とする角 ζ の回転 f_ζ，y 軸を回転軸とする角 θ の回転 g_θ はそれぞれ線形変換

です．z 軸を回転軸とする角 ζ の回転は，高さ (z 座標) を変えない xy 平面と平行な平面での回転であるから，$\mathbf{R}^3$ の基本ベクトルを e_1, e_2, e_3 とするとき，$f_\zeta(e_1) = {}^t(\cos\zeta, \sin\zeta, 0)$, $f_\zeta(e_2) = {}^t(-\sin\zeta, \cos\zeta, 0)$, $f_\zeta(e_3) = {}^t(0, 0, 1)$ となっています．したがって，z 軸を回転軸とする回転は

$$R_z(\zeta) = (f_\zeta(e_1), f_\zeta(e_2), f_\zeta(e_3)) = \begin{pmatrix} \cos\zeta & -\sin\zeta & 0 \\ \sin\zeta & \cos\zeta & 0 \\ 0 & 0 & 1 \end{pmatrix}$$

の形に行列表現されます．次に，y 軸を回転軸とする角 θ の回転は，高さ (y 座標) を変えない xz 平面に平行な平面での回転です．基本ベクトル e_1, e_2, e_3 に対して，$g_\theta(e_1) = {}^t(\cos\theta, 0, -\sin\theta)$, $g_\theta(e_2) = {}^t(0, 1, 0)$, $g_\theta(e_3) = {}^t(\sin\theta, 0, \cos\theta)$ であるからこの回転は，次のように行列表現されます．

$$R_y(\theta) = (g_\theta(e_1), g_\theta(e_2), g_\theta(e_3)) = \begin{pmatrix} \cos\theta & 0 & \sin\theta \\ 0 & 1 & 0 \\ -\sin\theta & 0 & \cos\theta \end{pmatrix}.$$

このとき，平面における回転変換と同様にして，次の $(1)' \sim (4)'$ が成り立ちます．

(1)′ $R_z(0) = R_z(2n\pi) = E$, $R_y(0) = R_y(2n\pi) = E$ $(n \in \mathbf{Z})$.
(2)′ $R_z(\zeta)R_z(\zeta') = R_z(\zeta + \zeta') = R_z(\zeta')R_z(\zeta)$ $(\zeta, \zeta' \in \mathbf{R})$,
　　　$R_y(\theta)R_y(\theta') = R_y(\theta + \theta') = R_y(\theta')R_y(\theta)$ $(\theta, \theta' \in \mathbf{R})$.
(3)′ $R_z(n\zeta) = (R_z(\zeta))^n$, $R_y(n\theta) = (R_y(\theta))^n$ $(\zeta, \theta \in \mathbf{R}, n \in \mathbf{N})$.
(4)′ $R_z(-\zeta) = R_z(\zeta)^{-1}$, $R_y(-\theta) = R_y(\theta)^{-1}$ $(\zeta, \theta \in \mathbf{R})$.

証明は例 9.1.1 により明らかです．

定理 10.1.2 回転変換の表す行列 $R_z(\zeta), R_y(\theta)$ について，次が成り立つ．

(1) $R_z(\zeta), R_y(\theta) \in SO(3, \mathbf{R})$.
(2) $R_z(\zeta)R_y(\theta), R_y(\theta)R_z(\zeta) \in SO(3, \mathbf{R})$.

(証明) (1) ${}^tR_z(\zeta) = R_z(-\zeta)$, ${}^tR_y(\theta) = R_y(-\theta)$ であることに注意すれば

$$ {}^t R_z(\zeta) R_z(\zeta) = R_z(-\zeta) R_z(\zeta) = R_z(0) = E, $$

$$ R_z(\zeta) {}^t R_z(\zeta) = R_z(\zeta) R_z(-\zeta) = R_z(0) = E, $$

$$ {}^t R_y(\theta) R_y(\theta) = R_y(-\theta) R_y(\theta) = R_y(0) = E, $$

$$ R_y(\theta) {}^t R_y(\theta) = R_y(\theta) R_y(-\theta) = R_y(0) = E. $$

さらに

$$ |R_z(\zeta)| = \begin{vmatrix} \cos\zeta & \sin\zeta & 0 \\ -\sin\zeta & \cos\zeta & 0 \\ 0 & 0 & 1 \end{vmatrix} = \begin{vmatrix} \cos\zeta & \sin\zeta \\ -\sin\zeta & \cos\zeta \end{vmatrix} = \cos^2\zeta + \sin^2\zeta = 1 $$

を満たします．この $|R_z(\zeta)|$ の 2 行目と 3 行目の入れ換え，その後 2 列目と 3 列目の入れ換えを行うことにより，$|R_y(\zeta)| = |R_z(\theta)| = 1$ であることが示されます．したがって，$R_z(\zeta), R_y(\theta) \in SO(3, \mathbf{R})$ となります．

(2) $SO(3, \mathbf{R})$ は積に関して閉じているから，(1) より $R_z(\zeta) R_y(\theta) \in SO(3, \mathbf{R})$, $R_y(\theta) R_z(\zeta) \in SO(3, \mathbf{R})$ となります． ∎

空間の回転は，z 軸と y 軸のまわりの回転のみで表されることが次の定理により分かります．

定理 10.1.3 空間の任意の回転変換 ψ は，3 つのパラメータ ζ, θ, η によって

$$ \psi = R(\zeta, \theta, \eta) = R_z(\zeta) R_y(\theta) R_z(\eta) \tag{10.1.8} $$

のように表される．

(証明) 空間における原点 O を中心とする回転は向きを変えない (右手系を右手系に移す) 合同変換であるから直交変換です (系 9.4.5)．$\mathbf{R}^3$ の標準基底 $\{e_1, e_2, e_3\}$ は正規直交基底 (大きさが 1 で，互いに直交する基底) を成すから $\{\psi(e_1), \psi(e_2), \psi(e_3)\}$ も正規直交基底をなします．このとき，$\psi(e_1), \psi(e_2), \psi(e_3)$ は O を中心とする単位球面上にあります．$\psi(e_3)$ に対して，z 軸のまわりの ζ $(0 \leq \zeta \leq 2\pi)$ 回転 $R_z(\zeta)$ により，$R_z^{-1}(\zeta) \psi(e_3) = R_z(-\zeta) \psi(e_3)$ が xz 平面の $x \geq 0$ なる部分にあるようにできます (図 10.1)．このとき，xz 平面上で $R_z^{-1}(\zeta) \psi(e_3)$ が z 軸

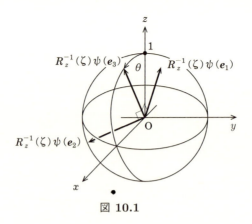

図 10.1

と成す角を θ とするとき，y 軸の周りの θ 回転により

$$R_y^{-1}(\theta)R_z^{-1}(\zeta)\psi(e_3)=e_3 \tag{10.1.9}$$

となるようにできます．$R_y^{-1}(\theta)R_z^{-1}(\zeta)\psi$ は直交変換の積なので直交変換であり，基底の間の互いの角度も変えないから

$$R_y^{-1}(\theta)R_z^{-1}(\zeta)\psi(e_3)=e_3, \quad R_y^{-1}(\theta)R_z^{-1}(\zeta)\psi(e_1), \quad R_y^{-1}(\theta)R_z^{-1}(\zeta)\psi(e_2)$$

は互いに直交しています．すなわち，$R_y^{-1}(\theta)R_z^{-1}(\zeta)\psi$ は z 軸方向には動かさない xy 平面上の変換となっています．したがって，$R_y^{-1}(\theta)R_z^{-1}(\zeta)\psi(e_1)$ と $R_y^{-1}(\theta)R_z^{-1}(\zeta)\psi(e_2)$ は xy 平面上にあります．そこで，z 軸のまわりの回転 $R_z(\eta)$ ($0\leqq\eta\leqq 2\pi$) を適当にとって

$$R_z^{-1}(\eta)R_y^{-1}(\theta)R_z^{-1}(\zeta)\psi(e_2)=e_2$$

を満たすようにできます．$R_z^{-1}(\eta)$ は z 軸のまわりの回転であるから，$R_z^{-1}(\eta)e_3=e_3$ であり，(10.1.9) により

$$R_z^{-1}(\eta)R_y^{-1}(\theta)R_z^{-1}(\zeta)\psi(e_3)=e_3$$

を満たしています．また，$R_z^{-1}(\eta)R_y^{-1}(\theta)R_z^{-1}(\zeta)\psi$ は，大きさと基底間の互いの角度を変えない直交変換であるから，$R_z^{-1}(\eta)R_y^{-1}(\theta)R_z^{-1}(\zeta)\psi(e_1)=e_1$ となります．以上により

$$R_z^{-1}(\eta)R_y^{-1}(\theta)R_z^{-1}(\zeta)\psi(\boldsymbol{e}_i)=\boldsymbol{e}_i \qquad (i=1,2,3) \qquad (10.1.10)$$

となります．(10.1.10) の両辺に $R_z(\eta), R_y(\theta), R_z(\zeta)$ を左から順にかけると

$$\psi(\boldsymbol{e}_i)=R_z(\zeta)R_y(\theta)R_z(\eta)\boldsymbol{e}_i \qquad (i=1,2,3)$$

が得られます．線形変換 $R_z(\zeta)R_y(\theta)R_z(\eta)$ は標準基底をどのように移すかで確定する (注 9.1.1) ので，任意の $\boldsymbol{x}=\sum_{i=1}^{3}x_i\boldsymbol{e}_i\in\mathbf{R}^3$ に対して

$$\psi(\boldsymbol{x})=R_z(\zeta)R_y(\theta)R_z(\eta)\boldsymbol{x}$$

が成り立ちます．したがって，任意の回転変換は，$\psi=R_z(\zeta)R_y(\theta)R_z(\eta)$ と表されます． ∎

$R_z(\zeta)R_y(\theta)R_z(\eta)=R(\zeta,\theta,\eta)$ と表すとき，(ζ,θ,η) は回転 $\psi=R(\zeta,\theta,\eta)$ の**オイラー角**と呼ばれています．ここに，ζ と η は z 軸のまわりの回転角，θ は y 軸のまわりの回転角です．

例 10.1.3 凸多面体の1つである正十二面体を考えよう．すなわち，各頂点のまわりの面は3つの合同な正5角形よりなる空間図形です (図 10.2)．1つの面とその対面の中心同士を結ぶ直線を軸として，図形を $(2/5)\pi\ (=72°)$ だけ回転させる操作を ρ とします．この操作 ρ によって正十二面体をもとの図形の位置に重ね合わせることができます．このことを**正十二面体シンメトリー**といいます．いま，軸となる直線を空間における z 軸にとると，回転の操作 ρ は3次の行列

$$A_\rho = \begin{pmatrix} \cos(2/5)\pi & -\sin(2/5)\pi & 0 \\ \sin(2/5)\pi & \cos(2/5)\pi & 0 \\ 0 & 0 & 1 \end{pmatrix}$$

によって表現されます．操作 ρ を k 回続けて行うときの表現行列は

$$A_\rho^k = \begin{pmatrix} \cos(2/5)k\pi & -\sin(2/5)k\pi & 0 \\ \sin(2/5)k\pi & \cos(2/5)k\pi & 0 \\ 0 & 0 & 1 \end{pmatrix}$$

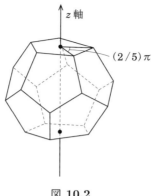

図 10.2

10.2 群の同型・準同型

正十二面体シンメトリーについて例 10.1.3 で見てきたように，z 軸のまわりの $(2/5)\pi\ (=72°)$ 回転の操作 ρ は，行列

$$A_\rho = \begin{pmatrix} \cos(2/5)\pi & -\sin(2/5)\pi & 0 \\ \sin(2/5)\pi & \cos(2/5)\pi & 0 \\ 0 & 0 & 1 \end{pmatrix}$$

によって表現され，$\mathcal{R}_\rho = \{E, A_\rho, A_\rho^2, A_\rho^3, A_\rho^4\}$ は位数 5 の巡回群となります．ここに，$n=5m+k$ のとき，$A_\rho^n = A_\rho^{5m+k} = A_\rho^k\ (0\leqq k<5,\ m\in \mathbf{Z})$, $A_\rho^0 = E$ です．いま，$A_\rho^{\overline{n}} = A_\rho^k$ と表すと，$A_\rho^{\overline{i}} A_\rho^{\overline{j}} = A_\rho^{\overline{i+j}}$ となります．一方，5 を法とする剰余環

となります．$n=2m\pi+(2/5)k\pi\ (0\leqq k<5,\ m\in \mathbf{Z})$ のとき，$A_\rho^n = A_\rho^k$ を満たしています．特に，$A_\rho^{5m} = E\ (m\in \mathbf{Z})$ であり，$A_\rho^k\ (0\leqq k<5)$ の逆行列は A_ρ^{5-k} です．したがって，$\mathcal{R}_\rho = \{E, A_\rho, A_\rho^2, A_\rho^3, A_\rho^4\}$ は行列積に関して閉じていて，位数 5 の巡回群となります．また，操作 ρ の表現行列 A_ρ は

$$({}^t A_\rho) A_\rho = A_\rho({}^t A_\rho) = E, \quad |A_\rho| = 1$$

を満たしているから，$\mathcal{R}_\rho$ は，3 次の特殊直交群 (回転群) $SO(3, \mathbf{R})$ の可換な巡回部分群となります．

$\mathbf{Z}_5=\{0,1,2,3,4\}$ は位数 5 の加法群です．ここで，写像 $\varphi;\mathcal{R}_\rho\to\mathbf{Z}_5$ を $\varphi(A_\rho^k)=k$ $(k=0,1,2,3,4)$ によって定義すると，$A_\rho^{\bar{i}}$ と $A_\rho^{\bar{j}}$ の積 $A_\rho^{\bar{i}}A_\rho^{\bar{j}}$ が，$\bar{i}$ と $\bar{j}$ の和 $\overline{i+j}$ (mod 5) に対応しています．すなわち

$$\varphi(A_\rho^i A_\rho^j)=\varphi(A_\rho^{i+j})\equiv i+j \pmod{5},$$
$$\varphi(A_\rho^i)+\varphi(A_\rho^j)\equiv i+j \pmod{5}.$$

したがって

$$\varphi(A_\rho^i A_\rho^j)=\varphi(A_\rho^i)+\varphi(A_\rho^j) \qquad (i,j=0,1,2,3,4)$$

となります．巡回群 $\mathcal{R}_\rho$ の元と加法群 $\mathbf{Z}_5$ の元が 1 対 1 に対応し，$\mathcal{R}_\rho$ における積 $A_\rho^{\bar{i}}A_\rho^{\bar{j}}$ が，$\mathbf{Z}_5$ における和 $\overline{i+j}$ に移りあって，群としての関係式が対応して成り立っています．したがって，$\mathcal{R}_\rho$ と $\mathbf{Z}_5$ は群としては本質的に同じものであると考えられます．このことを $\mathcal{R}_\rho$ と $\mathbf{Z}_5$ は同じ群構造をもつといいます．群に限らず，数学的対象が何であるか，演算がどのように定められているかには目をつむり，代数的構造 (演算のしくみと，そこから導かれる性質) に着目し，同じ演算構造をもつ代数系は同じものとみなします．2 つの代数系が同じ演算構造をもつとき，この 2 つの代数系は**同型**であるといいます．上でとり上げた $\mathcal{R}_\rho$ と $\mathbf{Z}_5$ は群として同型です．

ここで，群の同型を数学的に定式化しておきます．2 つの群 $G=<G;\circ>$ と $G'=<G';*>$ を考えます．ここに，$\circ$ は G の演算，$*$ は G' の演算とします．

定義 10.2.1　2 つの群 G と G' の間に全単射写像 $\varphi;G\to G'$ があって，任意の $x,y\in G$ に対して

$$\varphi(x\circ y)=\varphi(x)*\varphi(y) \tag{10.2.1}$$

を満たしているとき，G と G' は，群として**同型**であるといい，$G\cong G'$ と表す．このとき，写像 $\varphi;G\to G'$ を**群同型写像** (単に**同型写像**) という．

以下では，群の演算は元 x,y に対して積 xy の形で表すことにします．

注 10.2.1　群同型写像 $\varphi;G\to G'$ は全単射であるから，逆写像 $\varphi^{-1};G'\to G$ が存在して全単射となります．さらに，φ^{-1} が (10.2.1) を満たすことが次のよう

に示されます．任意の $x',y' \in G'$ に対して，$\varphi(x)=x'$, $\varphi(y)=y'$ を満たす $x,y \in G$ が存在するから，$x=\varphi^{-1}(x'), y=\varphi^{-1}(y')$ となっています．ところで，φ は同型写像であり，$\varphi(xy)=\varphi(x)\varphi(y)=x'y'$ を満たします．これより，$\varphi^{-1}(x'y')=xy=\varphi^{-1}(x')\varphi^{-1}(y')$ が成り立つから φ^{-1} ; $G' \to G$ は同型写像となります．このことから，$G \cong G' \Longrightarrow G' \cong G$ が示されます．

例 10.2.1 群 G の元 a $(a \neq e)$ に対して，a の位数を m とするとき

$$G_a = \{e, a, a^2, \cdots, a^{m-1}\}$$

は位数 m の巡回群です．また，整数環 $\mathbf{Z}$ の m を法とする剰余環は加法群です．すなわち

$$\mathbf{Z}_m = \{\bar{0}, \bar{1}, \bar{2}, \cdots, \overline{m-1}\}$$

は位数 m の巡回加法群です．そこで，$\mathbf{Z}_m$ から G_a への写像 φ を $\varphi(\bar{k})=a^{\bar{k}}$ によって定義すると，φ ; $\mathbf{Z}_m \to G_a$ は明らかに全単射であり

$$\varphi(\overline{k+k'}) = a^{\overline{k+k'}} = a^{\bar{k}+\bar{k'}} = a^{\bar{k}}a^{\bar{k'}} = \varphi(\bar{k})\varphi(\bar{k'})$$

を満たします．よって，φ ; $\mathbf{Z}_m \to G_a$ は同型写像です．すなわち，位数 m の巡回群 G_a は加法群 $\mathbf{Z}_m$ と同型となります．

(10.2.1) を満たす写像 φ ; $G \to G'$ が全単射とは限らない場合も考えられます．この場合は，φ ; $G \to G'$ を群の**準同型写像**(単に**準同型写像**)といいます．準同型写像 φ ; $G \to G'$ に対して，$\varphi(G)=\mathrm{Im}(\varphi)$ を φ の**像**，$\mathrm{Ker}(\varphi)=\{x \in G \mid \varphi(x)=e'\}$ を φ の**核**といいます．ここに，e' は G' の単位元です．G の単位元 e に対して，$\varphi(e)=e'$ です．実際，$ee=e$ であるから $\varphi(e)\varphi(e)=\varphi(ee)=\varphi(e)$ を満たし，$\varphi(e)=e'$ となります．以下においては，G の単位元を e，G' の単位元を e' で表すことにします．

定理 10.2.1 群 G から群 G' への準同型写像を φ ; $G \to G'$ とする．このとき，次が成り立つ．

(1) G の部分群 H に対して，$\varphi(H)$ は G' の部分群である．特に，$\varphi(G)=\mathrm{Im}(\varphi)$ は G' の部分群となる．

(2) G' の部分群 H' に対して，$\varphi^{-1}(H')$ は G の部分群である．特に，φ の核 $\mathrm{Ker}(\varphi)(=\varphi^{-1}(e'))$ は G の正規部分群である．

(3) G の部分群 H と $K=\mathrm{Ker}(\varphi)$ に対して，$HK=KH$ が成り立つ．すなわち，HK は G の部分群である．

(4) G の部分群 H,K に対して HK が部分群ならば，$\varphi(HK)=\varphi(H)\varphi(K)$ が成り立ち，$\varphi(H)\varphi(K)$ は G' の部分群となる．

(証明) 以下，H は G の部分群であるとします．(1) 任意の $x',y'\in\varphi(H)$ に対して，$x'=\varphi(x), y'=\varphi(y)$ となる $x,y\in H$ が存在し，$x'y'=\varphi(x)\varphi(y)=\varphi(xy)\in\varphi(H)$ となります．したがって，$\varphi(H)$ は積の演算に関して閉じています．次に，$e'=\varphi(e)\in\varphi(H)$ であり，$e'=\varphi(e)$ は $\varphi(H)$ の単位元となります．また，$\varphi(x)$ に対して $\varphi(x^{-1})\in\varphi(H)$ であり，$\varphi(x)\varphi(x^{-1})=\varphi(xx^{-1})=\varphi(e)$, $\varphi(x^{-1})\varphi(x)=\varphi(x^{-1}x)=\varphi(e)$ を満たすから，$\varphi(x^{-1})\in\varphi(H)$ が $\varphi(x)$ の逆元となります．すなわち，$\varphi(x)$ の逆元を $\varphi(x)^{-1}$ と表すと $\varphi(x)^{-1}=\varphi(x^{-1})$ となっています．したがって，$H'=\varphi(H)$ は G' の部分群となります．

(2) $x,y\in\varphi^{-1}(H')$ ならば，$\varphi(y)\in H'$ であるから，$\varphi(y^{-1})=\varphi(y)^{-1}\in H'$ となります．したがって，$\varphi(xy^{-1})=\varphi(x)\varphi(y^{-1})=\varphi(x)\varphi(y)^{-1}\in H'$ を満たし，$xy^{-1}\in\varphi^{-1}(H')$ となるから $\varphi^{-1}(H')$ は部分群となります (定理 7.1.2)．特に，$K=\mathrm{Ker}(\varphi)$ は部分群です．次に，任意の $x\in G$ に対して $xKx^{-1}\subset K$ が成り立つことを示せば，K は正規部分群です (定理 7.2.7)．任意の $x\in G, y\in K$ に対して

$$\varphi(xyx^{-1})=\varphi(x)\varphi(y)\varphi(x^{-1})=\varphi(x)e'\varphi(x^{-1})=\varphi(x)\varphi(x)^{-1}=e'$$

であるから $xyx^{-1}\in K$ となります．したがって，$xKx^{-1}\subset K$ を満たし，K は正規部分群となります．

(3) (2) より，K は正規部分群であるから，任意の $x\in H$ に対して $xK=Kx$ となります (定理 7.2.8)．したがって，$HK=KH$ を満たし，HK は部分群となります．

(4) 仮定より，HK は部分群であるから $HK=KH$ を満たします (定理 7.2.9)．(1) により $\varphi(HK)=\varphi(KH)$ は G' の部分群です．ところで，任意の $x\in H, y\in K$ に対して $\varphi(xy)=\varphi(x)\varphi(y)$ であることに注意すれば

10.2 群の同型・準同型

$$\varphi(HK) = \varphi(H)\varphi(K)$$

が成り立ちます．同様に $\varphi(HK) = \varphi(KH) = \varphi(K)\varphi(H)$ が成り立ちます．したがって，$\varphi(H)\varphi(K)$ は部分群となります． ∎

定理 10.2.2 G, G', G'' を群とし，$\varphi: G \to G'$, $\psi: G' \to G''$ を準同型写像とするとき，合成写像 $\psi \cdot \varphi: G \to G''$ も準同型写像である．特に，$\varphi: G \to G'$, $\psi: G' \to G''$ がともに同型写像のときには，合成写像 $\psi \cdot \varphi: G \to G''$ も同型写像である．

(証明) $a, b \in G$ に対して

$$(\psi \cdot \varphi)(ab) = \psi(\varphi(ab)) = \psi(\varphi(a)\varphi(b))$$
$$= \psi(\varphi(a))\psi(\varphi(b)) = (\psi \cdot \varphi)(a)(\psi \cdot \varphi)(b)$$

が成り立つから $\psi \cdot \varphi$ は準同型写像です．$\varphi: G \to G'$, $\psi: G' \to G''$ が同型写像ならば，ともに全単射であるので合成写像 $\psi \cdot \varphi: G \to G''$ も全単射となり，$\psi \cdot \varphi: G \to G''$ は同型写像となります． ∎

系 10.2.3 群 G, G', G'' に対して

$$G \cong G', \ G' \cong G'' \Longrightarrow G \cong G''.$$

$G \cong G$ は自明であるから，注 10.2.1 と系 10.2.3 により，$\cong$ は群の同型に関する同値関係となります．よって，次の定理が得られます．

定理 10.2.4 同値関係 $\cong$ により，群を分類することができる．同じ類に属する群は互いに同型であり，同じ群構造をもつ．

ここからしばらくは，群の直積について議論します．群 G, G' が与えられているとします．G と G' の直積集合

$$G \times G' = \{(g, g') \mid g \in G, \ g' \in G'\}$$

を考えます．$(g_1, g'_1), (g_2, g'_2) \in G \times G'$ に対して，等式を

$$(g_1,g_1')=(g_2,g_2') \iff g_1=g_2,\ g_1'=g_2'$$

によって定義します．また，$G \times G'$ に演算・を

$$(g_1,g_1') \cdot (g_2,g_2')=(g_1 g_2, g_1' g_2') \qquad (g_i \in G,\ g_i' \in G',\ i=1,2) \qquad (10.2.2)$$

によって定義し，$G \times G'$ における積といいます．この積は各成分ごとの積として定義されています．このことにより，$G \times G'$ はこの積に関して閉じていることが分かります．結合法則が $G \times G'$ において成り立つことは，積の定義から明らかです．G, G' の単位元をそれぞれ e, e' とするとき，(e,e') が $G \times G'$ の単位元です．また，$(g,g') \in G \times G'$ の逆元が存在し，$(g,g')^{-1}=(g^{-1},g'^{-1})$ となっています．したがって，$G \times G'$ は群となります．$G \times G'$ を G と G' の**直積群**，G, G' を**直積因子**といいます．ところで

$$G \times \{e'\} = \{(g,e') \mid g \in G\}, \quad \{e\} \times G' = \{(e,g') \mid g' \in G'\}$$

は，ともに $G \times G'$ の部分群です．$g \in G, g' \in G'$ に対して $(g,e') \cdot (e,g')=(g,g')$ であることに注意すると

$$(G \times \{e'\}) \cdot (\{e\} \times G') = \{(g,e') \cdot (e,g') \mid g \in G, g' \in G'\} = G \times G'$$

となります．各 $g \in G$ に対して $(g,e') \cdot (\{e\} \times G')=\{g\} \times G'$ は，$G \times G'$ における $\{e\} \times G'$ を法とする左剰余類です．そこで，群 G が $G=\{g_i \mid i \in \Gamma\}$ である場合を考えます．ここに，Γ はパラメータの集合です．このとき，$g_i, g_j \in G$ ($g_i \neq g_j$) に対して，$(\{g_i\} \times G') \cap (\{g_j\} \times G')=\phi$ です．さらに，$G \times G' = \bigcup_{i \in \Gamma} \{g_i\} \times G'$ となっています．したがって，$\{(g_i,e') \mid g_i \in G, i \in \Gamma\}$ は，$G \times G'$ の $\{e\} \times G'$ を法とする左完全代表系です．このことから，$(G \times \{e'\};(e,e'))=(G;e)$ が $G \times G'$ における $\{e\} \times G'$ の指数となります．

注 10.2.2 G と G' がともに有限群のときを考えます．このとき，$G \times G'$ も有限群となります．上でみてきたように，$(G;e)$ が $G \times G'$ における $\{e\} \times G'$ の指数です．また，$(\{e\} \times G';(e,e'))=(G';e')$ であるから，Lagrange の定理 (定理 7.2.5) により，$(G \times G';(e,e'))=(G;e) \cdot (G';e')$ が成り立ちます．ここに，$(G;e)$, $(G';e')$, $(G \times G';(e,e'))$ はそれぞれ $G, G', G \times G'$ の位数です．

10.2 群の同型・準同型　　233

注 10.2.3 群 G, G' がともに可換ならば，直積群 $G \times G'$ も可換となります．実際, $(g_1,g_1'), (g_2,g_2') \in G \times G'$ に対して

$$(g_1,g_1') \cdot (g_2,g_2') = (g_1g_2, g_1'g_2') = (g_2g_1, g_2'g_1') = (g_2,g_2')(g_1,g_1')$$

であるから $G \times G'$ は可換となります．

G, G' が加法群のときは，$G \times G'$ における演算は

$$(g_1,g_1') + (g_2,g_2') = (g_1+g_2, g_1'+g_2') \qquad (g_i \in G,\ g_i' \in G',\ i=1,2)$$

によって定義され，$G \times G'$ は $G \oplus G'$ とも表されます．このとき，$G \oplus G'$ を**直和**といいます．

以下，m, n は正の整数とします．群 G の元 $a\ (\ne e)$ の位数が m であるとき，$G_a = \{e, a, a^2, \cdots, a^{m-1}\}$ は a を生成元とする位数 m の巡回部分群となります．また，群 G の元 $b\ (e)$ の位数が n であるとき，b を生成元とする位数 n の巡回部分群を $G_b = \{e, b, b^2, \cdots, b^{n-1}\}$ とします．巡回群については，次が成り立ちます．

定理 10.2.5 位数 m の巡回群 G_a と位数 n の巡回群 G_b の直積群 $G_a \times G_b$ について，$G_a \times G_b$ が位数 mn の巡回群となるための必要十分条件は，m と n が互いに素であることである．ここに，a と b は単位元ではないとする．

(証明) $G_a \times G_b = \{(a^i, b^j) \mid a^i \in G_a,\ b^j \in G_b,\ 0 \leq i \leq m-1,\ 0 \leq j \leq n-1\}$ です．ここに，$a^0 = e,\ b^0 = e$ であり，e は G_a と G_b の単位元です．まず，m と n が互いに素であるならば，$G_a \times G_b$ は位数 mn の巡回群となることを示します．ここで，$(a,b)^k = (a^k, b^k)\ (k=0,1,2,\cdots)$ となることを注意しておきます．m と n が互いに素であるから $mp + nq = 1$ となる整数 p, q が存在します．このとき

$$(a,b)^{mp} = (a^{mp}, b^{mp}) = (e, b^{1-nq}) = (e, b(b^{-nq})) = (e,b),$$
$$(a,b)^{nq} = (a^{nq}, b^{nq}) = (a^{1-mp}, e) = (a(a^{-mp}), e) = (a,e)$$

となります．これより，(a,b) から生成される $G_a \times G_b$ の巡回部分群は，(a,e) と (e,b) を含むので $(a,e)^k = (a^k, e), (e,b)^k = (e, b^k)\ (k \geq 0)$ をも含みます．したがって，$G_a \times G_b$ は $G_a \times \{e\}, \{e\} \times G_b$ をも含みます．また，$G_a \times G_b$ の任意の

元 (x,y) は，$(x,y)=(x,e)\cdot(e,y)$ と表されるから $G_a\times\{e\}$ の元と $\{e\}\times G_b$ の元の積として表されます．m と n が互いに素であることから (a,b) の位数は mn となります．実際，$(a,b)^{mn}=(a^{mn},b^{mn})=(e,e)$ となります．そこで，$(a,b)^k=(e,e)$ とすると，$a^k=e$，$b^k=e$ となります．ところで，a の位数は m であるから，k は m で割り切れます．また，b の位数は n であるから k は n で割り切れます．したがって，k は mn の倍数です．よって，(a,b) の位数は mn です．したがって，$G_a\times G_b$ は (a,b) から生成される位数 mn の巡回群となります．

次に，$G_a\times G_b$ が位数 mn の巡回群であるとします．いま，m と n が互いに素でないとすると，m と n の最大公約数 $d>1$ に対して，$m=dm'$, $n=dn'$ (m', n' は互いに素な整数) と表されます．このとき，$G_a\times G_b$ の任意の元 (x,y) に対して

$$(x,y)^{dm'n'}=(x^{dm'n'},y^{dm'n'})=(e,e)$$

となるから $G_a\times G_b$ の任意の元の位数 p は $dm'n'$ の約数です．これより $p\leq dm'n'<mn$ となります．これは，mn が (a,b) の位数であることに反します．したがって，m と n は互いに素であることが分かります．■

整数環 $\mathbf{Z}$ において，n と互いに素である数を代表元とする既約剰余類の全体集合 $\mathbf{Z}_n^*$ は，積に関して位数 $\varphi(n)$ (オイラー関数) の群を成しています (定理 7.2.11 を参照)．以下において，$a\in\mathbf{Z}$ (a は n と互いに素) を含む $\mathbf{Z}_n^*$ の剰余類を $\bar{a}$ の形で表すことにします．$\mathbf{Z}_n^*$ は積に関して群を成すから，これを**剰余類群**といいます．

ここで，$\mathbf{Z}_{12}^*$ の剰余類を $\bar{a}$, $\mathbf{Z}_3^*$ の剰余類を $\tilde{b}$, $\mathbf{Z}_4^*$ の剰余類を $\hat{c}$ と表すことにします．$\mathbf{Z}_{12}^*$ の元 $\bar{a}$ と $\mathbf{Z}_3^*\times\mathbf{Z}_4^*$ の元 $(\tilde{b},\hat{c})$ の間には $a\equiv b\pmod{3}$, $a\equiv c\pmod{4}$ なる関係があります．すなわち

$$\begin{cases}1\equiv 1 & \pmod 3\\ 1\equiv 1 & \pmod 4,\end{cases}\quad \begin{cases}5\equiv 2 & \pmod 3\\ 5\equiv 1 & \pmod 4,\end{cases}$$

$$\begin{cases}7\equiv 1 & \pmod 3\\ 7\equiv 3 & \pmod 4,\end{cases}\quad \begin{cases}11\equiv 2 & \pmod 3\\ 11\equiv 3 & \pmod 4\end{cases}$$

である．$\mathbf{Z}_{12}^* = \{\bar{1}, \bar{5}, \bar{7}, \overline{11}\}$, $\mathbf{Z}_3^* = \{\tilde{1}, \tilde{2}\}$, $\mathbf{Z}_4^* = \{\hat{1}, \hat{3}\}$ となります．そこで，写像 $\phi ; \mathbf{Z}_{12}^* \to \mathbf{Z}_3^* \times \mathbf{Z}_4^*$ を次のように定義します．

$$\phi(\bar{1}) = (\tilde{1}, \hat{1}), \quad \phi(\bar{5}) = (\tilde{2}, \hat{1}), \quad \phi(\bar{7}) = (\tilde{1}, \hat{3}), \quad \phi(\overline{11}) = (\tilde{2}, \hat{3}).$$

このとき，ϕ は $\mathbf{Z}_{12}^*$ から $\mathbf{Z}_3^* \times \mathbf{Z}_4^*$ への全単射写像となります．さらに，$\bar{a}, \bar{b} \in \mathbf{Z}_{12}^*$ に対して $\phi(\bar{a}, \bar{b}) = \phi(\bar{a})\phi(\bar{b})$ を満たすことが分かります．したがって，ϕ は群 $\mathbf{Z}_{12}^*$ から直積群への群同型写像です．

定理 10.2.6 m と n が互いに素な自然数であるとき，群 $\mathbf{Z}_{mn}^*$ は直積群 $\mathbf{Z}_m^* \times \mathbf{Z}_n^*$ と同型である．これらの群の位数に関して，$\varphi(mn) = \varphi(m)\varphi(n)$ が成り立つ．ここに，φ はオイラー関数である．

(証明) 数 a を含む $\mathbf{Z}_{mn}^*$ の剰余類を $\bar{a}$ と表します．いま

$$a \equiv b \pmod{m}, \quad a \equiv c \pmod{n}$$

を満たしているとします．a は，mn と互いに素であるから m と n とも互いに素となります．したがって，b, c もそれぞれ m, n と互いに素となり，$\tilde{b} \in \mathbf{Z}_m^*$, $\hat{c} \in \mathbf{Z}_n^*$ となります．ここに，$\tilde{b}$ は b を含む $\mathbf{Z}_m^*$ の剰余類，$\hat{c}$ は c を含む $\mathbf{Z}_n^*$ の剰余類です．このとき，$(\tilde{b}, \hat{c})$ は $\bar{a}$ に対して一意的に定まります (定理 1.2.1 の (3) を参照)．そこで，$\bar{a}$ を $(\tilde{b}, \hat{c})$ に対応させる $\mathbf{Z}_{mn}^*$ から $\mathbf{Z}_m^* \times \mathbf{Z}_n^*$ への写像 ϕ を $\phi(\bar{a}) = (\tilde{b}, \hat{c})$ によって定義することができます．この $\phi ; \mathbf{Z}_{mn}^* \to \mathbf{Z}_m^* \times \mathbf{Z}_n^*$ は同型写像です．実際，$\bar{a}, \bar{a}' \in \mathbf{Z}_{mn}^*$ に対して

$$a \equiv b \pmod{m}, \quad a \equiv c \pmod{n},$$
$$a' \equiv b' \pmod{m}, \quad a' \equiv c' \pmod{n}$$

であるならば，$\phi(\bar{a}) = (\tilde{b}, \hat{c})$, $\phi(\bar{a}') = (\tilde{b'}, \hat{c'})$ です．また，定理 1.2.2 の (2) により $aa' \equiv bb' \pmod{m}$, $aa' \equiv cc' \pmod{n}$ となります．ところで，剰余類群 $\mathbf{Z}_m^*$ と $\mathbf{Z}_n^*$ における積の定義により $\widetilde{bb'} = \tilde{b}\tilde{b'}$, $\widehat{cc'} = \hat{c}\hat{c'}$ となります．したがって

$$\phi(\overline{aa'}) = (\widetilde{bb'}, \widehat{cc'}) = (\tilde{b}\tilde{b'}, \hat{c}\hat{c'}) = (\tilde{b}, \hat{c})(\tilde{b'}, \hat{c'}) = \phi(\bar{a})\phi(\bar{a}')$$

を満たし，ϕ は準同型写像となります．

次に，ϕ が単射であることを示そう．$\bar{a}\in\mathbf{Z}_{mn}^*$，$\phi(\bar{a})=(\tilde{1},\hat{1})$ ($\mathbf{Z}_m^*\times\mathbf{Z}_n^*$ の単位元) であるとする．$\bar{a}\in\phi^{-1}(\tilde{1},\hat{1})=\mathrm{Ker}(\phi)$ だから $\bar{a}=\bar{1}$ を示せばよい．ところで，$a-1\equiv 0\ (\mathrm{mod}\ m)$，$a-1\equiv 0\ (\mathrm{mod}\ n)$ です．また，m と n は互いに素であるから，$a-1$ は mn で割り切れます．このとき，$\overline{a-1}=\bar{0}$ です．すなわち，$\bar{a}=\bar{1}$ となり ϕ が単射であることが分かります．さらに，どの $\tilde{b},\hat{c}$ $(\tilde{b}\in\mathbf{Z}_m^*, \hat{c}\in\mathbf{Z}_n^*)$ に対しても，$a\equiv b\ (\mathrm{mod}\ m)$，$a\equiv c\ (\mathrm{mod}\ n)$ となる a が存在し，$(\mathrm{mod}\ mn)$ で一意的に定まります (定理 1.2.3)．このとき，$\phi(\bar{a})=(\tilde{b},\hat{c})$ となり，ϕ は全射となります．したがって，$\phi;\mathbf{Z}_{mn}^*\to\mathbf{Z}_m^*\times\mathbf{Z}_n^*$ は同型写像となり，$\mathbf{Z}_{mn}^*$ と $\mathbf{Z}_m^*\times\mathbf{Z}_n^*$ は同型です．ところで，群 $\mathbf{Z}_{mn}^*$ の位数は $\varphi(mn)$ で，直積群 $\mathbf{Z}_m^*\times\mathbf{Z}_n^*$ の位数は $\varphi(m)\varphi(n)$ です (注 10.2.2)．したがって，$\varphi(mn)=\varphi(m)\varphi(n)$ となります．∎

p, q が異なる素数であれば，p^r と q^k は互いに素であるから，定理 10.2.6 と系 7.2.13 により，

$$\varphi(p^r q^k)=\varphi(p^r)\varphi(q^k)=p^r q^k\left(1-\frac{1}{p}\right)\left(1-\frac{1}{q}\right) \qquad (r,k\in\mathbf{N}) \qquad (10.2.3)$$

となります．このことにより，m と n が互いに素であるとき，$m=p_1^{r_1}p_2^{r_2}\cdots p_i^{r_i}$，$n=q_1^{s_1}q_2^{s_2}\cdots q_j^{s_j}$ と素因数分解すれば

$$\varphi(m)=\varphi(p_1^{r_1})\varphi(p_2^{r_2})\cdots\varphi(p_i^{r_i})=m\left(1-\frac{1}{p_1}\right)\left(1-\frac{1}{p_2}\right)\cdots\left(1-\frac{1}{p_i}\right),$$

$$\varphi(n)=\varphi(q_1^{s_1})\varphi(q_2^{s_2})\cdots\varphi(q_j^{s_j})=n\left(1-\frac{1}{q_1}\right)\left(1-\frac{1}{q_2}\right)\cdots\left(1-\frac{1}{q_j}\right)$$

となる．m と n が互いに素であるから再び，定理 10.2.6 により，$\mathbf{Z}_{mn}^*$ の位数は

$$\varphi(mn)=\varphi(m)\varphi(n)$$
$$=mn\left(1-\frac{1}{p_1}\right)\left(1-\frac{1}{p_2}\right)\cdots\left(1-\frac{1}{p_i}\right)\left(1-\frac{1}{q_1}\right)\left(1-\frac{1}{q_2}\right)\cdots\left(1-\frac{1}{q_j}\right)$$

なる形に表されます．

この節の最後に，群の準同型定理について述べておきます．

G, G' を群とし，$\varphi;G\to G'$ を準同型写像とします．定理 10.2.1 の (2) により，G' の部分群 H' に対して H' の逆像

$$\varphi^{-1}(H') = \{x \in G \mid \varphi(x) \in H'\}$$

は G の部分群です．特に，G' の単位元 e' の逆像 $\varphi^{-1}(e') = \mathrm{Ker}(\varphi)$ (φ の核) は G の正規部分群です．

定理 10.2.7 G, G' を群とし，$\varphi : G \to G'$ を準同型写像とする．このとき，次が成り立つ．

$$\varphi \text{ は単射である} \iff \mathrm{Ker}(\varphi) = \{e\}.$$

(証明) φ が単射であるとすると，$\varphi(x) = e'$ となる $x(\in G)$ は e のみであるから $\mathrm{Ker}(\varphi) = \{e\}$ となります．逆に，$\mathrm{Ker}(\varphi) = \{e\}$ とすると，$\varphi(x) = \varphi(y)$ なら $\varphi(xy^{-1}) = \varphi(x)\varphi(y)^{-1} = e'$ であるから，$xy^{-1} = \varphi^{-1}(e') = e$，すなわち，$x = y$ となって φ は単射となります．ここに，$\varphi(y)^{-1}$ は $\varphi(y)$ の逆元です．∎

G, G' を群とし，$\phi : G \to G'$ を準同型写像とします．このとき，ϕ の核 $K = \mathrm{Ker}(\phi) (= \phi^{-1}(e'))$ は正規部分群であるから，定理 7.2.8 により $aK = Ka$ ($a \in G$) を満たします．ここに，$aK = \{ax \mid x \in K\}$, $Ka = \{xa \mid x \in H\}$ です．

G, G' を群とし，それぞれの単位元を e, e' とします．また，群の準同型写像 $\phi : G \to G'$ に対して，$\phi(a) \in G'$ の逆元を $\phi(a)^{-1}$ と表します．このとき，逆元 $\phi(a)^{-1}$ と a の逆像 $\phi^{-1}(a)$ とを混同しないよう注意を要します．

定理 10.2.8 $\phi : G \to G'$ を群の準同型写像とする．$a' \in \mathrm{Im}(\phi)$ のとき，$a \in \phi^{-1}(a')$ に対して

$$\phi^{-1}(a') = aK = Ka$$

が成り立つ．ここに，$K = \mathrm{Ker}(\phi) = \phi^{-1}(e')$ (ϕ の核) である．

(証明) $a \in \phi^{-1}(a') \iff a' = \phi(a)$ である．任意の $x \in \phi^{-1}(a')$ に対して $\phi(x) = a' = \phi(a)$ であるから，$e' = \phi(a)^{-1}\phi(x) = \phi(a^{-1})\phi(x) = \phi(a^{-1}x)$ となります．これより

$$a^{-1}x \in \phi^{-1}(e') = K \iff x \in aK$$

が成り立ち，$\phi^{-1}(a') \subset aK$ となります．また，任意の $y \in K$ に対して，$\phi(ay) =$

$\phi(a)\phi(y)=\phi(a)=a'$ であるから,$ay\in\phi^{-1}(a')$, すなわち,$aK\subset\phi^{-1}(a')$ となります.したがって,$aK=\phi^{-1}(a')$ が成り立ちます.ところで,K は正規部分群であるから,$\phi^{-1}(a')=aK=Ka$ となります (定理 7.2.8). ∎

定理 10.2.9 $\phi:G\to G'$ は群準同型写像であるとする.このとき

(1) H が G の正規部分群ならば,$\phi(H)$ は $\mathrm{Im}(\phi)$ の正規部分群である.

(2) G の部分群 H に対して,$\phi(H)$ ($=H'$ とおく) は G' の部分群である.$K=\mathrm{Ker}(\phi)$ とすると

$$\phi^{-1}(H')=HK=KH$$

が成り立つ.さらに,H が正規部分群ならば,$HK=KH$ も G の正規部分群である.

(証明) (1) 任意の元 $a'\in\mathrm{Im}(\phi)$ と $\phi(H)$ の任意の元 x' に対して,$\phi(a)=a'$,$\phi(x)=x'$ となる $a\in G$ と $x\in H$ が存在します.H は G の正規部分群だから $aHa^{-1}\subset H$ となっています.したがって

$$a'x'{a'}^{-1}=\phi(a)\phi(x)\phi(a)^{-1}=\phi(axa^{-1})\in\phi(H).$$

$x'\in\phi(H)$ は任意であるから $a'\phi(H){a'}^{-1}\subset\phi(H)$ となり,$\phi(H)$ は $\mathrm{Im}(\phi)$ の正規部分群となります.

(2) H を G の部分群とすると,$\phi(H)$ は G' の部分群である (定理 10.2.1 の (1)).そこで,$\phi^{-1}(H')=HK=KH$ であることを示そう.G の部分群 H と K ($=\mathrm{Ker}(\phi)$) に対して,HK ($=KH$) は G の部分群です (定理 10.2.1 の (3)).また,$\phi(HK)=\phi(H)\phi(K)=\phi(H)e'=\phi(H)=H'$ を満たします (定理 10.2.1 の (4)).したがって,$\phi^{-1}(H')=HK=KH$ が成り立ちます.H が正規部分群のとき,任意の $a\in G$ に対して,$aHKa^{-1}=aHa^{-1}aKa^{-1}\subset HK$ となります.したがって,HK は正規部分群となります. ∎

定理 10.2.10 $\phi:G\to G'$ を群準同型写像とする.H' が群 G' の正規部分群ならば,$\phi^{-1}(H')$ は群 G の正規部分群である.

(証明) $H=\phi^{-1}(H')$ とおくとき，$a\in H$ に対して $\phi(a)\in H'$ で，H' が G' の正規部分群であるから，任意の $g\in G$ について

$$\phi(gag^{-1})=\phi(g)\phi(a)\phi(g^{-1})=\phi(g)\phi(a)(\phi(g))^{-1}\in H'$$

であり，$gag^{-1}\in\phi^{-1}(H')=H$ がすべての $a\in H$ に対して成り立つことが示されます．したがって，$gHg^{-1}\subset H$ となり，$H=\phi^{-1}(H')$ は G の正規部分群となります (定理 7.2.7). ∎

H を群 G の正規部分群とするとき，G/H は群となります (定理 7.2.10). ここで，写像 $\pi;G\to G/H$ を $\pi(a)=aH\ (a\in G)$ によって定義すると，π は G から G/H の上への準同型写像となります．この π を**標準的準同型写像**といいます．

定理 10.2.11 $\phi;G\to G'$ を群の全射準同型写像とする．$K=\mathrm{Ker}(\phi)$ とおくとき，G/K と G' は同型である．

(証明) K は群 G の正規部分群であるから，G/K は群となります (定理 7.2.10). いま，写像 $\psi;G/K\to G'$ を $\psi(aK)=\phi(a)\ (a\in G)$ によって定義すると，ϕ が全射であるから ψ も全射となります．次に，ψ が単射であることを示そう．$\psi(aK)=\psi(bK)$ ならば，$\phi(a)=\phi(b)$ より $\phi(a^{-1}b)=\phi(a^{-1})\phi(b)=\phi(a)^{-1}\phi(b)=e'$ であり，$a^{-1}b\in\phi^{-1}(e')=K$ となります．よって，$b\in aK$ となり，$bK\subset aKK=aK$ が成り立ちます．また，$\phi(a)=\phi(b)$ であるから，対称性により $aK\subset bK$ が示されます．したがって，$aK=bK$ となり ψ が単射であることが分かります．また，$aK,bK\in G/K$ に対して，$aKbK=abKK=abK$ であり

$$\psi(aKbK)=\psi(abK)=\phi(ab)=\phi(a)\phi(b)=\psi(aK)\psi(bK)$$

を満たすから，$\psi;G/K\to G'$ は同型写像となります．したがって，G/K と G' は同型です． ∎

注 10.2.4 $\phi;G\to G'$ が群の全射準同型写像のとき，$K=\mathrm{Ker}(\phi)$ とし，$\pi;G\to G/K$ を標準的準同型写像とします．また，$\psi(aK)=\phi(a)\ (a\in G)$ と定義すると，$\psi;G/K\to G'$ は同型写像で $\psi\cdot\pi=\phi$ となります．準同型写像を合成した $\psi\cdot\pi$

と準同型写像 ϕ は定義域と値域を同じくし，写像として一致しています．このとき，図 10.3 は**可換**であるといいます．

$$\begin{array}{ccc} G & \xrightarrow{\phi} & G' \\ {\scriptstyle \pi}\searrow & & \nearrow{\scriptstyle \psi} \\ & G/K & \end{array}$$

図 10.3

10.3　群の置換表現

ここで，同じ群構造をもつ例として 3 次の一般線形群 $GL(3;\mathbf{R})$ の部分群と 3 次の置換群の間の関係をみていきます．そこで，次の行列

$$M_0 = \begin{pmatrix} 1 & 0 & 0 \\ 0 & 1 & 0 \\ 0 & 0 & 1 \end{pmatrix} = E, \quad M_1 = \begin{pmatrix} 0 & 0 & 1 \\ 1 & 0 & 0 \\ 0 & 1 & 0 \end{pmatrix},$$

$$M_2 = \begin{pmatrix} 0 & 1 & 0 \\ 0 & 0 & 1 \\ 1 & 0 & 0 \end{pmatrix}, \quad M_3 = \begin{pmatrix} 0 & 1 & 0 \\ 1 & 0 & 0 \\ 0 & 0 & 1 \end{pmatrix},$$

$$M_4 = \begin{pmatrix} 0 & 0 & 1 \\ 0 & 1 & 0 \\ 1 & 0 & 0 \end{pmatrix}, \quad M_5 = \begin{pmatrix} 1 & 0 & 0 \\ 0 & 0 & 1 \\ 0 & 1 & 0 \end{pmatrix}$$

を考えます．これらは，行にも列にも 1 が 1 つずつしかない 3×3 行列のすべてです．また，$|M_i| \neq 0$ $(i=0,1,2,3,4,5)$ であるから各 M_i は正則行列となります．$\mathcal{M}_3^* = \{E, M_1, M_2, M_3, M_4, M_5\}$ とおくと，$\mathcal{M}_3^*$ は 3 次の一般線形群 $GL(3,\mathbf{R})$ の部分集合であり，積に関して次を満たします．

$$M_i M_0 = M_0 M_i = M_i \quad (i=0,1,2,3,4,5), \quad M_0 = E$$

$$M_1 M_1 = M_2, \quad M_2 M_2 = M_1, \quad M_3 M_3 = E, \quad M_4 M_4 = E, \quad M_5 M_5 = E,$$

$$M_1M_2=M_2M_1=E, \quad M_1M_3=M_4, \quad M_3M_1=M_5, \quad M_1M_4=M_5,$$

$$M_4M_1=M_3, \quad M_1M_5=M_3, \quad M_5M_1=M_4, \quad M_2M_3=M_5,$$

$$M_3M_2=M_4, \quad M_2M_4=M_3, \quad M_4M_2=M_5, \quad M_2M_5=M_4,$$

$$M_5M_2=M_3, \quad M_3M_4=M_2, \quad M_4M_3=M_1, \quad M_3M_5=M_1,$$

$$M_5M_3=M_2, \quad M_4M_5=M_2, \quad M_5M_4=M_1.$$

これより,次の乗積表が得られます.

	E	M_1	M_2	M_3	M_4	M_5
E	E	M_1	M_2	M_3	M_4	M_5
M_1	M_1	M_2	E	M_4	M_5	M_3
M_2	M_2	E	M_1	M_5	M_3	M_4
M_3	M_3	M_5	M_4	E	M_2	M_1
M_4	M_4	M_3	M_5	M_1	E	M_2
M_5	M_5	M_4	M_3	M_2	M_1	E

乗積表により,$\mathcal{M}_3^*$ が行列積の演算に関して閉じていることが分かります.したがって,$\mathcal{M}_3^*$ は $GL(3,\mathbf{R})$ の位数 6 をもつ部分群となります.また,$\mathcal{A}_3 = \{E, M_1, M_2\}$ は可換な $\mathcal{M}_3^*$ の巡回部分群となります.すなわち,$M_1^2 = M_2$,$M_1^3 = M_1M_2 = E$ を満たします.

次に,3 次の置換群 $\mathcal{S}_3 = \{\varepsilon, \sigma_1, \sigma_2, \sigma_3, \sigma_4, \sigma_5\}$ を考えます.ここに

$$\varepsilon = \begin{pmatrix} 1 & 2 & 3 \\ 1 & 2 & 3 \end{pmatrix}, \quad \sigma_1 = \begin{pmatrix} 1 & 2 & 3 \\ 2 & 3 & 1 \end{pmatrix}, \quad \sigma_2 = \begin{pmatrix} 1 & 2 & 3 \\ 3 & 1 & 2 \end{pmatrix},$$

$$\sigma_3 = \begin{pmatrix} 1 & 2 & 3 \\ 2 & 1 & 3 \end{pmatrix}, \quad \sigma_4 = \begin{pmatrix} 1 & 2 & 3 \\ 3 & 2 & 1 \end{pmatrix}, \quad \sigma_5 = \begin{pmatrix} 1 & 2 & 3 \\ 1 & 3 & 2 \end{pmatrix}$$

である.このとき,写像 ψ; $\mathcal{M}_3^* \to \mathcal{S}_3$ を $\psi(M_i) = \sigma_i$ $(i=0,1,2,3,4,5)$ によって定義します.ここに,$M_0 = E$,$\sigma_0 = \varepsilon$ である.この写像 ψ は第 k 列ベクトルについて,i_k 成分のみが 1 で他の成分が 0 である行列を,置換

に対応させるものです.たとえば

$$M_3 = \begin{pmatrix} 0 & 1 & 0 \\ 1 & 0 & 0 \\ 0 & 0 & 1 \end{pmatrix} \rightarrow \begin{pmatrix} 1 & 2 & 3 \\ 2 & 1 & 3 \end{pmatrix} = \sigma_3 \quad (i_1=2,\ i_2=1,\ i_3=3)$$

です.置換群 $\mathcal{S}_3 = \{\varepsilon, \sigma_1, \sigma_2, \sigma_3, \sigma_4, \sigma_5\}$ に対する乗積表を作ると以下のようになります.

	ε	σ_1	σ_2	σ_3	σ_4	σ_5
ε	ε	σ_1	σ_2	σ_3	σ_4	σ_5
σ_1	σ_1	σ_2	ε	σ_4	σ_5	σ_3
σ_2	σ_2	ε	σ_1	σ_5	σ_3	σ_4
σ_3	σ_3	σ_5	σ_4	ε	σ_2	σ_1
σ_4	σ_4	σ_3	σ_5	σ_1	ε	σ_2
σ_5	σ_5	σ_4	σ_3	σ_2	σ_1	ε

行列の積と置換の積の定義に注意して,この乗積表と $\mathcal{M}_3^*$ の乗積表を比較すると $\psi(M_i) = \sigma_i\ (i=0,1,2,3,4,5)$ によって定義される写像 $\psi; \mathcal{M}_3^* \rightarrow \mathcal{S}_3$ は全単射で,$\psi(M_i M_j) = \sigma_i \sigma_j = \psi(M_i)\psi(M_j)\ (i,j=1,2,\cdots,5)$ を満たしていることが分かります.したがって,$\psi; \mathcal{M}_3^* \rightarrow \mathcal{S}_3$ は同型写像です.この ψ を群 $\mathcal{M}_3^*$ の**置換表現**といいます.一般に,群 G に対して,より具体的で扱いやすい群への構造を保存する対応を群 G の**表現**といいます.上述の場合,群としての $\mathcal{M}_3^*$ の構造は,$\mathcal{S}_3$ のような見やすい構造で説明できるということです.

以下において,群の置換表現と行列表現について述べます.集合 M (有限集合とは限らない) の置換群 $\mathcal{S}_M$ を考えよう.ここに,$\mathcal{S}_M$ は M から M への全単射な変換全体です.いま,群 G から $\mathcal{S}_M$ への準同型写像 $\psi; G \rightarrow \mathcal{S}_M$ が存在するならば,ψ を G の M における**置換表現**といいます.特に,$\psi; G \rightarrow \mathcal{S}_M$ が同型写像のときは,ψ を**忠実な置換表現**といいます.たとえば,上で見たよ

うに $M=\{1,2,3\}$ である場合,$G=\mathcal{M}_3^*$ $(=\{E,M_1,M_2,M_3,M_4,M_5\})$, $\mathcal{S}_M=\mathcal{S}_3$ とすると,ψ; $\mathcal{M}_3^* \to \mathcal{S}_3$ は忠実な置換表現となっています.

定理 10.3.1 任意の群 G はある置換群と同型である.

(証明) $a \in G$ に対して,写像 σ_a; $G \to G$ を $\sigma_a(x)=ax$ $(x \in G)$ によって定義すると,σ_a は全単射で G の置換です.実際,$\sigma_a(x)=\sigma_a(x')$ とすると $ax=ax'$ であるから,$x=x'$ となり σ_a は単射です.また,任意の $y \in G$ に対して,$x=a^{-1}y \in G$ とおくと,$\sigma_a(x)=\sigma_a(a^{-1}y)=a(a^{-1}y)=y$ となり σ_a は全射となります.したがって,σ_a; $G \to G$ は全単射写像で,G の置換となります.そこで,$\mathcal{S}=\{\sigma_a \mid a \in G\}$ とおきます.$\mathcal{S}$ は G の置換群 $\mathcal{S}_G$ の部分集合です.$\sigma_a, \sigma_b \in \mathcal{S}$ に対して,置換の積 $\sigma_a \sigma_b$ を考えると

$$(\sigma_a \sigma_b)(x)=\sigma_a(\sigma_b(x))=a(bx)=(ab)x=\sigma_{ab}(x) \qquad (x \in G) \qquad (10.3.1)$$

であるから,$\sigma_a \sigma_b = \sigma_{ab} \in \mathcal{S}$ となります.すなわち,$\mathcal{S}$ は積に関して閉じています.G の単位元 e に対して,$\sigma_e(x)=ex(=xe)=x$ $(x \in G)$ であるから,σ_e は G 上の恒等変換であり,$\sigma_a \sigma_e = \sigma_e \sigma_a = \sigma_{ae} = \sigma_a$ を満たします.よって,σ_e は $\mathcal{S}$ の単位元です.また,$\sigma_a, \sigma_{a^{-1}} \in \mathcal{S}$ に対して,(10.3.1) により

$$(\sigma_a \sigma_{a^{-1}})(x)=\sigma_{aa^{-1}}(x)=\sigma_e(x) \qquad (x \in G),$$
$$(\sigma_{a^{-1}} \sigma_a)(x)=\sigma_{a^{-1}a}(x)=\sigma_e(x) \qquad (x \in G)$$

となるので,$\sigma_{a^{-1}}$ は σ_a の逆元です.結合法則は G の置換群 $\mathcal{S}_G$ において成り立つから,$\mathcal{S}$ においても成り立ちます.したがって,$\mathcal{S}$ は置換群であり,$\mathcal{S}_G$ の部分群となります.そこで,写像 ψ; $G \to \mathcal{S}$ を $\psi(a)=\sigma_a$ $(a \in G)$ によって定義します.このとき,$\sigma_a \sigma_b = \sigma_{ab}$ であることに注意すると

$$\psi(ab)=\sigma_{ab}=\sigma_a \sigma_b=\psi(a)\psi(b) \qquad (a,b \in G)$$

が成り立ちます.また,ψ は全単射となります.実際,$\psi(a)=\psi(b)$ とすると,$\sigma_a = \sigma_b$ である.すべての $x \in G$ に対して $ax=\sigma_a(x)=\sigma_b(x)=bx$ であるから,$a=b$ であり,ψ は単射となります.ψ が全射であることは $\mathcal{S}$ の構成のし方から明らかです.したがって,ψ; $G \to \mathcal{S}$ は同型写像となり,G と $\mathcal{S}$ は群同型となります.すなわち,ψ は群 G の忠実な置換表現です. ∎

注 10.3.1 定理 10.3.1 における $\mathcal{S}=\{\sigma_a \mid a\in G\}$ と $\mathcal{S}_G$ (G の置換全体) は一般には一致しない．たとえば，$G=\mathbf{Z}_5^*=\{\bar{1},\bar{2},\bar{3},\bar{4}\}$ とするとき，各 $\bar{k}\in G$ に対して $\varphi_{\bar{k}}(\bar{j})=\bar{k}\bar{j}=\overline{kj}$ ($\bar{j}\in G$) によって定義される全単射写像 (置換) の集合は $\mathcal{S}=\{\varphi_{\bar{1}},\varphi_{\bar{2}},\varphi_{\bar{3}},\varphi_{\bar{4}}\}$ となります．一方，$\mathcal{S}_G=\mathcal{S}_4$ は位数 $4!=24$ の 4 次の置換群です．したがって，$\mathcal{S}$ は $\mathcal{S}_4$ の部分集合であって $\mathcal{S}\neq\mathcal{S}_4$ となっています．

例 10.3.1 例 10.1.1 でとりあげた位数 n の巡回群 $\mathcal{C}_n$ において，$n=3$ の場合を考えます．すなわち，平面内において，原点 O を中心にもつ正三角形を O のまわりに正の方向に $(2/3)\pi$ $(=120°)$ だけ回転させて，もとの正三角形に重ね合わせる操作を C で表すとき，$\mathcal{C}_3=\{C^0,C^1,C^2\}$ は位数 3 の巡回群となります．ここに，$C^1=C$ で，C^2 は C を 2 回続けて行う操作を表し，C^0 は回転させない操作，または $3k\pi$ ($k=\pm 1,\pm 2,\cdots$) 回転の操作とします．いま，原点 O を中心にもつ正三角形を考え，各頂点に x_1,x_2,x_3 とラベルをつけて表すこととします．最初の状態の三角形にベクトル $\boldsymbol{x}_0={}^t(x_1,x_2,x_3)$ を対応させます．いま，3 次の巡回置換群 $\mathcal{S}_3^*=\{\sigma_0,\sigma_1,\sigma_2\}$ による変換 $\sigma_i\boldsymbol{x}_0={}^t(x_{\sigma_i(1)},x_{\sigma_i(2)},x_{\sigma_i(3)})$ ($i=0,1,2$) を考えます．ただし

$$\sigma_0=\begin{pmatrix}1&2&3\\1&2&3\end{pmatrix},\quad \sigma_1=\begin{pmatrix}1&2&3\\2&3&1\end{pmatrix},\quad \sigma_2=\begin{pmatrix}1&2&3\\3&1&2\end{pmatrix}$$

です．このとき，$\sigma_i\boldsymbol{x}_0$ は最初の状態の正三角形に回転の操作 C^i を行ったことに対応しています．ここで，$\psi:\mathcal{C}_3\to\mathcal{S}_3^*$ を $\psi(C^i)=\sigma_i$ ($i=0,1,2$) によって定義すると，$\mathcal{C}_3$ における積と置換 $\mathcal{S}_3^*$ における積の定め方により，次が成り立ちます．

(1) $\psi(C^iC^j)=\psi(C^{\overline{i+j}})=\sigma_{\overline{i+j}}=\sigma_i\sigma_j=\psi(C^i)\psi(C^j)$ $(i,j=0,1,2)$.
(2) ψ は全単射である．

したがって，ψ は $\mathcal{C}_3$ から $\mathcal{S}_3^*$ への同型写像であり，$\mathcal{C}_3$ の忠実な置換表現です．

注 10.3.2 これまでの考察から分かるように「構造」を注視しようとする学問も数学の 1 つの大きな分野なのです．次節では，この「構造論」が具体的に応用される例を見ていきます．

10.4 正多面体群

すべての面が合同な正多角形から成り，各頂点には同じ数の面が集まっているような凸多面体を**正多面体**といいます．正多面体は，面の数を定めるとそれらの各面はすべて互いに相似な正多角形となります．このような正多面体は，正四面体，正六面体，正八面体，正十二面体，正二十面体の 5 種類に限られることが，ギリシャのプラトンやピタゴラスによって知られていました．正多面体が 5 種類しかないということはちょっと不思議にも思われます．以下でこのことを確かめます．

正多面体の各面は正 k 角形であるとし，正多面体の 1 つの頂点 A に m 個の面が集まっているとします．そこで，A を頂点にもつ正 k 角形の面を考えます．正 k 角形は，A を通る $k-3$ 個の対角線によって $k-2$ 個の三角形に分割されます．このことにより，正 k 角形の 1 つの内角の大きさは

$$\frac{180°(k-2)}{k} = \frac{2(k-2)}{k} \times 90°$$

となります．たとえば，$k=6$ の場合は図 10.4 のように内角の大きさは $120°$ となります．

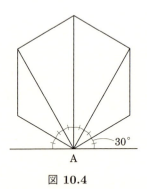

図 **10.4**

ところで，正多面体の頂点には正 k 角形である m 個の面が集まっているので 1 つの頂点につくる角の大きさについて

$$\frac{2(k-2)}{k} \times 90° \times m < 360° \tag{10.4.1}$$

が成り立ちます．この不等式は，正多面体の頂点を傘の先端に例えてみると分かりやすい．たとえば，図 10.4 では A を傘の頂点として右と左に正六角形を立体的に張り合わせます．(10.4.1) を変形して

$$\frac{1}{k} + \frac{1}{m} > \frac{1}{2}$$

なる不等式が得られます．ここで，$m \geq 3, k \geq 3$ であることに注意すると，次の場合が考えられます．

(i) $k=3$ のとき，$m=3, 4, 5$ となり，多面体は正四面体，正八面体，正二十面体となります．

(ii) $k=4$ のとき，$m=3$ となり，多面体は正六面体です．

(iii) $k=5$ のとき，$m=3$ で，多面体は正十二面体となります．

(iv) $k \geq 6$ のときは

$$\frac{1}{m} > \frac{1}{2} - \frac{1}{k} \geq \frac{1}{2} - \frac{1}{6} = \frac{1}{3}$$

より，$m < 3$ となります．これは条件を満たしません．したがって，正多面体は正四面体，正六面体，正八面体，正十二面体，正二十面体の 5 種類しかないことが分かります．

以下においては，正 n 面体の形をそのまま保つ (自分自身に重ね合わせる) ような中心 O のまわりの回転を考えます．このとき，回転は正 n 面体の**対称性を保存する**といいます．正多面体を中心 O の球面に内接させることができます．このとき，各頂点は球面上に対称的に並んでいます．そこで，球面上の変換によって正多面多の頂点を頂点に移すことを考えます．この変換はある軸のまわりの回転を考えれば十分です．正多面体を自分自身に重ね合わせる回転の軸を**対称軸**といいます．正多面体の対称軸には次のものが考えられます．

(I) 向かい合った 2 つの頂点同士を結ぶもの．

(II) 向かい合った 2 つの面の中心同士を結ぶもの．

(III) 1 つの頂点と向かい合った面の中心とを結ぶもの．

(IV) 向かい合った 2 つの辺の中点同士を結ぶもの．

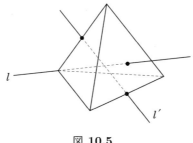

図 10.5

正 n 面体において，(I)〜(IV) の対称軸がそれぞれ q_1, q_2, q_3, q_4 個であるとします．正多面体の対称軸の数は合計 $q_1+q_2+q_3+q_4=q$ となります．また，正多面体の対称軸のまわりの回転の総数を p とします．1つの面が正 k 角形であるとするとき，(I) の対称軸について m 個の正 k 角形の面が集まっているとすると，静止を除いて回転の数は $q_1(m-1)$ です．また，(II) の対称軸については，面は正 k 角形であるから静止を除いて回転の数は $q_2(k-1)$ となります．(III) の対称軸についても (II) の場合と同様に考えて，回転の数は $q_3(k-1)$ であることが分かります．(IV) の対称軸については，それぞれ π (180°) の回転だけであるので回転の数は q_4 (静止は除いて) です．したがって

$$p = q_1(m-1) + q_2(k-1) + q_3(k-1) + q_4 + 1$$

となります．ここに，+1 は正多面体を動かさない (静止) 場合で，静止も 1 つの回転と考えます．

例 10.4.1 正四面体について，対称軸の個数と自分自身に重ね合わせる回転の総数を求めてみよう (図 10.5)．4 つの頂点からそれぞれの対面の中心を結ぶもの (l 軸) が合わせて $q_3=4$ (個)，1 つの辺とその対辺の中点同士を結ぶもの (l' 軸) が合わせて $q_4=3$ (個) です．また，$q_1=q_2=0$ より合計 $q=q_3+q_4$ $(=7$ 個) の対称軸があります．1 つの頂点とその対面の中心とを結ぶ対称軸について $\pi/3$, $2\pi/3$ 回転が，対辺の中点同士を結ぶ対称軸については，π (180°) 回転が考えられます．したがって，回転の総数は静止の場合も含めて $p=4 \times 2+3+1=12$ となります．

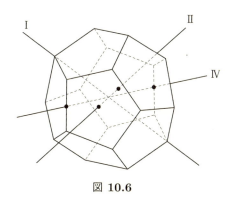

図 10.6

例 10.4.2 図 10.6 から，正十二面体では頂点の数が 20，辺の数が 30 であるから，向かい合った 2 つの頂点同士を結ぶもの (I) の対称軸は $q_1=10$ 個あり，向かい合った 2 つの面の中心同士を結ぶもの (II) の対称軸は $q_2=6$ 個である．向かい合った 2 つの辺の中点同士を結ぶもの (IV) の対称軸は $q_4=15$ 個です．(III) の対称軸は $q_2=0$ です．したがって

$$q=10+6+15=31$$

となります．$k=5, m=3$ であるから

$$p=10\times 2+6\times 4+15\times 1=60$$

であることが分かります．

その他の正多面体に対しても同様に計算ができて，次の表のようになります．ここでは，正 n 面体を P_n ($n=4,6,8,12,20$) と表すことにします．

P_n	k	m	q_1	q_2	q_3	q_4	q	p
正四面体	3	3	0	0	4	3	7	12
正六面体	4	3	4	3	0	6	13	24
正八面体	3	4	3	4	0	6	13	24
正十二面体	5	3	10	6	0	15	31	60
正二十面体	3	5	6	0	0	15	31	60

ところで，球面上の対称性を保存する変換の全体 $SO(3,\mathbf{R})$ は，回転群 (特殊直

交群; 10.1 節を参照) を成します．そこで，正 n 面体の対称性を保存する回転の全体集合を $\mathcal{F}_n$ と表します．ただし，$n=4, 6, 8, 12, 20$ です．$\mathcal{F}_n$ は $SO(3,\mathbf{R})$ の有限部分集合です．変換 $g, g' \in \mathcal{F}_n$ に対して，合成 gg' は，また対称性を保存するから $\mathcal{F}_n$ は合成を積とする演算に関して閉じています．したがって，$\mathcal{F}_n$ は 3 次の回転群 $SO(3,\mathbf{R})$ の部分群となります．

以下では，5 種類の正多面体群について具体的にみていきますが，先の表から P_6 と P_8 の回転の総数 p の値が 24 で一致しています．P_{12} と P_{20} も一致して 60 です．このことから P_6 と P_{12} だけを具体的に考察すれば，それらによって P_8 と P_{20} は容易に理解できよう．このことについては後で述べることにします．

1. 正四面体の重心を中心とする回転を考えます．この正四面体を自分自身に移すものの全体は 12 個あります (例 10.4.1)．$\mathcal{F}_4$ は次のような回転から成り，これらはそれぞれ頂点 A_1, A_2, A_3, A_4 の置換を引き起こします．ここで，置換

$$\begin{pmatrix} A_1 & A_2 & A_3 & A_4 \\ A_{i_1} & A_{i_2} & A_{i_3} & A_{i_4} \end{pmatrix}$$

が次の置換と同一視できることを注意しておきます．

$$\begin{pmatrix} 1 & 2 & 3 & 4 \\ i_1 & i_2 & i_3 & i_4 \end{pmatrix}.$$

(i) 恒等変換 e に対しては，単位置換

$$\begin{pmatrix} A_1 & A_2 & A_3 & A_4 \\ A_1 & A_2 & A_3 & A_4 \end{pmatrix} = \begin{pmatrix} 1 & 2 & 3 & 4 \\ 1 & 2 & 3 & 4 \end{pmatrix} = \varepsilon$$

が引き起こされます．

(ii) 図 10.7 において，頂点 A_2 から底面の三角形 $\triangle A_1 A_4 A_3$ の中心 O_1 に向かう垂線 l_1 を軸とする $2\pi/3, 4\pi/3$ 回転は $\{A_1, A_2, A_3, A_4\}$ の置換，すなわち，$\{1,2,3,4\}$ の置換を引き起こします．軸 l_1 のまわりの $2\pi/3$ 回転は，置換

$$\rho_1 = \begin{pmatrix} 1 & 2 & 3 & 4 \\ 4 & 2 & 1 & 3 \end{pmatrix} = (1\ 4)(3\ 4)$$

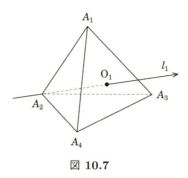

図 **10.7**

を引き起こします．$4\pi/3$ 回転は

$$\rho_1^2 = \begin{pmatrix} 1 & 2 & 3 & 4 \\ 3 & 2 & 4 & 1 \end{pmatrix} = (1\ 3)(3\ 4)$$

なる置換を引き起こします．次に，頂点 A_3 から底面の三角形 $\triangle A_1 A_2 A_4$ の中心に向かう垂線 l_2 を軸とする $2\pi/3$ 回転は，l_1 を軸とする場合において置きかえ $A_2 \to A_3$, $A_1 \to A_1$, $A_4 \to A_2$, $A_3 \to A_4$ を行うことにより，置換

$$\rho_2 = \begin{pmatrix} 1 & 2 & 3 & 4 \\ 2 & 4 & 3 & 1 \end{pmatrix} = (1\ 2)(2\ 4)$$

を引き起こします．$4\pi/3$ 回転は，置換

$$\rho_2^2 = \begin{pmatrix} 1 & 2 & 3 & 4 \\ 4 & 1 & 3 & 2 \end{pmatrix} = (1\ 4)(2\ 4)$$

を引き起こします．同様にして，頂点 A_4, A_1 を通り対面の中心へ向かうそれぞれの軸 l_3, l_4 のまわりの $2\pi/3, 4\pi/3$ 回転は，それぞれが対応する置換

$$\rho_3 = \begin{pmatrix} 1 & 2 & 3 & 4 \\ 3 & 1 & 2 & 4 \end{pmatrix} = (1\ 3)(2\ 3), \quad \rho_3^2 = \begin{pmatrix} 1 & 2 & 3 & 4 \\ 2 & 3 & 1 & 4 \end{pmatrix} = (1\ 2)(2\ 3),$$

$$\rho_4 = \begin{pmatrix} 1 & 2 & 3 & 4 \\ 1 & 3 & 4 & 2 \end{pmatrix} = (2\ 3)(3\ 4), \quad \rho_4^2 = \begin{pmatrix} 1 & 2 & 3 & 4 \\ 1 & 4 & 2 & 3 \end{pmatrix} = (2\ 4)(3\ 4)$$

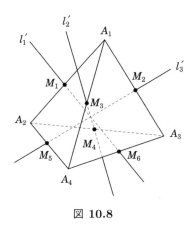

図 10.8

を引き起こします.

(iii) 対辺の中点同士を結ぶ 3 個の軸 l'_1, l'_2, l'_3 のまわりの回転を考えよう (図 10.8). ここに, l'_1 は辺 A_1A_2 の中点 M_1 と対辺 A_3A_4 の中点 M_6 を結ぶ軸, l'_2 は辺 A_1A_4 の中点 M_3 と対辺 A_2A_3 の中点 M_4 を結ぶ軸, l'_3 は辺 A_1A_3 の中点 M_2 と対辺 A_2A_4 の中点 M_5 とを結ぶ軸である.

l'_1, l'_2, l'_3 を軸とする回転で, 対称性を不変にするものはそれぞれの軸のまわりの π 回転だけです. これらは置換

$$\rho'_1 = \begin{pmatrix} 1 & 2 & 3 & 4 \\ 2 & 1 & 4 & 3 \end{pmatrix} = (3\ 4)(1\ 2),$$

$$\rho'_2 = \begin{pmatrix} 1 & 2 & 3 & 4 \\ 4 & 3 & 2 & 1 \end{pmatrix} = (2\ 3)(1\ 4),$$

$$\rho'_3 = \begin{pmatrix} 1 & 2 & 3 & 4 \\ 3 & 4 & 1 & 2 \end{pmatrix} = (2\ 4)(1\ 3)$$

を引き起こします.

(i), (ii), (iii) により, 置換はすべて偶置換で, 合計 12 個あります. したがって, 正四面体をそれ自身に移す回転全体の群 $\mathcal{F}_4$ の位数は 12 で, 4 次の交代群 $\mathcal{A}_4$ (4 次の偶置換全体の成す群) と同型です. この $\mathcal{F}_4$ を**正四面体群**といいます.

2. 正六面体の形を保存する中心 (重心) のまわりの回転の全体集合 $\mathcal{F}_6$ は群を

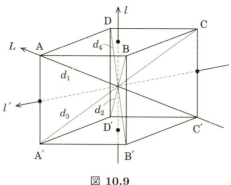

図 **10.9**

成します.以下で,$\mathcal{F}_6$ が置換群 $\mathcal{S}_4$ として表現されることをみていきます.そこで,図 10.9 のような正六面体を考えます.対角線を d_1 ($=AC'$), d_2 ($=BD'$), d_3 ($=CA'$), d_4 ($=DB'$) とします.正六面体の形を保存する変換の対称軸は次のようなものです.

(I) 向かい合った 2 つの頂点同士を結ぶ軸 L_1, L_2, L_3, L_4 の 4 個があります.ここに,L_1, L_2, L_3, L_4 はそれぞれ対角線 d_1, d_2, d_3, d_4 を含み,向きはそれぞれ C' から A, D' から B, A' から C, B' から D へ向かう方向とします.

(II) 向かい合った 2 つの面の中心同士を結ぶ軸は l_1, l_2, l_3 の 3 個があります.ここに,l_1, l_2, l_3 は,それぞれ面 $A'B'C'D'$ の中心から面 ABCD の中心へ,面 $BB'C'C$ の中心から面 $AA'D'D$ の中心へ,面 $CDD'C'$ の中心から面 $AA'B'B$ の中心へ向かう方向をもつ軸です.

(IV) 向かい合った 2 つの辺の中点同士を結ぶ軸としては $l'_1, l'_2, l'_3, l'_4, l'_5, l'_6$ の 6 個があります.対称軸 $l'_1, l'_2, l'_3, l'_4, l'_5, l'_6$ は,それぞれ辺 CC' の中点から辺 AA' の中点へ,辺 $C'D'$ の中点から辺 AB の中点へ,辺 $A'D'$ の中点から辺 BC の中点へ,辺 $A'B'$ の中点から辺 CD の中点へ,辺 $B'C'$ の中点から辺 AD の中点へ,辺 BB' の中点から辺 DD' の中点へ向かう方向をもつ軸とします.ところで,正六面体の場合,対称軸のまわりの回転変換を 8 個の頂点の置換として表現しようとすると,8 次の置換を考えることになります.ここでは,変換群 $\mathcal{F}_6$ を 4 次の置換群 $\mathcal{S}_4$ として表現したい.そこで,対角線 d_1, d_2, d_3, d_4 の置換を考えることにします.正四面体の場合と同様にして,置換の同一視により

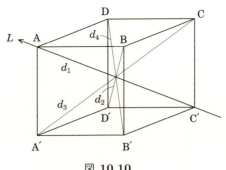

図 10.10

$$\begin{pmatrix} d_1 & d_2 & d_3 & d_4 \\ d_{i_1} & d_{i_2} & d_{i_3} & d_{i_4} \end{pmatrix} = \begin{pmatrix} 1 & 2 & 3 & 4 \\ i_1 & i_2 & i_3 & i_4 \end{pmatrix}$$

と表します.

(i) 恒等変換 e には,単位置換

$$\begin{pmatrix} 1 & 2 & 3 & 4 \\ 1 & 2 & 3 & 4 \end{pmatrix} = \varepsilon$$

が対応します.

(ii) 対称軸 L_1, L_2, L_3, L_4 のまわりの回転で正六面体の形を保存するものはそれぞれ $2\pi/3, 4\pi/3$ 回転です.これらの回転が d_1, d_2, d_3, d_4 の置換を引き起こすことを示します.まず,軸 $L=L_1$ のまわりの $2\pi/3$ 回転については,図 10.10 から置換

$$\tau_1 = \begin{pmatrix} 1 & 2 & 3 & 4 \\ 1 & 4 & 2 & 3 \end{pmatrix} = (2\ 4)(3\ 4)$$

を引き起こします.したがって $4\pi/3$ は置換

$$\tau_1^2 = \begin{pmatrix} 1 & 2 & 3 & 4 \\ 1 & 3 & 4 & 2 \end{pmatrix} = (2\ 3)(3\ 4)$$

を引き起こします.同様に,対称軸 L_2, L_3, L_4 のまわりの $(2\pi)/3, (4\pi)/3$ 回転もそれぞれ置換 $\tau_2, \tau_2^2, \tau_3, \tau_3^2, \tau_4, \tau_4^2$ を引き起こし,次のようになります.

$$\tau_2 = \begin{pmatrix} 1 & 2 & 3 & 4 \\ 4 & 2 & 1 & 3 \end{pmatrix} = (1\ 4)(3\ 4), \quad \tau_2^2 = \begin{pmatrix} 1 & 2 & 3 & 4 \\ 3 & 2 & 4 & 1 \end{pmatrix} = (1\ 3)(3\ 4),$$

$$\tau_3 = \begin{pmatrix} 1 & 2 & 3 & 4 \\ 4 & 1 & 3 & 2 \end{pmatrix} = (1\ 4)(2\ 4), \quad \tau_3^2 = \begin{pmatrix} 1 & 2 & 3 & 4 \\ 2 & 4 & 3 & 1 \end{pmatrix} = (1\ 2)(2\ 4),$$

$$\tau_4 = \begin{pmatrix} 1 & 2 & 3 & 4 \\ 3 & 1 & 2 & 4 \end{pmatrix} = (1\ 3)(2\ 3), \quad \tau_4^2 = \begin{pmatrix} 1 & 2 & 3 & 4 \\ 2 & 3 & 1 & 4 \end{pmatrix} = (1\ 2)(2\ 3).$$

したがって，対称軸 L_1, L_2, L_3, L_4 のまわりの回転に対する置換は 8 個です．

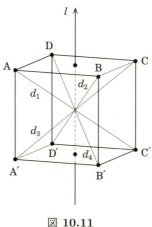

図 **10.11**

(iii) 対面の中心同士を結ぶ対称軸 l_i ($i=1,2,3$) のまわりの回転も d_1, d_2, d_3, d_4 の置換を引き起こします (図 10.11)．l_i ($i=1,2,3$) のまわりの $\pi/2$ 回転が置換 σ_i を引き起こせば，$\pi, 3\pi/2$ 回転はそれぞれ置換 σ_i^2, σ_i^3 を引き起こします．まず，$l=l_1$ を軸とする $\pi/2$ 回転は置換

$$\sigma_1 = \begin{pmatrix} 1 & 2 & 3 & 4 \\ 2 & 3 & 4 & 1 \end{pmatrix} = (1\ 4)(1\ 3)(1\ 2)$$

を引き起こします．したがって，$\pi, 3\pi/2$ 回転は

$$\sigma_1^2 = \begin{pmatrix} 1 & 2 & 3 & 4 \\ 3 & 4 & 1 & 2 \end{pmatrix} = (1\ 3)(2\ 4), \quad \sigma_1^3 = \begin{pmatrix} 1 & 2 & 3 & 4 \\ 4 & 1 & 2 & 3 \end{pmatrix} = (1\ 4)(2\ 4)(3\ 4)$$

を引き起こします．l_2 を軸とする $\pi/2$ 回転は，置換

$$\sigma_2 = \begin{pmatrix} 1 & 2 & 3 & 4 \\ 4 & 3 & 1 & 2 \end{pmatrix} = (1\ 4)(2\ 3)(3\ 4)$$

を引き起こします．したがって，軸 l_2 のまわりの $\pi, 3\pi/2$ 回転は，それぞれ置換

$$\sigma_2^2 = \begin{pmatrix} 1 & 2 & 3 & 4 \\ 2 & 1 & 4 & 3 \end{pmatrix} = (3\ 4)(1\ 2), \quad \sigma_2^3 = \begin{pmatrix} 1 & 2 & 3 & 4 \\ 3 & 4 & 2 & 1 \end{pmatrix} = (1\ 3)(2\ 4)(3\ 4)$$

を引き起こします．l_3 を軸とする回転についても同様にして，それぞれの回転によって置換

$$\sigma_3 = \begin{pmatrix} 1 & 2 & 3 & 4 \\ 3 & 1 & 4 & 2 \end{pmatrix} = (1\ 3)(2\ 4)(2\ 3), \quad \sigma_3^2 = \begin{pmatrix} 1 & 2 & 3 & 4 \\ 4 & 3 & 2 & 1 \end{pmatrix} = (2\ 3)(1\ 4),$$

$$\sigma_3^3 = \begin{pmatrix} 1 & 2 & 3 & 4 \\ 2 & 4 & 1 & 3 \end{pmatrix} = (1\ 2)(2\ 4)(3\ 4)$$

が引き起こされます．したがって，対称軸を l_1, l_2, l_3 とする回転に対する置換は合わせて 9 個あります．

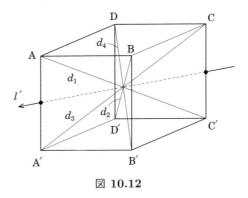

図 **10.12**

(iv) 対辺の中点同士を結ぶ対称軸 $l_1', l_2', l_3', l_4', l_5', l_6'$ については π 回転を考えればよい．対称軸 $l' = l_1'$ のまわりの π 回転によって引き起こされる置換を考えます．対角線 d_2 および d_4 が l_1' と直交している（図 10.12）ことに注意して，

l'_1 を軸とする回転は，置換

$$\sigma'_1 = \begin{pmatrix} 1 & 2 & 3 & 4 \\ 3 & 2 & 1 & 4 \end{pmatrix} = (1\ 3)$$

を引き起こします．同様に，対称軸 $l'_2, l'_3, l'_4, l'_5, l'_6$ のまわりの π 回転は，それぞれ互換 $\sigma'_2 = (1\ 2), \sigma'_3 = (2\ 3), \sigma'_4 = (3\ 4), \sigma'_5 = (1\ 4), \sigma'_6 = (2\ 4)$ を引き起こします．これらの置換は 6 個です．(i)～(iv) によって得られた置換の総数は $1+9+8+6=24$ となります．置換全体は

$$\left\{ \varepsilon, \sigma_1, \sigma_1^2, \sigma_1^3, \sigma_2, \sigma_2^2, \sigma_2^3, \sigma_3, \sigma_3^2, \sigma_3^3, \right.$$
$$\left. \tau_1, \tau_1^2, \tau_2, \tau_2^2, \tau_3, \tau_3^2, \tau_4, \tau_4^2, \sigma'_1, \sigma'_2, \sigma'_3, \sigma'_4, \sigma'_5, \sigma'_6 \right\}$$

です．これは，例 7.3.2 で調べた 4 次の置換群 $\mathcal{S}_4$ と一致しています．したがって，$\mathcal{F}_6$ から置換群 $\mathcal{S}_4$ への同型写像 ψ；$\mathcal{F}_6 \to \mathcal{S}_4$ が存在し，ψ が $\mathcal{F}_6$ の忠実な置換表現を与えています．正六面体をそれ自身に移す回転の全体 $\mathcal{F}_6$ は，位数 24 の置換群 $\mathcal{S}_4$ と同型な群です．$\mathcal{F}_6$ は**正六面体群**と呼ばれています．

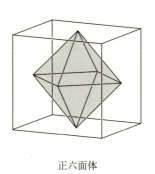 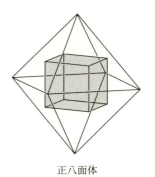

正六面体　　　　　　　正八面体

図 10.13

ここで，正六面体と正八面体の関係をみておきます．図 10.13 のように，正六面体の各面の中心と隣の面の中心とを結ぶ線分を 3 辺とする正三角形を面にもつ正八面体は，正六面体の中に実現できます．逆に，正八面体の各面 (正三角形) の中心と隣の面の中心とを結ぶ線分を辺とする正方形を面にもつ正六面体は，正八面体の中に実現できます．したがって，正六面体の対称性を不変にする回転は，

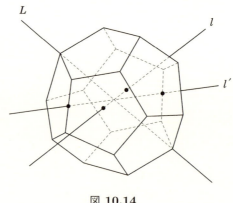

図 **10.14**

正八面体の対称性をも不変にします．逆に正八面体の対称性を不変にする回転は，正六面体の対称性をも不変にします．したがって，正八面体の成す群 $\mathcal{F}_8$ は正六面体群 $\mathcal{F}_6$ と同型です．$\mathcal{F}_8$ は**正八面体群**と呼ばれています．また，$\mathcal{A}_4$ は位数 12 の $\mathcal{S}_4$ の部分群で $\mathcal{F}_4$ と同型であるから，$\mathcal{F}_6 \cong \mathcal{F}_8$ は $\mathcal{F}_4$ を部分群として含みます．

注 10.4.1 $\mathcal{F}_6$ については具体的に調べたが，$\mathcal{F}_8$ の具体的記述を省いた理由が上で述べてきたことで分かってもらえたと思う．

3. 正十二面体の対称性を不変にするような中心のまわりの回転全体の集合 $\mathcal{F}_{12}$ は，群を成します．例 10.4.2 のように，$\mathcal{F}_{12}$ に属する回転は次のようなものです (図 10.14)．

(i) 恒等変換 e も 1 つの回転です．

(ii) 向かい合う 2 つの頂点同士を結ぶ対称軸 (L) は 10 本あります．各対称軸に対する回転は，$2\pi/3, 4\pi/3$ 回転の 2 つがあり，これらは全部で 20 個あります．

(iii) 向かい合う 2 つの面の中心同士を結ぶ対称軸 (l) は 6 本です．例 10.1.3 でみてきたように，それぞれを軸とする $2\pi/5, 4\pi/5, 6\pi/5, 8\pi/5$ の回転があり，全部で 24 個あります．

(iv) 辺の数は 30 であるから，向かい合った 2 つの辺の中点同士を結ぶ直線

l' は 15 本であり，これらを軸とする π の回転は全部で 15 個あります．

(i)～(iv) により，正十二面体の対称性を不変にする回転の総数は

$$1+20+24+15=60$$

となります．したがって，$\mathcal{F}_{12}$ は位数 60 の群を成すことが分かります．この $\mathcal{F}_{12}$ を**正十二面体群**といいます．

正十二面体と正二十面体とは次のような関係にあります．正十二面体の面の数は 12 で，これは正二十面体の頂点の数と等しい．また，正二十面体の面の数は 20 で，正十二面体の頂点の数に等しくなっています．正六面体と正八面体の場合と同様にして，正十二面体の各面の中心を頂点とする正二十面体が正十二面体の中に実現できます．また，正二十面体の各面の中心を頂点にもつ正十二面体が正二十面体の中に実現できます．正十二面体の対称性を不変にする回転 (正十二面体群 $\mathcal{F}_{12}$ の元) は，正二十面体の対称性をも不変にします．逆に，正二十面体の対称性を不変にするような回転 (群 $\mathcal{F}_{20}$ の元) は，正十二面体の対称性をも不変にします．このことにより，$\mathcal{F}_{20}$ は $\mathcal{F}_{12}$ と同型な位数 60 の群を成します．この $\mathcal{F}_{20}$ は**正二十面体群**と呼ばれています．

正多面体は正四面体，正六面体，正八面体，正十二面体，正二十面体の 5 種類しかありません．しかし，正多面体群としては $\mathcal{F}_6$ と $\mathcal{F}_8$ は同型，また，$\mathcal{F}_{12}$ と $\mathcal{F}_{20}$ は同型です．したがって，正多面多体群は，本質的には正四面体群，正六面体群，正十二面体群の 3 種類であることが分かります．

■ 章末問題 10

問題 10.1 無限巡回群は，整数全体の加法群 $\mathbf{Z}$ と同型であることを示してください．

問題 10.2 $\mathcal{S}_3$ を 3 次の置換群とします．$E=(\boldsymbol{e}_1,\boldsymbol{e}_2,\boldsymbol{e}_3)$, $\sigma\in\mathcal{S}_3$ に対して，$\sigma E=(\boldsymbol{e}_{\sigma(1)},\boldsymbol{e}_{\sigma(2)},\boldsymbol{e}_{\sigma(3)})$ は直交行列で，その行列式は $|\sigma E|=\pm 1$ となることを示してください．ここに，$\boldsymbol{e}_1,\boldsymbol{e}_2,\boldsymbol{e}_3$ は 3 次の基本ベクトルです．

第11章
一般次元の線形写像の行列表現

　この章では，有限次元ベクトル空間上の線形写像および m 行 n 列の行列について議論します．第8章では，$\mathbf{R}^3$ 上の線形変換が3次の行列として表現されることをみてきました．n 次元ベクトル空間から m 次元ベクトル空間への線形写像も行列として表現されます．このことにより，線形写像の合成および線形的な演算が行列演算におきかえられ，線形写像の働きがよく見えるようになります．

---- キーワード ----

n 次元ベクトル空間，行列の分割，像空間，核空間，標準基底，生成される部分空間，線形同型変換，階数，無限次元ベクトル空間

---- 新しい記号 ----

$M(n,m;\mathbf{R})$, $S(\boldsymbol{u}_1,\cdots,\boldsymbol{u}_s)$, $\mathrm{rank}(A)$, $\mathrm{Ker}(f)$, $\mathbf{R}_n[x]$

11.1 行列の基本的性質

　まず，一般の行列を定義し，その基本的な性質からみていくことにします．$m \geqq 1, n \geqq 1$ に対して

$$A = \begin{pmatrix} a_{11} & a_{12} & \cdots & a_{1n} \\ a_{21} & a_{22} & \cdots & a_{2n} \\ \vdots & \vdots & & \vdots \\ a_{m1} & a_{m2} & \cdots & a_{mn} \end{pmatrix}$$

なる形の実数を成分とする m 行 n 列型の行列を $m \times n$ **行列**といいます．$m \times n$ 行列全体の集合を $M(m,n;\mathbf{R})$ と表すことにします．$M_3(\mathbf{R})$ の場合と同様，$A, B \in M(m,n;\mathbf{R})$ を成分表示で $A = [a_{ij}]$, $B = [b_{ij}]$ と表します．この表示は A と B の (i,j) 成分がそれぞれ a_{ij}, b_{ij} であることを表しています．まず，$M(m,n;\mathbf{R})$ の 2 つの行列 $A = [a_{ij}]$ と $B = [b_{ij}]$ が等しいことを

$$A = B \Longleftrightarrow a_{ij} = b_{ij} \quad (i = 1, 2, \cdots, m,\ j = 1, 2, \cdots, n)$$

によって定義します．特に，$A = O \Longleftrightarrow a_{ij} = 0$ $(i = 1, 2, \cdots, m,\ j = 1, 2, \cdots, n)$ のとき，O を**零行列**といいます．次に，$A = [a_{ij}]$, $B = [b_{ij}]$ の和を $A + B = [a_{ij} + b_{ij}]$，$h \in \mathbf{R}$ に対して，スカラー倍を $hA = [ha_{ij}]$ と定義します．このとき，$M(m,n;\mathbf{R})$ は和とスカラー倍の演算 (**線形演算**) に関して閉じています．さらに，定理 9.1.3 の (1), (2), (3), (4) および (8) と同じ関係式が成り立ちます．

定理 11.1.1 $A, B, C \in M(m,n;\mathbf{R})$, $h, k \in \mathbf{R}$ に対して，次が成り立つ．

(1) $A + B = B + A$.
(2) $(A + B) + C = A + (B + C)$.
(3) $A + O = O + A = A$ ここに，O は零行列である．
(4) $A + X = X + A = O$ となる $X \in M(m,n;\mathbf{R})$ が存在する．
(5) $h(A + B) = hA + hB$, $(h + k)A = hA + kA$.
(6) $h(kA) = (hk)A$.

行列の和とスカラー倍の演算が成分ごとの演算になっていることに注意すれば，(1)〜(6) の証明は明らかです．

次に行列の積について考えます．

定義 11.1.1 行列 A, B に対して，A の列の数と B の行の数が等しいとき，

そのときに限り積 AB が定義される．すなわち，$A=[a_{ij}]$ が $l\times m$ 行列，$B=[b_{ij}]$ が $m\times n$ 行列のとき $AB=[c_{ij}]$ は

$$c_{ij} = \sum_{k=1}^{m} a_{ik}b_{kj} \qquad (i=1,2,\cdots,l,\ j=1,2,\cdots,n)$$

を (i,j) 成分にもつ $l\times n$ 行列となる．

注 11.1.1 $A,B\in M(m,n;\mathbf{R})$ に対して，$m\neq n$ のとき A と B の積は定義されません．

定理 11.1.2 積が定義される行列に対して積に関する結合法則，分配法則が成り立つ．

(1) A が $l\times m$ 行列，B が $m\times n$ 行列，C が $n\times k$ 行列ならば

$$A(BC)=(AB)C \qquad (l\times k \text{ 行列}).$$

(2) A が $l\times m$ 行列，B,C が $m\times n$ 行列ならば

$$A(B+C)=AB+AC \qquad (l\times n \text{ 行列}).$$

(3) A,B が $l\times m$ 行列，C が $m\times n$ 行列ならば

$$(A+B)C=AC+BC \qquad (l\times n \text{ 行列}).$$

(4) A が $l\times m$ 行列，B が $m\times n$ 行列のとき，$h\in\mathbf{R}$ に対して

$$h(AB)=(hA)B=A(hB) \qquad (l\times n \text{ 行列}).$$

(証明) (1) A は $l\times m$ 行列，BC は $m\times k$ 行列であるから積 $A(BC)$ が定義され，$l\times k$ 行列となります．一方，AB は $l\times n$ 行列で，C は $n\times k$ 行列であるから，これらの積 $(AB)C$ も定義されて $l\times k$ 行列となります．等式が成り立つことは，次のように示されます．$A=[a_{ij}]$, $B=[b_{ij}]$, $C=[c_{ij}]$ のとき，$AB=[\alpha_{ij}]$ ($l\times n$ 行列), $BC=[\beta_{ij}]$ ($m\times k$ 行列) とおけば

$$\alpha_{ij} = \sum_{s=1}^{m} a_{is}b_{sj} \qquad (i=1,2,\cdots,l,\ j=1,2,\cdots,k),$$
$$\beta_{ij} = \sum_{r=1}^{n} b_{ir}c_{rj} \qquad (i=1,2,\cdots,m,\ j=1,2,\cdots,k)$$

となります．$(AB)C=[\gamma_{ij}]$ ($l\times k$ 行列)，$A(BC)=[\gamma'_{ij}]$ ($l\times k$ 行列) とおくとき，各 (i,j) 成分について

$$\gamma_{ij} = \sum_{r=1}^{n} \alpha_{ir}c_{rj} = \sum_{r=1}^{n}\Big(\sum_{s=1}^{m} a_{is}b_{sr}\Big)c_{rj}$$
$$= \sum_{s=1}^{m} a_{is}\Big(\sum_{r=1}^{n} b_{sr}c_{rj}\Big) = \sum_{s=1}^{m} a_{is}\beta_{sj} = \gamma'_{ij}$$

となるから，$(AB)C = A(BC)$ が成り立ちます．

(2) $A=[a_{ij}]$ は $l\times m$ 行列，$B=[b_{ij}]$，$C=[c_{ij}]$ は $m\times n$ 行列であるから，A と $B+C=[b_{ij}+c_{ij}]$ との積 $A(B+C)=[\gamma_{ij}]$ が定義できて，$A(B+C)$ は $l\times n$ 行列となります．このとき，各 (i,j) 成分について

$$\gamma_{ij} = \sum_{k=1}^{m} a_{ik}(b_{kj}+c_{kj}) = \sum_{k=1}^{m} a_{ik}b_{kj} + \sum_{k=1}^{m} a_{ik}c_{kj}$$

が成り立ちます．この右辺の第1項は AB の (i,j) 成分で，第2項は AC の (i,j) 成分です．したがって，次が成り立ちます．

$$A(B+C) = AB + AC$$

(3) (2) と同様に示されます．

(4) $A=[a_{ij}]$，$hA=[ha_{ij}]$ は $l\times m$ 行列，$B=[b_{ij}]$，$hB=[hb_{ij}]$ は $m\times n$ 行列であるから $(hA)B$，$A(hB)$ が定義され，ともに $l\times n$ 行列となります．$(hA)B$ と $A(hB)$ の各 (i,j) 成分について

$$\sum_{k=1}^{m} (ha_{ik})b_{kj} = h\sum_{k=1}^{m} a_{ik}b_{kj} = \sum_{k=1}^{m} a_{ik}(hb_{kj})$$

となるから，$(hA)B = h(AB) = A(hB)$ が成り立ちます． ■

n 次の正方行列全体の集合を $M_n(\mathbf{R})$ と表します．任意の $A,B \in M_n(\mathbf{R})$ に対して積が定義され，$AB \in M_n(\mathbf{R})$ です．特に，$E_n = [\delta_{ij}] \in M_n(\mathbf{R})$ は，任意

の $A \in M_n(\mathbf{R})$ に対して, $AE_n = E_n A = A$ を満たします. E_n を n 次の単位行列といいます. ここに, δ_{ij} はデルタ記号で, $\delta_{ii} = 1, \delta_{ij} = 0 \ (i \neq j)$ です. $A \in M_n(\mathbf{R})$ に対して, $AB = BA = E_n$ となる $B \in M_n(\mathbf{R})$ が存在するならば, A を正則であるといいます. このとき, B を A の逆行列といい, $B = A^{-1}$ と表します. A が正則のとき, A の逆行列は一意的に定まります. このことは, 3 次の場合と同様に示されます.

定理 11.1.3 $A, B \in M_n(\mathbf{R})$ がともに正則ならば, AB も正則で
$$(AB)^{-1} = B^{-1} A^{-1}$$
が成り立つ.

証明は, 3 次の場合 (定理 9.1.2) と同様であるので省略します.

$m \times n$ 行列 $A = [a_{ij}]$ に対して, $a'_{ij} = a_{ji} \ (1 \leq i \leq m, 1 \leq j \leq n)$ を (i,j) 成分にもつ行列を A の**転置行列**といい, ${}^t A = [a'_{ij}]$ と表します. ${}^t A$ は $n \times m$ 行列であり, A の j 列 $\boldsymbol{a}_j = {}^t(a_{1j}, a_{2j}, \cdots, a_{mj})$ の転置 ${}^t \boldsymbol{a}_j = (a_{1j}, a_{2j}, \cdots, a_{mj})$ を j 行にもつ行列です. 特に, n 次の単位行列 E_n に対しては, ${}^t E_n = E_n$ です.

定理 11.1.4 (i) A が $l \times m$ 行列, B が $m \times n$ 行列のとき ${}^t(AB) = {}^t B ({}^t A)$ が成り立つ.

(ii) $A \in M_n(\mathbf{R})$ が正則ならば, ${}^t A$ も正則で $({}^t A)^{-1} = {}^t(A^{-1})$ である.

(証明) (i) は 3 次の場合 (補題 9.1.4) と同様に証明できます.

(ii) A が正則ならば, $AA^{-1} = A^{-1} A = E_n$ であるから, (i) により

$${}^t(A^{-1}) {}^t A = {}^t(AA^{-1}) = {}^t E_n = E_n, \quad {}^t A {}^t(A^{-1}) = {}^t(A^{-1} A) = {}^t E_n = E_n.$$

したがって, ${}^t A$ は正則で, $({}^t A)^{-1} = {}^t(A^{-1})$ となります. ■

注 11.1.2 $A \in M_n(\mathbf{R})$ のとき, ${}^t({}^t A) = A$ であるから, ${}^t A$ が正則ならば, A も正則となります.

次に, 行列の分割を考えます. $m \times n$ 行列 $A = [a_{ij}]$ を

$$A = \begin{pmatrix} a_{11} & a_{12} & \cdots & a_{1q} & a_{1(q+1)} & \cdots & a_{1n} \\ a_{21} & a_{22} & & a_{2q} & a_{2(q+1)} & & a_{2n} \\ \vdots & & & \vdots & \vdots & & \vdots \\ a_{p1} & \cdots & & a_{pq} & a_{p(q+1)} & \cdots & a_{pn} \\ \hline a_{(p+1)1} & \cdots & & a_{(p+1)q} & a_{(p+1)(q+1)} & \cdots & a_{(p+1)n} \\ \vdots & & & \vdots & \vdots & & \vdots \\ a_{m1} & a_{m2} & \cdots & a_{mq} & a_{m(q+1)} & \cdots & a_{mn} \end{pmatrix}$$

$$= \begin{pmatrix} A_{11} & A_{12} \\ A_{21} & A_{22} \end{pmatrix}$$

のように分割して表すことにします．ここに，$1 < p < m$, $1 < q < n$ です．A_{ij} ($i,j = 1,2$) を A の**小行列**といい，小行列を用いて上のように表すことを小行列への行列 A の**分割**といいます．ここに，A_{11} は A の左上の部分で $p \times q$ 行列，A_{12} は A の右上の部分で $p \times (n-q)$ 行列です．左下部分 A_{21}, 右下部分 A_{22} はそれぞれ $(m-p) \times q$, $(m-p) \times (n-q)$ 行列です．いま，$m \times n$ 行列 A, B がそれぞれ同じ形の小行列として

$$A = \begin{pmatrix} A_{11} & A_{12} \\ A_{21} & A_{22} \end{pmatrix}, \quad B = \begin{pmatrix} B_{11} & B_{12} \\ B_{21} & B_{22} \end{pmatrix}$$

のように分割されているとします．このとき，和とスカラー倍は次のようになります．

$$A + B = \begin{pmatrix} A_{11} + B_{11} & A_{12} + B_{12} \\ A_{21} + B_{21} & A_{22} + B_{22} \end{pmatrix}, \quad hA = \begin{pmatrix} hA_{11} & hA_{12} \\ hA_{21} & hA_{22} \end{pmatrix}.$$

以下では，$A, A' \in M_n(\mathbf{R})$, $D, D' \in M_m(\mathbf{R})$ のとき

$$\begin{pmatrix} A & B \\ C & D \end{pmatrix}, \quad \begin{pmatrix} A' & B' \\ C' & D' \end{pmatrix}$$

なる形の $n+m$ 次の正方行列を考えます．ここに，B, B' は $n \times m$ 行列，C, C' は $m \times n$ 行列です．

11.1 行列の基本的性質

定理 11.1.5 $A, A' \in M_n(\mathbf{R})$, $D, D' \in M_m(\mathbf{R})$ のとき，次が成り立つ．

(i) $\begin{pmatrix} A & B \\ C & D \end{pmatrix} \begin{pmatrix} A' & B' \\ C' & D' \end{pmatrix} = \begin{pmatrix} AA'+BC' & AB'+BD' \\ CA'+DC' & CB'+DD' \end{pmatrix}.$

(ii) $\begin{pmatrix} A & B \\ O & D \end{pmatrix} = \begin{pmatrix} E_n & O \\ O & D \end{pmatrix} \begin{pmatrix} A & B \\ O & E_m \end{pmatrix},$

$\begin{pmatrix} A & O \\ C & D \end{pmatrix} = \begin{pmatrix} A & O \\ C & E_m \end{pmatrix} \begin{pmatrix} E_n & O \\ O & D \end{pmatrix}.$

(iii) A と D が正則ならば $\begin{pmatrix} A & B \\ O & D \end{pmatrix}, \begin{pmatrix} A & O \\ C & D \end{pmatrix}$ はともに正則で

$$\begin{pmatrix} A & B \\ O & D \end{pmatrix}^{-1} = \begin{pmatrix} A^{-1} & -A^{-1}BD^{-1} \\ O & D^{-1} \end{pmatrix},$$

$$\begin{pmatrix} A & O \\ C & D \end{pmatrix}^{-1} = \begin{pmatrix} A^{-1} & O \\ -D^{-1}CA^{-1} & D^{-1} \end{pmatrix}$$

となる．特に

$$\begin{pmatrix} A & O \\ O & D \end{pmatrix}^{-1} = \begin{pmatrix} A^{-1} & O \\ O & D^{-1} \end{pmatrix}.$$

(証明) (i) $A=[a_{ij}]$, $A'=[a'_{ij}]$; $n \times n$ 行列，$B=[b_{ij}]$, $B'=[b'_{ij}]$; $n \times m$ 行列，$C=[c_{ij}]$, $C'=[c'_{ij}]$; $m \times n$ 行列，$D=[d_{ij}]$, $D'=[d'_{ij}]$; $m \times m$ 行列とするとき

$\begin{pmatrix} A & B \\ C & D \end{pmatrix} \begin{pmatrix} A' & B' \\ C' & D' \end{pmatrix}$

$$= \begin{pmatrix} a_{11} & a_{12} & \cdots & a_{1n} & b_{11} & b_{12} & \cdots & b_{1m} \\ a_{21} & a_{22} & & a_{2n} & b_{21} & b_{22} & & b_{2m} \\ \vdots & & & \vdots & \vdots & & & \vdots \\ a_{n1} & a_{n2} & \cdots & a_{nn} & b_{n1} & b_{n2} & \cdots & b_{nm} \\ c_{11} & c_{12} & \cdots & c_{1n} & d_{11} & d_{12} & \cdots & d_{1m} \\ \vdots & & & \vdots & \vdots & & & \vdots \\ c_{m1} & c_{m2} & \cdots & c_{mn} & d_{m1} & d_{m2} & \cdots & d_{mm} \end{pmatrix}$$

$$\times \begin{pmatrix} a'_{11} & a'_{12} & \cdots & a'_{1n} & b'_{11} & b'_{12} & \cdots & b'_{1m} \\ a'_{21} & a'_{22} & & a'_{2n} & b'_{21} & b'_{22} & & b'_{2m} \\ \vdots & & & \vdots & & & & \vdots \\ a'_{n1} & a'_{n2} & \cdots & a'_{nn} & b'_{n1} & b'_{n2} & \cdots & b'_{nm} \\ c'_{11} & c'_{12} & \cdots & c'_{1n} & d'_{11} & d'_{12} & \cdots & d'_{1m} \\ \vdots & & & \vdots & \vdots & & & \vdots \\ c'_{m1} & c'_{m2} & \cdots & c'_{mn} & d'_{m1} & d'_{m2} & \cdots & d'_{mm} \end{pmatrix}$$

と表されます．この右辺の積は $m+n$ 次の正方行列で，その (i,j) 成分 γ_{ij} は次のようになります．

$$\gamma_{ij} = \sum_{k=1}^{n} a_{ik} a'_{kj} + \sum_{k=1}^{m} b_{ik} c'_{kj} \quad (1 \leqq i \leqq n,\ 1 \leqq j \leqq n),$$

$$\gamma_{i(n+j)} = \sum_{k=1}^{n} a_{ik} b'_{kj} + \sum_{k=1}^{m} b_{ik} d'_{kj} \quad (1 \leqq i \leqq n,\ 1 \leqq j \leqq m),$$

$$\gamma_{(n+i)j} = \sum_{k=1}^{n} c_{ik} a'_{kj} + \sum_{k=1}^{m} d_{ik} c'_{kj} \quad (1 \leqq i \leqq m,\ 1 \leqq j \leqq n),$$

$$\gamma_{(n+i)(n+j)} = \sum_{k=1}^{n} c_{ik} b'_{kj} + \sum_{k=1}^{m} d_{ik} d'_{kj} \quad (1 \leqq i \leqq m,\ 1 \leqq j \leqq m).$$

ところで，$AA'+BC' = [\alpha_{ij}]$ は $n \times n$ 行列で

$$\alpha_{ij} = \sum_{k=1}^{n} a_{ik} a'_{kj} + \sum_{k=1}^{m} b_{ik} c'_{kj} = \gamma_{ij} \quad (1 \leqq i \leqq n,\ 1 \leqq j \leqq n)$$

となります．以下同様に，$AB'+BD' = [\beta_{ij}]$ は $n \times m$ 行列であり

$$\beta_{ij} = \sum_{k=1}^{n} a_{ik}b'_{kj} + \sum_{k=1}^{m} b_{ik}d'_{kj} = \gamma_{i(n+j)} \qquad (1 \leqq i \leqq n,\ 1 \leqq j \leqq m),$$

$CA' + DC' = [\eta_{ij}]$ は $m \times n$ 行列で

$$\eta_{ij} = \sum_{k=1}^{n} a'_{kj} + \sum_{k=1}^{m} d_{ik}c'_{kj} = \gamma_{(n+i)j} \qquad (1 \leqq i \leqq m,\ 1 \leqq j \leqq n),$$

$CB' + DD' = [\tau_{ij}]$ は $m \times m$ 行列であり

$$\tau_{ij} = \sum_{k=1}^{n} c_{ik}b'_{kj} + \sum_{k=1}^{m} d_{ik}d'_{kj} = \gamma_{(n+i)(n+j)} \qquad (1 \leqq i \leqq m,\ 1 \leqq j \leqq m)$$

となります．したがって

$$\begin{pmatrix} A & B \\ C & D \end{pmatrix} \begin{pmatrix} A' & B' \\ C' & D' \end{pmatrix} = \begin{pmatrix} AA'+BC' & AB'+BD' \\ CA'+DC' & CB'+DD' \end{pmatrix}$$

が成り立ちます．

(ii) (i) の等式の両辺において，$A \to E_n$，$B \to O$，$A' \to A$，$B' \to B$，$C \to O$，$D' \to E_m$ と置き換えて，積を計算すれば (ii) の等式が得られます．

(iii) (i) により，次の左辺を計算すれば

$$\begin{pmatrix} A & B \\ O & D \end{pmatrix} \begin{pmatrix} A^{-1} & -A^{-1}BD^{-1} \\ O & D^{-1} \end{pmatrix} = \begin{pmatrix} E_n & O \\ O & E_m \end{pmatrix} = E_{m+n},$$

$$\begin{pmatrix} A^{-1} & -A^{-1}BD^{-1} \\ O & D^{-1} \end{pmatrix} \begin{pmatrix} A & B \\ O & D \end{pmatrix} = \begin{pmatrix} E_n & O \\ O & E_m \end{pmatrix} = E_{m+n}$$

となります．したがって

$$\begin{pmatrix} A & B \\ O & D \end{pmatrix}^{-1} = \begin{pmatrix} A^{-1} & -A^{-1}BD^{-1} \\ O & D^{-1} \end{pmatrix}$$

であることが分かります．同様にして

$$\begin{pmatrix} A & O \\ C & D \end{pmatrix}^{-1} = \begin{pmatrix} A^{-1} & O \\ -D^{-1}CA^{-1} & D^{-1} \end{pmatrix}$$

であることも示されます．特に，$C=O$ のときは

$$\begin{pmatrix} A & O \\ O & D \end{pmatrix}^{-1} = \begin{pmatrix} A^{-1} & O \\ O & D^{-1} \end{pmatrix}$$

となります．したがって，(iii) が示されます． ■

注 11.1.3 (i) における分割行列の積の計算は，小行列を実数成分とみなし，通常の 2×2 行列の積と同じように計算できる便利さがあります．

定理 11.1.6 A は n 次の正方行列，B は $n\times m$ 行列，C は $m\times n$ 行列，D は m 次の正方行列であるとする．このとき

$$\varGamma = \begin{pmatrix} A & B \\ C & D \end{pmatrix}$$

に対して

$$^t\varGamma = \begin{pmatrix} {}^tA & {}^tC \\ {}^tB & {}^tD \end{pmatrix} \tag{11.1.1}$$

が成り立つ．

(証明) $A=[a_{ij}]$, $B=[b_{ij}]$, $C=[c_{ij}]$, $D=[d_{ij}]$ と成分表示すると

$$\varGamma = \begin{pmatrix} A & B \\ C & D \end{pmatrix} = \begin{pmatrix} a_{11} & a_{12} & \cdots & a_{1n} & b_{11} & b_{12} & \cdots & b_{1m} \\ a_{21} & a_{22} & & a_{2n} & b_{21} & b_{22} & & b_{2m} \\ \vdots & & & & \vdots & & & \vdots \\ a_{n1} & a_{n2} & \cdots & a_{nn} & b_{n1} & b_{n2} & \cdots & b_{nm} \\ c_{11} & c_{12} & \cdots & c_{1n} & d_{11} & d_{12} & \cdots & d_{1m} \\ \vdots & & & & \vdots & \vdots & & \vdots \\ c_{m1} & c_{m2} & \cdots & c_{mn} & d_{m1} & d_{m2} & \cdots & d_{mm} \end{pmatrix}$$

であるから，両辺の転置をとると

$$
{}^t\Gamma = \begin{pmatrix} a_{11} & a_{21} & \cdots & a_{n1} & c_{11} & c_{21} & \cdots & c_{m1} \\ a_{12} & a_{22} & & a_{n2} & c_{12} & c_{22} & & c_{m2} \\ \vdots & & & & \vdots & & & \vdots \\ a_{1n} & a_{2n} & \cdots & a_{nn} & c_{1n} & c_{2n} & \cdots & c_{mn} \\ b_{11} & b_{21} & \cdots & b_{n1} & d_{11} & d_{21} & \cdots & d_{m1} \\ \vdots & & & \vdots & \vdots & & & \vdots \\ b_{1m} & b_{2m} & \cdots & b_{nm} & d_{1m} & d_{2m} & \cdots & d_{mm} \end{pmatrix}
$$

であるから，この右辺は

$$
\begin{pmatrix} {}^tA & {}^tC \\ {}^tB & {}^tD \end{pmatrix}
$$

であり，転置行列 ${}^tA, {}^tC, {}^tB, {}^tD$ による分割表示になっています．したがって，(11.1.1) が成り立ちます． ∎

注 11.1.4 分割行列 Γ の転置は，Γ を実数成分の 2×2 行列のようにみなして転置をとると

$$
\begin{pmatrix} A & C \\ B & D \end{pmatrix}
$$

となります．そこで，それぞれ小行列の転置をとったものが ${}^t\Gamma$ です．すなわち

$$
{}^t\Gamma = \begin{pmatrix} {}^tA & {}^tC \\ {}^tB & {}^tD \end{pmatrix}
$$

となっています．

行列積の定義から，$m\times n$ 行列 $A=[a_{ij}]=(\boldsymbol{a}_1, \boldsymbol{a}_2, \cdots, \boldsymbol{a}_n)$ と $n\times 1$ 行列

$$x = \begin{pmatrix} x_1 \\ x_2 \\ \vdots \\ x_n \end{pmatrix}$$

との積 Ax が定義できて

$$Ax = \begin{pmatrix} \sum_{k=1}^{n} a_{1k}x_k \\ \sum_{k=1}^{n} a_{2k}x_k \\ \vdots \\ \sum_{k=1}^{n} a_{mk}x_k \end{pmatrix} = \sum_{k=1}^{n} \boldsymbol{a}_k x_k \qquad (11.1.2)$$

となり，Ax は $m \times 1$ 行列です．定理 11.1.2 の (2) と (4) により次が成り立ちます．

定理 11.1.7 $m \times n$ 行列 A と $n \times 1$ 行列 x, y に対して，次が成り立つ．

(i) $A(x+y) = Ax + Ay$, (ii) $A(hx) = hAx$.

ここからは，$n \times 1$ 行列を n **次元ベクトル**ということにします．n 次元ベクトルの全体集合は $\mathbf{R}^n$ と表されます．$A \in M(n,m;\mathbf{R})$ のとき，任意の $x \in \mathbf{R}^n$ に対して $Ax \in \mathbf{R}^m$ となります．したがって，行列 A は，$\mathbf{R}^n$ から $\mathbf{R}^m$ への写像とみることができて，(i), (ii) を満たしています．このことを行列 A は**線形性**をもつといいます．

11.2 n 次元ベクトルの基本的性質

$\mathbf{R}^3$ における場合と同様にして，n 次元縦ベクトル $x \in \mathbf{R}^n$ を転置ベクトルとして，$x = {}^t(x_1, x_2, \cdots, x_n)$ のように表すことにします．$\mathbf{R}^n$ の n 個のベクトル $e_1, e_2, \cdots, e_n$ を

$$e_1 = {}^t(1,0,0,\cdots,0), \ e_2 = {}^t(0,1,0,\cdots,0), \ \cdots, \ e_n = {}^t(0,0,\cdots,0,1)$$

によって定義します．すなわち，e_i は第 i 成分のみが 1 で，他の成分はすべて 0 である n 次元ベクトルです．この $e_1, e_2, \cdots, e_n$ は，$\mathbf{R}^n$ の**基本ベクトル**と呼ばれます．

注 11.2.1 $m \times n$ 行列 $A = [a_{ij}] = (\boldsymbol{a}_1, \boldsymbol{a}_2, \cdots, \boldsymbol{a}_n)$ と $\mathbf{R}^n$ の基本ベクトル $e_1, e_2, \cdots, e_n$ に対して，(11.1.2) により

$$A\boldsymbol{e}_j = {}^t(a_{1j}, a_{2j}, \cdots, a_{mj}) = \boldsymbol{a}_j \in \mathbf{R}^m \quad (1 \leqq j \leqq n)$$

となっています．

$\mathbf{R}^n$ のベクトルに対する和やスカラー倍の演算は，次のようになります．
$\boldsymbol{x} = {}^t(x_1, x_2, \cdots, x_n)$, $\boldsymbol{y} = {}^t(y_1, y_2, \cdots, y_n) \in \mathbf{R}^n$, $h \in \mathbf{R}$ に対して

$$\begin{cases} \boldsymbol{x} + \boldsymbol{y} = {}^t(x_1 + y_1, x_2 + y_2, \cdots, x_n + y_n) \\ h\boldsymbol{x} = {}^t(hx_1, hx_2, \cdots, hx_n). \end{cases} \quad (11.2.1)$$

すべての成分が 0 である n 次元ベクトルを $\boldsymbol{0}$ と表し，n 次元の**零ベクトル**といいます．$\boldsymbol{x} \in \mathbf{R}^n$, $h \in \mathbf{R}$ に対して，$h\boldsymbol{0} = \boldsymbol{0}$, $0\boldsymbol{x} = \boldsymbol{0}$ となります．$\mathbf{R}^n$ は，(11.2.1) によって定義される和とスカラー倍の演算 (線形演算) に関して閉じていて，次が成り立ちます．

定理 11.2.1 （基本的性質）$\boldsymbol{x}, \boldsymbol{y}, \boldsymbol{z} \in \mathbf{R}^n$, $h, k \in \mathbf{R}$ に対して

(1) $\boldsymbol{x} + \boldsymbol{y} = \boldsymbol{y} + \boldsymbol{x}$.   (2) $(\boldsymbol{x} + \boldsymbol{y}) + \boldsymbol{z} = \boldsymbol{x} + (\boldsymbol{y} + \boldsymbol{z})$.
(3) $\boldsymbol{x} + \boldsymbol{0} = \boldsymbol{0} + \boldsymbol{x} = \boldsymbol{x}$.   (4) $\boldsymbol{x} + (-\boldsymbol{x}) = (-\boldsymbol{x}) + \boldsymbol{x} = \boldsymbol{0}$.
(5) $h(\boldsymbol{x} + \boldsymbol{y}) = h\boldsymbol{x} + h\boldsymbol{y}$.   (6) $(h + k)\boldsymbol{x} = h\boldsymbol{x} + k\boldsymbol{x}$.
(7) $(hk)\boldsymbol{x} = h(k\boldsymbol{x})$.   (8) $1\boldsymbol{x} = \boldsymbol{x}$.

ここに，$-\boldsymbol{x} = (-1)\boldsymbol{x}$ であり，これを $\boldsymbol{x}$ の**逆ベクトル**という．

証明は，n 次元ベクトルが $n \times 1$ 行列であることに注意すれば，定理 11.1.1 により明らかです． ∎

この $\mathbf{R}^n$ を n **次元実ベクトル空間**といいます．

以下この節で述べることは，$\mathbf{R}^3$ のベクトルについて述べてきたことの一般化です．

$\mathbf{R}^n$ のベクトル $\boldsymbol{u}_1, \boldsymbol{u}_2, \cdots, \boldsymbol{u}_s$ が与えられたとき

$$h_1\boldsymbol{u}_1 + h_2\boldsymbol{u}_2 + \cdots + h_s\boldsymbol{u}_s = \sum_{i=1}^{s} h_i\boldsymbol{u}_i \qquad (h_i \in \mathbf{R})$$

なる形の和で表されるベクトルを $\boldsymbol{u}_1, \boldsymbol{u}_2, \cdots, \boldsymbol{u}_s$ の **1次結合**といいます．

例 11.2.1 $\mathbf{R}^n$ の任意のベクトルは，基本ベクトル $\boldsymbol{e}_1, \boldsymbol{e}_2, \cdots, \boldsymbol{e}_n$ の1次結合で表すことができる．実際，$\boldsymbol{x} = {}^t(x_1, x_2, \cdots, x_n) \in \mathbf{R}^n$ に対して

$$\sum_{i=1}^{n} x_i \boldsymbol{e}_i = x_1\, {}^t(1,0,0,\cdots,0) + x_2\, {}^t(0,1,0,\cdots,0) + \cdots + x_n\, {}^t(0,0,\cdots,0,1)$$

$$= {}^t(x_1,0,0,\cdots,0) + {}^t(0,x_2,0,\cdots,0) + \cdots + {}^t(0,0,\cdots,x_n)$$

$$= {}^t(x_1, x_2, \cdots, x_n) = \boldsymbol{x}$$

となるから，$\boldsymbol{x}$ は $\boldsymbol{e}_1, \boldsymbol{e}_2, \cdots, \boldsymbol{e}_n$ の1次結合として表されます．

定義 11.2.1 $\mathbf{R}^n$ の空でない部分集合 W が，次の条件 (i), (ii) を満たすとき，W を $\mathbf{R}^n$ の**部分空間**という．

(i) $\boldsymbol{x}, \boldsymbol{y} \in W \Longrightarrow \boldsymbol{x} + \boldsymbol{y} \in W$．

(ii) $\boldsymbol{x} \in W, h \in \mathbf{R} \Longrightarrow h\boldsymbol{x} \in W$．

$\mathbf{R}^n$ のベクトル $\boldsymbol{u}_1, \boldsymbol{u}_2, \cdots, \boldsymbol{u}_s$ の1次結合として表されるベクトル全体の集合を $S(\boldsymbol{u}_1, \boldsymbol{u}_2, \cdots, \boldsymbol{u}_s)$ と表します．すなわち

$$S(\boldsymbol{u}_1, \boldsymbol{u}_2, \cdots, \boldsymbol{u}_s) = \left\{ \sum_{i=1}^{s} h_i \boldsymbol{u}_i \;\middle|\; h_i \in \mathbf{R} \right\}.$$

このとき，$S(\boldsymbol{u}_1, \boldsymbol{u}_2, \cdots, \boldsymbol{u}_s)$ は $\mathbf{R}^n$ の部分空間を成します．実際，$\mathbf{R}^n$ はベクトル空間で，$\sum_{i=1}^{s} h_i \boldsymbol{u}_i \in \mathbf{R}^n$ であるから $S(\boldsymbol{u}_1, \boldsymbol{u}_2, \cdots, \boldsymbol{u}_s) \subset \mathbf{R}^n$ となります．さらに $\boldsymbol{x} = \sum_{i=1}^{s} x_i \boldsymbol{u}_i,\; \boldsymbol{y} = \sum_{i=1}^{s} y_i \boldsymbol{u}_i \in S(\boldsymbol{u}_1, \boldsymbol{u}_2, \cdots, \boldsymbol{u}_s),\; h \in \mathbf{R}$ に対して

$$x+y = \sum_{i=1}^{s} x_i u_i + \sum_{i=1}^{s} y_i u_i = \sum_{i=1}^{s} (x_i+y_i) u_i \in S(u_1, u_2, \cdots, u_s),$$
$$hx = h\sum_{i=1}^{s} x_i u_i = \sum_{i=1}^{s} (hx_i) u_i \in S(u_1, u_2, \cdots, u_s)$$

となります.したがって,$S(u_1, u_2, \cdots, u_s)$ は $\mathbf{R}^n$ の部分空間となります.この $S(u_1, u_2, \cdots, u_s)$ を $u_1, u_2, \cdots, u_s$ で生成される部分空間といいます.

注 11.2.2 $u \notin S(u_1, u_2, \cdots, u_s)$ ならば,u を $u_1, u_2, \cdots, u_s$ の1次結合として表すことはできません.

定義 11.2.2 $\mathbf{R}^n$ のベクトル $u_1, u_2, \cdots, u_s$ $(u_i \neq 0)$ について

$$h_1 u_1 + h_2 u_2 + \cdots + h_s u_s = 0 \tag{11.2.2}$$

ならば,$h_1 = h_2 = \cdots = h_s = 0$ が成り立つとき,$u_1, u_2, \cdots, u_s$ は **1次独立** (または**線形独立**) であるという.$u_1, u_2, \cdots, u_s$ が1次独立でないとき,それらは **1次従属**であるという.

注 11.2.3 $\mathbf{R}^n$ のベクトル $u_1, u_2, \cdots, u_s$ が1次従属であるというのは,(11.2.2) が成り立つような少なくとも1つの0でないスカラー $h_i \in \mathbf{R}$ が存在することを意味します.

定理 11.2.2 $\mathbf{R}^n$ のベクトル $u_1, u_2, \cdots, u_s$ が1次従属であるための必要十分条件は,s 個のベクトル $u_1, u_2, \cdots, u_s$ のうちどれか1つが残りの $s-1$ 個のベクトルの1次結合として表されることである.

(証明) $u_1, u_2, \cdots, u_s$ が1次従属であるとすると,少なくとも1つは 0 ではない $h_1, h_2, \cdots, h_s$ に対して

$$h_1 u_1 + h_2 u_2 + h_3 u_3 + \cdots + h_s u_s = 0$$

が成り立ちます.いま,$h_k \neq 0$ $(1 \leq k \leq s)$ であるとすると

$$u_k = -\frac{h_1}{h_k} u_1 - \frac{h_2}{h_k} u_2 - \cdots - \frac{h_{k-1}}{h_k} u_{k-1} - \frac{h_{k+1}}{h_k} u_{k+1} - \cdots - \frac{h_s}{h_k} u_s$$

となるから u_k が，残りの $u_1, u_2, \cdots, u_{k-1}, u_{k+1}, \cdots, u_s$ の1次結合として表されます．

次に，u_j $(1 \leqq j \leqq s)$ が

$$u_j = h'_1 u_1 + h'_2 u_2 + \cdots + h'_{j-1} u_{j-1} + h'_{j+1} u_{j+1} \cdots + h'_s u_s$$

と表されたと仮定すると

$$h'_1 u_1 + h'_2 u_2 + \cdots + h'_{j-1} u_{j-1} - u_j + h'_{j+1} u_{j+1} + \cdots + h'_s u_s = \mathbf{0}$$

が $h'_j = -1$ に対して成り立つから，$u_1, u_2, \cdots, u_j, \cdots, u_s$ は1次独立ではない．すなわち，$u_1, u_2, \cdots, u_j, \cdots, u_s$ は1次従属です． ■

例 11.2.2 $\mathbf{R}^n$ の基本ベクトル $e_1, e_2, \cdots, e_n$ は1次独立であり，$\mathbf{R}^n$ は $e_1, e_2, \cdots, e_n$ で生成される．すなわち，$\mathbf{R}^n = S(e_1, e_2, \cdots, e_n)$ を満たします．実際，$h_1 e_1 + h_2 e_2 + \cdots + h_n e_n = \mathbf{0}$ ならば，$h_1 e_1 + h_2 e_2 + \cdots + h_n e_n = {}^t(h_1, h_2, \cdots, h_n)$ であるから $(h_1, h_2, \cdots, h_n) = (0, 0, \cdots, 0)$，すなわち $h_i = 0$ $(i = 1, 2, \cdots, n)$ となります．したがって，$e_1, e_2, \cdots, e_n$ は1次独立です．次に，$\mathbf{R}^n = S(e_1, e_2, \cdots, e_n)$ を示します．$e_1, e_2, \cdots, e_n \in \mathbf{R}^n$ であり，$\mathbf{R}^n$ がベクトル空間であるから，$S(e_1, e_2, \cdots, e_n) \subset \mathbf{R}^n$ は明らかです．一方，例 11.2.1 により，任意の $x \in \mathbf{R}^n$ は $e_1, e_2, \cdots, e_n$ の1次結合として

$$x = {}^t(x_1, x_2, \cdots, x_n) = \sum_{i=1}^n x_i e_i$$

のように表されます．したがって，$\mathbf{R}^n \subset S(e_1, e_2, \cdots, e_n)$ となります．これより $\mathbf{R}^n = S(e_1, e_2, \cdots, e_n)$ が示されます．

定義 11.2.3 W を $\mathbf{R}^n$ の部分空間とする．W における s 個のベクトルの組 $\{u_1, u_2, \cdots, u_s\}$ が，次の条件 (i), (ii) を満たすならば，$\{u_1, u_2, \cdots, u_s\}$ を W の**基底**という．

(i) $u_1, u_2, \cdots, u_s$ は1次独立である．
(ii) W は $u_1, u_2, \cdots, u_s$ で生成される．すなわち，$W = S(u_1, u_2, \cdots, u_s)$．

定理 11.2.3 $W(\neq \{\mathbf{0}\})$ を $\mathbf{R}^n$ の部分空間とする．W の $\mathbf{0}$ ではないベクトル

の組 $\{u_1, u_2, \cdots, u_s\}$ が部分空間 W の基底であるための必要十分条件は，W の任意のベクトル x が，$u_1, u_2, \cdots, u_s$ の 1 次結合として一意的に表されることである．

(証明) $\{u_1, u_2, \cdots, u_s\}$ が W の基底ならば，任意の $x \in W$ が $u_1, u_2, \cdots, u_s$ の 1 次結合として表されることは，定義から明らかです．次に，$x \in W$ が

$$x = \sum_{i=1}^{s} h_i u_i = \sum_{i=1}^{s} h'_i u_i$$

と 2 通りに表されたとすると，$\sum_{i=1}^{s}(h_i - h'_i)u_i = 0$ となり，$u_1, u_2, \cdots, u_s$ が 1 次独立であることから，$h_1 - h'_1 = 0, h_2 - h'_2 = 0, \cdots, h_s - h'_s = 0$, すなわち，$h_1 = h'_1$, $h_2 = h'_2, \cdots, h_s = h'_s$ となります．したがって，x の表し方は一意的です．逆に，任意の $x \in W$ が 1 次結合として，$x = \sum_{i=1}^{s} h_i u_i$ と一意的に表されるとします．このとき，$W = S(u_1, u_2, \cdots, u_s)$ となります．$u_1, u_2, \cdots, u_s$ が 1 次独立であることを示します．$\sum_{i=1}^{s} h_i u_i = 0$ であるとすると，$0 \in W$ に対しても一意的に表されることから $h_1 = h_2 = \cdots = h_s = 0$ となります．すなわち，$u_1, u_2, \cdots, u_s$ は 1 次独立です．したがって，$\{u_1, u_2, \cdots, u_s\}$ は W の基底となります． ■

$\mathbf{R}^n$ の基本ベクトルの組 $\{e_1, e_2, \cdots, e_n\}$ は，例 11.2.2 により，$\mathbf{R}^n$ の基底となります．この基底 $\{e_1, e_2, \cdots, e_n\}$ は $\mathbf{R}^n$ の**標準基底**と呼ばれます．

$\mathbf{R}^n$ の部分空間には基底が存在し，基底を構成するベクトルの個数は一定である．このことを示すために次の補題を準備します．

補題 11.2.4 W を $\mathbf{R}^n$ の部分空間であるとする．s 個のベクトルの組 $\{u_1, u_2, \cdots, u_s\}$ が W の 1 つの基底を成しているとき，W の t 個のベクトル $v_1, v_2, \cdots, v_t$ が 1 次独立ならば，$t \leq s$ である．

(証明) いま，$s < t$ であると仮定します．$v_1, v_2, \cdots, v_t \in W = S(u_1, u_2, \cdots, u_s)$ であるから

$$\begin{cases} \boldsymbol{v}_1 = a_{11}\boldsymbol{u}_1 + a_{12}\boldsymbol{u}_2 + \cdots + a_{1s}\boldsymbol{u}_s \\ \boldsymbol{v}_2 = a_{21}\boldsymbol{u}_1 + a_{22}\boldsymbol{u}_2 + \cdots + a_{2s}\boldsymbol{u}_s \\ \quad\vdots \\ \boldsymbol{v}_t = a_{t1}\boldsymbol{u}_1 + a_{t2}\boldsymbol{u}_2 + \cdots + a_{ts}\boldsymbol{u}_s \end{cases} \quad (11.2.3)$$

と表されます．ところで，$\boldsymbol{v}_1 \neq \boldsymbol{0}$ であるから $a_{11}, a_{12}, \cdots, a_{1s}$ のうち少なくとも 1 つは 0 でない．そこで，$a_{11} \neq 0$ としよう (必要があれば順序を変えればよい)．(11.2.3) の第 1 式により

$$\boldsymbol{u}_1 = \frac{1}{a_{11}}\boldsymbol{v}_1 - \frac{a_{12}}{a_{11}}\boldsymbol{u}_2 - \cdots - \frac{a_{1s}}{a_{11}}\boldsymbol{u}_s$$

となります．これを (11.2.3) の各式に代入すると

$$\begin{cases} \boldsymbol{v}_2 = b_{21}\boldsymbol{v}_1 + b_{22}\boldsymbol{u}_2 + \cdots + b_{2s}\boldsymbol{u}_s \\ \boldsymbol{v}_3 = b_{31}\boldsymbol{v}_1 + b_{32}\boldsymbol{u}_2 + \cdots + b_{3s}\boldsymbol{u}_s \\ \quad\vdots \\ \boldsymbol{v}_t = b_{t1}\boldsymbol{v}_1 + b_{t2}\boldsymbol{u}_2 + \cdots + b_{ts}\boldsymbol{u}_s \end{cases} \quad (11.2.4)$$

なる関係式が得られます．このとき，(11.2.4) の第 1 式における係数 $b_{22}, b_{23}, \cdots, b_{2s}$ のうちには 0 でないものが少なくとも 1 つあります．もし，これらがすべて 0 であれば，$\boldsymbol{v}_1$ と $\boldsymbol{v}_2$ が 1 次独立であることに反します．そこで，$b_{22} \neq 0$ としま す (必要であれば順序を入れ換えればよい)．(11.2.4) の第 1 式より

$$\boldsymbol{u}_2 = -\frac{b_{21}}{b_{22}}\boldsymbol{v}_1 + \frac{1}{b_{22}}\boldsymbol{v}_2 - \cdots - \frac{b_{2s}}{b_{22}}\boldsymbol{u}_s$$

となります．これを (11.2.4) の右辺の各式に代入します．このことを繰り返すと，$\boldsymbol{u}_1, \boldsymbol{u}_2, \cdots, \boldsymbol{u}_s$ が順次 $\boldsymbol{v}_1, \boldsymbol{v}_2, \cdots, \boldsymbol{v}_t$ で置き換えられることになります．$s < t$ であるから

$$\begin{cases} \boldsymbol{v}_{s+1} = c_{(s+1)1}\boldsymbol{v}_1 + c_{(s+1)2}\boldsymbol{v}_2 + \cdots + c_{(s+1)s}\boldsymbol{v}_s \\ \boldsymbol{v}_{s+2} = c_{(s+2)1}\boldsymbol{v}_1 + c_{(s+2)2}\boldsymbol{v}_2 + \cdots + c_{(s+2)s}\boldsymbol{v}_s \\ \quad\vdots \\ \boldsymbol{v}_t = c_{t1}\boldsymbol{v}_1 + c_{t2}\boldsymbol{v}_2 + \cdots + c_{ts}\boldsymbol{v}_s \end{cases}$$

となります.しかし,これは $\boldsymbol{v}_1, \boldsymbol{v}_2, \cdots, \boldsymbol{v}_t$ が1次独立であることと矛盾します ($\boldsymbol{v}_{s+1} \neq \boldsymbol{0}, \boldsymbol{v}_{s+2} \neq \boldsymbol{0}, \cdots, \boldsymbol{v}_t \neq \boldsymbol{0}$ に留意).したがって,$t \leqq s$ であることが分かります. ∎

定理 11.2.5 $\boldsymbol{R}^n$ の部分空間 $W \neq \{\boldsymbol{0}\}$ には基底が存在する.W の基底に含まれるベクトルの個数は,基底のとり方によらず一定である.

(証明) $W \neq \{\boldsymbol{0}\}$ より $\boldsymbol{u}_1 \in W$ ($\boldsymbol{u}_1 \neq \boldsymbol{0}$) が存在し,$S(\boldsymbol{u}_1)$ は W の部分空間である.$W = S(\boldsymbol{u}_1)$ であれば,$\{\boldsymbol{u}_1\}$ が W の基底です.$W \neq S(\boldsymbol{u}_1)$ ならば,$\boldsymbol{u}_2 \notin S(\boldsymbol{u}_1)$ となる $\boldsymbol{u}_2 \in W$ が存在します.このとき $\boldsymbol{u}_1, \boldsymbol{u}_2$ は1次独立で,$S(\boldsymbol{u}_1, \boldsymbol{u}_2)$ は W の部分空間です.もし,$S(\boldsymbol{u}_1, \boldsymbol{u}_2) = W$ であれば,$\{\boldsymbol{u}_1, \boldsymbol{u}_2\}$ が W の基底です.$S(\boldsymbol{u}_1, \boldsymbol{u}_2) \neq W$ であれば,$\boldsymbol{u}_3 \notin S(\boldsymbol{u}_1, \boldsymbol{u}_2)$ となる $\boldsymbol{u}_3 \in W$ が存在します.このことをくり返すことにより,W の1次独立なベクトル $\boldsymbol{u}_1, \boldsymbol{u}_2, \cdots, \boldsymbol{u}_s$ で

$$S(\boldsymbol{u}_1, \boldsymbol{u}_2, \cdots, \boldsymbol{u}_{i-1}) \neq S(\boldsymbol{u}_1, \boldsymbol{u}_2, \cdots, \boldsymbol{u}_{i-1}, \boldsymbol{u}_i) \subset W \qquad (2 \leqq i \leqq s)$$

を満たすものを選ぶことができます.

ところで,$\{\boldsymbol{e}_1, \boldsymbol{e}_2, \cdots, \boldsymbol{e}_n\}$ は $\boldsymbol{R}^n$ の1つの基底であり,$\boldsymbol{u}_1, \boldsymbol{u}_2, \cdots, \boldsymbol{u}_s$ は $\boldsymbol{R}^n$ の1次独立なベクトルです.補題11.2.4により $s \leqq n$ となります.すなわち,上の操作は有限回で終わります.したがって,$S(\boldsymbol{u}_1, \boldsymbol{u}_2, \cdots, \boldsymbol{u}_s) = W$ となる $s(\leqq n)$ が存在し,$\{\boldsymbol{u}_1, \boldsymbol{u}_2, \cdots, \boldsymbol{u}_s\}$ が W の基底となります.次に,基底に含まれるベクトルの個数が一定であることを示します.いま,W の2つの基底 $\{\boldsymbol{u}_1, \boldsymbol{u}_2, \cdots, \boldsymbol{u}_s\}$ と $\{\boldsymbol{v}_1, \boldsymbol{v}_2, \cdots, \boldsymbol{v}_t\}$ があったとすると,$\boldsymbol{v}_1, \boldsymbol{v}_2, \cdots, \boldsymbol{v}_t$ は W の1次独立なベクトルであるから,補題11.2.4により $t \leqq s$ である.一方,$\{\boldsymbol{v}_1, \boldsymbol{v}_2, \cdots, \boldsymbol{v}_t\}$ は W の基底で,$\boldsymbol{u}_1, \boldsymbol{u}_2, \cdots, \boldsymbol{u}_s$ が W の1次独立なベクトルであるから,再び,補題により $s \leqq t$ となります.したがって,$s = t$ となり,基底に含まれるベクトルの個数は基底のとり方によらず一定であることが分かります. ∎

定義 11.2.4 $\mathbf{R}^n$ の部分空間 W ($\neq\{\mathbf{0}\}$) に対して，その基底を構成するベクトルの個数 s ($1\leqq s\leqq n$) を W の**次元**といい，$\dim(W)=s$ と表す．$W=\{\mathbf{0}\}$ のときは，$\dim(W)=0$ と定義する．

注 11.2.4 $\mathbf{R}^n$ の部分空間 W の次元 $\dim(W)$ は，W の中の 1 次独立なベクトルの最大個数である．特に，$\mathbf{R}^n$ の n 個のベクトル $\boldsymbol{u}_1,\boldsymbol{u}_2,\cdots,\boldsymbol{u}_n$ が 1 次独立ならば，$\mathbf{R}^n = S(\boldsymbol{u}_1,\boldsymbol{u}_2,\cdots,\boldsymbol{u}_n)$ となります．

定理 11.2.6 $\mathbf{R}^n$ の $\mathbf{0}$ でないベクトル $\boldsymbol{u}_1,\boldsymbol{u}_2,\cdots,\boldsymbol{u}_s$ に対して，$W=S(\boldsymbol{u}_1,\boldsymbol{u}_2,\cdots,\boldsymbol{u}_s)$ とおくとき，ベクトルの集合 $\mathcal{M}=\{\boldsymbol{u}_1,\boldsymbol{u}_2,\cdots,\boldsymbol{u}_s\}$ の中から部分空間 W の基底を選ぶことができる．

(証明) $\mathcal{M}\neq\{\mathbf{0}\}$ であるから，$\boldsymbol{u}_{i_1}\neq\mathbf{0}$ なる $\boldsymbol{u}_{i_1}\in\mathcal{M}$ が存在します．$S(\boldsymbol{u}_{i_1})=W$ ならば，$\{\boldsymbol{u}_{i_1}\}$ が W の基底であるからよい．$S(\boldsymbol{u}_{i_1})\neq W$ ならば，$\boldsymbol{u}_{i_2}\notin S(\boldsymbol{u}_{i_1})$ なる $\boldsymbol{u}_{i_2}\in\mathcal{M}$ が存在します．このとき，$\boldsymbol{u}_{i_1}, \boldsymbol{u}_{i_2}$ は 1 次独立である．$S(\boldsymbol{u}_{i_1},\boldsymbol{u}_{i_2})=W$ ならば，$\{\boldsymbol{u}_{i_1},\boldsymbol{u}_{i_2}\}$ が W の基底となります．$S(\boldsymbol{u}_{i_1},\boldsymbol{u}_{i_2})\neq W$ のときは，上と同様の操作を繰り返します．この操作は有限回で終わり，$S(\boldsymbol{u}_{i_1},\boldsymbol{u}_{i_2},\cdots,\boldsymbol{u}_{i_t})=W$ となる $\mathcal{M}$ の 1 次独立なベクトル $\boldsymbol{u}_{i_1},\boldsymbol{u}_{i_2},\cdots,\boldsymbol{u}_{i_t}$ ($1\leqq t\leqq s$) をとることができます．このとき $\{\boldsymbol{u}_{i_1},\boldsymbol{u}_{i_2},\cdots,\boldsymbol{u}_{i_t}\}$ が W の基底となります． ∎

系 11.2.7 W を $\mathbf{R}^n$ の部分空間とし，$\boldsymbol{u}_1,\boldsymbol{u}_2,\cdots,\boldsymbol{u}_t$ を W の 1 次独立なベクトルであるとする．このとき，これに W の適当なベクトルをいくつか付け加えて，W の基底とすることができる．特に，$\dim(W)=t$ のときは，$\{\boldsymbol{u}_1,\boldsymbol{u}_2,\cdots,\boldsymbol{u}_t\}$ が W の基底となる．

(証明) $S(\boldsymbol{u}_1,\boldsymbol{u}_2,\cdots,\boldsymbol{u}_t)=W$ ならば，$\{\boldsymbol{u}_1,\boldsymbol{u}_2,\cdots,\boldsymbol{u}_t\}$ が W の基底です．$S(\boldsymbol{u}_1,\boldsymbol{u}_2,\cdots,\boldsymbol{u}_t)\neq W$ ならば，$\boldsymbol{u}_{t+1}\notin S(\boldsymbol{u}_1,\boldsymbol{u}_2,\cdots,\boldsymbol{u}_t)$ となる $\boldsymbol{u}_{t+1}\in W$ をとり，$S(\boldsymbol{u}_1,\boldsymbol{u}_2,\cdots,\boldsymbol{u}_t,\boldsymbol{u}_{t+1})$ を考えます．このとき，$\boldsymbol{u}_1,\boldsymbol{u}_2,\cdots,\boldsymbol{u}_t,\boldsymbol{u}_{t+1}$ は 1 次独立である．

$$S(\boldsymbol{u}_1,\boldsymbol{u}_2,\cdots,\boldsymbol{u}_t,\boldsymbol{u}_{t+1})=W$$

ならば，$\{\boldsymbol{u}_1,\boldsymbol{u}_2,\cdots,\boldsymbol{u}_t,\boldsymbol{u}_{t+1}\}$ が W の基底です．$S(\boldsymbol{u}_1,\boldsymbol{u}_2,\cdots,\boldsymbol{u}_t,\boldsymbol{u}_{t+1})\neq W$ であれば，上と同様の操作を繰り返すことにします．この操作は高々 n 回で終わ

ります．したがって，$s\ (0 < s \leqq n)$ 回の操作により，$u_1, u_2, \cdots, u_t, u_{t+1}, \cdots, u_s$ が W の1次独立なベクトルであり，$S(u_1, u_2, \cdots, u_t, u_{t+1}, \cdots, u_s) = W$ となるようにできます．このとき，$\{u_1, u_2, \cdots, u_t, u_{t+1}, \cdots, u_s\}$ が求める W の基底となります． ∎

11.3 線形写像の行列表現

この節では，一般の有限次元ベクトル空間上の線形写像とその行列表現を考えます．n 次元ベクトル空間から m 次元ベクトル空間への線形写像も行列として表現されます．この行列表現により，線形写像全体の代数的構造が明らかになります．

定義 11.3.1 ベクトル空間 $\mathbf{R}^n$ から $\mathbf{R}^m$ への写像 f が定義され，条件

$$\begin{cases} f(x+y) = f(x) + f(y) & (x, y \in \mathbf{R}^n) \\ f(hx) = h f(x) & (x \in \mathbf{R}^n,\ h \in \mathbf{R}) \end{cases} \quad (11.3.1)$$

を満たすならば，f を $\mathbf{R}^n$ から $\mathbf{R}^m$ への**線形写像**（または **1 次写像**）といい，$f ; \mathbf{R}^n \to \mathbf{R}^m$ と表す．

注 11.3.1 線形写像 $f ; \mathbf{R}^n \to \mathbf{R}^m$ は，線形演算を保存する写像で，$f(\mathbf{0}) = \mathbf{0}'$, $f(-x) = -f(x)$ を満たします（(11.3.1) から示される）．ここに，$\mathbf{0} \in \mathbf{R}^n$, $\mathbf{0}' \in \mathbf{R}^m$ はそれぞれの空間の零ベクトルです．以下では，各空間の零ベクトルは，同じ $\mathbf{0}$ で表すことにします．

$m \times n$ 行列 A に対して

$$f_A(x) = Ax \qquad (x \in \mathbf{R}^n)$$

によって f_A を定義します．$Ax \in \mathbf{R}^m$ であるから，f_A は $\mathbf{R}^n$ から $\mathbf{R}^m$ への写像となっています．さらに，$x, y \in \mathbf{R}^n,\ h \in \mathbf{R}$ に対して，x, y は $n \times 1$ 行列であるから定理 11.1.7 の (i), (ii) より

$$f_A(\boldsymbol{x}+\boldsymbol{y})=A(\boldsymbol{x}+\boldsymbol{y})=A\boldsymbol{x}+A\boldsymbol{y}=f_A(\boldsymbol{x})+f_A(\boldsymbol{y}),$$
$$f_A(h\boldsymbol{x})=A(h\boldsymbol{x})=hA\boldsymbol{x}=hf_A(\boldsymbol{x})$$

が成り立ちます．したがって，f_A は $\mathbf{R}^n$ から $\mathbf{R}^m$ への線形写像となります．このことから，行列 $A \in M(m,n;\mathbf{R})$ ($m \times n$ 行列の全体) を $\mathbf{R}^n$ から $\mathbf{R}^m$ への線形写像とみることができます．以下で，線形写像が行列表現されることを示します．一般には，線形写像の行列表現は基底のとり方により異なります．

定理 11.3.1 空間 $\mathbf{R}^n$, $\mathbf{R}^m$ の基底として標準基底を考える．このとき，線形写像 $f: \mathbf{R}^n \to \mathbf{R}^m$ に対して，$m \times n$ 行列 A が一意的に定まり

$$f(\boldsymbol{x}) = A\boldsymbol{x} \qquad (\boldsymbol{x} \in \mathbf{R}^n) \tag{11.3.2}$$

を満たす．この A を標準基底に関する f の**表現行列**という．

(証明) $\{\boldsymbol{e}_1, \boldsymbol{e}_2, \cdots, \boldsymbol{e}_n\}$ を $\mathbf{R}^n$ の，$\{\boldsymbol{e}'_1, \boldsymbol{e}'_2, \cdots, \boldsymbol{e}'_m\}$ を $\mathbf{R}^m$ の標準基底とすると，$f(\boldsymbol{e}_j) \in \mathbf{R}^m$ ($j=1,2,\cdots,n$) であるから，$f(\boldsymbol{e}_j) = \sum_{k=1}^{m} a_{kj}\boldsymbol{e}'_k = {}^t(a_{1j}, a_{2j}, \cdots, a_{mj}) = \boldsymbol{a}_j$ ($j=1,2,\cdots,n$) と表されます．そこで，$A = (\boldsymbol{a}_1, \boldsymbol{a}_1, \cdots, \boldsymbol{a}_n) = [a_{ij}]$ と定義すると，A は，標準基底 $\{\boldsymbol{e}_1, \boldsymbol{e}_2, \cdots, \boldsymbol{e}_n\}$ と $\{\boldsymbol{e}'_1, \boldsymbol{e}'_2, \cdots, \boldsymbol{e}'_m\}$ により定まる $m \times n$ 行列です．すなわち，$f(\boldsymbol{e}_j) = \boldsymbol{a}_j$ ($j=1,2,\cdots,n$) によって行列 $A = (\boldsymbol{a}_1, \boldsymbol{a}_2, \cdots, \boldsymbol{a}_n)$ が確定します．このとき，任意の $\boldsymbol{x} \in \mathbf{R}^n$ に対して，$f(\boldsymbol{x}) = A\boldsymbol{x}$ が成り立つことが，次のように示されます．$\boldsymbol{x} \in \mathbf{R}^n$ は

$$\boldsymbol{x} = {}^t(x_1, x_2, \cdots, x_n) = x_1 \boldsymbol{e}_1 + x_2 \boldsymbol{e}_2 + \cdots + x_n \boldsymbol{e}_n$$

と表されるから

$$f(\boldsymbol{x}) = f(x_1 \boldsymbol{e}_1 + x_2 \boldsymbol{e}_2 + \cdots + x_n \boldsymbol{e}_n) = x_1 f(\boldsymbol{e}_1) + x_2 f(\boldsymbol{e}_2) + \cdots + x_n f(\boldsymbol{e}_n)$$
$$= x_1 \boldsymbol{a}_1 + x_2 \boldsymbol{a}_2 + \cdots + x_n \boldsymbol{a}_n$$
$$= {}^t\left(\sum_{k=1}^{n} a_{1k}x_k, \sum_{k=1}^{n} a_{2k}x_k, \cdots, \sum_{k=1}^{n} a_{mk}x_k\right) = A\boldsymbol{x}$$

となります ((11.1.2) を参照)．また，$m \times n$ 行列 $A = (\boldsymbol{a}_1, \boldsymbol{a}_2, \cdots, \boldsymbol{a}_n)$, $B = (\boldsymbol{b}_1, \boldsymbol{b}_2, \cdots, \boldsymbol{b}_n)$ が $A\boldsymbol{x} = f(\boldsymbol{x}) = B\boldsymbol{x}$ ($\boldsymbol{x} \in \mathbf{R}^n$) を満たせば

$$a_j = f(e_j) = b_j \qquad (j=1,2,\cdots,n)$$

であるから，$A=B$ となります．したがって，線形写像 $f;\mathbf{R}^n \to \mathbf{R}^m$ に対して (11.3.2) を満たす行列 A が一意的に定まります． ∎

注 11.3.2 空間 $\mathbf{R}^n$, $\mathbf{R}^m$ の基底として，それぞれの標準基底をとるとき，線形写像 $f;\mathbf{R}^n \to \mathbf{R}^m$ は，f が標準基底をどのように移すかで決まってしまう．

線形写像 $f;\mathbf{R}^n \to \mathbf{R}^m$ に対して

$$\mathrm{Im}(f) = \{f(\boldsymbol{x}) \mid \boldsymbol{x} \in \mathbf{R}^n\}, \quad \mathrm{Ker}(f) = \{\boldsymbol{x} \in \mathbf{R}^n \mid f(\boldsymbol{x}) = \boldsymbol{0}\}$$

とおくと，$\mathrm{Im}(f)$ は $\mathbf{R}^m$ の部分空間，$\mathrm{Ker}(f)$ は $\mathbf{R}^n$ の部分空間となります．このことは f の線形性により，$\mathbf{R}^3$ の場合と同様にして証明されます．$\mathrm{Im}(f)$ を f の**像空間**，$\mathrm{Ker}(f)$ を f の**核空間**といいます．また，線形写像 $f;\mathbf{R}^n \to \mathbf{R}^m$ が単射であるというのは，$\boldsymbol{x} \neq \boldsymbol{x}'$ $(\boldsymbol{x},\boldsymbol{x}' \in \mathbf{R}^n)$ に対して，常に $f(\boldsymbol{x}) \neq f(\boldsymbol{x}')$ を満たすときをいいます．このことは，対偶命題；$f(\boldsymbol{x}) = f(\boldsymbol{x}') \Longrightarrow \boldsymbol{x} = \boldsymbol{x}'$ と同値です．

定理 11.3.2 線形写像 $f;\mathbf{R}^n \to \mathbf{R}^m$ に対して，次が成り立つ．f が単射であるための必要十分条件は，$\mathrm{Ker}(f) = \{\boldsymbol{0}\}$ となることである．ここに，$\boldsymbol{0} \in \mathbf{R}^n$ は零ベクトルである．

(証明) f が単射であると仮定すると，$\boldsymbol{x} \in \mathrm{Ker}(f)$ に対して，$f(\boldsymbol{x}) = \boldsymbol{0} = f(\boldsymbol{0})$ であるから，$\boldsymbol{x} = \boldsymbol{0}$ となり，$\mathrm{Ker}(f) = \{\boldsymbol{0}\}$ が示されます．逆に，$\mathrm{Ker}(f) = \{\boldsymbol{0}\}$ であるとすると，$f(\boldsymbol{x}) = f(\boldsymbol{x}')$ ならば，$f(\boldsymbol{x}-\boldsymbol{x}') = f(\boldsymbol{x}) - f(\boldsymbol{x}') = \boldsymbol{0}$ であるから $\boldsymbol{x}-\boldsymbol{x}' \in \mathrm{Ker}(f) = \{\boldsymbol{0}\}$，すなわち，$\boldsymbol{x} = \boldsymbol{x}'$ であるから，f は単射となります． ∎

f が $\mathbf{R}^n$ から $\mathbf{R}^m$ への線形写像であるとき，$\mathbf{R}^n$ のベクトル $\boldsymbol{u}_1, \boldsymbol{u}_2, \cdots, \boldsymbol{u}_n$ に対して，$f(\boldsymbol{u}_1), f(\boldsymbol{u}_2), \cdots, f(\boldsymbol{u}_n)$ が $\mathbf{R}^m$ の 1 次独立なベクトルであるならば，$\boldsymbol{u}_1, \boldsymbol{u}_2, \cdots, \boldsymbol{u}_n$ は 1 次独立である．実際，$h_1 \boldsymbol{u}_1 + h_2 \boldsymbol{u}_2 + \cdots + h_n \boldsymbol{u}_n = \boldsymbol{0}$ とすると

$$h_1 f(\boldsymbol{u}_1) + h_2 f(\boldsymbol{u}_2) + \cdots + h_n f(\boldsymbol{u}_n)$$
$$= f(h_1 \boldsymbol{u}_1 + h_2 \boldsymbol{u}_2 + \cdots + h_n \boldsymbol{u}_n) = f(\boldsymbol{0}) = \boldsymbol{0}$$

となり，$f(\boldsymbol{u}_1), f(\boldsymbol{u}_2), \cdots, f(\boldsymbol{u}_n)$ が1次独立であるから，$h_1 = h_2 = \cdots = h_n = 0$ です．したがって，$\boldsymbol{u}_1, \boldsymbol{u}_2, \cdots, \boldsymbol{u}_n$ は1次独立となります．

注 11.3.3 線形写像 $f; \mathbf{R}^n \to \mathbf{R}^m$ に対して，$\boldsymbol{v}_1, \boldsymbol{v}_2, \cdots, \boldsymbol{v}_s$ が $\mathrm{Im}(f)$ の1次独立なベクトルならば，$\boldsymbol{v}_i = f(\boldsymbol{u}_i)$ $(i=1,2,\cdots,s)$ となる $\mathbf{R}^n$ のベクトル $\boldsymbol{u}_1, \boldsymbol{u}_2, \cdots, \boldsymbol{u}_s$ は1次独立です．

補題 11.3.3 線形写像 $f; \mathbf{R}^n \to \mathbf{R}^m$ $(n \leqq m)$ に対して，次は同値である．

(1) f は単射である．

(2) $\mathbf{R}^n$ の n 個の1次独立なベクトル $\boldsymbol{u}_1, \boldsymbol{u}_2, \cdots, \boldsymbol{u}_n$ に対して $f(\boldsymbol{u}_1), f(\boldsymbol{u}_2), \cdots, f(\boldsymbol{u}_n)$ は1次独立である．

(証明) (1)$\Longrightarrow$(2); $\boldsymbol{u}_1, \boldsymbol{u}_2, \cdots, \boldsymbol{u}_n$ が1次独立で，$\sum_{i=1}^n a_i f(\boldsymbol{u}_i) = \boldsymbol{0}$ を満たしているとすると，f の線形性により

$$f\left(\sum_{i=1}^n a_i \boldsymbol{u}_i\right) = \sum_{i=1}^n a_i f(\boldsymbol{u}_i) = \boldsymbol{0}$$

となります．f は単射であるから，$\sum_{i=1}^n a_i \boldsymbol{u}_i = \boldsymbol{0}$ となります．また，$\boldsymbol{u}_1, \boldsymbol{u}_2, \cdots, \boldsymbol{u}_n$ が1次独立であるから，$a_i = 0$ $(i=1,2,\cdots,n)$ となり，$f(\boldsymbol{u}_1), f(\boldsymbol{u}_2), \cdots, f(\boldsymbol{u}_n)$ は1次独立となります．

(2)$\Longrightarrow$(1); $f(\boldsymbol{x}) = f(\boldsymbol{y})$ となる $\mathbf{R}^n$ のベクトル $\boldsymbol{x}, \boldsymbol{y}$ は，$\boldsymbol{u}_1, \boldsymbol{u}_2, \cdots, \boldsymbol{u}_n$ が $\mathbf{R}^n$ の基底をなすから，

$$\boldsymbol{x} = \sum_{i=1}^n x_i \boldsymbol{u}_i, \quad \boldsymbol{y} = \sum_{i=1}^n y_i \boldsymbol{u}_i$$

と表すことができます．f の線形性により

$$f(\boldsymbol{x}) = \sum_{i=1}^n x_i f(\boldsymbol{u}_i), \quad f(\boldsymbol{y}) = \sum_{i=1}^n y_i f(\boldsymbol{u}_i)$$

となります．仮定 $f(\boldsymbol{x}) = f(\boldsymbol{y})$ により

$$\sum_{i=1}^{n} x_i f(\boldsymbol{u}_i) = \sum_{i=1}^{n} y_i f(\boldsymbol{u}_i).$$

したがって，

$$\sum_{i=1}^{n} (x_i - y_i) f(\boldsymbol{u}_i) = \boldsymbol{0}$$

を満たします．ところで，$f(\boldsymbol{u}_1), f(\boldsymbol{u}_2), \cdots, f(\boldsymbol{u}_n)$ は 1 次独立であるから $x_i - y_i = 0$ $(i = 1, 2, \cdots, n)$，すなわち，$x_i = y_i$ $(i = 1, 2, \cdots, n)$ となります．したがって

$$\boldsymbol{x} = \sum_{i=1}^{n} x_i \boldsymbol{u}_i = \sum_{i=1}^{n} y_i \boldsymbol{u}_i = \boldsymbol{y}$$

であり，f は単射となります． ∎

次の定理は，次元に関する定理 8.2.5 の一般化です．

定理 11.3.4 線形写像 $f ; \mathbf{R}^n \to \mathbf{R}^m$ $(n \leqq m)$ に対して

$$\dim(\mathrm{Im}(f)) + \dim(\mathrm{Ker}(f)) = n \tag{11.3.3}$$

が成り立つ．

(証明) 部分空間 $\mathrm{Im}(f) (\subset \mathbf{R}^m)$ の次元を s とし，$\mathrm{Im}(f)$ の 1 組の基底を $\{\boldsymbol{v}_1, \boldsymbol{v}_2, \cdots, \boldsymbol{v}_s\}$ とします．各 $\boldsymbol{v}_i$ に対して，$f(\boldsymbol{u}_i) = \boldsymbol{v}_i$ となる $\boldsymbol{u}_i \in \mathbf{R}^n$ $(i = 1, 2, \cdots, s)$ が存在し，$\boldsymbol{u}_1, \boldsymbol{u}_2, \cdots, \boldsymbol{u}_s$ は $\mathbf{R}^n$ の 1 次独立なベクトルです（注 11.3.3）．また，$\mathrm{Ker}(f)$ は $\mathbf{R}^n$ の部分空間であるから，次元 $t \geqq 0$ をもちます．もし，$\dim(\mathrm{Ker}(f)) = t = 0$ ならば，$\mathrm{Ker}(f) = \{\boldsymbol{0}\}$ であるから，線形写像 $f ; \mathbf{R}^n \to \mathbf{R}^m$ は単射であり，補題 11.3.3 により，$f(\boldsymbol{e}_1), f(\boldsymbol{e}_2), \cdots, f(\boldsymbol{e}_n)$ は 1 次独立です．したがって，$\dim(\mathrm{Im}(f)) = n$ となります．そこで，$t \geqq 1$ のときを考えよう．いま，$\mathrm{Ker}(f)$ の基底 $\{\boldsymbol{u}'_1, \boldsymbol{u}'_2, \cdots, \boldsymbol{u}'_t\}$ をとるとき，$\{\boldsymbol{u}_1, \boldsymbol{u}_2, \cdots, \boldsymbol{u}_s, \boldsymbol{u}'_1, \cdots, \boldsymbol{u}'_t\}$ が $\mathbf{R}^n$ の基底となることを示そう．$h_1, h_2, \cdots, h_s, h'_1, h'_2, \cdots, h'_t \in \mathbf{R}$ に対して

$$h_1 \boldsymbol{u}_1 + h_2 \boldsymbol{u}_2 + \cdots + h_s \boldsymbol{u}_s + h'_1 \boldsymbol{u}'_1 + \cdots + h'_t \boldsymbol{u}'_t = \boldsymbol{0} \tag{11.3.4}$$

とする．$f(\boldsymbol{u}'_j) = \boldsymbol{0}$ $(j = 1, 2, \cdots, t)$ であることに注意すると

$$f(h_1\boldsymbol{u}_1+h_2\boldsymbol{u}_2+\cdots+h_s\boldsymbol{u}_s+h_1'\boldsymbol{u}_1'+\cdots+h_t'\boldsymbol{u}_t')$$
$$=h_1f(\boldsymbol{u}_1)+h_2f(\boldsymbol{u}_2)+\cdots+h_sf(\boldsymbol{u}_s)$$
$$=h_1\boldsymbol{v}_1+h_2\boldsymbol{v}_2+\cdots+h_s\boldsymbol{v}_s=\boldsymbol{0}$$

であり，$\boldsymbol{v}_1,\boldsymbol{v}_2,\cdots,\boldsymbol{v}_s$ は 1 次独立であるから，$h_1=h_2=\cdots=h_s=0$ となります．したがって，(11.3.4) により

$$h_1'\boldsymbol{u}_1'+h_2'\boldsymbol{u}_2'+\cdots+h_t'\boldsymbol{u}_t'=\boldsymbol{0}$$

となります．また，$\boldsymbol{u}_1',\boldsymbol{u}_2',\cdots,\boldsymbol{u}_t'$ も 1 次独立であるから，$h_1'=h_2'=\cdots=h_t'=0$ となります．したがって，$\boldsymbol{u}_1,\boldsymbol{u}_2,\cdots,\boldsymbol{u}_s,\boldsymbol{u}_1',\cdots,\boldsymbol{u}_t'$ が 1 次独立であることが分かります．

次に，任意の $\boldsymbol{x}\in\mathbf{R}^n$ が，$\boldsymbol{u}_1,\boldsymbol{u}_2,\cdots,\boldsymbol{u}_s,\boldsymbol{u}_1',\cdots,\boldsymbol{u}_t'$ の 1 次結合として表されることを示します．$\boldsymbol{v}_i=f(\boldsymbol{u}_i)$ $(i=1,2,\cdots,s)$ であって，$\{\boldsymbol{v}_1,\boldsymbol{v}_2,\cdots,\boldsymbol{v}_s\}$ は $\mathrm{Im}(f)$ の基底です．したがって，$h_i\in\mathbf{R}$ $(i=1,2,\cdots,s)$ があって

$$f(\boldsymbol{x})=h_1\boldsymbol{v}_1+h_2\boldsymbol{v}_2+\cdots+h_s\boldsymbol{v}_s$$
$$=h_1f(\boldsymbol{u}_1)+h_2f(\boldsymbol{u}_2)+\cdots+h_sf(\boldsymbol{u}_s)$$
$$=f(h_1\boldsymbol{u}_1+h_2\boldsymbol{u}_2+\cdots+h_s\boldsymbol{u}_s)$$

であるから，$f(\boldsymbol{x}-h_1\boldsymbol{u}_1-h_2\boldsymbol{u}_2-\cdots-h_s\boldsymbol{u}_s)=\boldsymbol{0}$ となります．よって

$$\boldsymbol{x}-h_1\boldsymbol{u}_1-h_2\boldsymbol{u}_2-\cdots-h_s\boldsymbol{u}_s\in\mathrm{Ker}(f)$$

となり，$\mathrm{Ker}(f)$ の基底 $\{\boldsymbol{u}_1',\boldsymbol{u}_2',\cdots,\boldsymbol{u}_t'\}$ によって

$$\boldsymbol{x}-h_1\boldsymbol{u}_1-h_2\boldsymbol{u}_2-\cdots-h_s\boldsymbol{u}_s=k_1\boldsymbol{u}_1'+k_2\boldsymbol{u}_2'+\cdots+k_t\boldsymbol{u}_t' \qquad (k_i\in\mathbf{R})$$

と表されます．すなわち

$$\boldsymbol{x}=h_1\boldsymbol{u}_1+h_2\boldsymbol{u}_2+\cdots+h_s\boldsymbol{u}_s+k_1\boldsymbol{u}_1'+k_2\boldsymbol{u}_2'+\cdots+k_t\boldsymbol{u}_t'$$

と表され，$\boldsymbol{x}\in S(\boldsymbol{u}_1,\boldsymbol{u}_2,\cdots,\boldsymbol{u}_s,\boldsymbol{u}_1',\cdots,\boldsymbol{u}_t')$ となります．したがって

$$S(\boldsymbol{u}_1,\boldsymbol{u}_2,\cdots,\boldsymbol{u}_s,\boldsymbol{u}_1',\boldsymbol{u}_2',\cdots,\boldsymbol{u}_t')=\mathbf{R}^n$$

が示され，$\{\boldsymbol{u}_1,\boldsymbol{u}_2,\cdots,\boldsymbol{u}_s,\boldsymbol{u}_1',\cdots,\boldsymbol{u}_t'\}$ は $\mathbf{R}^n$ の基底となります．ところで，

$\dim(\mathrm{Im}(f))=s$, $\dim(\mathrm{Ker}(f))=t$ であるから $s+t=n$ です．すなわち，$\dim(\mathrm{Im}(f))+\dim(\mathrm{Ker}(f))=n$ が成り立ちます． ■

定理 11.3.5 $f; \mathbf{R}^n \to \mathbf{R}^m$ を線形写像とする．$\mathbf{R}^n$ の部分空間 W に対して，f を W 上に制限した線形写像 $f_W; W \to \mathbf{R}^m$ が単射であるための必要十分条件は

$$\dim(\mathrm{Im}(f_W))=\dim(W)$$

となることである．ここに，$\dim(W)$ は部分空間 W の次元である．

(証明) 線形写像 $f_W; W \to \mathbf{R}^m$ に対して，$\dim(W)=\dim(\mathrm{Im}(f_W))+\dim(\mathrm{Ker}(f_W))$ (定理 11.3.4) であるから

$$f_W が単射である \iff \mathrm{Ker}(f_W)=\{\mathbf{0}\} \iff \dim(\mathrm{Ker}(f_W))=0$$
$$\iff \dim(W)=\dim(\mathrm{Im}(f_W))$$

となります． ■

系 11.3.6 線形変換 $f; \mathbf{R}^n \to \mathbf{R}^n$ に対して
$$f は単射である \iff f は全射である．$$

(証明) 定理 11.3.2 と定理 11.3.4 により

$$f が単射である \iff \mathrm{Ker}(f)=\{\mathbf{0}\}$$
$$\iff \dim(\mathrm{Ker}(f))=0$$
$$\iff \dim(\mathrm{Im}(f))=n \iff \mathrm{Im}(f)=\mathbf{R}^n$$

であるから，上の同値関係が成り立ちます． ■

全単射な線形変換 $f; \mathbf{R}^n \to \mathbf{R}^n$ は，$\mathbf{R}^n$ 上の**線形同型変換**と呼ばれます．線形同型変換 $f; \mathbf{R}^n \to \mathbf{R}^n$ に対して，逆変換 $f^{-1}; \mathbf{R}^n \to \mathbf{R}^n$ も線形同型変換となります．実際，f が全単射であるから，逆変換 $f^{-1}; \mathbf{R}^n \to \mathbf{R}^n$ も全単射です．任意の $\boldsymbol{y}, \boldsymbol{y}' \in \mathbf{R}^n$, $h \in \mathbf{R}$ に対して，$f(\boldsymbol{x})=\boldsymbol{y}$, $f(\boldsymbol{x}')=\boldsymbol{y}'$ を満たす $\boldsymbol{x}, \boldsymbol{x}' \in \mathbf{R}^n$ が存在し，$f^{-1}(\boldsymbol{y})=\boldsymbol{x}$, $f^{-1}(\boldsymbol{y}')=\boldsymbol{x}'$ となります．$\boldsymbol{y}+\boldsymbol{y}'=f(\boldsymbol{x})+f(\boldsymbol{x}')=f(\boldsymbol{x}+$

x') であるから

$$f^{-1}(y+y')=x+x'=f^{-1}(y)+f^{-1}(y')$$

が成り立ちます.また,$f(hx)=hf(x)=hy$ より $f^{-1}(hy)=hx=hf^{-1}(y)$ が満たされ,f^{-1} ; $\mathbf{R}^n \to \mathbf{R}^n$ は線形同型変換となります.このとき,$f^{-1}\circ f=f\circ f^{-1}=I_d$ (恒等変換) となっています.

線形同型変換 f ; $\mathbf{R}^n \to \mathbf{R}^n$ に対して,$\{u_1,u_2,\cdots,u_n\}$ が $\mathbf{R}^n$ の基底を成すことと,$f(u_1),f(u_2),\cdots,f(u_n)$ が $\mathbf{R}^n$ の基底を成すこととは同値です.

ここで,一般のベクトル空間についてふれておきます.集合 U において,和とスカラー倍 (実数倍) の演算が定義され,この演算に関して閉じているとします.さらに,$x,y,z\in U, h,k\in\mathbf{R}$ に対して,定理 11.2.1 の基本的性質 (1)〜(8) が満たされているならば,U を $\mathbf{R}$ 上の (一般の) ベクトル空間といいます.一般のベクトル空間 U は有限次元であるとは限りません.すなわち,U にはいくらでも多くの 1 次独立なベクトルが存在する場合があります.この場合,U は**無限次元のベクトル空間**であるといいます.たとえば,多項式環 $\mathbf{R}[x]$ は無限次元ベクトル空間です.実際,$\mathbf{R}[x]$ は $\mathbf{R}$ 加群であるから,線形演算に関して閉じていて,ベクトル空間となります.また,任意の自然数 n に対して,$1,x,x^2,\cdots,x^n$ ($\in\mathbf{R}[x]$) は

$$a_0+a_1x+a_2x^2+\cdots+a_nx^n=0 \Longleftrightarrow a_0=a_1=a_2=\cdots=a_n=0$$

を満たすから,$1,x,x^2,\cdots,x^n$ は 1 次独立となります.しかも,n は任意であるから $\mathbf{R}[x]$ にはいくらでも多くの 1 次独立ベクトルがとれます.

ベクトル空間 U,V に対して,写像 f ; $U\to V$ が定義され,条件

$$\begin{cases} f(x+y)=f(x)+f(y) & (x,y\in U) \\ f(hx)=hf(x) & (x\in U, h\in \mathbf{R}) \end{cases} \quad (11.3.5)$$

を満たすとき,f を U から V への (一般の) $\mathbf{R}$ 上の線形写像といいます.さらに,f が全単射ならば,f を線形同型写像といい,U と V はベクトル空間として同型であるといいます.ここでは,無限次元ベクトル空間における線形写像の行列表現は考えないことにします.一般の n 次元ベクトル空間 U から m 次

元ベクトル空間 V への線形写像 $f : U \to V$ に対しては，次のように考えます．$\{\boldsymbol{u}_1,\boldsymbol{u}_2,\cdots,\boldsymbol{u}_n\}$ を U の基底 ($\boldsymbol{u}_1,\boldsymbol{u}_2,\cdots,\boldsymbol{u}_n$ は 1 次独立で，$S(\boldsymbol{u}_1,\boldsymbol{u}_2,\cdots,\boldsymbol{u}_n)=U$ を満たす)，$\{\boldsymbol{v}_1,\boldsymbol{v}_2,\cdots,\boldsymbol{v}_m\}$ を V の基底とするとき，各 $\boldsymbol{u}_j$ に対して，$f(\boldsymbol{u}_j)=\sum_{k=1}^{m}a_{kj}\boldsymbol{v}_k$ と表されるから，ベクトル $\boldsymbol{a}_j={}^t(a_{1j},a_{2j},\cdots,a_{mj})\in\mathbf{R}^m$ が一意的に定まります (定理 11.3.1 の証明を参照)．このとき，$A=(\boldsymbol{a}_1,\boldsymbol{a}_2,\cdots,\boldsymbol{a}_n)$ とおくと，A は $m\times n$ 行列で $f(\boldsymbol{x})=A\boldsymbol{x}$ ($\boldsymbol{x}\in U$) を満たします．この A を一般の線形写像 f の基底 $\{\boldsymbol{u}_1,\boldsymbol{u}_2,\cdots,\boldsymbol{u}_n\}$，$\{\boldsymbol{v}_1,\boldsymbol{v}_2,\cdots,\boldsymbol{v}_m\}$ に関する表現行列といいます．U,V の基底のとり方により，f の表現行列は異なったものとなります．

例 11.3.1 n 次以下の多項式全体の集合を $\mathbf{R}_n[x]$ と表すと，$\mathbf{R}_n[x]$ は線形演算に関して閉じていることが容易に確かめられます．この $\mathbf{R}_n[x]$ は $\mathbf{R}[x]$ の部分空間となります．このとき，$\{1,x,x^2,\cdots,x^n\}$ が $\mathbf{R}_n[x]$ の基底です．実際，$\mathbf{R}_n[x]$ は $1,x,x^2,\cdots,x^n$ の 1 次結合全体と考えられます．すなわち

$$\mathbf{R}_n[x]=\Big\{\sum_{k=0}^{n}a_k x^k \mid a_k\in\mathbf{R}\Big\}=S(1,x,x^2,\cdots,x^n)$$

です．また，$1,x,x^2,\cdots,x^n$ は 1 次独立ですから $\{1,x,x^2,\cdots,x^n\}$ は $\mathbf{R}_n[x]$ の基底となります．そこで，任意の $P(x)\in\mathbf{R}_n[x]$ に対して，$P(x)=\sum_{k=0}^{n}a_k x^k$ と表すとき，$\psi(P)={}^t(a_0,a_1,a_2,\cdots,a_n)\in\mathbf{R}^{n+1}$ によって $\mathbf{R}_n[x]$ から $\mathbf{R}^{n+1}$ への写像 ψ を定義します．$\mathbf{R}_n[x]$ における加法とスカラー倍の演算は，多項式の各係数の和とスカラー倍になっていることに注意すれば，$\mathbf{R}^{n+1}$ における和とスカラー倍の演算に対応していることが分かります．したがって，$\psi ; \mathbf{R}_n[x]\to\mathbf{R}^{n+1}$ は線形写像となります．

ところで，任意の ${}^t(a_0,a_1,a_2,\cdots,a_n)\in\mathbf{R}^{n+1}$ に対して，$P(x)=\sum_{k=0}^{n}a_k x^k\in\mathbf{R}_n[x]$ であるから，ψ は全射となります．また，

$$P(x)=\sum_{k=0}^{n}a_k x^k, \quad Q(x)=\sum_{k=0}^{n}b_k x^k$$

に対して，

$$\psi(P) = {}^t(a_0, a_1, \cdots, a_n) = {}^t(b_0, b_1, \cdots, b_n) = \psi(Q)$$

とすると，$a_i = b_i$ $(i=0,1,2,\cdots,n)$ であるから

$$P(x) = \sum_{k=0}^n a_k x^k = \sum_{k=0}^n b_k x^k = Q(x)$$

となり ψ は単射となります．したがって，$\psi ; \mathbf{R}_n[x] \to \mathbf{R}^{n+1}$ は線形同型写像となり，$\mathbf{R}_n[x]$ と $\mathbf{R}^{n+1}$ はベクトル空間として同型です．一般の $\mathbf{R}$ 上の n 次元ベクトル空間は，$\mathbf{R}^n$ と同型であることが，上と同様にして分かります．このように，$\mathbf{R}_n[x]$ と $\mathbf{R}^{n+1}$ の線形構造は同じであるから，$\mathbf{R}_n[x]$ の考察を $\mathbf{R}^{n+1}$ で行うと容易なことがしばしばあります．たとえば，n 次多項式の近似において，$P_k(x) \to P(x)$ $(k \to \infty)$ は ${}^t(a_{0k}, a_{1k}, a_{2k}, \cdots, a_{nk}) \to {}^t(a_0, a_1, a_2, \cdots, a_n)$ $(k \to \infty)$ と同値となり，簡単になります．

線形写像 $f ; \mathbf{R}^n \to \mathbf{R}^m$, $g ; \mathbf{R}^m \to \mathbf{R}^l$ に対して，合成写像 $g \circ f$ は $\mathbf{R}^n$ から $\mathbf{R}^l$ への線形写像となります．このとき，$\mathrm{Im}(g \circ f) \subset \mathrm{Im}(g)$ が成り立ちます．実際，$\boldsymbol{x}, \boldsymbol{y} \in \mathbf{R}^n$, $k \in \mathbf{R}$ に対して

$$f(\boldsymbol{x}+\boldsymbol{y}) = f(\boldsymbol{x}) + f(\boldsymbol{y}) \in \mathbf{R}^m, \quad kf(\boldsymbol{x}) = f(k\boldsymbol{x}) \in \mathbf{R}^m$$

であるから

$$(g \circ f)(\boldsymbol{x}+\boldsymbol{y}) = g(f(\boldsymbol{x}+\boldsymbol{y})) = g(f(\boldsymbol{x})+f(\boldsymbol{y}))$$
$$= g(f(\boldsymbol{x})) + g(f(\boldsymbol{y})) = (g \circ f)(\boldsymbol{x}) + (g \circ f)(\boldsymbol{y}),$$
$$(g \circ f)(k\boldsymbol{x}) = g(f(k\boldsymbol{x})) = g(k(f(\boldsymbol{x}))) = k(g(f(\boldsymbol{x}))) = k(g \circ f)(\boldsymbol{x})$$

となり，$g \circ f$ が線形写像であることが分かります．また，$(g \circ f)(\boldsymbol{x}) = g(f(\boldsymbol{x})) \in \mathrm{Im}(g)$ であるから，$\mathrm{Im}(g \circ f) \subset \mathrm{Im}(g)$ となります．

定理 11.3.7 $f ; \mathbf{R}^n \to \mathbf{R}^m$ $(n \leqq m)$ は線形写像で，$g ; \mathbf{R}^m \to \mathbf{R}^m$, $h ; \mathbf{R}^n \to \mathbf{R}^n$ がともに線形同型変換であるとする．このとき，次が成り立つ．

(1) $\dim(\mathrm{Im}(g \circ f \circ h)) = \dim(\mathrm{Im}(f))$.
(2) $f(\boldsymbol{x}) = \boldsymbol{b} \Longleftrightarrow (g \circ f)(\boldsymbol{x}) = g(\boldsymbol{b})$.

(証明) (1) h が $\mathbf{R}^n$ 上の全単射な変換であるならば，$\mathrm{Im}(h)=\mathbf{R}^n$ であるから，$\mathrm{Im}(g \circ f \circ h)=\mathrm{Im}(g \circ f)$ となります．g を $\mathrm{Im}(f)$ へ制限して考えると，g は単射であるから定理 11.3.5 により，$\dim(\mathrm{Im}(g \circ f))=\dim(\mathrm{Im}(f))$ である．よって，$\dim(\mathrm{Im}(g \circ f \circ h))=\dim(\mathrm{Im}(f))$ が成り立ちます．

(2) ($\Longrightarrow$) は明らかである．($\Longleftarrow$) を示そう．$\mathbf{0}=(g \circ f)(\boldsymbol{x})-g(\boldsymbol{b})=g(f(\boldsymbol{x}))-g(\boldsymbol{b})=g(f(\boldsymbol{x})-\boldsymbol{b})$ であり，g は単射であるから $f(\boldsymbol{x})-\boldsymbol{b}=\mathbf{0}$，すなわち，$f(\boldsymbol{x})=\boldsymbol{b}$ となります． ∎

行列 $A=(\boldsymbol{a}_1, \boldsymbol{a}_2, \cdots, \boldsymbol{a}_n) \in M(m,n;\mathbf{R})$ に対して

$$f_A(\boldsymbol{x})=A\boldsymbol{x} \qquad (\boldsymbol{x} \in \mathbf{R}^n) \tag{11.3.6}$$

によって定まる線形写像 f_A を考えます．$\mathbf{R}^n$ の標準基底 $\{\boldsymbol{e}_1, \boldsymbol{e}_2, \cdots, \boldsymbol{e}_n\}$ に対して，(11.3.6) により $f_A(\boldsymbol{e}_j)=A\boldsymbol{e}_j=\boldsymbol{a}_j \in \mathrm{Im}(f_A)$ $(j=1,2,\cdots,n)$ であるから，$S(\boldsymbol{a}_1, \boldsymbol{a}_2, \cdots, \boldsymbol{a}_n) \subset \mathrm{Im}(f_A)$ となります．また，任意の $\boldsymbol{x} \in \mathbf{R}^n$ は，$\boldsymbol{x}=x_1\boldsymbol{e}_1+x_2\boldsymbol{e}_2+\cdots+x_n\boldsymbol{e}_n$ と表されるから

$$\begin{aligned} f_A(\boldsymbol{x}) &= f_A(x_1\boldsymbol{e}_1+x_2\boldsymbol{e}_2+\cdots+x_n\boldsymbol{e}_n) \\ &= x_1 f_A(\boldsymbol{e}_1)+x_2 f_A(\boldsymbol{e}_2)+\cdots+x_n f_A(\boldsymbol{e}_n) \\ &= x_1 \boldsymbol{a}_1+x_2 \boldsymbol{a}_2+\cdots+x_n \boldsymbol{a}_n \in S(\boldsymbol{a}_1, \boldsymbol{a}_2, \cdots, \boldsymbol{a}_n). \end{aligned}$$

すなわち，$\mathrm{Im}(f_A) \subset S(\boldsymbol{a}_1, \boldsymbol{a}_2, \cdots, \boldsymbol{a}_n)$ となります．したがって

$$\mathrm{Im}(f_A)=S(\boldsymbol{a}_1, \boldsymbol{a}_2, \cdots, \boldsymbol{a}_n) \subset \mathbf{R}^m$$

が成り立ち，次が得られます．

定理 11.3.8 $A=(\boldsymbol{a}_1, \boldsymbol{a}_2, \cdots, \boldsymbol{a}_n) \in M(m,n,\mathbf{R})$ とする．(11.3.6) によって定まる線形写像 $f_A ; \mathbf{R}^n \to \mathbf{R}^m$ に対して

$$\mathrm{Im}(f_A)=S(\boldsymbol{a}_1, \boldsymbol{a}_2, \cdots, \boldsymbol{a}_n) \subset \mathbf{R}^m \tag{11.3.7}$$

が成り立つ．このとき，$\dim(\mathrm{Im}(f_A)) \leqq \min\{n,m\}$ である．

以下においては，$\mathrm{Im}(f_A)$ を $\mathrm{Im}(A)$ と表すこともあります．

定理 11.3.9 線形写像 $f: \mathbf{R}^n \to \mathbf{R}^m$, $g: \mathbf{R}^m \to \mathbf{R}^l$ に対して，合成写像 $g \circ f: \mathbf{R}^n \to \mathbf{R}^l$ は線形写像である．f の表現行列を A, g の表現行列を B とすると，合成線形写像 $g \circ f$ の表現行列は BA である．

(証明) 空間 $\mathbf{R}^n, \mathbf{R}^m, \mathbf{R}^l$ の標準基底をそれぞれ $\{e_1, e_2, \cdots, e_n\}$, $\{e'_1, e'_2, \cdots, e'_m\}$, $\{e''_1, e''_2, \cdots, e''_l\}$ とすると

$$f(e_j) = \sum_{k=1}^{m} a_{kj} e'_k = {}^t(a_{1j}, a_{2j}, \cdots, a_{mj}) \in \mathbf{R}^m \quad (j=1,2,\cdots,n),$$

$$g(e'_k) = \sum_{i=1}^{l} b_{ik} e''_i = {}^t(b_{1k}, b_{2k}, \cdots, b_{lk}) \in \mathbf{R}^l \quad (k=1,2,\cdots,m)$$

と表すことができる．このとき，f の表現行列は $A = [a_{ij}]$ ($m \times n$ 行列), g の表現行列は $B = [b_{ij}]$ ($l \times m$ 行列) であるから，積 BA は $l \times n$ 行列で，その (i,j) 成分は $\sum_{k=1}^{n} b_{ik} a_{kj}$ です．ところで，$g \circ f$ に対して

$$(g \circ f)(e_j) = g(f(e_j)) = g\left(\sum_{k=1}^{m} a_{kj} e'_k\right) = \sum_{k=1}^{m} a_{kj} g(e'_k)$$

$$= \sum_{k=1}^{m} a_{kj} \left(\sum_{i=1}^{l} b_{ik} e''_i\right) = \sum_{i=1}^{l} \left(\sum_{k=1}^{m} b_{ik} a_{kj}\right) e''_i$$

となるから，$g \circ f$ の表現行列の (i,j) 成分は $\sum_{k=1}^{m} b_{ik} a_{kj}$ となります．これは BA の (i,j) 成分と一致しています．したがって，$g \circ f$ の表現行列は BA となります． ∎

線形変換 $f: \mathbf{R}^n \to \mathbf{R}^n$ の表現行列は $A = (f(e_1), f(e_2), \cdots, f(e_n))$ です．特に，恒等変換 $I_d: \mathbf{R}^n \to \mathbf{R}^n$ ($I_d(x) = x$) に対して

$$(I_d(e_1), I_d(e_2), \cdots, I_d(e_n)) = (e_1, e_2, \cdots, e_n) = E_n$$

であるから，I_d の表現行列は n 次の単位行列 E_n となります．ここに，$\{e_1, e_2, \cdots, e_n\}$ は $\mathbf{R}^n$ の標準基底です．

定理 11.3.10 線形変換 $f: \mathbf{R}^n \to \mathbf{R}^n$ の表現行列を $A = (a_1, a_2, \cdots, a_n)$ とするとき，次の (1), (2), (3) は同値である．

(1) f は同型変換である．
(2) A は正則行列で，逆行列 A^{-1} は f の逆変換 f^{-1} の表現行列である．
(3) $a_1, a_2, \cdots, a_n$ は1次独立である．

(証明) $((1) \iff (2))$ を示そう．f を同型変換とし，逆変換 f^{-1} の表現行列を B とするとき

$$f \circ f^{-1} = f^{-1} \circ f = I_d \text{ (恒等変換)} \iff AB = BA = E$$

であるから，A は正則であり，$B = A^{-1}$ となります．逆に，A が正則行列であるとき，$f(x) = Ax$ ($x \in \mathbf{R}^n$) によって定義される線形写像 $f ; \mathbf{R}^n \to \mathbf{R}^n$ が単射であることを示そう．$f(x) = f(x')$ とすると $Ax = Ax'$ となります．この両辺に左から A^{-1} をかけると，$x = x'$ となるから f は単射です．系 11.3.6 により，$f ; \mathbf{R}^n \to \mathbf{R}^n$ は全単射で同型変換となります．次に，$((1) \iff (3))$ を示そう．f が同型変換ならば，標準基底 $\{e_1, e_2, \cdots, e_n\}$ に対して，$f(e_j) = a_j$ ($j = 1, 2, \cdots, n$) であるから，$a_1, a_2, \cdots, a_n$ は1次独立となります (補題 11.3.3)．逆に，A の n 個の列ベクトル $a_1, a_2, \cdots, a_n$ が1次独立であるとすると，注 11.2.4 により $S(a_1, a_2, \cdots, a_n) = \mathbf{R}^n$ となります．したがって，定理 11.3.8 により $\mathrm{Im}(f) = S(a_1, a_2, \cdots, a_n) = \mathbf{R}^n$ となり，f は全射となります．系 11.3.6 により f は単射で，全単射となります．したがって，f は同型変換となります．■

系 11.3.11 n 次の正方行列 $A = (a_1, a_2, \cdots, a_n)$ と n 次の正則行列 P に対して，$PA = (Pa_1, Pa_2, \cdots, Pa_n)$ と表すとき，$a_1, a_2, \cdots, a_n$ が1次独立であることと $Pa_1, Pa_2, \cdots, Pa_n$ が1次独立であることは同値である．

(証明) P は正則であるから，A が正則であることと PA が正則であることは同値である．したがって，定理 11.3.10 により

$a_1, a_2, \cdots, a_n$ が1次独立である $\iff A$ が正則である．

$\iff PA$ 正則である．

$\iff Pa_1, Pa_2, \cdots, Pa_n$ が1次独立である．■

定義 11.3.2 $m \times n$ 行列 $A = (a_1, a_2, \cdots, a_n)$ に対して，部分空間 $S(a_1, a_2, \cdots, a_n)$

は次元をもつ．そこで

$$\operatorname{rank}(A)=\dim(S(\boldsymbol{a}_1,\boldsymbol{a}_2,\cdots,\boldsymbol{a}_n))$$

によって定義される $\operatorname{rank}(A)$ を行列 A の**階数**という．

線形写像 $f;\mathbf{R}^n\to\mathbf{R}^m$ の表現行列を A とするとき，(11.3.7) により $\operatorname{rank}(A)=\dim(S(\boldsymbol{a}_1,\boldsymbol{a}_2,\cdots,\boldsymbol{a}_n))=\dim(\operatorname{Im}(f))$ である．そこで，線形写像 f とその表現行列 A とを同一視することにより，A の階数を f の階数と呼び，$\operatorname{rank}(f)$ と表します．すなわち，$\operatorname{rank}(f)=\operatorname{rank}(A)=\dim(\operatorname{Im}(f))$ です．

定理 11.3.12 $m\times n$ 行列 $A=(\boldsymbol{a}_1,\boldsymbol{a}_2,\cdots,\boldsymbol{a}_n)$ に対して

(1) $\operatorname{rank}(A)$ は，A の列ベクトルの組 $\{\boldsymbol{a}_1,\boldsymbol{a}_2,\cdots,\boldsymbol{a}_n\}$ の中で，1 次独立なベクトルの最大個数である．

(2) $\operatorname{rank}(A)\leqq\min(m,n)$．

(証明) (1) 定理 11.2.6 により，部分空間 $S(\boldsymbol{a}_1,\boldsymbol{a}_2,\cdots,\boldsymbol{a}_n)$ の基底を $\{\boldsymbol{a}_1,\boldsymbol{a}_2,\cdots,\boldsymbol{a}_n\}$ の中から選ぶことができる．この基底を構成するベクトルの個数が $S(\boldsymbol{a}_1,\boldsymbol{a}_2,\cdots,\boldsymbol{a}_n)$ の次元であるから，$\operatorname{rank}(A)=\dim(S(\boldsymbol{a}_1,\boldsymbol{a}_2,\cdots,\boldsymbol{a}_n))$ は $\{\boldsymbol{a}_1,\boldsymbol{a}_2,\cdots,\boldsymbol{a}_n\}$ の中での 1 次独立なベクトルの最大個数です．

(2) 定理 11.3.8 より $\operatorname{rank}(A)=\dim(\operatorname{Im}(f_A))\leqq\min(m,n)$ となります．ここに，$f_A(\boldsymbol{x})=A\boldsymbol{x}\ (\boldsymbol{x}\in\mathbf{R}^n)$ です．■

定理 11.3.13 A が $m\times n$ 行列，P が m 次の正則行列，Q が n 次の正則行列であるとき

$$\operatorname{rank}(PAQ)=\operatorname{rank}(A) \qquad (11.3.8)$$

が成り立つ．

(証明) 行列 A,P,Q によって定義される線形写像を，それぞれ f_A,ψ,φ とすると，$\psi\circ f_A\circ\varphi;\mathbf{R}^n\to\mathbf{R}^m$ は線形写像となります．ところで，$\psi;\mathbf{R}^m\to\mathbf{R}^m$ と $\varphi;\mathbf{R}^n\to\mathbf{R}^n$ は線形同型変換であるから，定理 11.3.7 の (1) により

$$\operatorname{rank}(\psi\circ f_A\circ\varphi)=\dim(\operatorname{Im}(\psi\circ f_A\circ\varphi))=\dim(\operatorname{Im}(f_A))=\operatorname{rank}(f_A)$$

となります．したがって，

$$\mathrm{rank}(PAQ) = \mathrm{rank}(\psi \circ f_A \circ \varphi) = \mathrm{rank}(f_A) = \mathrm{rank}(A)$$

が成り立ちます． ∎

系 11.3.14 A, P, Q は定理 11.3.13 におけるものとする．このとき

(1) $\mathrm{rank}(PA) = \mathrm{rank}(A)$,

(2) $\mathrm{rank}(AQ) = \mathrm{rank}(A)$

が成り立つ．

(証明) (1) (11.3.8) において，定理における Q として n 次の単位行列 E_n をとれば，E_n は正則で $PAE_n = PA$ となります．したがって，$\mathrm{rank}(PA) = \mathrm{rank}(PAE_n) = \mathrm{rank}(A)$ となります．

(2) (11.3.8) において，定理における P として m 次の単位行列 E_m をとれば，$E_m AQ = AQ$ より，$\mathrm{rank}(AQ) = \mathrm{rank}(E_m AQ) = \mathrm{rank}(A)$ が成り立ちます． ∎

注 11.3.4 行列の階数は，正則行列との積をとっても変らない．

■ 章末問題 11

問題 11.1 複素数体 **C** は，$\{1, i\}$ を基底とする **R** 上の 2 次元ベクトル空間です．いま，複素数 $\sigma = t + si$ を 1 つ定めて，**C** 上の変換；$\varphi_\sigma(z) = \sigma z$ $(z \in \mathbf{C})$ を定義し，これら変換全体を $G = \{\varphi_\sigma \mid \sigma \in \mathbf{C}\}$ とします．このとき

(i) 変換 φ_σ の表現行列 A_σ を求めてください．

(ii) G の部分集合 $G_1 = \{\varphi_\sigma \mid |\sigma| = \sqrt{t^2 + s^2} = 1, \sigma \in \mathbf{C}\}$ は変換の合成を積として群をなし，2 次の回転群 $SO(2, \mathbf{R})$ と同型であることを示してください．

第12章
行列式

　9.3 節において，3 次の行列式の基本的性質をみてきました．この章では，n 次の行列式について議論します．連立 1 次方程式は，行列とベクトルを用いて表現されます．この行列を方程式の係数行列といいます．行列式は連立 1 次方程式の解の公式を表現するために考え出されたとも言われています．正則な行列の逆行列は行列式により具体的に計算されます (逆行列の公式)．このことにより，連立 1 次方程式の係数行列が正則ならば，解の公式が導かれます．

キーワード

　　余因子行列，余因子展開，係数行列，クラメルの公式

新しい記号

$$|A|=|\boldsymbol{a}_1,\boldsymbol{a}_2,\cdots,\boldsymbol{a}_n|,\ \Delta_{ij},\ \tilde{A}$$

12.1　行列式の定義と基本的性質

　9.3 節でみてきたように，3 次の行列式はサラスの方法 (たすきがけ法) により

$$\begin{vmatrix} a_{11} & a_{12} & a_{13} \\ a_{21} & a_{22} & a_{23} \\ a_{31} & a_{32} & a_{33} \end{vmatrix}$$

$$= a_{11}a_{22}a_{33} + a_{12}a_{23}a_{31} + a_{13}a_{21}a_{32}$$
$$- a_{11}a_{23}a_{32} - a_{12}a_{21}a_{33} - a_{13}a_{22}a_{31} \tag{12.1.1}$$

と展開されます．しかし，4 次以上の行列式に対しては，このサラスの方法 (9.3 節で述べた計算法) は適用できません．まず，サラスの方法による 3 次の行列式の計算式を確かめることから始めます．展開式 (12.1.1) の各項 $a_{1i_1}a_{2i_2}a_{3i_3}$ は，第 1 行の成分 a_{1i_1}，第 2 行の成分 a_{2i_2}，第 3 行の成分 a_{3i_3} の順に異なる列成分の積となっています．すなわち

$$\sigma = \begin{pmatrix} 1 & 2 & 3 \\ i_1 & i_2 & i_3 \end{pmatrix}, \quad \sigma(k) = i_k \quad (k=1,2,3)$$

なる 3 次の置換が対応し，$a_{1i_1}a_{2i_2}a_{3i_3} = a_{1\sigma(1)}a_{2\sigma(2)}a_{3\sigma(3)}$ と表されています．項 $a_{1\sigma(1)}a_{2\sigma(2)}a_{3\sigma(3)}$ の符号は順列，すなわち，置換 σ が偶置換のとき $+$，奇置換のとき $-$ となっています．展開式 (12.1.1) は，上のようにして作ったあらゆる項に置換の符号をつけたものの総和となっています．

ここで，3 次の行列式に対する基本的性質 (定理 9.3.1) を整理しておきます．

(1) 多重線形性；

(i) 行列式の 1 つの列の各成分が 2 つの数の和の形になっているとき，その行列式は 2 つの行列式の和として表される．

(ii) 行列式の 1 つの列を α 倍して得られる行列式は，もとの行列式の α 倍に等しい．

(2) 交代性；
行列式の 2 つの列を入れ換えると符号が変わる．このことにより，2 つの列が等しい行列式の値は 0 となる．さらに，異なる列 (ベクトル) が 1 次従属である行列式の値は 0 である．

(3) 単位行列 E に対して，$|E|=1$ である．

この (1), (2), (3) にならって，一般の n 次の行列に対する行列式を次のように定義します．以下では，$n(\geqq 2)$ 次の正方行列を考えます．

定義 12.1.1 n 次正方行列 $A=(\boldsymbol{a}_1,\boldsymbol{a}_2,\cdots,\boldsymbol{a}_n)$ に対して，次の条件 (1), (2), (3) を満たすただ 1 つの式が確定すれば，それを $|A|$ または $|\boldsymbol{a}_1,\boldsymbol{a}_2,\cdots,\boldsymbol{a}_n|$ と表し，n 次の行列 A の**行列式**という．

(1) 多重線形性；$\alpha, \beta \in \mathbf{R}$ のとき，各 j $(1 \leqq j \leqq n)$ 対して

$$|\boldsymbol{a}_1,\boldsymbol{a}_2,\cdots,\alpha\boldsymbol{a}_j+\beta\boldsymbol{a}'_j,\cdots,\boldsymbol{a}_n|$$
$$=\alpha|\boldsymbol{a}_1,\boldsymbol{a}_2,\cdots,\boldsymbol{a}_j,\cdots,\boldsymbol{a}_n|+\beta|\boldsymbol{a}_1,\boldsymbol{a}_2,\cdots,\boldsymbol{a}'_j,\cdots,\boldsymbol{a}_n|.$$

(2) 交代性；$i<j$ のとき，i 列と j 列を入れ換えると

$$|\boldsymbol{a}_1,\boldsymbol{a}_2,\cdots,\boldsymbol{a}_i,\cdots,\boldsymbol{a}_j,\cdots,\boldsymbol{a}_n|=-|\boldsymbol{a}_1,\boldsymbol{a}_2,\cdots,\boldsymbol{a}_j,\cdots,\boldsymbol{a}_i,\cdots,\boldsymbol{a}_n|.$$

(3) 単位行列 $E=(\boldsymbol{e}_1,\boldsymbol{e}_2,\cdots,\boldsymbol{e}_n) \in M_n(\mathbf{R})$ に対して，$|E|=1$.

そこで，行列 $A=(\boldsymbol{a}_1,\boldsymbol{a}_2,\cdots,\boldsymbol{a}_n)$ に対して，定義の条件 (1)〜(3) を満たす式が確定することを示そう．

定理 12.1.1 n 次の行列 $A=[a_{ij}]=(\boldsymbol{a}_1,\boldsymbol{a}_2,\cdots,\boldsymbol{a}_n)$ に対して，定義の条件 (1), (2), (3) を満たす式がただ 1 つ確定し，次によって与えられる．

$$|A|=\sum_{\sigma \in \mathcal{S}_n} \mathrm{sign}(\sigma)a_{\sigma(1)1}a_{\sigma(2)2}\cdots a_{\sigma(n)n}.$$

ここに，右辺の $\sum_{\sigma \in \mathcal{S}_n}$ は n 次の置換全体 $\mathcal{S}_n$ について和をとることを意味する．また，置換 σ が偶置換であるか奇置換であるかは一定である (定理 7.3.6) ので，σ の符号は確定する．ここに，$\sigma(\in \mathcal{S}_n)$ の符号 $\mathrm{sign}(\sigma)$ は

$$\mathrm{sign}(\sigma)=\begin{cases} 1 & (\sigma \text{ が偶置換のとき}) \\ -1 & (\sigma \text{ が奇置換のとき}) \end{cases}$$

によって与えられる．

(証明) $|A|=|\boldsymbol{a}_1,\boldsymbol{a}_2,\cdots,\boldsymbol{a}_n|$ が条件 (1), (2), (3) を満たしているとします．A の列ベクトルは $\boldsymbol{a}_j=\sum_{i=1}^n a_{ij}\boldsymbol{e}_i$ $(j=1,2,\cdots,n)$ と表されるから，多重線形性 (1) により

$$|A|=|\boldsymbol{a}_1,\boldsymbol{a}_2,\cdots,\boldsymbol{a}_n|=\left|\sum_{i_1=1}^n a_{i_1 1}\boldsymbol{e}_{i_1},\sum_{i_2=1}^n a_{i_2 2}\boldsymbol{e}_{i_2},\cdots,\sum_{i_n=1}^n a_{i_n n}\boldsymbol{e}_{i_n}\right|$$
$$=\sum_{i_1=1}^n\sum_{i_2=1}^n\cdots\sum_{i_n=1}^n a_{i_1 1}a_{i_2 2}\cdots a_{i_n n}|\boldsymbol{e}_{i_1},\boldsymbol{e}_{i_2},\cdots,\boldsymbol{e}_{i_n}|$$

となります．ところで，$|\boldsymbol{e}_{i_1},\boldsymbol{e}_{i_2},\cdots,\boldsymbol{e}_{i_n}|$ の値は，交代性 (2) により $i_1,i_2,\cdots,i_n$ に重複があれば 0 となります．したがって，$i_1,i_2,\cdots,i_n$ に重複がない場合だけ，すなわち，置換

$$\sigma=\begin{pmatrix} 1 & 2 & \cdots & n \\ i_1 & i_2 & \cdots & i_n \end{pmatrix}\in\mathcal{S}_n$$

に対する和だけを考えればよいことが分かります．また，条件 (2) と (3) により

$$|\boldsymbol{e}_{i_1},\boldsymbol{e}_{i_2},\cdots,\boldsymbol{e}_{i_n}|=\mathrm{sign}(\sigma)|\boldsymbol{e}_1,\boldsymbol{e}_2,\cdots,\boldsymbol{e}_n|=\mathrm{sign}(\sigma)|E|=\mathrm{sign}(\sigma)$$

となります．したがって

$$|A|=\sum_{\sigma\in\mathcal{S}_n}\mathrm{sign}(\sigma)a_{\sigma(1)1}a_{\sigma(2)2}\cdots a_{\sigma(n)n}$$

が一意的に確定し，A の行列式となります． ∎

例 12.1.1 次の形の行列式については

$$\begin{vmatrix} a_{11} & a_{12} & \cdots & a_{1n} \\ 0 & a_{22} & \cdots & a_{2n} \\ \vdots & \vdots & \ddots & \vdots \\ 0 & a_{n2} & \cdots & a_{nn} \end{vmatrix}=\sum_{\sigma\in\mathcal{S}_{n-1}}a_{11}\mathrm{sign}(\sigma)a_{\sigma(2)2}a_{\sigma(3)3}\cdots a_{\sigma(n)n}$$
$$=a_{11}\sum_{\sigma\in\mathcal{S}_{n-1}}\mathrm{sign}(\sigma)a_{\sigma(2)2}a_{\sigma(3)3}\cdots a_{\sigma(n)n}$$

$$= a_{11} \begin{vmatrix} a_{22} & a_{23} & \cdots & a_{2n} \\ a_{32} & a_{33} & & a_{3n} \\ \vdots & & \ddots & \vdots \\ a_{n2} & a_{n3} & \cdots & a_{nn} \end{vmatrix}$$

となります．これは $\sigma \in \mathcal{S}_n$ に対して，$a_{\sigma(1)1} = a_{11}, a_{\sigma(i)1} = 0 \ (i \neq 1)$ であることから得られます．これより

$$|A| = \begin{vmatrix} a_{11} & a_{12} & \cdots & \cdots & a_{1n} \\ 0 & a_{22} & & & a_{2n} \\ 0 & 0 & \ddots & & \vdots \\ \vdots & & & & \\ 0 & 0 & \cdots & 0 & a_{nn} \end{vmatrix} = a_{11} \begin{vmatrix} a_{22} & a_{23} & \cdots & \cdots & a_{2n} \\ 0 & a_{33} & & & a_{3n} \\ 0 & 0 & \ddots & & \vdots \\ \vdots & & & & \\ 0 & 0 & \cdots & 0 & a_{nn} \end{vmatrix}$$

$$= a_{11} a_{22} \cdots a_{nn}$$

となります．特に，$|E| = 1$ です．

定理 12.1.2 $A \in M_n(\mathbf{R})$ に対して，$|{}^t A| = |A|$ が成り立つ．

(証明) $A = [a_{ij}], \ {}^t A = [a'_{ij}]$ のとき，$a'_{ij} = a_{ji} \ (i, j = 1, 2, \cdots, n)$ であり

$$|{}^t A| = \sum_{\sigma \in \mathcal{S}_n} \mathrm{sign}(\sigma) a'_{\sigma(1)1} a'_{\sigma(2)2} \cdots a'_{\sigma(n)n}$$

$$= \sum_{\sigma \in \mathcal{S}_n} \mathrm{sign}(\sigma) a_{1\sigma(1)} a_{2\sigma(2)} \cdots a_{n\sigma(n)}$$

$$= \sum_{\sigma \in \mathcal{S}_n} \mathrm{sign}(\sigma) a_{\sigma^{-1}(1)1} a_{\sigma^{-1}(2)2} \cdots a_{\sigma^{-1}(n)n}$$

となります．符号の性質 (7.3.7) により $\mathrm{sign}(\sigma^{-1}) = \mathrm{sign}(\sigma) \ (\sigma \in \mathcal{S}_n), \ \{\tau = \sigma^{-1} \mid \sigma \in \mathcal{S}_n\} = \mathcal{S}_n$ であるから，$\tau(i) = \sigma^{-1}(i) \ (1 \leq i \leq n)$ として

$$|{}^t A| = \sum_{\tau \in \mathcal{S}_n} \mathrm{sign}(\tau) a_{\tau(1)1} a_{\tau(2)2} \cdots a_{\tau(n)n} = |A|$$

が成り立ちます． ■

定理 12.1.3 $A, B \in M_n(\mathbf{R})$ に対して
$$|AB| = |A||B|$$
が成り立つ.

(証明) $A = [a_{ij}] = (\boldsymbol{a}_1, \boldsymbol{a}_2, \cdots, \boldsymbol{a}_n)$, $B = [b_{ij}] = (\boldsymbol{b}_1, \boldsymbol{b}_2, \cdots, \boldsymbol{b}_n)$ とおく. $\mathbf{R}^n$ の基本ベクトル $\boldsymbol{e}_1, \boldsymbol{e}_2, \cdots, \boldsymbol{e}_n$ に対して, $\boldsymbol{b}_j = \sum_{k=1}^n b_{kj} \boldsymbol{e}_k$ $(j = 1, 2, \cdots, n)$ と表すことができて

$$AB = A(\boldsymbol{b}_1, \boldsymbol{b}_2, \cdots, \boldsymbol{b}_n) = (A\boldsymbol{b}_1, A\boldsymbol{b}_2, \cdots, A\boldsymbol{b}_n)$$
$$= \left(A \sum_{i_1=1}^n b_{i_1 1} \boldsymbol{e}_{i_1}, A \sum_{i_2=1}^n b_{i_2 2} \boldsymbol{e}_{i_2}, \cdots, A \sum_{i_n=1}^n b_{i_n n} \boldsymbol{e}_{i_n} \right)$$
$$= \left(\sum_{i_1=1}^n b_{i_1 1} A\boldsymbol{e}_{i_1}, \sum_{i_2=1}^n b_{i_2 2} A\boldsymbol{e}_{i_2}, \cdots, \sum_{i_n=1}^n b_{i_n n} A\boldsymbol{e}_{i_n} \right)$$
$$= \left(\sum_{i_1=1}^n b_{i_1 1} \boldsymbol{a}_{i_1}, \sum_{i_2=1}^n b_{i_2 2} \boldsymbol{a}_{i_2}, \cdots, \sum_{i_n=1}^n b_{i_n n} \boldsymbol{a}_{i_n} \right)$$

となります. 行列式の多重線形性により

$$|AB| = \left| \sum_{i_1=1}^n b_{i_1 1} \boldsymbol{a}_{i_1}, \sum_{i_2=1}^n b_{i_2 2} \boldsymbol{a}_{i_2}, \cdots, \sum_{i_n=1}^n b_{i_n n} \boldsymbol{a}_{i_n} \right|$$
$$= \sum_{i_1=1}^n \sum_{i_2=1}^n \cdots \sum_{i_n=1}^n b_{i_1 1} b_{i_2 2} \cdots b_{i_n n} |\boldsymbol{a}_{i_1}, \boldsymbol{a}_{i_2}, \cdots, \boldsymbol{a}_{i_n}|$$
$$= \sum_{i_1=1}^n b_{i_1 1} \sum_{i_2=1}^n b_{i_2 2} \cdots \sum_{i_n=1}^n b_{i_n n} |\boldsymbol{a}_{i_1}, \boldsymbol{a}_{i_2}, \cdots, \boldsymbol{a}_{i_n}|$$

となり, $i_1, i_2, \cdots, i_n$ に重複があれば, 交代性により $|\boldsymbol{a}_{i_1}, \boldsymbol{a}_{i_2} \cdots, \boldsymbol{a}_{i_n}| = 0$ であるから, 上式の右辺は $i_1, i_2, \cdots, i_n$ に重複がない場合, すなわち, 置換

$$\sigma = \begin{pmatrix} 1 & 2 & \cdots & n \\ i_1 & i_2 & \cdots & i_n \end{pmatrix} = \begin{pmatrix} 1 & 2 & \cdots & n \\ \sigma(1) & \sigma(2) & \cdots & \sigma(n) \end{pmatrix} \in \mathcal{S}_n$$

についての和をとればよいことが分かります. したがって

$$|AB| = \sum_{\sigma \in \mathcal{S}_n} b_{\sigma(1) 1} b_{\sigma(2) 2} \cdots b_{\sigma(n) n} |\boldsymbol{a}_{\sigma(1)}, \boldsymbol{a}_{\sigma(2)}, \cdots, \boldsymbol{a}_{\sigma(n)}|$$

$$= \sum_{\sigma \in \mathcal{S}_n} b_{\sigma(1)1} b_{\sigma(2)2} \cdots b_{\sigma(n)n} \text{sign}(\sigma) |\boldsymbol{a}_1, \boldsymbol{a}_2, \cdots, \boldsymbol{a}_n|$$

$$= |A| \sum_{\sigma \in \mathcal{S}_n} \text{sign}(\sigma) b_{\sigma(1)1} b_{\sigma(2)2} \cdots b_{\sigma(n)n} = |A||B|$$

となります。 ∎

注 12.1.1 $A, B \in M_n(\mathbf{R})$ に対して，$|AB| = |A||B| = |BA|$ です。

12.2 余因子展開

n 次の行列式 $|A|$ から i 行と j 列を取り除いた $n-1$ 次の小行列式 (つまり a_{ij} を含むところの i 行と j 列を除いた行列式) Δ_{ij} は次のようになります。

$$\Delta_{ij} = \begin{vmatrix} a_{11} & a_{12} & \cdots & a_{1(j-1)} & a_{1(j+1)} & \cdots & a_{1n} \\ a_{21} & a_{22} & & a_{2(j-1)} & a_{2(j+1)} & & a_{2n} \\ \vdots & & & \vdots & \vdots & & \vdots \\ a_{(i-1)1} & a_{(i-1)2} & \cdots & a_{(i-1)(j-1)} & a_{(i-1)(j+1)} & \cdots & a_{(i-1)n} \\ a_{(i+1)1} & a_{(i+1)2} & \cdots & a_{(i+1)(j-1)} & a_{(i+1)(j+1)} & \cdots & a_{(i+1)n} \\ \vdots & & & \vdots & \vdots & & \vdots \\ a_{n1} & a_{n2} & \cdots & a_{n(j-1)} & a_{n(j+1)} & \cdots & a_{nn} \end{vmatrix}.$$

そこで，$\tilde{\alpha}_{ij}$ を

$$\tilde{\alpha}_{ij} = (-1)^{i+j} \Delta_{ij}$$

によって定義し，この $\tilde{\alpha}_{ij}$ を A の (i,j) **余因子**といいます。ここに，$i,j=1,2,\cdots,n$ です。さらに，A の (i,j) 余因子 $\tilde{\alpha}_{ij}$ を (i,j) 成分とする行列の転置を

$$\tilde{A} = \begin{pmatrix} \tilde{\alpha}_{11} & \tilde{\alpha}_{21} & \cdots & \tilde{\alpha}_{n1} \\ \tilde{\alpha}_{12} & \tilde{\alpha}_{22} & & \tilde{\alpha}_{n2} \\ \vdots & & & \vdots \\ \tilde{\alpha}_{1n} & \tilde{\alpha}_{2n} & \cdots & \tilde{\alpha}_{nn} \end{pmatrix}$$

と表し，A の**余因子行列**といいます．これをあとの定理 12.2.1 で用いることにします．次に $A=(\boldsymbol{a}_1,\boldsymbol{a}_2,\cdots,\boldsymbol{a}_j,\cdots,\boldsymbol{a}_n)$ の第 j 列 $\boldsymbol{a}_j$ を基本ベクトル $\boldsymbol{e}_i$ で置き換えた行列の行列式を考えます．すなわち

$|\boldsymbol{a}_1,\boldsymbol{a}_2,\cdots,\boldsymbol{a}_{j-1},\boldsymbol{e}_i,\boldsymbol{a}_{j+1},\cdots,\boldsymbol{a}_n|$

$=(-1)^{j-1}|\boldsymbol{e}_i,\boldsymbol{a}_1,\boldsymbol{a}_2,\cdots,\boldsymbol{a}_{j-1},\boldsymbol{a}_{j+1},\cdots,\boldsymbol{a}_n|$

$$=(-1)^{j-1}\begin{vmatrix} 0 & a_{11} & a_{12} & \cdots & a_{1(j-1)} & a_{1(j+1)} & \cdots & a_{1n} \\ 0 & a_{21} & a_{22} & \cdots & a_{2(j-1)} & a_{2(j+1)} & \cdots & a_{2n} \\ \vdots & \vdots & \vdots & & \vdots & \vdots & & \vdots \\ 0 & a_{(i-1)1} & a_{(i-1)2} & \cdots & a_{(i-1)(j-1)} & a_{(i-1)(j+1)} & \cdots & a_{(i-1)n} \\ 1 & a_{i1} & a_{i2} & \cdots & a_{ij-1} & a_{i(j+1)} & \cdots & a_{in} \\ 0 & a_{(i+1)1} & a_{(i+1)2} & \cdots & a_{(i+1)(j-1)} & a_{(i+1)(j+1)} & \cdots & a_{(i+1)n} \\ \vdots & \vdots & \vdots & & \vdots & \vdots & & \vdots \\ 0 & a_{n1} & a_{n2} & \cdots & a_{nj-1} & a_{n(j+1)} & \cdots & a_{nn} \end{vmatrix}$$

$=(-1)^{j-1+i-1}$

$$\times\begin{vmatrix} 1 & a_{i1} & a_{i2} & \cdots & a_{i(j-1)} & a_{i(j+1)} & \cdots & a_{in} \\ 0 & a_{11} & a_{12} & \cdots & a_{1(j-1)} & a_{1(j+1)} & \cdots & a_{1n} \\ 0 & a_{21} & a_{22} & \cdots & a_{2(j-1)} & a_{2(j+1)} & \cdots & a_{2n} \\ \vdots & \vdots & \vdots & & \vdots & \vdots & & \vdots \\ 0 & a_{(i-1)1} & a_{(i-1)2} & \cdots & a_{(i-1)(j-1)} & a_{(i-1)(j+1)} & \cdots & a_{(i-1)n} \\ 0 & a_{(i+1)1} & a_{(i+1)2} & \cdots & a_{(i+1)(j-1)} & a_{(i+1)(j+1)} & \cdots & a_{(i+1)n} \\ \vdots & \vdots & \vdots & & \vdots & \vdots & & \vdots \\ 0 & a_{n1} & a_{n2} & \cdots & a_{n(j-1)} & a_{n(j+1)} & \cdots & a_{nn} \end{vmatrix}.$$

この最後の行列式は，$(-1)^{j-1+i-1}\Delta_{ij}=(-1)^{i+j}\Delta_{ij}=\tilde{\alpha}_{ij}$ となります（例 12.1.1 を参照）．すなわち

$$\tilde{\alpha}_{ij}=|\boldsymbol{a}_1,\boldsymbol{a}_2,\cdots,\boldsymbol{a}_{j-1},\boldsymbol{e}_i,\boldsymbol{a}_{j+1},\cdots,\boldsymbol{a}_n| \quad (i,j=1,2,\cdots,n) \quad (12.2.1)$$

となります．そこで，$A=(\boldsymbol{a}_1,\boldsymbol{a}_2,\cdots,\boldsymbol{a}_n)\in M_n(\mathbf{R})$ に対して $\boldsymbol{a}_j=\sum_{i=1}^{n}a_{ij}\boldsymbol{e}_i$ ($j=1,2,\cdots,n$) と表すとき

$$|A|=|\boldsymbol{a}_1,\boldsymbol{a}_2,\cdots,\boldsymbol{a}_{j-1},\sum_{i=1}^{n}a_{ij}\boldsymbol{e}_i,\boldsymbol{a}_{j+1},\cdots,\boldsymbol{a}_n|$$
$$=\sum_{i=1}^{n}a_{ij}|\boldsymbol{a}_1,\boldsymbol{a}_2,\cdots,\boldsymbol{a}_{j-1},\boldsymbol{e}_i,\boldsymbol{a}_{j+1},\cdots,\boldsymbol{a}_n|$$

となるから，(12.2.1) により

$$|A|=\sum_{i=1}^{n}a_{ij}\tilde{\alpha}_{ij} \tag{12.2.2}$$

が得られます．これを $|A|$ の j 列に関する**余因子展開**といいます．

${}^tA$ の (j,i) 余因子は $\tilde{\alpha}_{ij}$ であり，${}^tA$ の (j,i) 成分は a_{ij} です．したがって，$|{}^tA|$ の i 列に関する余因子展開は $|{}^tA|=\sum_{j=1}^{n}a_{ij}\tilde{\alpha}_{ij}$ となります．ところで，$|A|=|{}^tA|$ であるから $|A|=\sum_{j=1}^{n}a_{ij}\tilde{\alpha}_{ij}$ ($i=1,2,\cdots,n$) が得られます．これを $|A|$ の i 行に関する**余因子展開**といいます．

注 12.2.1 行列 $A=(\boldsymbol{a}_1,\boldsymbol{a}_2,\cdots,\boldsymbol{a}_n)\in M_n(\mathbf{R})$ に対する j 列に関する余因子展開 (12.2.2) の右辺において a_{ij} を a_{ik} で置き換えると，$j\neq k$ のとき

$$\sum_{i=1}^{n}a_{ik}\tilde{\alpha}_{ij}=|\boldsymbol{a}_1,\boldsymbol{a}_2,\cdots,\boldsymbol{a}_k,\cdots,\boldsymbol{a}_k,\cdots,\boldsymbol{a}_n|=0$$

であるから

$$\sum_{i=1}^{n}a_{ik}\tilde{\alpha}_{ij}=\begin{cases}|A| & (j=k)\\ 0 & (j\neq k)\end{cases}$$

となります．同様にして，i 行に関する余因子展開においても

$$\sum_{j=1}^{n}a_{kj}\tilde{\alpha}_{ij}=\begin{cases}|A| & (i=k)\\ 0 & (i\neq k)\end{cases}$$

となります．

定理 12.2.1 $A=[a_{ij}]\in M_n(\mathbf{R})$ の余因子行列 $\tilde{A}$ に対して $A\tilde{A}=\tilde{A}A=|A|E$ が成り立つ．

(証明) $A\tilde{A}=[b_{ij}]$ の (i,j) 成分 b_{ij} について

$$b_{ij}=\sum_{k=1}^{n}a_{ik}\tilde{\alpha}_{jk}=\begin{cases}|A| & (i=j) \\ 0 & (i\neq j)\end{cases}$$

となります．同様にして，$\tilde{A}A=[b'_{ij}]$ の (i,j) 成分 b'_{ij} に対しても

$$b'_{ij}=\sum_{k=1}^{n}a_{ki}\tilde{\alpha}_{kj}=\begin{cases}|A| & (i=j) \\ 0 & (i\neq j)\end{cases}$$

であるから

$$A\tilde{A}=\tilde{A}A=\begin{pmatrix}|A| & 0 & \cdots & 0 \\ 0 & |A| & & 0 \\ \vdots & & \ddots & \vdots \\ 0 & 0 & \cdots & |A|\end{pmatrix}=|A|E$$

となります． ■

系 12.2.2 $A\in M_n(\mathbf{R})$ に対して，$|A|\neq 0$ ならば，A は正則で

$$A^{-1}=\frac{1}{|A|}\tilde{A} \tag{12.2.3}$$

である．

定理 12.2.3 $A\in M_n(\mathbf{R})$ が正則である $\iff |A|\neq 0$．

(証明) 系 12.2.2 より，$|A|\neq 0$ ならば A は正則です．A が正則ならば，$|A|\neq 0$ であることを示そう．A が正則のとき $AA^{-1}=A^{-1}A=E$ であるから，定理 12.1.3 により $|A||A^{-1}|=|AA^{-1}|=|E|=1$ となります．したがって，$|A|\neq 0$ と

なります. ∎

系 12.2.4 $A \in M_n(\mathbf{R})$ に対して,$AX = E$ となる $X \in M_n(\mathbf{R})$ が存在すれば,A は正則で,$X = A^{-1}$ である.

例 12.2.1

$$A = \begin{pmatrix} 1 & -2 & -2 \\ 2 & -1 & 1 \\ 3 & -4 & -2 \end{pmatrix}$$

の逆行列を求めてみよう.A は $|A| = 2 \neq 0$ であるから,A は正則である.余因子を求めると

$$\tilde{\alpha}_{11} = (-1)^{1+1} \begin{vmatrix} -1 & 1 \\ -4 & -2 \end{vmatrix} = 6.$$

同様にして,$\tilde{\alpha}_{12} = 7$, $\tilde{\alpha}_{13} = -5$, $\tilde{\alpha}_{21} = 4$, $\tilde{\alpha}_{22} = 4$, $\tilde{\alpha}_{23} = -2$, $\tilde{\alpha}_{31} = -4$, $\tilde{\alpha}_{32} = -5$, $\tilde{\alpha}_{33} = 3$ が求まります.よって,系 12.2.2 により,A の逆行列は

$$A^{-1} = \frac{1}{2} \begin{pmatrix} 6 & 4 & -4 \\ 7 & 4 & -5 \\ -5 & -2 & 3 \end{pmatrix}$$

となります.

12.3 クラメルの公式

以下この節では,未知数の個数と方程式の個数が等しい連立 1 次方程式を考えます.連立 1 次方程式は,行列とベクトルを用いて表すことができます.例として,x, y, z を未知数とする連立 1 次方程式

$$\begin{cases} x-2y-2z=-6 \\ 2x-y+z=2 \\ 3x-4y-2z=-8 \end{cases} \qquad (12.3.1)$$

を考えます．方程式 (12.3.1) について，行列

$$A = \begin{pmatrix} 1 & -2 & -2 \\ 2 & -1 & 1 \\ 3 & -4 & -2 \end{pmatrix}$$

とベクトル $\boldsymbol{x}={}^t(x,y,z)$, $\boldsymbol{b}={}^t(-6,2,-8)$ に対して，行列とベクトルとの積 $A\boldsymbol{x}$ を考えることができます．このとき，方程式 (12.3.1) は

$$A\boldsymbol{x} = \boldsymbol{b} \qquad (12.3.2)$$

と表されます．A を方程式 (12.3.1) の**係数行列**といいます．この方程式は，次のように解くことができます．例 12.2.1 により，$|A|=2\neq 0$ であるから A は正則です．いま，$\boldsymbol{x}={}^t(x,y,z)$, $\boldsymbol{a}_1={}^t(1,2,3)$, $\boldsymbol{a}_2={}^t(-2,-1,-4)$, $\boldsymbol{a}_3={}^t(-2,1,-2)$, $\boldsymbol{b}={}^t(-6,2,-8)$ とおくと $A=(\boldsymbol{a}_1,\boldsymbol{a}_2,\boldsymbol{a}_3)$ で，$\boldsymbol{b}=A\boldsymbol{x}=x\boldsymbol{a}_1+y\boldsymbol{a}_2+z\boldsymbol{a}_3$ であるから，多重線形性と交代性により

$$\begin{aligned}
|\boldsymbol{b},\boldsymbol{a}_2,\boldsymbol{a}_3| &= |x\boldsymbol{a}_1+y\boldsymbol{a}_2+z\boldsymbol{a}_3,\boldsymbol{a}_2,\boldsymbol{a}_3| \\
&= |x\boldsymbol{a}_1,\boldsymbol{a}_2,\boldsymbol{a}_3|+|y\boldsymbol{a}_2,\boldsymbol{a}_2,\boldsymbol{a}_3|+|z\boldsymbol{a}_3,\boldsymbol{a}_2,\boldsymbol{a}_3| \\
&= x|\boldsymbol{a}_1,\boldsymbol{a}_2,\boldsymbol{a}_3|+y|\boldsymbol{a}_2,\boldsymbol{a}_2,\boldsymbol{a}_3|+z|\boldsymbol{a}_3,\boldsymbol{a}_2,\boldsymbol{a}_3| \\
&= x|\boldsymbol{a}_1,\boldsymbol{a}_2,\boldsymbol{a}_3| = x|A|.
\end{aligned}$$

同様にして

$$|\boldsymbol{a}_1,\boldsymbol{b},\boldsymbol{a}_3|=y|\boldsymbol{a}_1,\boldsymbol{a}_2,\boldsymbol{a}_3|=y|A|, \quad |\boldsymbol{a}_1,\boldsymbol{a}_2,\boldsymbol{b}|=z|\boldsymbol{a}_1,\boldsymbol{a}_2,\boldsymbol{a}_3|=z|A|$$

となります．ところで，$|A|=2$, $|\boldsymbol{b},\boldsymbol{a}_2,\boldsymbol{a}_3|=4$, $|\boldsymbol{a}_1,\boldsymbol{b},\boldsymbol{a}_3|=6$, $|\boldsymbol{a}_1,\boldsymbol{a}_2,\boldsymbol{b}|=2$ が求まり，方程式 (12.3.2) の解は次のようになります．

$$\begin{cases} x=|\boldsymbol{b},\boldsymbol{a}_2,\boldsymbol{a}_3|/|A|=2 \\ y=|\boldsymbol{a}_1,\boldsymbol{b},\boldsymbol{a}_3|/|A|=3 \\ z=|\boldsymbol{a}_1,\boldsymbol{a}_2,\boldsymbol{b}|/|A|=1 \end{cases}$$

このことは，次のように一般化できます．未知数の個数が n である n 個の連立 1 次方程式

$$\begin{cases} a_{11}x_1+a_{12}x_2+\cdots+a_{1n}x_n=b_1 \\ a_{21}x_1+a_{22}x_2+\cdots+a_{2n}x_n=b_2 \\ \quad\vdots \\ a_{n1}x_1+a_{n2}x_2+\cdots+a_{nn}x_n=b_n \end{cases} \quad (12.3.3)$$

を考えよう．行列 $A=[a_{ij}]$ は方程式 (12.3.3) の係数行列です．この節では，A が正則の場合を考えます．係数行列が正則とは限らない一般の場合は第 13 章で扱います．

定理 12.3.1 $A=(\boldsymbol{a}_1,\boldsymbol{a}_2,\cdots,\boldsymbol{a}_n)\in M_n(\mathbf{R})$ に対して，$|A|\neq 0$ ならば，方程式

$$A\boldsymbol{x}=\boldsymbol{b} \quad (12.3.4)$$

は一意解をもつ．

(証明) 行列式 $|A|=|\boldsymbol{a}_1,\boldsymbol{a}_2,\cdots,\boldsymbol{a}_j,\cdots,\boldsymbol{a}_n|$ の j 列を $\boldsymbol{b}$ で置き換えた行列式 $|\boldsymbol{a}_1,\boldsymbol{a}_2,\cdots,\boldsymbol{a}_{j-1},\boldsymbol{b},\boldsymbol{a}_{j+1},\cdots,\boldsymbol{a}_n|$ を考えます．$\boldsymbol{x}=(x_1,x_2,\cdots,x_n)\in\mathbf{R}^n$ に対して，$\boldsymbol{b}=A\boldsymbol{x}=x_1\boldsymbol{a}_1+x_2\boldsymbol{a}_2+\cdots+x_n\boldsymbol{a}_n=\sum_{i=1}^n x_i\boldsymbol{a}_i$ であるから，多重線形性と交代性により

$$|\boldsymbol{a}_1,\boldsymbol{a}_2,\cdots,\boldsymbol{a}_{j-1},\boldsymbol{b},\boldsymbol{a}_{j+1},\cdots,\boldsymbol{a}_n|$$
$$=|\boldsymbol{a}_1,\boldsymbol{a}_2,\cdots,\boldsymbol{a}_{j-1},\sum_{i=1}^n x_i\boldsymbol{a}_i,\boldsymbol{a}_{j+1},\cdots,\boldsymbol{a}_n|$$
$$=\sum_{i=1}^n x_i|\boldsymbol{a}_1,\boldsymbol{a}_2,\cdots,\boldsymbol{a}_{j-1},\boldsymbol{a}_i,\boldsymbol{a}_{j+1},\cdots,\boldsymbol{a}_n|$$

$$= x_j |\boldsymbol{a}_1, \boldsymbol{a}_2, \cdots, \boldsymbol{a}_{j-1}, \boldsymbol{a}_j, \boldsymbol{a}_{j+1}, \cdots, \boldsymbol{a}_n| = x_j |A| \qquad (j=1,2,\cdots,n)$$

となります.$|A| \neq 0$ であるから

$$x_j = \frac{1}{|A|} |\boldsymbol{a}_1, \boldsymbol{a}_2, \cdots, \boldsymbol{a}_{j-1}, \boldsymbol{b}, \boldsymbol{a}_{j+1}, \cdots, \boldsymbol{a}_n| \qquad (j=1,2,\cdots,n) \qquad (12.3.5)$$

となり,これが方程式 (12.3.4) の解を与える式です. ∎

方程式の解を与える式 (12.3.5) を**クラメルの公式**といいます.

$\mathbf{R}^n$ の基本ベクトル $\boldsymbol{e}_1, \boldsymbol{e}_2, \cdots, \boldsymbol{e}_n$ に対して,方程式

$$A\boldsymbol{x} = \boldsymbol{e}_j \qquad (j=1,2,\cdots,n) \qquad (12.3.6)$$

が解 $\boldsymbol{x}_j\ (j=1,2,\cdots,n)$ をもてば,$A\boldsymbol{x}_j = \boldsymbol{e}_j\ (j=1,2,\cdots,n)$ であるから A は正則で,$X=(\boldsymbol{x}_1, \boldsymbol{x}_2, \cdots, \boldsymbol{x}_n)$ が A の逆行列であることが分かります.実際,(12.3.6) により,$X=(\boldsymbol{x}_1, \boldsymbol{x}_2, \cdots, \boldsymbol{x}_n)$ に対して

$$AX = A(\boldsymbol{x}_1, \boldsymbol{x}_2, \cdots, \boldsymbol{x}_n) = (A\boldsymbol{x}_1, A\boldsymbol{x}_2, \cdots, A\boldsymbol{x}_n) = (\boldsymbol{e}_1, \boldsymbol{e}_2, \cdots, \boldsymbol{e}_n) = E$$

となるから,系 12.2.4 により A は正則で,$X = A^{-1}$ となります.

■ 章末問題 12

問題 12.1 A を n 次の正則行列,$\tilde{A}$ を A の余因子行列とする.このとき,$|\tilde{A}| = |A|^{n-1}$ となることを示してください.

問題 12.2 A, B をそれぞれ m 次,n 次の正方行列とし,C を $m \times n$ 行列とするとき,次の等式が成り立つことを示してください.

(i) $\begin{pmatrix} A & C \\ O & B \end{pmatrix} = \begin{pmatrix} E_m & C \\ O & B \end{pmatrix} \begin{pmatrix} A & O \\ O & E_n \end{pmatrix}.$

(ii) $\begin{vmatrix} A & C \\ O & B \end{vmatrix} = |A||B|.$

第13章
一般の連立1次方程式の解

U, V を一般の $\mathbf{R}$ 上のベクトル空間,$f ; U \to V$ を線形写像とします.$\boldsymbol{b} \in V$ が与えられたとき

$$f(\boldsymbol{x}) = \boldsymbol{b} \tag{13.1}$$

の形の方程式を**線形方程式**といいます.(13.1) を満たす $\boldsymbol{x} = \boldsymbol{x}_0 \in U$ を方程式の解といい,解の全体集合を求めることを線形方程式 (13.1) を解くといいます.ここでは,線形方程式として連立1次方程式を考え,その一般的解法について議論します.

キーワード

拡大係数行列,行 (列) 基本変形,同次方程式,非同次方程式,解空間,解の自由度,基本解,一般解,特殊解,階段行列,基底の変換行列

新しい記号

$(A; \boldsymbol{b})$, Q_σ, Q_{ij}, $Q_i(c)$, $Q_i(j, c)$, P_{ij}, $P_i(c)$, $P_i(j, c)$

13.1 連立 1 次方程式の解について

12.3 節における方程式 (12.3.1) はクラメルの公式を用いて解くことができました．また，方程式は，系 12.2.2 により係数行列の逆行列を用いて，次のように解くこともできます．方程式 (12.3.1) は

$$Ax = b \tag{13.1.1}$$

と係数行列 A を用いて表されます．ここに，$x = {}^t(x,y,z)$, $b = {}^t(-6,2,-8)$,

$$A = \begin{pmatrix} 1 & -2 & -2 \\ 2 & -1 & 1 \\ 3 & -4 & -2 \end{pmatrix}$$

です．A が正則であるので，例 12.2.1 により，A の逆行列は

$$A^{-1} = \frac{1}{2} \begin{pmatrix} 6 & 4 & -4 \\ 7 & 4 & -5 \\ -5 & -2 & 3 \end{pmatrix}$$

です．方程式 (13.1.1) の両辺に左から A^{-1} をかけると

$$x = A^{-1}b = \frac{1}{2} \begin{pmatrix} 6 & 4 & -4 \\ 7 & 4 & -5 \\ -5 & -2 & 3 \end{pmatrix} \begin{pmatrix} -6 \\ 2 \\ -8 \end{pmatrix} = \begin{pmatrix} 2 \\ 3 \\ 1 \end{pmatrix}$$

となり，方程式の一意解

$$\begin{cases} x = 2 \\ y = 3 \\ z = 1 \end{cases}$$

が求まります．

一般に，連立 1 次方程式がクラメルの公式や上のような逆行列による方法で解けるとは限りません．実際，方程式の係数行列の性質などにより方程式が解をも

つかもたないか，またはもったとしても，一意的な解であるかどうかを判定することが問題となるからです．私たちは，これまでに簡単な連立 1 次方程式が消去法によって解けることを知っています．まずは，消去法による連立 1 次方程式の解法に立ち返ってみていくことにします．$x_1, x_2, \cdots, x_n$ を未知数とする連立 1 次方程式

$$\begin{cases} a_{11}x_1 + a_{12}x_2 + \cdots + a_{1n}x_n = b_1 \\ a_{21}x_1 + a_{22}x_2 + \cdots + a_{2n}x_n = b_2 \\ \quad\vdots \\ a_{m1}x_1 + a_{m2}x_2 + \cdots + a_{mn}x_n = b_m \end{cases} \tag{13.1.2}$$

を考えます．この方程式に対する係数行列は

$$A = \begin{pmatrix} a_{11} & a_{12} & \cdots & a_{1n} \\ a_{21} & a_{22} & \cdots & a_{2n} \\ \vdots & \vdots & & \vdots \\ a_{m1} & a_{m2} & \cdots & a_{mn} \end{pmatrix}$$

なる $m \times n$ 行列です．$\boldsymbol{x} = {}^t(x_1, x_2, \cdots, x_n)$, $\boldsymbol{b} = {}^t(b_1, b_2, \cdots, b_m)$ に対して方程式 (13.1.2) は

$$A\boldsymbol{x} = \boldsymbol{b} \tag{13.1.3}$$

と係数行列 A を用いて表現されます．また，方程式 (13.1.2) に対して

$$(A; \boldsymbol{b}) = \begin{pmatrix} a_{11} & a_{12} & \cdots & a_{1n} & b_1 \\ a_{21} & a_{22} & \cdots & a_{2n} & b_2 \\ \vdots & \vdots & & \vdots & \vdots \\ a_{m1} & a_{m2} & \cdots & a_{mn} & b_m \end{pmatrix}$$

によって与えられる $m \times (n+1)$ 行列 $(A; \boldsymbol{b})$ を**拡大係数行列**といいます．

方程式 (13.1.2) を消去法で解くときに使われる操作は次の 2 つです．

(∗) 1 つの方程式に 0 でない数をかける．

(**) 1 つの方程式にある数をかけたものを他の方程式に加える．

2 つの方程式の順序を入れ換えてもよいことに注意しておきます．上の操作を行って変形された連立 1 次方程式の解は，もとの方程式の解と一致します．このことを連立 1 次方程式は，上の操作 (*), (**) によって変形された方程式と**同値**であるといいます．消去法で用いられる操作は，方程式 (13.1.2) の拡大係数行列 $(A;b)$ に対する次の操作と本質的に同じものです．

(1) 2 つの行を入れ換える．
(2) 1 つの行に 0 でない数をかける．
(3) 1 つの行に他の行の定数倍を加える．

この (1), (2), (3) による操作を行列に対する**行基本変形**といいます．一般の行列 A に対して，いくつかの行基本変形の操作を有限回行って，行列 B に移ることを $A \to B$ と表すことにします．

例 13.1.1 連立 1 次方程式

$$\begin{cases} 2x+y-z=1 \\ x+y=1 \\ 3x+2y-z=2 \end{cases} \tag{13.1.4}$$

を解いてみよう．$x={}^t(x,y,z)$, $b={}^t(1,1,2)$ とおくと，方程式 (13.1.4) は

$$Ax=b \tag{13.1.5}$$

と表されます．このとき，係数行列と拡大係数行列はそれぞれ

$$A=\begin{pmatrix} 2 & 1 & -1 \\ 1 & 1 & 0 \\ 3 & 2 & -1 \end{pmatrix}, \quad (A;b)=\begin{pmatrix} 2 & 1 & -1 & 1 \\ 1 & 1 & 0 & 1 \\ 3 & 2 & -1 & 2 \end{pmatrix}$$

となります．拡大係数行列は，行基本変形により次のようになります．上記の行基本変形を (1), (2), (3) とします．

$$(A; \boldsymbol{b}) \xrightarrow{(1)} \begin{pmatrix} 1 & 1 & 0 & 1 \\ 2 & 1 & -1 & 1 \\ 3 & 2 & -1 & 2 \end{pmatrix} \xrightarrow{(3)} \begin{pmatrix} 1 & 1 & 0 & 1 \\ 0 & -1 & -1 & -1 \\ 0 & -1 & -1 & -1 \end{pmatrix}$$

$$\xrightarrow{(3)} \begin{pmatrix} 1 & 1 & 0 & 1 \\ 0 & -1 & -1 & -1 \\ 0 & 0 & 0 & 0 \end{pmatrix} \xrightarrow{(2)} \begin{pmatrix} 1 & 1 & 0 & 1 \\ 0 & 1 & 1 & 1 \\ 0 & 0 & 0 & 0 \end{pmatrix}$$

となるから (13.1.4) と同値な方程式

$$\begin{cases} x+y=1 \\ y+z=1 \end{cases}$$

が得られます．ここで，z を任意の定数 c にとると $x=c, y=1-c, z=c$ となるから，方程式 (13.1.4) の解は

$$\boldsymbol{x} = \begin{pmatrix} 0 \\ 1 \\ 0 \end{pmatrix} + c \begin{pmatrix} 1 \\ -1 \\ 1 \end{pmatrix}$$

の形に表されます．これは一意解ではありません．

　連立 1 次方程式 (13.1.2) は，係数行列 A ($m \times n$ 行列)，$\boldsymbol{x} = {}^t(x_1, x_2, \cdots, x_n) \in \mathbf{R}^n$, $\boldsymbol{b} = {}^t(b_1, b_2, \cdots, b_m) \in \mathbf{R}^m$ によって

$$A\boldsymbol{x} = \boldsymbol{b}$$

と表されています．この形の方程式は**非同次方程式** (または**非斉次方程式**) と呼ばれています．特に，$\boldsymbol{b} = \boldsymbol{0}$ のとき方程式は

$$A\boldsymbol{x} = \boldsymbol{0}$$

の形となります．これを**同次方程式** (または**斉次方程式**) といいます．一般の連立 1 次方程式 (13.1.2) の係数行列 A に対して，$f_A(\boldsymbol{x}) = A\boldsymbol{x}$ ($\boldsymbol{x} \in \mathbf{R}^n$) と定義される線形写像 $f_A; \mathbf{R}^n \to \mathbf{R}^m$ を考えると，方程式 (13.1.3) は

13.1　連立 1 次方程式の解について

$$f_A(\boldsymbol{x}) = \boldsymbol{b} \qquad (13.1.6)$$

と表されます．

定理 13.1.1 方程式 (13.1.6) に対して，次が成り立つ．

方程式 (13.1.6) が解をもつ $\iff \boldsymbol{b} \in \mathrm{Im}(f_A) = S(\boldsymbol{a}_1, \boldsymbol{a}_2, \cdots, \boldsymbol{a}_n)$

$$\iff \mathrm{rank}(A) = \mathrm{rank}(A; \boldsymbol{b}).$$

ただし，$A = (\boldsymbol{a}_1, \boldsymbol{a}_2, \cdots, \boldsymbol{a}_n)$, $(A; \boldsymbol{b})$ は，連立 1 次方程式 (13.1.2) のそれぞれ係数行列，拡大係数行列である．また，$\mathrm{rank}(A) = \dim(S(\boldsymbol{a}_1, \boldsymbol{a}_2, \cdots, \boldsymbol{a}_n))$ は A の列ベクトルで，1 次独立なものの最大個数である (定理 11.3.12)．

(証明) $\boldsymbol{x} \in \mathbf{R}^n$ が方程式 (13.1.6) の解であれば，$f_A(\boldsymbol{x}) = \boldsymbol{b}$ を満たすから，$\boldsymbol{b} \in \mathrm{Im}(f_A)$ となります．逆に，$\boldsymbol{b} \in \mathrm{Im}(f_A)$ であるとすると，$f_A(\boldsymbol{x}) = \boldsymbol{b}$ を満たす $\boldsymbol{x} \in \mathbf{R}^n$ が存在します．この $\boldsymbol{x}$ が方程式 (13.1.6) の解となります．したがって，$\boldsymbol{b} \in \mathrm{Im}(f_A)$ であることと方程式 (13.1.6) が解をもつことは同値です．次に，後半を示します．$\boldsymbol{b} \in \mathrm{Im}(f_A) = S(\boldsymbol{a}_1, \boldsymbol{a}_2, \cdots, \boldsymbol{a}_n)$ であることと

$$S(\boldsymbol{a}_1, \boldsymbol{a}_2, \cdots, \boldsymbol{a}_n) = S(\boldsymbol{a}_1, \boldsymbol{a}_2, \cdots, \boldsymbol{a}_n, \boldsymbol{b}) \qquad (13.1.7)$$

が成り立つことは同値です．そこで，(13.1.7) を仮定します．このとき

$$\mathrm{rank}(A) = \dim(S(\boldsymbol{a}_1, \boldsymbol{a}_2, \cdots, \boldsymbol{a}_n))$$
$$= \dim(S(\boldsymbol{a}_1, \boldsymbol{a}_2, \cdots, \boldsymbol{a}_n, \boldsymbol{b})) = \mathrm{rank}(A; \boldsymbol{b})$$

が示されます．逆に，$\mathrm{rank}(A) = \mathrm{rank}(A; \boldsymbol{b})$ を仮定し，(13.1.7) を示します．$\dim(S(\boldsymbol{a}_1, \boldsymbol{a}_2, \cdots, \boldsymbol{a}_n)) = \dim(S(\boldsymbol{a}_1, \boldsymbol{a}_2, \cdots, \boldsymbol{a}_n, \boldsymbol{b})) = s$ とおくと，$\{\boldsymbol{a}_1, \boldsymbol{a}_2, \cdots, \boldsymbol{a}_n\}$ の中から s 個の $S(\boldsymbol{a}_1, \boldsymbol{a}_2, \cdots, \boldsymbol{a}_n)$ の基底 $\{\boldsymbol{a}_{i_1}, \boldsymbol{a}_{i_2}, \cdots, \boldsymbol{a}_{i_s}\}$ を選ぶことができます．$\boldsymbol{a}_{i_1}, \boldsymbol{a}_{i_2}, \cdots, \boldsymbol{a}_{i_s}$ は $S(\boldsymbol{a}_1, \boldsymbol{a}_2, \cdots, \boldsymbol{a}_n, \boldsymbol{b})$ の s 個の 1 次独立なベクトルでもある．仮定により

$$s = \dim(S(\boldsymbol{a}_1, \boldsymbol{a}_2, \cdots, \boldsymbol{a}_n)) = \dim(S(\boldsymbol{a}_1, \boldsymbol{a}_2, \cdots, \boldsymbol{a}_n, \boldsymbol{b}))$$

であるから，$\{\boldsymbol{a}_{i_1}, \boldsymbol{a}_{i_2}, \cdots, \boldsymbol{a}_{i_s}\}$ は $S(\boldsymbol{a}_1, \boldsymbol{a}_2, \cdots, \boldsymbol{a}_n, \boldsymbol{b})$ の基底となります．よって

$$S(\boldsymbol{a}_1, \boldsymbol{a}_2, \cdots, \boldsymbol{a}_n, \boldsymbol{b}) = S(\boldsymbol{a}_{i_1}, \boldsymbol{a}_{i_2}, \cdots, \boldsymbol{a}_{i_s}) = S(\boldsymbol{a}_1, \boldsymbol{a}_2, \cdots, \boldsymbol{a}_n)$$

となり，(13.1.7) が成り立ちます．これより

$$\boldsymbol{b} \in \mathrm{Im}(f_A) = S(\boldsymbol{a}_1, \boldsymbol{a}_2, \cdots, \boldsymbol{a}_n) \Longleftrightarrow \mathrm{rank}(A) = \mathrm{rank}(A; \boldsymbol{b})$$

が成り立ちます． ∎

定理 13.1.1 より，方程式 (13.1.6) が解をもつためには，$\mathrm{rank}(A) = \mathrm{rank}(A; \boldsymbol{b})$ が成り立つことが必要十分となります．したがって，方程式の係数行列，拡大係数行列の階数および n の関係によって，解についての情報が得られます．

注 13.1.1 $\mathrm{rank}(A) < \mathrm{rank}(A; \boldsymbol{b})$ のときは，$\boldsymbol{b} \notin \mathrm{Im}(f_A)$ であるから方程式 $A\boldsymbol{x} = \boldsymbol{b}$ の解は存在しません．

$m \times n$ 行列 A を係数行列とする同次方程式

$$A\boldsymbol{x} = \boldsymbol{0} \tag{13.1.8}$$

を考えよう．$f_A(\boldsymbol{x}) = A\boldsymbol{x}$ $(\boldsymbol{x} \in \mathbf{R}^n)$ によって定義される線形写像 $f_A : \mathbf{R}^n \to \mathbf{R}^m$ に対して，$\mathrm{Ker}(f_A) = \{\boldsymbol{x} \in \mathbf{R}^n \mid f_A(\boldsymbol{x}) = \boldsymbol{0}\}$ は，$\mathbf{R}^n$ の部分空間で，同次方程式 (13.1.8) の解全体の集合となっています．これを同次方程式 (13.1.8) の**解空間**といいます．以下で示すように，少なくとも 1 つの解は存在します．また，$\dim(\mathrm{Ker}(f_A)) = s (\geq 0)$ は，同次方程式 (13.1.8) の**解の自由度**と呼ばれ，$s = n - \mathrm{rank}(A)$ を満たしています．実際，$\dim(\mathrm{Im}(f_A)) = \mathrm{rank}(A)$ であるから，定理 11.3.4 により

$$s = \dim(\mathrm{Ker}(f_A)) = n - \dim(\mathrm{Im}(f_A)) = n - \mathrm{rank}(A)$$

となります．$s = 0$ のとき $\mathrm{Ker}(f_A) = \{\boldsymbol{0}\}$ であり，方程式 (13.1.8) は，$\boldsymbol{x} = \boldsymbol{0}$ を解にもちます．また，$s \geq 1$ のときは $\mathrm{Ker}(f_A)$ の基底 $\{\boldsymbol{u}_1, \boldsymbol{u}_2, \cdots, \boldsymbol{u}_s\}$ をとることができて，各 $\boldsymbol{u}_i$ $(i = 1, 2, \cdots, s)$ は同次方程式 (13.1.8) の解となっています．一般に，$s \neq 0$ のときは $\mathrm{Ker}(f_A)$ の基底は同次方程式 (13.1.8) の**基本解**と呼ばれます．この $s(= \dim(\mathrm{Ker}(f_A))) \geq 1)$ 個の基本解は一意的には決まりません．

注 13.1.2 同次方程式 (13.1.8) の解の自由度が $s = \dim(\mathrm{Ker}(f_A)) = 0$ ならば，

$\mathrm{Ker}(f_A) = \{\mathbf{0}\}$ であるから f_A は単射となります．方程式 $A\boldsymbol{x} = f_A(\boldsymbol{x}) = \mathbf{0}$ は一意解 $\boldsymbol{x} = \mathbf{0}$ をもちます．しかし，$m \times n$ 行列 A は，$m > n$ のとき，正則ではありません．

定理 13.1.2 同次方程式 (13.1.8) の解の自由度を $s \geqq 1$ とし，1組の基本解 ($\mathrm{Ker}(f_A)$ の基底) を $\{\boldsymbol{u}_1, \boldsymbol{u}_2, \cdots, \boldsymbol{u}_s\}$ とする．非同次方程式 (13.1.6) の1つの解を $\boldsymbol{x}_0$ (このような特定の解を**特殊解**という) とするとき，(13.1.6) の任意の解 $\boldsymbol{x}$ は

$$\boldsymbol{x} = \boldsymbol{x}_0 + h_1 \boldsymbol{u}_1 + h_2 \boldsymbol{u}_2 + \cdots + h_s \boldsymbol{u}_s \qquad (h_i \in \mathbf{R}) \qquad (13.1.9)$$

と表される．逆に，任意の $h_1, h_2, \cdots, h_s \, (\in \mathbf{R})$ に対して，(13.1.9) の形で表される $\boldsymbol{x}$ は，非同次方程式 (13.1.6) の解となる．

(証明) $\boldsymbol{x}$ を (13.1.6) の任意の解とすると $A\boldsymbol{x} = \boldsymbol{b}$ を満たします．また，$A\boldsymbol{x}_0 = \boldsymbol{b}$ であるから $f_A(\boldsymbol{x} - \boldsymbol{x}_0) = A(\boldsymbol{x} - \boldsymbol{x}_0) = A\boldsymbol{x} - A\boldsymbol{x}_0 = \boldsymbol{b} - \boldsymbol{b} = \mathbf{0}$ を満たし，$\boldsymbol{x} - \boldsymbol{x}_0$ は同次方程式の解となります．すなわち，$\boldsymbol{x} - \boldsymbol{x}_0 \in \mathrm{Ker}(f_A)$ となり，$\mathrm{Ker}(f_A)$ の基底 $\{\boldsymbol{u}_1, \boldsymbol{u}_2, \cdots, \boldsymbol{u}_s\}$ により

$$\boldsymbol{x} - \boldsymbol{x}_0 = h_1 \boldsymbol{u}_1 + h_2 \boldsymbol{u}_2 + \cdots + h_s \boldsymbol{u}_s \qquad (h_i \in \mathbf{R})$$

と表されます．したがって

$$\boldsymbol{x} = \boldsymbol{x}_0 + h_1 \boldsymbol{u}_1 + h_2 \boldsymbol{u}_2 + \cdots + h_s \boldsymbol{u}_s$$

となります．逆に

$$\boldsymbol{x} = \boldsymbol{x}_0 + h_1 \boldsymbol{u}_1 + h_2 \boldsymbol{u}_2 + \cdots + h_s \boldsymbol{u}_s, \quad A\boldsymbol{x}_0 = \boldsymbol{b}$$

とすると，$A\boldsymbol{u}_i = \mathbf{0} \, (i = 1, 2, \cdots, s)$ であるから

$$A\boldsymbol{x} = A(\boldsymbol{x}_0 + h_1 \boldsymbol{u}_1 + h_2 \boldsymbol{u}_2 + \cdots + h_s \boldsymbol{u}_s)$$
$$= A\boldsymbol{x}_0 + h_1 A\boldsymbol{u}_1 + h_2 A\boldsymbol{u}_2 + \cdots + h_s A\boldsymbol{u}_s = A\boldsymbol{x}_0 = \boldsymbol{b}$$

となるから，$\boldsymbol{x}$ は非同次方程式 (13.1.6) の解となります． ■

非同次方程式 (13.1.6) に対して，(13.1.9) の形に表される解を**一般解**といい

ます．例 13.1.1 における方程式 (13.1.4) では，自由度 $s=1$ であることが次節の例 13.2.1 によって分かります．方程式の一般解は

$$x = \begin{pmatrix} 0 \\ 1 \\ 0 \end{pmatrix} + c \begin{pmatrix} 1 \\ -1 \\ 1 \end{pmatrix} \qquad (c \text{ は任意の定数})$$

の形に表され，$x_0 = {}^t(0,1,0)$ が特殊解で，$u = {}^t(1,-1,1)$ は基本解となります．

注 13.1.3 非同次方程式 $Ax=b$ の解全体は，この方程式の 1 つの解 x_0 (特殊解) を，同次方程式 $Ax=0$ の解空間 $\mathrm{Ker}(f_A)$ のベクトルで平行移動したものの全体です．すなわち，$\{x_0+u \mid u \in \mathrm{Ker}(f_A)\}$ が方程式の解全体です．ここに，f_A は行列 A によって定義される線形写像です．また，u は，$\mathrm{Ker}(f_A)$ の基底の一次結合として表されるベクトルです．

注 13.1.4 線形写像 $f; \mathbf{R}^n \to \mathbf{R}^m$ に対して，線形方程式 $f(x)=b$ を考えます．ただし，$b \in \mathbf{R}^m$ は定ベクトルです．このとき，定理 11.3.7 の (2) により，線形同型変換 $g; \mathbf{R}^m \to \mathbf{R}^m$ に対して，方程式 $f(x)=b$ と方程式 $(g \circ f)(x) = g(b)$ は同値となります．

13.2 行列の基本変形と階数

例 13.2.1 例 13.1.1 における連立 1 次方程式 (13.1.4) に対する係数行列 A と拡大係数行列 $(A;b)$ は，それぞれ

$$A = \begin{pmatrix} 2 & 1 & -1 \\ 1 & 1 & 0 \\ 3 & 2 & -1 \end{pmatrix}, \quad (A;b) = \begin{pmatrix} 2 & 1 & -1 & 1 \\ 1 & 1 & 0 & 1 \\ 3 & 2 & -1 & 2 \end{pmatrix}$$

です．例 13.1.1 でみてきたように $(A;b)$ に行基本変形の操作を行うと

$$(A;b) \longrightarrow \begin{pmatrix} 1 & 1 & 0 & 1 \\ 0 & 1 & 1 & 1 \\ 0 & 0 & 0 & 0 \end{pmatrix}$$

となるので，A, $(A;\boldsymbol{b})$ の階数は

$$\mathrm{rank}(A) = \mathrm{rank}(A;\boldsymbol{b}) = 2 < 3$$

となります．したがって，方程式 (13.1.4) は解をもち，解の自由度は $3-\mathrm{rank}(A)=1$ となります．

一般に，方程式 $A\boldsymbol{x}=\boldsymbol{b}$ の解の様子が，方程式の係数行列 A および拡大係数行列 $(A;\boldsymbol{b})$ の階数 ($\mathrm{rank}(A)$ および $\mathrm{rank}(A;\boldsymbol{b})$) と関係していることが分かります．たとえば，$\mathrm{rank}(A)=\mathrm{rank}(A;\boldsymbol{b})$ ならば，方程式は解をもちますが，$\mathrm{rank}(A)<\mathrm{rank}(A;\boldsymbol{b})$ ならば解はありません．さらに，行列の階数が線形写像を特徴付ける 1 つの量でもあることが知られています．以下で，一般の $m \times n$ 行列が基本変形により，次の形の行列に変形できることを示します．

$$\tilde{B} = \begin{pmatrix} 1 & 0 & \cdots & 0 & * & \cdots & * \\ 0 & 1 & \cdots & 0 & * & \cdots & * \\ \vdots & \vdots & \ddots & \vdots & \vdots & & \vdots \\ 0 & 0 & \cdots & 1 & * & \cdots & * \\ 0 & 0 & \cdots & 0 & 0 & \cdots & 0 \\ \vdots & & & \vdots & \vdots & & \vdots \\ 0 & 0 & \cdots & 0 & 0 & \cdots & 0 \end{pmatrix} = \begin{pmatrix} E_r & B_1 \\ O_1 & O_2 \end{pmatrix} \quad (13.2.1)$$

ただし，右辺は行列 $\tilde{B}$ の分割です．E_r は $\tilde{B}$ の左上の部分で r 次の単位行列であり，B_1 は $\tilde{B}$ の右上部分で，$r \times (n-r)$ 行列です．また，O_1 は $\tilde{B}$ の左下の部分，O_2 は右下の部分であり，それぞれ $(m-r) \times r$，$(m-r) \times (n-r)$ 形の零行列です．

行列に対する行基本変形は，次の (1), (2), (3) です．

(1) 2 つの行を入れ換える．
(2) 1 つの行に 0 でない数をかける．
(3) 1 つの行に他の行の定数倍を加える．

行基本変形 (1), (2), (3) は可逆的です．すなわち，行基本変形により，行列

A から行列 B が得られたとすると，ある行基本変形により B から A が得られます．これにより，次が示されます．

定理 13.2.1 $m \times n$ 行列 $A=(\boldsymbol{a}_1, \boldsymbol{a}_2, \cdots, \boldsymbol{a}_n)$ から行基本変形により，行列 $B=(\boldsymbol{b}_1, \boldsymbol{b}_2, \cdots, \boldsymbol{b}_n)$ が得られたとする．このとき，$\boldsymbol{a}_1, \boldsymbol{a}_2, \cdots, \boldsymbol{a}_n$ が1次従属であることと $\boldsymbol{b}_1, \boldsymbol{b}_2, \cdots, \boldsymbol{b}_n$ が1次従属であることとは同値である．

(証明) 行基本変形 (1), (2), (3) が可逆的であるから，$\boldsymbol{a}_1, \boldsymbol{a}_2, \cdots, \boldsymbol{a}_n$ が1次従属ならば，$\boldsymbol{b}_1, \boldsymbol{b}_2, \cdots, \boldsymbol{b}_n$ も1次従属であることを示せばよい．このことは，一般に (1), (2), (3) の操作をかってな順序で次々と施していった結果を意味する．しかし，それは A に (1), (2), (3) の操作を単独に施した結果，いずれの場合でも定理が成り立つことをいえば十分です．ここで，各ベクトル $\boldsymbol{a}_j, \boldsymbol{b}_j$ を $\boldsymbol{a}_j = {}^t(a_{1j}, a_{2j}, \cdots, a_{mj})$, $\boldsymbol{b}_j = {}^t(b_{1j}, b_{2j}, \cdots, b_{mj})$ $(j=1,2,\cdots,n)$ と成分表示しておきます．いま，少なくとも1つは0ではない n 個の組 $h_1, h_2, \cdots, h_n (\in \mathbf{R})$ があって，$\sum_{k=1}^{n} h_k \boldsymbol{a}_k = \boldsymbol{0}$ が満たされているとします．この $h_1, h_2, \cdots, h_n$ に対して，$\sum_{k=1}^{n} h_k \boldsymbol{b}_k = \boldsymbol{0}$ となることを行基本変形 (1), (2), (3) のそれぞれの場合について示します．まず，行基本変形 (1), (2) についてみていきます．$\sum_{k=1}^{n} h_k \boldsymbol{a}_k = \boldsymbol{0}$ より，各行について $\sum_{k=1}^{n} h_k a_{rk} = 0$ $(r=1,2,\cdots,m)$ となっています．ところで，$\sum_{k=1}^{n} h_k \boldsymbol{a}_k = \boldsymbol{0}$ に対して，行基本変形 (1) は2つの行を入れ換えたものであり，(2) は1つの行を定数倍したものであるから $\sum_{k=1}^{n} h_k \boldsymbol{b}_k = \boldsymbol{0}$ が成り立ちます．次に，$\sum_{k=1}^{n} h_k \boldsymbol{a}_k = \boldsymbol{0}$ に対して第 j 行に第 i 行の c 倍を加える行基本変形 (3) を行って，新たな第 j 行が得られたとすると

$$\sum_{k=1}^{n} h_k a_{lk} = 0 \quad (l=1,2,\cdots,m)$$

であるから

$$\sum_{k=1}^{n} h_k b_{jk} = \sum_{k=1}^{n} h_k (a_{jk} + c a_{ik})$$
$$= \sum_{k=1}^{n} h_k a_{jk} + c \sum_{k=1}^{n} h_k a_{ik} = 0,$$

すなわち，$\sum_{k=1}^{n} h_k \boldsymbol{b}_k = \boldsymbol{0}$ となります．(1), (2), (3) の場合について，$\sum_{k=1}^{n} h_k \boldsymbol{b}_k = \boldsymbol{0}$ が $h_1, h_2, \cdots, h_n$ のうち少なくとも 1 つは 0 でないものに対して成り立ちます．したがって，$\boldsymbol{b}_1, \boldsymbol{b}_2, \cdots, \boldsymbol{b}_n$ は 1 次従属です． ∎

系 13.2.2 行列 A から行基本変形により，行列 B が得られたとする．このとき，$\mathrm{rank}(A) = \mathrm{rank}(B)$ が成り立つ．すなわち，行基本変形により行列の階数は不変である．

(証明) 定理 13.2.1 により，$A = (\boldsymbol{a}_1, \boldsymbol{a}_2, \cdots, \boldsymbol{a}_n)$ の列ベクトルで 1 次独立なものの個数は，$B = (\boldsymbol{b}_1, \boldsymbol{b}_2, \cdots, \boldsymbol{b}_n)$ の列ベクトルで 1 次独立なものの個数に等しい．したがって，$\mathrm{rank}(A) = \mathrm{rank}(B)$ が成り立ちます． ∎

次に，列基本変形について考えます．$\mathbf{R}^n$ の標準基底を $\{\boldsymbol{e}_1, \boldsymbol{e}_2, \cdots, \boldsymbol{e}_n\}$ とします．単位行列 $E = (\boldsymbol{e}_1, \boldsymbol{e}_2, \cdots, \boldsymbol{e}_n)$ と置換 $\sigma \in \mathcal{S}_n$ に対して，$Q_\sigma = Q_\sigma E = \sigma E = (\boldsymbol{e}_{\sigma(1)}, \boldsymbol{e}_{\sigma(2)}, \cdots, \boldsymbol{e}_{\sigma(n)})$ と定めます．ここで，変換 $\varphi_\sigma; \mathbf{R}^n \to \mathbf{R}^n$ を $\varphi_\sigma(\boldsymbol{x}) = Q_\sigma \boldsymbol{x}$ ($\boldsymbol{x} \in \mathbf{R}^n$) と定義すると，行列の線形性により $\varphi_\sigma; \mathbf{R}^n \to \mathbf{R}^n$ は線形変換となります．特に

$$\varphi_\sigma(\boldsymbol{e}_j) = Q_\sigma \boldsymbol{e}_j = \boldsymbol{e}_{\sigma(j)} \qquad (j = 1, 2, \cdots, n)$$

を満たすから，φ_σ は $\mathbf{R}^n$ の基底 $\{\boldsymbol{e}_1, \boldsymbol{e}_2, \cdots, \boldsymbol{e}_n\}$ をその順番だけを変えた基底 $\{\boldsymbol{e}_{\sigma(1)}, \boldsymbol{e}_{\sigma(2)}, \cdots, \boldsymbol{e}_{\sigma(n)}\}$ に移す変換です．ところで，行列式について $|\boldsymbol{e}_{\sigma(1)}, \boldsymbol{e}_{\sigma(2)}, \cdots, \boldsymbol{e}_{\sigma(n)}| = \mathrm{sign}(\sigma)|E| \neq 0$ であるから，φ_σ の表現行列 $Q_\sigma = (\boldsymbol{e}_{\sigma(1)}, \boldsymbol{e}_{\sigma(2)}, \cdots, \boldsymbol{e}_{\sigma(n)})$ は正則です．したがって，φ_σ は $\mathbf{R}^n$ 上の線形同型変換となります．この φ_σ を **置換による同型変換**といいます．特に，互換 $\sigma = (i, j) \in \mathcal{S}_n$ に対しては，$\varphi_\sigma(\boldsymbol{e}_i) = \boldsymbol{e}_j, \varphi_\sigma(\boldsymbol{e}_j) = \boldsymbol{e}_i, \varphi_\sigma(\boldsymbol{e}_k) = \boldsymbol{e}_k$ ($1 \leq k \leq n, k \neq i, j$) となります．この同型変換 φ_σ を φ_{ij} と表します．

そこで，線形写像 $f; \mathbf{R}^n \to \mathbf{R}^m$ を考えます．$\mathbf{R}^n$ の標準基底を $\{\boldsymbol{e}_1, \boldsymbol{e}_2, \cdots, \boldsymbol{e}_n\}$

とし, $f(e_i) = a_i$ $(i=1,2,\cdots,n)$ とおくとき, f の表現行列は $A=(a_1,a_2,\cdots,a_n)$ であるから, $\mathrm{Im}(f) = S(a_1,a_2,\cdots,a_n)$ となります. ここで, $\dim(\mathrm{Im}(f))=r$ であるとすると, $a_1,a_2,\cdots,a_n$ の中から $\mathrm{Im}(f)$ の基底 $\{a_{i_1}, a_{i_2}, \cdots, a_{i_r}\}$ を選び出すことができます. そこで, σ を次のように定めます. $\sigma(k) = i_k$ $(k=1,2,\cdots,r)$ とし, 他は適当に対応をつけて, たとえば, $r < k \leqq n$ に対しては $\sigma(k) \neq i_j$ $(1 \leqq j \leqq r)$ と定めます. すなわち

$$\sigma = \begin{pmatrix} 1 & 2 & \cdots & r & r+1 & \cdots & n \\ i_1 & i_2 & \cdots & i_r & \sigma(r+1) & \cdots & \sigma(n) \end{pmatrix}$$

のように置換 $\sigma \in \mathcal{S}_n$ を定めます. このとき, $\varphi_\sigma(e_k) = e_{i_k}$ $(k=1,2,\cdots,r)$, $\varphi_\sigma(e_{r+1}) = e_{\sigma(r+1)}, \cdots, \varphi_\sigma(e_n) = e_{\sigma(n)}$ であるから

$$(f \circ \varphi_\sigma)(e_k) = a_{i_k} \qquad (k=1,2,\cdots,r)$$
$$(f \circ \varphi_\sigma)(e_j) = a_{\sigma(j)} \qquad (j=r+1, r+2, \cdots, n)$$

となります. いま, φ_σ の表現行列を Q_σ とすると, f の表現行列 $A=(a_1,a_2,\cdots,a_n)$ に対して, $f \circ \varphi_\sigma$ の表現行列は

$$AQ_\sigma = (a_{i_1}, a_{i_2}, \cdots, a_{i_r}, a_{\sigma(r+1)}, \cdots, a_{\sigma(n)})$$

となります. このとき, AQ_σ の最初の r 列までのベクトル $a_{i_1}, a_{i_2}, \cdots, a_{i_r}$ が $\mathrm{Im}(f \circ \varphi_\sigma)$ の基底を構成していて, 他はこれらの1次結合として表されます. したがって, 次の定理が得られます.

定理 13.2.3 $m \times n$ 行列 $A=(a_1,a_2,\cdots,a_n)$ の階数が r であるとき, A に対して, $\sigma \in \mathcal{S}_n$ による同型変換の表現行列 Q_σ が存在して

$$AQ_\sigma = (a_{i_1}, a_{i_2}, \cdots, a_{i_r}, a_{\sigma(r+1)}, \cdots, a_{\sigma(n)})$$

となる. ここに, 最初の r 列までのベクトル $a_{i_1}, a_{i_2}, \cdots, a_{i_r}$ は, 一次独立であり, 部分空間 $\mathrm{Im}(A) = \mathrm{Im}(AQ_\sigma)$ の基底を構成している. このとき, 他の $a_{\sigma(k)}$ $(k=r+1,\cdots,n)$ は $a_{i_1}, a_{i_2}, \cdots, a_{i_r}$ の1次結合として表される.

一般の置換 $\sigma \in \mathcal{S}_n$ によって定義される n 次の正則行列 Q_σ と $m \times n$ 行列 $A=$

$(\boldsymbol{a}_1, \boldsymbol{a}_2, \cdots, \boldsymbol{a}_n)$ の積

$$AQ_\sigma = (\boldsymbol{a}_{\sigma(1)}, \boldsymbol{a}_{\sigma(2)}, \cdots, \boldsymbol{a}_{\sigma(n)})$$

に対して，$\mathrm{rank}(AQ_\sigma) = \mathrm{rank}(A)$ となります (系 11.3.14). すなわち，列の入れ換えで行列の階数は不変です．

$\sigma \in \mathcal{S}_n$ によって定義される n 次の正則行列 Q_σ を**基底の変換行列**といいます．特に，互換 $\sigma = (i,j)$ に対する基底の変換行列を Q_{ij} で表すと，単位行列 $E = (\boldsymbol{e}_1, \cdots, \boldsymbol{e}_i, \cdots, \boldsymbol{e}_j, \cdots, \boldsymbol{e}_n)$ に対して

$$Q_{ij} = Q_{ij}E = (\boldsymbol{e}_{\sigma(1)}, \cdots, \boldsymbol{e}_{\sigma(i)}, \cdots, \boldsymbol{e}_{\sigma(j)}, \cdots, \boldsymbol{e}_{\sigma(n)})$$
$$= (\boldsymbol{e}_1, \cdots, \boldsymbol{e}_j, \cdots, \boldsymbol{e}_i, \cdots, \boldsymbol{e}_n) \qquad (1 \leq i,j \leq n)$$

です．$i=j$ のときは，Q_{ij} は基底の入れ換えなしの行列です．すなわち，$Q_{ii} = E$ です．次に，$Q_i(c)$, $Q_i(j,c)$ を定義しよう．まず，E_{ij} を (i,j) 成分のみが 1 で，他の成分はすべて 0 である n 次の正方行列とします．そこで

$$Q_i(c) = (\boldsymbol{e}_1, \cdots, \boldsymbol{e}_{i-1}, c\boldsymbol{e}_i, \boldsymbol{e}_{i+1}, \cdots, \boldsymbol{e}_n),$$
$$Q_i(j,c) = (\boldsymbol{e}_1, \cdots, \boldsymbol{e}_i, \cdots, \boldsymbol{e}_{j-1}, \boldsymbol{e}_j + c\boldsymbol{e}_i, \boldsymbol{e}_{j+1}, \cdots, \boldsymbol{e}_n)$$
$$= E + cE_{ij} \qquad (i,j = 1,2,\cdots,n)$$

によって $Q_i(c)$, $Q_i(j,c)$ を定義します．すなわち，$Q_i(c)$ は単位行列 $E = (\boldsymbol{e}_1, \boldsymbol{e}_2, \cdots, \boldsymbol{e}_i, \cdots, \boldsymbol{e}_n)$ の i 列目のベクトルを c 倍したものです．また，$Q_i(j,c)$ $(i \neq j)$ は E の j 列目のベクトルに i 列目のベクトルの c 倍を加えたものです．

この $Q_i(c)$ $(c \neq 0)$, $Q_i(j,c)$ は正則行列です．実際

$$|Q_i(c)| = |\boldsymbol{e}_1, \cdots, \boldsymbol{e}_{i-1}, c\boldsymbol{e}_i, \boldsymbol{e}_{i+1}, \cdots, \boldsymbol{e}_n| = c|E| = c \neq 0,$$
$$|Q_i(j,c)| = |\boldsymbol{e}_1, \cdots, \boldsymbol{e}_i, \cdots, \boldsymbol{e}_{j-1}, \boldsymbol{e}_j + c\boldsymbol{e}_i, \boldsymbol{e}_{j+1}, \cdots, \boldsymbol{e}_n|$$
$$= |\boldsymbol{e}_1, \cdots, \boldsymbol{e}_i, \cdots, \boldsymbol{e}_{j-1}, \boldsymbol{e}_j, \boldsymbol{e}_{j+1}, \cdots, \boldsymbol{e}_n|$$
$$+ |\boldsymbol{e}_1, \cdots, \boldsymbol{e}_i, \cdots, \boldsymbol{e}_{j-1}, c\boldsymbol{e}_i, \boldsymbol{e}_{j+1}, \cdots, \boldsymbol{e}_n| = |E| = 1$$

となるから，$Q_i(c)$, $Q_i(j,c)$ は正則行列となります．

定理 13.2.4 n 次の行列 Q_{ij}, $Q_i(c)$ $(c \neq 0)$, $Q_i(j,c)$ $(i \neq j)$ は正則である．こ

のとき，$m \times n$ 行列 $A = (\boldsymbol{a}_1, \cdots, \boldsymbol{a}_i, \cdots, \boldsymbol{a}_j, \cdots, \boldsymbol{a}_n)$ に対して

(1) $AQ_{ij} = (\boldsymbol{a}_1, \cdots, \boldsymbol{a}_j, \cdots, \boldsymbol{a}_i \cdots, \boldsymbol{a}_n)$ $(1 \leq i, j \leq n, i \neq j)$,

(2) $AQ_i(c) = (\boldsymbol{a}_1, \cdots, \boldsymbol{a}_{i-1}, c\boldsymbol{a}_i, \boldsymbol{a}_{i+1}, \cdots, \boldsymbol{a}_n)$ $(1 \leq i \leq n, c \neq 0)$,

(3) $AQ_i(j, c) = (\boldsymbol{a}_1, \boldsymbol{a}_2, \cdots, \boldsymbol{a}_i, \cdots, \boldsymbol{e}_{j-1}, \boldsymbol{a}_j + c\boldsymbol{a}_i, \boldsymbol{a}_{j+1}, \cdots, \boldsymbol{a}_n)$ $(i, j = 1, 2, \cdots, n)$

となります．

(証明) (1) Q_{ij} は，$\sigma \in \mathcal{S}_n$ に対する同型変換 φ_σ の表現行列の特別な場合として正則です．ところで，互換 $\sigma = (i, j) \in \mathcal{S}_n$ に対しては，$\sigma(i) = j$, $\sigma(j) = i$, $\sigma(k) = k$ $(1 \leq k \leq n, k \neq i, j)$ であるから

$$AQ_{ij} = A(\boldsymbol{e}_{\sigma(1)}, \boldsymbol{e}_{\sigma(2)}, \cdots, \boldsymbol{e}_{\sigma(i)}, \cdots, \boldsymbol{e}_{\sigma(j)}, \cdots, \boldsymbol{e}_{\sigma(n)})$$
$$= (A\boldsymbol{e}_{\sigma(1)}, A\boldsymbol{e}_{\sigma(2)}, \cdots, A\boldsymbol{e}_{\sigma(i)}, \cdots, A\boldsymbol{e}_{\sigma(j)}, \cdots, A\boldsymbol{e}_{\sigma(n)})$$
$$= (A\boldsymbol{e}_1, A\boldsymbol{e}_2, \cdots, A\boldsymbol{e}_j, \cdots, A\boldsymbol{e}_i, \cdots, A\boldsymbol{e}_n)$$
$$= (\boldsymbol{a}_1, \boldsymbol{a}_2, \cdots, \boldsymbol{a}_j, \cdots, \boldsymbol{a}_i, \cdots, \boldsymbol{a}_n) \quad (1 \leq i, j \leq n)$$

となります．

(2) $c \neq 0$ に対して，$Q_i(c) Q_i\left(\dfrac{1}{c}\right) = Q_i\left(\dfrac{1}{c}\right) Q_i(c) = E$ を満たすから，$Q_i(c)$ は正則となります．$A\boldsymbol{e}_i = \boldsymbol{a}_i$ で，$A(c\boldsymbol{e}_i) = cA\boldsymbol{e}_i = c\boldsymbol{a}_i$ $(1 \leq i \leq n)$ であるから

$$AQ_i(c) = A(\boldsymbol{e}_1, \boldsymbol{e}_2, \cdots, \boldsymbol{e}_{i-1}, c\boldsymbol{e}_i, \boldsymbol{e}_{i+1}, \cdots, \boldsymbol{e}_n)$$
$$= (A\boldsymbol{e}_1, A\boldsymbol{e}_2, \cdots, A\boldsymbol{e}_{i-1}, A(c\boldsymbol{e}_i), A\boldsymbol{e}_{i+1}, \cdots, A\boldsymbol{e}_n)$$
$$= (\boldsymbol{a}_1, \boldsymbol{a}_2, \cdots, \boldsymbol{a}_{i-1}, c\boldsymbol{a}_i, \boldsymbol{a}_{i+1}, \cdots, \boldsymbol{a}_n) \quad (1 \leq i \leq n)$$

が成り立ちます．

(3) $Q_i(j, c) = E + cE_{ij}$ であり，$i \neq j$ のとき，$E_{ij} E_{ij} = O$ となります．したがって，$Q_i(j, c) Q_i(j, -c) = (E + cE_{ij})(E - cE_{ij}) = E + cE_{ij} - cE_{ij} = E$ となり，$Q_i(j, c)$ は正則です．

$$Q_i(j, c) = (\boldsymbol{e}_1, \cdots, \boldsymbol{e}_i, \cdots, \boldsymbol{e}_{j-1}, \boldsymbol{e}_j + c\boldsymbol{e}_i, \boldsymbol{e}_{j+1}, \cdots, \boldsymbol{e}_n)$$

であるから

$$AQ_i(j,c) = A(\boldsymbol{e}_1, \boldsymbol{e}_2, \cdots, \boldsymbol{e}_i, \cdots, \boldsymbol{e}_{j-1}, \boldsymbol{e}_j + c\boldsymbol{e}_i, \boldsymbol{e}_{j+1}, \cdots, \boldsymbol{e}_n)$$
$$= (A\boldsymbol{e}_1, A\boldsymbol{e}_2, \cdots, A\boldsymbol{e}_i, \cdots, A\boldsymbol{e}_{j-1}, A\boldsymbol{e}_j + cA\boldsymbol{e}_i, A\boldsymbol{e}_{j+1}, \cdots, A\boldsymbol{e}_n)$$
$$= (\boldsymbol{a}_1, \boldsymbol{a}_2, \cdots, \boldsymbol{a}_i \cdots, \boldsymbol{a}_{j-1}, \boldsymbol{a}_j + c\boldsymbol{a}_i, \boldsymbol{a}_{j+1}, \cdots, \boldsymbol{a}_n) \qquad (i,j = 1, 2, \cdots, n)$$

となります. ■

行列 A に対して, AQ_{ij} は, $i \neq j$ のとき A の i 列と j 列を入れ換えたものです. また, $AQ_i(c)$ は A の i 列を c 倍したもので, $AQ_i(j,c)$ は A の j 列に i 列の c 倍を加えたものです.

次の操作 $(1)'$, $(2)'$, $(3)'$ は行列に対する**列基本変形**と呼ばれています.

$(1)'$ 2 つの列を入れ換える.
$(2)'$ 1 つの列に 0 でない数をかける.
$(3)'$ 1 つの列に他の列の定数倍を加える.

上に定義した行列 Q_{ij}, $Q_i(c)$ $(c \neq 0)$, $Q_i(j,c)$ $(i \neq j)$ には, それぞれ列基本変形 $(1)'$, $(2)'$, $(3)'$ が対応しています. そこで, Q_{ij}, $Q_i(c)$, $Q_i(j,c)$ を**列基本変形の行列**ということにします.

定理 13.2.5 $m \times n$ 行列 A $(\neq O)$ に対して, n 次の基底変換行列 Q_σ と m 次の正則行列 P が存在して

$$PAQ_\sigma = \left(\begin{array}{cccc|ccc} 1 & 0 & \cdots & 0 & * & \cdots & * \\ 0 & 1 & & 0 & * & & * \\ \vdots & & \ddots & \vdots & \vdots & & \vdots \\ 0 & 0 & \cdots & 1 & * & \cdots & * \\ \hline 0 & 0 & \cdots & 0 & 0 & \cdots & 0 \\ \vdots & & & \vdots & \vdots & & \vdots \\ 0 & 0 & \cdots & 0 & 0 & \cdots & 0 \end{array} \right) = \begin{pmatrix} E_r & B \\ O & O \end{pmatrix}$$

なる形の行列として分割表現される. ただし, E_r は次数 r の単位行列, B は $r \times (n-r)$ 行列である. また, 左下の O は $(m-r) \times r$, 右下の O は $(m-r) \times (n-r)$ なる形の零行列である.

(証明) $A=(\boldsymbol{a}_1, \boldsymbol{a}_2, \cdots, \boldsymbol{a}_n)$ とし，$\mathrm{rank}(A)=\dim S(\boldsymbol{a}_1, \boldsymbol{a}_2, \cdots, \boldsymbol{a}_n)=r$ $(0<r\leqq m)$ であるとします．このとき，A の r $(\leqq m)$ 個の列ベクトル $\boldsymbol{a}_{i_1}, \boldsymbol{a}_{i_2}, \cdots, \boldsymbol{a}_{i_r}$ を $\{\boldsymbol{a}_{i_1}, \boldsymbol{a}_{i_2}, \cdots, \boldsymbol{a}_{i_r}\}$ が $S(\boldsymbol{a}_1, \boldsymbol{a}_2, \cdots, \boldsymbol{a}_n)(\subset \mathbf{R}^m)$ の基底を成すようにとることができます．定理 13.2.3 により，列基本変形の行列 Q_σ $(\sigma \in \mathcal{S}_n)$ が存在して

$$AQ_\sigma = (\boldsymbol{a}_{i_1}, \boldsymbol{a}_{i_2}, \cdots, \boldsymbol{a}_{i_r}, \boldsymbol{a}_{\sigma(r+1)}, \cdots, \boldsymbol{a}_{\sigma(n)})$$

となるようにできます．ところで，$\boldsymbol{a}_{i_1}, \boldsymbol{a}_{i_2}, \cdots, \boldsymbol{a}_{i_r}$ は 1 次独立な $\mathbf{R}^m$ の r 個のベクトルであるから，$m-r$ 個のベクトル $\boldsymbol{a}'_{r+1}, \boldsymbol{a}'_{r+2}, \cdots, \boldsymbol{a}'_m$ $(\in \mathbf{R}^m)$ が存在して

$$\{\boldsymbol{a}_{i_1}, \boldsymbol{a}_{i_2}, \cdots, \boldsymbol{a}_{i_r}, \boldsymbol{a}'_{r+1}, \boldsymbol{a}'_{r+2}, \cdots, \boldsymbol{a}'_m\}$$

が $\mathbf{R}^m$ の基底となるようにできます (系 11.2.7)．このとき $\widetilde{AQ_\sigma}=(\boldsymbol{a}_{i_1}, \boldsymbol{a}_{i_2}, \cdots, \boldsymbol{a}_{i_r}, \boldsymbol{a}'_{r+1}, \boldsymbol{a}'_{r+2}, \cdots, \boldsymbol{a}'_m)$ とおくと，$\widetilde{AQ_\sigma}$ は m 次の正則行列です．そこで，$\widetilde{AQ_\sigma}$ の逆行列を P とすると，$P\widetilde{AQ_\sigma}=E_m$ (m 次の単位行列) となります．ところで，$\mathbf{R}^m$ の標準基底を $\{\boldsymbol{e}'_1, \boldsymbol{e}'_2, \cdots, \boldsymbol{e}'_m\}$ とすると，m 次の単位行列 E_m は

$$E_m = (\boldsymbol{e}'_1, \boldsymbol{e}'_2, \cdots, \boldsymbol{e}'_m)$$

と表されるから

$$P\widetilde{AQ_\sigma} = E_m = (\boldsymbol{e}'_1, \boldsymbol{e}'_2, \cdots, \boldsymbol{e}'_m)$$

となります．したがって，$P\boldsymbol{a}_{i_k}=\boldsymbol{e}'_k$ $(1\leqq k\leqq r)$ です．$\{\boldsymbol{a}_{i_1}, \boldsymbol{a}_{i_2}, \cdots, \boldsymbol{a}_{i_r}\}$ が $S(\boldsymbol{a}_1, \boldsymbol{a}_2, \cdots, \boldsymbol{a}_n)=\mathrm{Im}(A)=\mathrm{Im}(AQ_\sigma)$ の基底であるから，AQ_σ の第 $r+1$ 列から第 n 列までのベクトル $\boldsymbol{a}_{\sigma(r+1)}, \boldsymbol{a}_{\sigma(r+2)}, \cdots, \boldsymbol{a}_{\sigma(n)}$ は $\boldsymbol{a}_{i_1}, \boldsymbol{a}_{i_2}, \cdots, \boldsymbol{a}_{i_r}$ の 1 次結合として表されます．また

$$\begin{aligned}PAQ_\sigma &= P(\boldsymbol{a}_{i_1}, \boldsymbol{a}_{i_2}, \cdots, \boldsymbol{a}_{i_r}, \boldsymbol{a}_{\sigma(r+1)}, \cdots, \boldsymbol{a}_{\sigma(n)})\\ &=(P\boldsymbol{a}_{i_1}, P\boldsymbol{a}_{i_2}, \cdots, P\boldsymbol{a}_{i_r}, P\boldsymbol{a}_{\sigma(r+1)}, \cdots, P\boldsymbol{a}_{\sigma(n)})\\ &=(\boldsymbol{e}'_1, \boldsymbol{e}'_2, \cdots, \boldsymbol{e}'_r, P\boldsymbol{a}_{\sigma(r+1)}, \cdots, P\boldsymbol{a}_{\sigma(n)})\end{aligned}$$

となります．したがって，第 $r+1$ 列から第 n 列までの列ベクトル $P\boldsymbol{a}_{\sigma(r+1)}, P\boldsymbol{a}_{\sigma(r+2)}, \cdots, P\boldsymbol{a}_{\sigma(n)}$ を $\boldsymbol{e}'_1, \boldsymbol{e}'_2, \cdots, \boldsymbol{e}'_r$ の 1 次結合で表すことができます．したがって

$$PAQ_\sigma = (e'_1, e'_2, \cdots, e'_r, P\boldsymbol{a}_{\sigma(r+1)}, \cdots, P\boldsymbol{a}_{\sigma(n)})$$

$$= \left(\begin{array}{cccc|ccc} 1 & 0 & \cdots & 0 & * & \cdots & * \\ 0 & 1 & & 0 & * & & * \\ \vdots & & \ddots & \vdots & \vdots & & \vdots \\ 0 & 0 & \cdots & 1 & * & \cdots & * \\ \hline 0 & 0 & \cdots & 0 & 0 & \cdots & 0 \\ \vdots & & & \vdots & \vdots & & \vdots \\ 0 & 0 & \cdots & 0 & 0 & \cdots & 0 \end{array}\right) = \begin{pmatrix} E_r & B \\ O & O \end{pmatrix}$$

となる分割表現が得られます. ∎

定理 13.2.6 任意の行列 A に対して

$$\mathrm{rank}({}^tA) = \mathrm{rank}(A)$$

が成り立つ.

(証明) 定理 13.2.5 により, $m \times n$ 行列 A に対して, m 次の正則行列 P と n 次の基底変換行列 Q_σ が存在して

$$PAQ_\sigma = \begin{pmatrix} E_r & B \\ O & O \end{pmatrix} \tag{13.2.2}$$

の形の分割表現が得られます. 定理 11.3.13 により, $\mathrm{rank}(PAQ_\sigma) = \mathrm{rank}(A) = r$ となります. ここで, E_{n-r} を $n-r$ 次の単位行列とし

$$R = \begin{pmatrix} E_r & -B \\ O & E_{n-r} \end{pmatrix}$$

とおくと, R は n 次の正則行列であるから, $Q_\sigma R$ も n 次の正則行列です. このとき, PAQ_σ は $m \times n$ 行列, R は $n \times n$ 行列であるから, 分割行列の積に関して

$$PAQ_\sigma R = (PAQ_\sigma)R = \begin{pmatrix} E_r & B \\ O & O \end{pmatrix} \begin{pmatrix} E_r & -B \\ O & E_{n-r} \end{pmatrix}$$
$$= \begin{pmatrix} E_r & O \\ O & O \end{pmatrix}$$

が成り立ちます (定理 11.1.5 の (i) を参照). これら両辺の転置をとると

$$^tR^t(PAQ_\sigma) = {}^t(PAQ_\sigma R) = \begin{pmatrix} {}^tE_r & O \\ O & O \end{pmatrix} = \begin{pmatrix} E_r & O \\ O & O \end{pmatrix}$$

となり

$$\mathrm{rank}({}^tR^t(PAQ_\sigma)) = \mathrm{rank}\begin{pmatrix} E_r & O \\ O & O \end{pmatrix} = r.$$

ところで, ${}^tR$ は正則であるから

$$\mathrm{rank}({}^t(PAQ_\sigma)) = \mathrm{rank}({}^tR^t(PAQ_\sigma)) = r$$

となります. また, ${}^t(PAQ_\sigma) = {}^tQ_\sigma {}^tA {}^tP$ であり, ${}^tQ_\sigma, {}^tP$ は正則であるから, 定理 11.3.13 により

$$\mathrm{rank}({}^tA) = \mathrm{rank}({}^tQ_\sigma {}^tA {}^tP) = \mathrm{rank}({}^t(PAQ_\sigma)) = r = \mathrm{rank}(A)$$

が成り立ちます. ∎

　次に, 行基本変形 (1), (2), (3) に対する行列表現として, m 次の正方行列 $P_{ij}, P_i(c), P_i(j,c)$ を以下のように定義します. いま, m 次の単位行列 $E = (e_1, e_2, \cdots, e_m)$ に対して, $Q_\sigma E = (e_{\sigma(1)}, e_{\sigma(2)}, \cdots, e_{\sigma(m)})$ によって与えられる m 次の列基本変形の行列を考えます. まず, 互換 $\sigma = (i,j) \in \mathcal{S}_m$ に対する同型変換 $\varphi_\sigma = \varphi_{ij}$ の表現行列 Q_{ij} は m 次の列基本変形の行列です. そこで, $P_{ij} = {}^tQ_{ij}$ と定義し, $m \times n$ 行列 $A = (a_1, a_2, \cdots, a_n)$ に対して $B = {}^tA$ とおくと, $A = {}^tB$ は $m \times n$ 行列であり, $P_{ij}A = {}^tQ_{ij}{}^tB = {}^t(BQ_{ij})$ となります. BQ_{ij} は行列 B の i 列と j 列を入れ換えたものです. したがって, $P_{ij}A = {}^t(BQ_{ij})$ は, A の i 行と j 行を入れ換えたものになっています. すなわち, P_{ij} は $m \times n$ 行列 A の i 行

と j 行を入れ換える操作を表す m 次の正則行列です.

次に, m 次の列基本変形の行列

$$Q_i(c) = (\boldsymbol{e}_1, \cdots, \boldsymbol{e}_{i-1}, c\boldsymbol{e}_i, \boldsymbol{e}_{i+1}, \cdots, \boldsymbol{e}_m) \qquad (1 \leqq i \leqq m,\ c \neq 0)$$

に対して, $P_i(c) = {}^t Q_i(c)$ とおくとき, $m \times n$ 行列 A に対しては

$$P_i(c) A = {}^t Q_i(c) A = {}^t({}^t A Q_i(c)) \qquad (1 \leqq i \leqq m,\ c \neq 0)$$

となっていて, ${}^t A Q_i(c)$ は $n \times m$ 行列であって, ${}^t A$ の i 列を c 倍したものです. したがって, $P_i(c) A = {}^t({}^t A Q_i(c))$ は A の i 行を c 倍したものです. すなわち, $P_i(c)$ は, $m \times n$ 行列 A の i 行を c 倍する操作を表す正則行列となっています.

次に, 行基本変形 (3) に対応する表現行列 $P_i(j, c)$ $(i \neq j)$ を定義しよう. E を m 次の単位行列, E_{ij} は (i, j) 成分のみが 1 で他の成分はすべて 0 である m 次の正方行列とします. このとき, $m \times n$ 行列 A の転置行列 ${}^t A$ に $Q_i(j, c) = E + c E_{ij}$ $(i, j = 1, 2, \cdots, m,\ j \neq i)$ を右から乗ずることは, $n \times m$ 行列 ${}^t A$ の j 列に i 列の c 倍を加えるという操作を表します. そこで

$$P_i(j, c) = {}^t Q_i(j, c) = {}^t(E + c E_{ij}) = E + c E_{ji} \qquad (1 \leqq i, j \leqq m,\ i \neq j)$$

と定義すると, $m \times n$ 行列 A に対して

$$P_i(j, c) A = {}^t Q_i(j, c) A = {}^t({}^t A Q_i(j, c))$$

となります. ${}^t A Q_i(j, c)$ は, ${}^t A$ の j 列に i 列の c 倍を加えたものであるから, $P_i(j, c) A = {}^t({}^t A Q_i(j, c))$ は A の j 行に i 行の c 倍を加えたものとなります.

上で定義した $P_{ij}, P_i(c), P_i(j, c)$ $(i \neq j,\ c \neq 0)$ は, 行基本変形 (1), (2), (3) に対応する行列です. これらが正則であることは定義から明らかです. 行列 $P_{ij}, P_i(c), P_i(j, c)$ $(i \neq j,\ c \neq 0)$ は, 次の形をしています.

$$P_{ij}=\begin{array}{c} \\ 1 \\ \vdots \\ i \\ \vdots \\ j \\ \vdots \\ m \end{array}\begin{array}{c} \begin{array}{ccccccc} 1 & \cdots & i & & j & \cdots & m \end{array} \\ \left(\begin{array}{ccccccc} 1 & \cdots & 0 & \cdots & 0 & \cdots & 0 \\ \vdots & \ddots & & & \vdots & & \vdots \\ 0 & & 0 & & 1 & & 0 \\ \vdots & & & \ddots & \vdots & & \vdots \\ 0 & & 1 & & 0 & & 0 \\ \vdots & & & & & \ddots & 0 \\ 0 & \cdots & 0 & \cdots & 0 & \cdots & 1 \end{array}\right) \end{array},$$

$$P_i(c)=\begin{array}{c} 1 \\ \vdots \\ \\ i \\ \vdots \\ m \end{array}\begin{array}{c} \begin{array}{cccccc} 1 & 2 & \cdots & i & \cdots & m \end{array} \\ \left(\begin{array}{cccccc} 1 & 0 & \cdots & 0 & & 0 \\ 0 & 1 & & 0 & & 0 \\ \vdots & & \ddots & \vdots & & \vdots \\ 0 & 0 & \cdots & c & \cdots & 0 \\ \vdots & & & \vdots & \ddots & \\ 0 & 0 & \cdots & 0 & \cdots & 1 \end{array}\right) \end{array},$$

$$P_i(j,c)=\begin{array}{c} 1 \\ \vdots \\ i \\ \vdots \\ j \\ \vdots \\ m \end{array}\begin{array}{c} \begin{array}{ccccccc} 1 & \cdots & i & \cdots & j & \cdots & m \end{array} \\ \left(\begin{array}{ccccccc} 1 & \cdots & 0 & \cdots & 0 & \cdots & 0 \\ \vdots & \ddots & \vdots & & \vdots & & \vdots \\ 0 & \cdots & 1 & \cdots & 0 & \cdots & 0 \\ \vdots & & \vdots & \ddots & \vdots & & \vdots \\ 0 & \cdots & c & \cdots & 1 & \cdots & 0 \\ \vdots & & \vdots & & \vdots & \ddots & \vdots \\ 0 & \cdots & 0 & \cdots & 0 & \cdots & 1 \end{array}\right) \end{array}$$

P_{ij}, $P_i(c)$ は，それぞれ Q_{ij}, $Q_i(c)$ と同じ形をしています．また，同じ次数の $P_i(j,c)$ と $Q_i(j,c)$ は対称形となっています．P_{ij}, $P_i(c)$, $P_i(j,c)$ を**行基本変形の行列**といいます．

行基本変形 (または列基本変形) の行列は正則であるから，行基本変形 (または列基本変形) の行列のいくつかの積も正則となります．

例 13.2.2 例 13.1.1 では，方程式 (13.1.4) を行基本変形を用いて解きました．ここでは，行基本変形の行列を用いて方程式の解法を考えてみよう．方程式 (13.1.4) の係数行列

$$A = \begin{pmatrix} 2 & 1 & -1 \\ 1 & 1 & 0 \\ 3 & 2 & -1 \end{pmatrix}$$

に対する行基本操作を考えます．そのために単位行列 E に対して，次の行基本変形を行うことを考えよう．P_{12}; 2 行と 1 行を入れ換える行列，$P_1(2,-2)$; 2 行に 1 行の -2 倍を加える行列，$P_1(3,-3)$; 3 行に 1 行の -3 倍を加える行列，$P_2(3,-1)$; 3 行に 2 行の -1 倍を加える行列，$P_2(-1)$; 2 行を -1 倍する行列です．これらの行列は具体的に以下のようになります．

$$P_{12} = \begin{pmatrix} 0 & 1 & 0 \\ 1 & 0 & 0 \\ 0 & 0 & 1 \end{pmatrix}, \quad P_1(2,-2) = \begin{pmatrix} 1 & 0 & 0 \\ -2 & 1 & 0 \\ 0 & 0 & 1 \end{pmatrix}, \quad P_1(3,-3) = \begin{pmatrix} 1 & 0 & 0 \\ 0 & 1 & 0 \\ -3 & 0 & 1 \end{pmatrix},$$

$$P_2(3,-1) = \begin{pmatrix} 1 & 0 & 0 \\ 0 & 1 & 0 \\ 0 & -1 & 1 \end{pmatrix}, \quad P_2(-1) = \begin{pmatrix} 1 & 0 & 0 \\ 0 & -1 & 0 \\ 0 & 0 & 1 \end{pmatrix}.$$

これらと A との積を考えます．たとえば

$$P_{12}A = \begin{pmatrix} 1 & 1 & 0 \\ 2 & 1 & -1 \\ 3 & 2 & -1 \end{pmatrix}$$

となります．他も同様に計算できます．そこで，上で述べた行基本変形の行列の積を

$$P = P_2(-1)P_2(3,-1)P_1(3,-3)P_1(2,-2)P_{12} = \begin{pmatrix} 0 & 1 & 0 \\ -1 & 2 & 0 \\ -1 & -1 & 1 \end{pmatrix}$$

とします．この P を A に左側からかけると

$$PA = \begin{pmatrix} 1 & 1 & 0 \\ 0 & 1 & 1 \\ 0 & 0 & 0 \end{pmatrix}$$

となります．注 13.1.4 により，方程式 (13.1.4) は方程式 $PA\boldsymbol{x} = P\boldsymbol{b}$ と同値です．ここに，$\boldsymbol{b} = {}^t(1,1,2)$ です．(13.1.3) と同値な方程式は

$$\begin{pmatrix} 1 & 1 & 0 \\ 0 & 1 & 1 \\ 0 & 0 & 0 \end{pmatrix} \begin{pmatrix} x \\ y \\ z \end{pmatrix} = \begin{pmatrix} 0 & 1 & 0 \\ -1 & 2 & 0 \\ -1 & -1 & 1 \end{pmatrix} \begin{pmatrix} 1 \\ 1 \\ 2 \end{pmatrix} = \begin{pmatrix} 1 \\ 1 \\ 0 \end{pmatrix}$$

となります．すなわち，方程式 (13.1.1) は，次と同値です．

$$\begin{cases} x + y = 1 \\ y + z = 1 \end{cases}$$

したがって，方程式の解は，$z = c$ を任意定数として

$$\begin{cases} x = c \\ y = 1 - c \\ z = c \end{cases}$$

となります．

13.3 連立 1 次方程式の解法

この節では，一般の連立 1 次方程式の解法について議論します．この場合も列基本変形と正則行列によって方程式を解くことができます．$m \times n$ 行列 A を係

数とする連立 1 次方程式

$$Ax = b \tag{13.3.1}$$

を考えます．係数行列 A, 拡大係数行列 $(A;b)$ について

$$\operatorname{rank}(A) = \operatorname{rank}(A;b) \tag{13.3.2}$$

のとき，方程式 (13.3.1) は解をもちます (定理 13.1.1)．そこで，条件 (13.3.2) のもとで方程式 (13.3.1) の一般解を求めてみよう．$A = [a_{ij}] = (a_1, a_2, \cdots, a_n)$ とおき，$\operatorname{rank}(A) = r$ とします．定理 13.2.5 により，n 次の基底変換行列 Q_σ と m 次の正則行列 P が存在して

$$PAQ_\sigma = \begin{pmatrix} E_r & B \\ O_1 & O_2 \end{pmatrix} \tag{13.3.3}$$

なる形の分割表現が得られます．ここに，E_r は r 次の単位行列，B は $r \times (n-r)$ 行列で，O_1, O_2 はそれぞれ $(m-r) \times r, (m-r) \times (n-r)$ 形の零行列です．そこで，次の (i), (ii) の場合に分けて方程式の解を考えます．

(i) $A = (a_1, a_2, \cdots, a_n)$ の最初の r 個の列ベクトル $a_1, a_2, \cdots, a_r$ が $\operatorname{Im}(A)$ の基底を成しているとします．A に対して，(13.3.3) におけるような基底変換行列 Q_σ と m 次の正則行列 P が存在します．この場合は，A の列の変換を行う必要はないから，Q_σ としては単位行列 E をとることができます．すなわち

$$PA = \begin{pmatrix} E_r & B \\ O_1 & O_2 \end{pmatrix} = \begin{pmatrix} 1 & 0 & \cdots & 0 & b_{11} & b_{12} & \cdots & b_{1\,n-r} \\ 0 & 1 & & 0 & b_{21} & b_{22} & & b_{2\,n-r} \\ \vdots & 0 & \ddots & \vdots & \vdots & & & \vdots \\ 0 & \cdots & \cdots & 1 & b_{r1} & \cdots & \cdots & b_{r\,n-r} \\ 0 & \cdots & \cdots & 0 & 0 & & & 0 \\ \vdots & & & & \vdots & \vdots & & \vdots \\ 0 & \cdots & \cdots & 0 & 0 & \cdots & \cdots & 0 \end{pmatrix} \tag{13.3.4}$$

となります．ここに，$B = [b_{ij}]$ ($1 \leq i \leq r, 1 \leq j \leq n-r$) です．方程式 (13.3.1) は

$$PAx = Pb \tag{13.3.5}$$

と同値です．$\boldsymbol{x} = {}^t(x_1, x_2, \cdots, x_n)$ のとき，方程式 (13.3.5) は (13.3.4) から

$$PA\boldsymbol{x} = \begin{pmatrix} x_1 \\ x_2 \\ \vdots \\ x_r \end{pmatrix} + B \begin{pmatrix} x_{r+1} \\ x_{r+2} \\ \vdots \\ x_n \end{pmatrix}$$

となります．いま

$$P\boldsymbol{b} = \begin{pmatrix} b'_1 \\ b'_2 \\ \vdots \\ b'_m \end{pmatrix}$$

とおくと，条件 (13.3.2) により，$b'_k = 0$ $(k = r+1, r+2, \cdots, m)$ です．方程式 (13.3.5) の解は

$$\begin{pmatrix} x_1 \\ x_2 \\ \vdots \\ x_r \end{pmatrix} = \begin{pmatrix} b'_1 \\ b'_2 \\ \vdots \\ b'_r \end{pmatrix} - B \begin{pmatrix} x_{r+1} \\ x_{r+2} \\ \vdots \\ x_n \end{pmatrix}$$

と表されます．このとき，$x_{r+1}, x_{r+2}, \cdots, x_n$ は任意にとれます．ここに，B は $r \times (n-r)$ 行列であることを注意しておきます．

(ii) 次に，A の r 個のベクトル $\{\boldsymbol{a}_{i_1}, \boldsymbol{a}_{i_2}, \cdots, \boldsymbol{a}_{i_r}\}$ が $S(\boldsymbol{a}_1, \boldsymbol{a}_2, \cdots, \boldsymbol{a}_n)$ の基底を成している場合を考えます．いま，$\sigma(k) = i_k$ $(k = 1, 2, \cdots, r)$ とし，他は適当に定めて，ある置換 $\sigma (\in \mathcal{S}_n)$ をとり基底変換行列 Q_σ を考えます．このとき，方程式 (13.3.1) において $\boldsymbol{x} = Q_\sigma \boldsymbol{y}$ とおくと，方程式は $AQ_\sigma \boldsymbol{y} = \boldsymbol{b}$ となります．ところで，$\boldsymbol{a}_{i_1}, \boldsymbol{a}_{i_2}, \cdots, \boldsymbol{a}_{i_r}$ は $\mathbf{R}^m$ の 1 次独立なベクトルであるから，ベクトル $\boldsymbol{a}'_{r+1}, \boldsymbol{a}'_{r+2}, \cdots, \boldsymbol{a}'_m (\in \mathbf{R}^m)$ をとって，$\{\boldsymbol{a}_{i_1}, \boldsymbol{a}_{i_2}, \cdots, \boldsymbol{a}_{i_r}, \boldsymbol{a}'_{r+1}, \boldsymbol{a}'_{r+2}, \cdots, \boldsymbol{a}'_m\}$ が $\mathbf{R}^m$ の基底を成すようにできます．ここで $\widetilde{AQ_\sigma} = (\boldsymbol{a}_{i_1}, \boldsymbol{a}_{i_2}, \cdots, \boldsymbol{a}_{i_r}, \boldsymbol{a}'_{i_{r+1}}, \cdots, \boldsymbol{a}'_m)$ とおくとき，$\widetilde{AQ_\sigma}$ は正則行列です．P を $\widetilde{AQ_\sigma}$ の逆行列とすると，方程式 $AQ\boldsymbol{y} = \boldsymbol{b}$ は

$$PAQ_\sigma y = Pb \qquad (13.3.6)$$

と同値です．ここに，AQ_σ は A の列を入れ換えた $m \times n$ 行列です．ところで，PAQ_σ は (13.3.3) の形であるから，方程式 (13.3.6) の解は

$$\begin{pmatrix} y_1 \\ y_2 \\ \vdots \\ y_r \end{pmatrix} = Pb - B \begin{pmatrix} y_{r+1} \\ y_{r+2} \\ \vdots \\ y_n \end{pmatrix} = \begin{pmatrix} b'_1 \\ b'_2 \\ \vdots \\ b'_r \end{pmatrix} - B \begin{pmatrix} y_{r+1} \\ y_{r+2} \\ \vdots \\ y_n \end{pmatrix}$$

となります．$y = \sum_{k=1}^{n} y_k e_k$ と表すと

$$x = Q_\sigma y = Q_\sigma \left(\sum_{k=1}^{n} y_k e_k \right) = \sum_{k=1}^{n} y_k Q_\sigma e_k = \sum_{k=1}^{n} y_k e_{\sigma(k)}$$

です．すなわち，x の $\sigma(k)$ 成分が y_k です．したがって，$y_k = x_{\sigma(k)}$ $(k=1,2,\cdots,n)$ となって方程式 (13.3.6) の解 $y = {}^t(y_1, y_2, \cdots, y_n)$ は，(i) の場合における方程式 (13.3.1) の解 $x = {}^t(x_1, x_2, \cdots, x_n)$ の成分の順序を入れ換えたものとなっています．

以上の方法を適用して，例 13.1.1 の方程式 (13.1.4) について，$Ax = b$ を具体的に解いてみよう．

方程式 (13.1.4) の係数行列は

$$A = \begin{pmatrix} 2 & 1 & -1 \\ 1 & 1 & 0 \\ 3 & 2 & -1 \end{pmatrix} = (a_1, a_2, a_3), \quad b = {}^t(1,1,2)$$

です．$a_1 + a_3 = a_2$ であるから，1 次独立なベクトルとして a_1, a_3 をとります．ここで，置換 (互換) $\sigma = (2\ 3)$ に対して，基底変換行列 Q_σ をとると，$AQ_\sigma = (a_1, a_3, a_2)$ となります．そこで，$A' = (a_1, a_3, e_3)$ とおくと，$|A'| = 1$ で，A' は正則となります．ここに，$e_3 = {}^t(0,0,1)$ です．このとき，A' の逆行列は

$$P = \begin{pmatrix} 0 & 1 & 0 \\ -1 & 2 & 0 \\ -1 & -1 & 1 \end{pmatrix}$$

となります．方程式 (13.1.4) は $PA\boldsymbol{x} = P\boldsymbol{b}$ と同値です．さらに，$\boldsymbol{x} = Q_\sigma \boldsymbol{x}'$ とおくとき，${}^t(x',y',z') = {}^t(x,z,y)$ であり，方程式は

$$PAQ_\sigma \boldsymbol{x}' = P\boldsymbol{b} \tag{13.3.7}$$

とも同値です．ところで

$$PAQ_\sigma = \begin{pmatrix} 1 & 0 & 1 \\ 0 & 1 & 1 \\ 0 & 0 & 0 \end{pmatrix}, \quad P\boldsymbol{b} = {}^t(1,1,0)$$

であるから，(13.3.7) により

$$\begin{cases} x' + z' = 1 \\ y' + z' = 1 \end{cases}$$

が得られます．ここで，$z' = 1-c$ (c は任意の定数) にとると，$x' = y' = c$, $z' = 1-c$ となり，方程式 (13.3.7) の解，すなわち，方程式 (13.1.4) の解は

$$\begin{pmatrix} x \\ z \\ y \end{pmatrix} = \begin{pmatrix} x' \\ y' \\ z' \end{pmatrix} = \begin{pmatrix} 0 \\ 0 \\ 1 \end{pmatrix} + c \begin{pmatrix} 1 \\ 1 \\ -1 \end{pmatrix}$$

となります．これは，例 13.1.1 における方程式の解と同じものです．

章末問題 13

問題 13.1 成分がすべて整数である n 次の正方行列 A に対して，連立 1 次方程式

$$A\boldsymbol{x} = \boldsymbol{b} \qquad (\boldsymbol{b} \in \mathbf{R}^n) \tag{Q.13.1}$$

を考えます．このとき，次を証明してください．

　整数を成分とする任意の n 次元ベクトル $\boldsymbol{b}$ に対して，方程式 (Q.13.1) が，常に整数 $x_1, x_2, \cdots, x_n$ を成分とする解 $\boldsymbol{x} = {}^t(x_1, x_2, \cdots, x_n)$ をもつための必要十分条件は，$|A| = \pm 1$ である．

章末問題の解答

問題 1.1 2つの自然数を a, b $(a>b)$ とすると,最大公約数は $(a,b)=d=937$ であるから, $a=a'd=937a'$, $b=b'd=937b'$ となる自然数 a', b' が存在します.ここに, a' と b' は互いに素です.仮定により,次が得られます.

$$7496 = 937a' + 937b' = 937(a'+b').$$

よって, $a'+b'=8$ となります.このとき,自然数 a', b' は互いに素であるので $a'=7$, $b'=1$, と $a'=5$, $b'=3$ となります.したがって,求める解は $a=6559$, $b=937$ と $a=4685$, $b=2811$ の 2 組です.

問題 1.2 定理 1.1.9 を続けて用います. $A=3a+7b$, $B=2a+5b$ とおきます. $A=2a+5b+a+2b=B+R_1$, $B=2(a+2b)+b=2R_1+R_2$. ここに, $R_1=a+2b$, $R_2=b$ であるので, $R_1=2b+a=2R_2+R_3$ となります.このとき, $R_3=a$ であるから,定理 1.1.9 により, $(3a+7b, 2a+5b)=(A,B)=(B,R_1)=(R_1,R_2)=(R_2,R_3)=(b,a)=1$ となります.したがって, a, b が互いに素であるならば, $3a+7b$ と $2a+5b$ も互いに素であることが分かります.

問題 2.1 不等式

$$1 + \frac{1}{2} + \frac{1}{3} + \cdots + \frac{1}{n} \geq \frac{2n}{n+1} \tag{A.1}$$

を数学的帰納法によって示します. $n=1$ のとき,(A.1) の不等式について 左辺 $=1$, 右辺 $=\dfrac{2}{1+1}=1$ であるから,(A.1) は等式として成り立ちます.次に, $n=k$ (≥ 1) のとき,不等式 (A.1) が成り立っていると仮定します.この仮定の下で, $n=k+1$ のとき (A.1) の左辺を計算すると

$$1 + \frac{1}{2} + \frac{1}{3} + \cdots + \frac{1}{k} + \frac{1}{k+1} \geq \frac{2k}{k+1} + \frac{1}{k+1} = \frac{2k+1}{k+1}$$
$$\geq \frac{2k+1+1}{k+1+1} = \frac{2(k+1)}{k+2}.$$

すなわち,不等式 (A.1) は, $n=k+1$ のときも成り立っています.したがって,(A.1) はすべての自然数 n に対して成り立ちます.ここに,上の不等式では $a \geq b > 0$ に対して,

$\dfrac{a}{b} \geq \dfrac{a+1}{b+1}$ が成り立つことを用いました.

問題 2.2 a, b の最大公約数を d, そして d の倍数全体の集合を B とします. すなわち
$$B = \{pd \mid p \in \mathbf{Z}\}$$
です. まず, $A \subset B$ を示します. 仮定により, $a = a'd, b = b'd$ (a', b' は互いに素である自然数) とかけます. このとき, 任意の $ax+by \in A$ に対して
$$ax+by = a'dx+b'dy = (a'x+b'y)d$$
となるから, $ax+by$ は d の倍数です. したがって, $ax+by \in B$ となり, $A \subset B$ が示されます. 次に, $B \subset A$ を示します. 補題 1.1.10 により, a, b の最大公約数 d に対して
$$d = ax + by$$
を満たす整数 x, y が存在します. したがって, 任意の整数 p に対して
$$pd = p(ax+by) = a(px) + b(py) \in A$$
となるから, $B \subset A$ が示されました. したがって, $A = B$ となります.

問題 3.1 有理数全体の集合 $\mathbf{Q}$ が, 四則演算に関して閉じていることを注意しておきます.

(i) $\alpha \pm \beta = (a+b\sqrt{3}) \pm (c+d\sqrt{3}) = (a \pm c) + (b \pm d)\sqrt{3}$ より $\alpha \pm \beta \in \mathbf{Q}[\sqrt{3}]$ となります.

(ii) $\alpha\beta = (a+b\sqrt{3})(c+d\sqrt{3}) = (ac+3bd) + (ad+bc)\sqrt{3}$ となり $ac+3bd, ad+bc$ は有理数です. したがって, $\alpha\beta \in \mathbf{Q}[\sqrt{3}]$ となります.

(iii) $\dfrac{1}{\beta} = \dfrac{1}{c+d\sqrt{3}} = \dfrac{c-d\sqrt{3}}{c^2-3d^2} = \dfrac{c}{c^2-3d^2} + \dfrac{-d}{c^2-3d^2}\sqrt{3}$ で, $p = \dfrac{c}{c^2-3d^2}, q = \dfrac{-d}{c^2-3d^2}$ は有理数です. すなわち, $\dfrac{1}{\beta} = p + q\sqrt{3}$ の形に表されます. (ii) により, $\dfrac{\alpha}{\beta} = \alpha \cdot \dfrac{1}{\beta} = p' + q'\sqrt{3}$ (p', q' は有理数) の形となります. したがって, $\dfrac{\alpha}{\beta} \in \mathbf{Q}[\sqrt{3}]$ となります.

問題 3.2 $d > 1$ に対して $0 < \dfrac{1}{d} < 1$ であるから, 補足 3-A の 2 により, 数列 $\left\{\dfrac{1}{d^n}\right\}$ は 0 に収束します. α を任意の実数とし, 以下, これを固定します. 自然数 n に対して, αd^n を考えます. このとき
$$\alpha d^n - 1 < p_n \tag{A.2}$$

338

なる整数 p_n が存在します．しかも (A.2) を満たす p_n で，最小のものとして a_n をとることができます．実際，$\alpha d^n - 1 \geqq 0$ のときは，アルキメデスの原理により，(A.2) を満たす p_n が自然数としてとれます．このような自然数 p_n の全体の集合には最小数が存在します．この最小の自然数を a_n とおけば，$a_n - 1 \leqq \alpha d^n - 1 < a_n$ となります．すなわち

$$a_n \leqq \alpha d^n < a_n + 1 \tag{A.3}$$

となります．したがって

$$\frac{a_n}{d^n} \leqq \alpha < \frac{a_n}{d^n} + \frac{1}{d^n}$$

を満たします．よって

$$0 \leqq \alpha - \frac{a_n}{d^n} < \frac{1}{d^n}$$

が各 n ($\in \mathbf{N}$) に対して成り立ちます．ところで，数列 $\left\{\dfrac{1}{d^n}\right\}$ は 0 に収束するから，数列 $\left\{\alpha - \dfrac{a_n}{d^n}\right\}$ も 0 に収束します (補題 3-A の 1)．すなわち，$\left\{\dfrac{a_n}{d^n}\right\}$ は α に収束します．

次に，$\alpha d^n - 1 < 0$ の場合を考えます．ある自然数 m をとって $\alpha d^n - 1 + m \geqq 0$ となるようにできます．再び，アルキメデスの原理を用いると，$\alpha d^n - 1 + m < q_n$ となる最小の自然数 q_n がとれます．このとき

$$q_n - 1 \leqq \alpha d^n - 1 + m < q_n.$$

そこで，$a_n = q_n - m$ とおくと a_n は整数で，$a_n - 1 \leqq \alpha d^n - 1 < a_n$ を満たし，$a_n \leqq \alpha d^n < a_n + 1$ となり，(A.3) と同じ式が得られます．上と同様にして，$\left\{\dfrac{a_n}{d^n}\right\}$ が α に収束することが示されます．

問題 4.1 $z = \cos\theta + i\sin\theta$ とおくと，$z^6 = \cos 6\theta + i\sin 6\theta = 1$ であるから $6\theta = 2k\pi$，すなわち，$\theta = (k/3)\pi$ ($k = 0, 1, 2, 3, 4, 5$) となります．したがって，方程式の解は

$$z_k = \cos(k/3)\pi + i\sin(k/3)\pi \qquad (k = 0, 1, 2, 3, 4, 5),$$

すなわち

$$z_0 = 1, \quad z_1 = \frac{1 + \sqrt{3}i}{2}, \quad z_2 = \frac{-1 + \sqrt{3}i}{2},$$
$$z_3 = -1, \quad z_4 = \frac{-1 - \sqrt{3}i}{2}, \quad z_5 = \frac{1 - \sqrt{3}i}{2}$$

となります．これらの解は，単位円周上にあり，正六角形の頂点となっています．

問題 4.2 $\beta-\alpha$ と $\gamma-\alpha$ が直交しているとします. このとき, $\beta-\alpha$ と $(\gamma-\alpha)i$ は平行となります. よって, 例題 4.2.1 により, $\dfrac{\beta-\alpha}{(\gamma-\alpha)i}=\delta$ (実数) です. すなわち, $\dfrac{\beta-\alpha}{\gamma-\alpha}=\delta i$ は純虚数となります. 逆に, $\dfrac{\beta-\alpha}{\gamma-\alpha}=\delta i$ (純虚数) であれば, $\dfrac{\beta-\alpha}{(\gamma-\alpha)i}=\delta$ は実数となるから, 再び, 例題 4.2.1 により, $\beta-\alpha$ と $(\gamma-\alpha)i$ は平行となります. したがって, $\beta-\alpha$ と $(\gamma-\alpha)i^2=-(\gamma-\alpha)$ は直交しています. すなわち, $\beta-\alpha$ と $\gamma-\alpha$ は直交します.

問題 5.1 まず, $b>1$ に対して

$$\frac{b^n}{n} \to +\infty \qquad (n\to\infty) \tag{A.4}$$

であることを示そう. $b=1+h$ $(h>0)$ とかけるから, 例題 2.3.5 の (2.3.2) により

$$b^n = (1+h)^n \geqq 1+nh+\frac{n(n-1)}{2}h^2 > \frac{n(n-1)}{2}h^2$$

が成り立ちます. したがって, $\dfrac{b^n}{n} > \dfrac{n-1}{2}h^2$ となり, $b>1$ のとき $h>0$ であるから (A.4) が示されます. ところで, $p\in\mathbf{N}$ に対して, $b^{1/p}=\sqrt[p]{b}>1$ であるから (A.4) により, 任意の $M>1$ に対して, 十分大きな $n\in\mathbf{N}$ をとると $\dfrac{\left(b^{1/p}\right)^n}{n}>M$ となります. したがって

$$\frac{b^n}{n^p} = \left\{\frac{\left(b^{1/p}\right)^n}{n}\right\}^p > M^p > M$$

が任意の M (>1) に対して成り立つから, $\dfrac{b^n}{n^p} \to +\infty$ $(n\to\infty)$ であることが分かります. ここで, $0<a<1$ に対して, $b=\dfrac{1}{a}$ (>1) とおくと

$$\frac{1}{a^n n^p} = \frac{b^n}{n^p} \to +\infty \qquad (n\to\infty)$$

であるから, $a^n n^p \to 0$ $(n\to\infty)$ となります (注 3.2.4).

問題 5.2 各閉円板 S_n から任意の点 $\boldsymbol{a}_n$ をとるとき, 条件 (1) により, $\boldsymbol{a}_m\in S_n$ $(m\geqq n)$ となっています. 条件 (2) により, $\{\boldsymbol{a}_n\}$ は基本点列であるから, 定理 5.3.4 により $\{\boldsymbol{a}_n\}$ は, ある点 $\boldsymbol{a}_0$ に収束します. このような収束点 $\boldsymbol{a}_0$ がすべての円板に共通なただ 1 つの点であることは, 条件 (2) により明らかです.

問題 6.1 $\mathcal{R}$ は単位元 e をもつ可換環である. 任意の $a\in\mathcal{R}$ $(a\neq 0)$ が逆元をもつこと

を示せばよい．ところで，条件 (ii) により，方程式 $ax=xa=e$ は一意解をもち，この解 x が a の逆元となります．したがって，$\mathcal{R}$ は体となります．

問題 6.2 a, b の最大公約数を d，最小公倍数を c とすると，定理 1.1.7 の (3) により

$$ab = cd \tag{A.5}$$

が成り立ちます．任意の $x \in a\mathbf{Z} \cap b\mathbf{Z}$ に対して，$x = an = bm$ となる $n, m \in \mathbf{Z}$ が存在するから，x は a, b の公倍数です．よって，$x = lc$ となる $l \in \mathbf{Z}$ が存在します．したがって，$x \in c\mathbf{Z}$ となるから

$$a\mathbf{Z} \cap b\mathbf{Z} \subset c\mathbf{Z} \tag{A.6}$$

が成り立ちます．逆に，任意の $y \in c\mathbf{Z}$ は $y = cn'$ ($n' \in \mathbf{Z}$) とかけるから，この両辺に a, b の最大公約数 d をかけると，(A.5) より $dy = dcn' = abn'$ となります．ところで，$a = dp$, $b = dq$ ($p, q \in \mathbf{Z}$) と表されるから，$dy = dpbn'$ より $y = pbn' = b(pn') \in b\mathbf{Z}$ となります．また，$dy = adqn'$ より $y = a(qn') \in a\mathbf{Z}$ となるから，$y \in a\mathbf{Z} \cap b\mathbf{Z}$ を満たし

$$c\mathbf{Z} \subset a\mathbf{Z} \cap b\mathbf{Z} \tag{A.7}$$

となります．(A.6) と (A.7) により $a\mathbf{Z} \cap b\mathbf{Z} = c\mathbf{Z}$ が成り立ちます．ここに，c は a と b の最小公倍数です．

問題 7.1 $j \geqq 2$ であるから

$$\sigma = (i_1, i_2, \cdots, i_j) = \begin{pmatrix} i_1 & i_2 & \cdots & i_{j-1} & i_j \\ i_2 & i_3 & \cdots & i_j & i_1 \end{pmatrix} \neq \varepsilon,$$

$$\sigma^2 = \begin{pmatrix} i_1 & i_2 & \cdots & i_{j-2} & i_{j-1} & i_j \\ i_3 & i_4 & \cdots & i_j & i_1 & i_2 \end{pmatrix} \neq \varepsilon$$

となる．このことを繰り返して

$$\sigma^{j-1} = \begin{pmatrix} i_1 & i_2 & \cdots & i_{j-1} & i_j \\ i_j & i_1 & \cdots & i_{j-2} & i_{j-1} \end{pmatrix} \neq \varepsilon,$$

$$\sigma^j = \begin{pmatrix} i_1 & i_2 & \cdots & i_{j-1} & i_j \\ i_1 & i_2 & \cdots & i_{j-1} & i_j \end{pmatrix} = \varepsilon$$

となります．

問題 7.2 方程式 $z^6 = 1$ の解全体は，$\Omega = \{z_0, z_1, z_2, z_3, z_4, z_5\}$ で

$$z_k = \cos\frac{2\pi}{6}k + i\sin\frac{2\pi}{6}k = \cos\frac{\pi}{3}k + i\sin\frac{\pi}{3}k \qquad (k=0,1,2,3,4,5)$$

の形に表されます (問題 4.1 の解を参照). $z_k, z_{k'} \in \Omega$ に対して

$$\begin{aligned}
z_k \cdot z_{k'} &= \left(\cos\frac{\pi}{3}k + i\sin\frac{\pi}{3}k\right)\left(\cos\frac{\pi}{3}k' + i\sin\frac{\pi}{3}k'\right) \\
&= \left(\cos\frac{\pi}{3}k\cos\frac{\pi}{3}k' - \sin\pi 3k\sin\pi 3k'\right) + i\left(\sin\frac{\pi}{3}k\cos\frac{\pi}{3}k' + \cos\frac{\pi}{3}k\sin\frac{\pi}{3}k'\right) \\
&= \cos\frac{\pi}{3}(k+k') + i\sin\frac{\pi}{3}(k+k') = z_{k'}z_k \qquad (k,k'=0,1,2,3,4,5)
\end{aligned}$$

を満たし,可換となります.また,$\cos x, \sin x$ が周期 2π の周期関数であることに注意すると,$z_k \cdot z_{k'} \in \Omega$ となります.すなわち,Ω は積の演算に関して閉じています.また,$z_0 = 1$ は方程式の解であるから $1 \in \Omega$ となり,$z_k \cdot 1 = 1 \cdot z_k = z_k$ $(k=0,1,2,3,4,5)$ を満たすから 1 は Ω の単位元です.任意の $z_k(k=0,1,2,3,4,5)$ に対して,$k+k'=6$ となる k' $(0 \le k' \le 5)$ をとると,$z_k \cdot z_{k'} = 1$ となり $z_{k'}$ が z_k の逆元となります.定義 7.1.1 における条件 (1)〜(4) は,$\mathbf{C}\backslash\{0\}$ において成り立っているので Ω においても成り立ちます.したがって,Ω は可換群となります.

問題 8.1 (1) $x\boldsymbol{a} + y\boldsymbol{b} + z\boldsymbol{c} = \boldsymbol{0}$ とすると

$$^t(2x+2y+z, 2x-2z, -3x+4y+z) = {}^t(0,0,0)$$

であるから

$$\begin{cases} 2x+2y+z=0 \\ 2x-2z=0 \\ -3x+4y+z=0 \end{cases}$$

これを解くと,$x=y=z=0$ がただ 1 つの解となります.したがって,$\boldsymbol{a}, \boldsymbol{b}, \boldsymbol{c}$ は 1 次独立です.

(2) $6(\boldsymbol{x}-\boldsymbol{a}) + 4\boldsymbol{b} = 3\boldsymbol{c} + 2\boldsymbol{x}$ より

$$4\boldsymbol{x} = 6\boldsymbol{a} - 4\boldsymbol{b} + 3\boldsymbol{c} = {}^t(7,6,-31).$$

したがって,$\boldsymbol{x} = \frac{1}{4}{}^t(7,6,-31)$ となります.

問題 8.2 ベクトル $\boldsymbol{a}, \boldsymbol{b}, \boldsymbol{c}$ は 1 次従属である.実際,$\boldsymbol{b} - 3\boldsymbol{a} = {}^t(0,-10,0)$, $\boldsymbol{c} - 2\boldsymbol{a} = {}^t(0,-5,0)$ であるから $\boldsymbol{b} - 3\boldsymbol{a} = 2(\boldsymbol{c} - 2\boldsymbol{a})$,すなわち,$\boldsymbol{a} + \boldsymbol{b} - 2\boldsymbol{c} = \boldsymbol{0}$ となり,$\boldsymbol{a}, \boldsymbol{b}, \boldsymbol{c}$ は 1 次従属となります.また,$\boldsymbol{a}, \boldsymbol{b}$ は 1 次独立であるから $S(\boldsymbol{a},\boldsymbol{b},\boldsymbol{c})$ は 2 次元です.とこ

ろで，e_1 を a, b, c の 1 次結合で表すことはできません．実際，$xa+yb+zc=e_1$（方程式）とすると

$$\begin{cases} x+3y+2z=1 \\ 3x-y+z=0 \\ x+3y+2z=0 \end{cases}$$

第 1 式と第 3 式により，方程式の解 x, y, z が存在しないことが分かります．したがって，$S(a,b,c) \neq S(e_1,e_2)$ となっています．

(注) 図形的には，$S(e_1,e_2)$ は空間 $\mathbf{R}^3$ の xy 平面を表します．一方，上の証明により，$S(a,b,c)$ も 2 次元ですから $\mathbf{R}^3$ の平面を表しますが，$S(e_1,e_2)$ とは異なる平面です．ただ，$S(a,b,c) \neq S(e_1,e_2)$ を証明するには，$e_1 \notin S(a,b,c)$ を示すだけで十分です．

問題 8.3 $f(e_1) = {}^t(1,0,1)$，$f(e_2) = {}^t(-1,1,0)$，$f(e_3) = {}^t(1,1,2)$ であり，$2f(e_1)+f(e_2)=f(e_3)$ より $f(e_1), f(e_2), f(e_3)$ は 1 次従属です．一方，$f(e_1), f(e_2), f(e_3)$ の 2 つずつの組はいずれも 1 次独立であるから $\dim(S(f(e_1),f(e_2),f(e_3)))=2$，したがって

$$\dim(\mathrm{Im}(f)) = \dim(S(f(e_1),f(e_2),f(e_3))) = 2$$

となります．また，定理 8.2.5 により

$$\dim(\mathrm{Ker}(f)) = 3 - \dim(\mathrm{Im}(f)) = 1$$

となります．

問題 9.1 $A=(a_1, a_2, a_3)=[a_{ij}]$ のとき，${}^tAA=[\alpha_{ij}]$ とおくとき ${}^tA=[a'_{ij}]$，$a'_{ij}=a_{ji}$ $(i,j=1,2,3)$ である．よって

$$\alpha_{ij} = \sum_{k=1}^{3} a'_{ik} a_{kj} = \sum_{k=1}^{3} a_{ki} a_{kj} = (a_i, a_j) \qquad (i,j=1,2,3)$$

であるから

$${}^tAA = \begin{pmatrix} (a_1,a_1) & (a_1,a_2) & (a_1,a_3) \\ (a_2,a_1) & (a_2,a_2) & (a_2,a_3) \\ (a_3,a_1) & (a_3,a_2) & (a_3,a_3) \end{pmatrix}$$

となります．したがって，

$$|A|^2 = |{}^t\!AA| = \begin{vmatrix} (\boldsymbol{a}_1,\boldsymbol{a}_1) & (\boldsymbol{a}_1,\boldsymbol{a}_2) & (\boldsymbol{a}_1,\boldsymbol{a}_3) \\ (\boldsymbol{a}_2,\boldsymbol{a}_1) & (\boldsymbol{a}_2,\boldsymbol{a}_2) & (\boldsymbol{a}_2,\boldsymbol{a}_3) \\ (\boldsymbol{a}_3,\boldsymbol{a}_1) & (\boldsymbol{a}_3,\boldsymbol{a}_2) & (\boldsymbol{a}_3,\boldsymbol{a}_3) \end{vmatrix}$$

が成り立ちます.

問題 10.1 無限巡回群 G の 1 つの生成元を g とするとき, G の元は g^m ($m\in\mathbf{Z}$) の形で表されます. ここで, $\varphi(g^m)=m$ ($m\in\mathbf{Z}$) によって写像 $\varphi; G\to\mathbf{Z}$ (加法群) を定義すると, φ は明らかに, G から $\mathbf{Z}$ への全単射です. さらに

$$\varphi(g^m g^n) = \varphi(g^{m+n}) = m+n = \varphi(g^m) + \varphi(g^n)$$

を満たすから, $\varphi; G\to\mathbf{Z}$ は同型写像となり, G と $\mathbf{Z}$ は群同型です.

問題 10.2 $\sigma E = (\boldsymbol{e}_{\sigma(1)}, \boldsymbol{e}_{\sigma(2)}, \boldsymbol{e}_{\sigma(3)})$ であるから行列積について, 問題 9.1 により

$${}^t(\sigma E)\sigma E = \begin{pmatrix} (\boldsymbol{e}_{\sigma(1)},\boldsymbol{e}_{\sigma(1)}) & (\boldsymbol{e}_{\sigma(1)},\boldsymbol{e}_{\sigma(2)}) & (\boldsymbol{e}_{\sigma(1)},\boldsymbol{e}_{\sigma(3)}) \\ (\boldsymbol{e}_{\sigma(2)},\boldsymbol{e}_{\sigma(1)}) & (\boldsymbol{e}_{\sigma(2)},\boldsymbol{e}_{\sigma(2)}) & (\boldsymbol{e}_{\sigma(2)},\boldsymbol{e}_{\sigma(3)}) \\ (\boldsymbol{e}_{\sigma(3)},\boldsymbol{e}_{\sigma(1)}) & (\boldsymbol{e}_{\sigma(3)},\boldsymbol{e}_{\sigma(2)}) & (\boldsymbol{e}_{\sigma(3)},\boldsymbol{e}_{\sigma(3)}) \end{pmatrix}$$

となります. ところで, $(\boldsymbol{e}_{\sigma(i)},\boldsymbol{e}_{\sigma(j)})=\delta_{ij}$ (デルタ記号) であるから ${}^t(\sigma E)\sigma E = E$ となり, σE は直交行列です. また, $|\sigma E|^2 = |{}^t(\sigma E)\sigma E| = |E| = 1$ より, $|\sigma E| = \pm 1$ となります.

問題 11.1 (i) $\{1,i\}$ は基底で, $\sigma = t+is \in G$ に対して $\varphi_\sigma(1) = (t+is)\cdot 1 = t+is$, $\varphi_\sigma(i) = (t+is)i = -s+it$ であるから

$$A_\sigma = \begin{pmatrix} t & -s \\ s & t \end{pmatrix}$$

となります.

(ii) $\sigma = t+is \in G_1$ のとき, $|\sigma| = \sqrt{t^2+s^2} = 1$ であるから, $t=\cos\theta$, $s=\sin\theta$ となる角 θ が一意的に定まります. このとき

$$A_\sigma = \begin{pmatrix} \cos\theta & -\sin\theta \\ \sin\theta & \cos\theta \end{pmatrix} \tag{A.8}$$

となります. また, $SO(2,\mathbf{R})$ の行列は, (A.8) の形のものに限る (補題 10.1.1 を参照) から $\{A_\sigma \mid |\sigma|=1, \sigma\in\mathbf{C}\}$ は 2 次の回転群 $SO(2,\mathbf{R})$ となります. したがって, $G_1 = \{\varphi_\sigma \mid |\sigma|=1, \sigma\in\mathbf{C}\}$ は 2 次の回転群 $SO(2,\mathbf{R})$ と同型となります.

問題 12.1 $\tilde{A}$ を A の余因子行列とすると，定理 12.2.1 により

$$\tilde{A}A = A\tilde{A} = \begin{pmatrix} |A| & 0 & \cdots & 0 \\ 0 & |A| & & 0 \\ \vdots & \vdots & \ddots & \vdots \\ 0 & 0 & \cdots & |A| \end{pmatrix}.$$

したがって

$$|\tilde{A}||A| = |\tilde{A}A| = \begin{vmatrix} |A| & 0 & \cdots & 0 \\ 0 & |A| & & 0 \\ \vdots & \vdots & \ddots & \vdots \\ 0 & 0 & \cdots & |A| \end{vmatrix} = |A|^n$$

となります．A は正則であるから $|A| \neq 0$，したがって，$|\tilde{A}| = |A|^{n-1}$ が成り立ちます．

問題 12.2 (i) 定理 11.1.5 の (i) により，左辺を計算すると

$$\begin{pmatrix} E_m & C \\ O & B \end{pmatrix} \begin{pmatrix} A & O \\ O & E_n \end{pmatrix} = \begin{pmatrix} A & C \\ O & B \end{pmatrix}$$

が得られます．

(ii) 例 12.1.1 により

$$\begin{vmatrix} E_m & C \\ O & B \end{vmatrix} = |B|, \quad \begin{vmatrix} A & O \\ O & E_n \end{vmatrix} = |A|$$

であるから

$$\begin{vmatrix} A & C \\ O & B \end{vmatrix} = |A||B|$$

が成り立ちます．

問題 13.1 $f_A(\boldsymbol{x}) = A\boldsymbol{x}$ によって定義される線形写像 f_A に対して，問題の方程式 (Q.13.1) は $f_A(\boldsymbol{x}) = \boldsymbol{b}$ と表されます．この方程式が，整数を成分とする $\boldsymbol{b} \in \mathbf{R}^n$ に対して，整数成分のベクトル解をもつとします．そこで，$\boldsymbol{b}$ として $\mathbf{R}^n$ の基本ベクトル $\boldsymbol{e}_i$ ($1 \leqq i \leqq n$) をとります．すなわち，$\boldsymbol{b} = \boldsymbol{e}_i = {}^t(0,0,\cdots,1,0,\cdots,0)$ ($i = 1, 2, \cdots, n$). このとき，方程式 (Q.13.1) は解をもち，$\mathrm{Im}(f_A) = S(\boldsymbol{e}_1, \boldsymbol{e}_2, \cdots, \boldsymbol{e}_n) = \mathbf{R}^n$ となります．系 11.3.6 より f_A は全単射

となります.すなわち,$f_A ; \mathbf{R}^n \to \mathbf{R}^n$ は同型変換です.したがって,定理 11.3.10 により,A は正則となります.また,各 i ($1 \leq i \leq n$) に対して,方程式 $A\boldsymbol{x}=\boldsymbol{e}_i$ は整数解をもち,解 $\boldsymbol{x}=A^{-1}\boldsymbol{e}_i$ は A^{-1} の i 列である.すなわち,A^{-1} の各成分も整数となります.したがって,$|A|, |A^{-1}|$ はともに整数であり,$|A||A^{-1}|=|AA^{-1}|=|E|=1$ であるから $|A|=\pm 1$ となります.次に,$|A|=\pm 1$ を仮定します.このとき,$A=(\boldsymbol{a}_1, \boldsymbol{a}_2, \cdots, \boldsymbol{a}_n)$ は正則です.整数を成分とする n 次元ベクトル $\boldsymbol{b}$ に対する方程式 $A\boldsymbol{x}=\boldsymbol{b}$ の解は,クラメルの公式により

$$x_j = \frac{1}{|A|} |\boldsymbol{a}_1, \boldsymbol{a}_2, \cdots, \boldsymbol{a}_{j-1}, \boldsymbol{b}, \boldsymbol{a}_{j+1}, \cdots, \boldsymbol{a}_n| \qquad (j=1,2,\cdots,n) \qquad \text{(A.9)}$$

となります.ここに,$\boldsymbol{x}={}^t(x_1, x_2, \cdots, x_n)$ です.仮定により行列式

$$|\boldsymbol{a}_1, \boldsymbol{a}_2, \cdots, \boldsymbol{a}_{j-1}, \boldsymbol{b}, \boldsymbol{a}_{j+1}, \cdots, \boldsymbol{a}_n|$$

の各成分は整数であるから行列式の値も整数となります.また,$|A|=\pm 1$ であるから,(A.9) より,各 x_j ($1 \leq j \leq n$) も整数となります.したがって,方程式 $A\boldsymbol{x}=\boldsymbol{b}$ は整数を成分とする解 $\boldsymbol{x}={}^t(x_1, x_2, \cdots, x_n)$ をもちます.

参考文献

[1] 宮原繁著『整数 (モノグラフ)』, 科学新興社 (1989)
[2] 彌永昌吉著『数の体系 (上, 下)』, 岩波新書 (1972, 1978)
[3] 高木貞治著『解析概論』, 岩波書店 (1938)
[4] 織田進著『代数学の基礎・基本』, 牧野書店 (2009)
[5] 山崎圭次郎著『環と加群 I (岩波講座)』, 岩波書店 (1976)
[6] 志賀浩二著『群論への 30 講 (数学 30 講シリーズ)』, 朝倉書店 (1989)
[7] 渡辺信範他著『線形代数学概論』, 学術図書 (1994)
[8] 石井恵一『線形代数講義』, 日本評論社 (1995)
[9] 長谷川浩司『線型代数』, 日本評論社 (2004)

索引

数字

1 次結合	164, 273
1 次写像	280
1 次従属	164, 274
1 次独立	164, 274
1 次の不定方程式	12
2 次元実ベクトル空間	162
2 次元線形空間	162
2 次の直交群	189
2 次の特殊直交群	216
3 次元実ベクトル空間	163
3 次元線形空間	163
3 次の回転群	223
3 次の行列	177
3 次の直交群	189
3 次の特殊直交群	223

アルファベット

Abel 群	130
A と B が等しい	178
A と B の積	180
A と B の和	178
A の小行列	265
b の成す角	207
b によって生成される部分空間	164
b によって張られる部分空間	164
G の位数	132
H と K の積	141
H の指数	138
H の左指数	138
H の右指数	138
H を法とする左剰余類	136
H を法とする左(右)完全代表系	137
H を法とする右剰余類	136
(i,j) 成分	178
i 行に関する余因子展開	303
I を法として合同である	92
j 列に関する余因子展開	303
j 列ベクトル	178
Lagrange の定理	138
m 次の巡回置換	149
n 次元実ベクトル空間	272
n 次元ベクトル	271
n 次の対称群	146
n 次の単位行列	264
n 次の置換	145
n 次の置換群	146
n 乗根	49
n を法とする既約剰余類	143
φ の核	230
φ の像	230
p を法として合同	15
R 加群を成す	115
S で生成される部分環	86
Zorn の補題	111

あ行

アーベル群	130
余り	3

アルキメデスの原理	45
位数	132
位数 n の巡回群	133
一般解	14, 316
一般線形群	187
イデアル	87
因子	118
因数定理	118
上組	44
裏命題	27
オイラー角	227
オイラー関数	143
オイラーの定理	143

か行

開円板	78
解空間	315
階数	293
回転群	215
解の公式	54
解の自由度	315
ガウスの定理	122
ガウス平面	57
下界	67
可換	109, 241
可換環	85
可換群	130
可換体	95
核空間	171, 282
拡大係数行列	311
加群	128
下限	67
仮定	27
加法	2
加法群	85, 128
下方に有界	67
可約	122

環	84
環準同型写像	102
環の構造	83
奇置換	157
基底	167, 275
基底の変換行列	322
帰納的順序集合	111
基本解	315
基本的性質	35, 161, 272
基本ベクトル	165, 272
基本列	76
既約	122
既約因子分解	122
既約因数分解	122
逆行列	182, 264
逆元	85, 95, 130
逆元の存在	95, 130
逆写像	101
逆数	34
逆像	100
逆置換	148
逆ベクトル	161, 272
逆命題	27
狭義の単調減少列	69
狭義の単調増加列	69
行基本変形	312
行基本変形の行列	329
共通部分	24
行ベクトル	162
共役複素数	54
行列	261
行列式	194, 297
行列式の基本的性質	197
極形式表現	58
極限値	46
極限点	78
極小元	110
極大イデアル	110

極大元	110		最大公約因子	118
虚軸	57		最大公約数	6
虚数	52		差積	154
虚数単位	52		サラスの方法	195
虚数部分	52		三角不等式	43
近傍	78		次元	168, 279
空集合	24		自己準同型	102
偶置換	157		自己稠密な順序集合	43
区間縮小法	73		指数	138
クラメルの公式	308		次数	115
群	129		下組	44
群同型写像	229		実軸	57
群の構造	83		実数体	50
群の準同型写像	230		実数の完備性	76
係数行列	306		実数の連続性	44
計量ベクトル空間	205		実数部分	52
結合法則	95, 129		実ベクトル空間	186
結論	27		自明な部分空間	164
元	23		写像	100
減法	2		自由元	132
交換法則	95, 130		集合	23
合成写像	101		集積点	80
合成数	3		収束する	46
恒等写像	101		十分条件	27
恒等変換	169		巡回部分群	131
公倍因子	118		純虚数	52
公倍数	6		順序関係	41
公約因子	118		順序集合	41
公約数	6		準同型写像	102, 230
コーシー列	76		準同型定理	108
互除法	10		順列	145
			商	3
さ行			上界	67
			消去法則	36
最小元	67		商群	143
最小公倍因子	118		上限	67
最小公倍数	6		条件	26
最大元	67		乗法	2

乗法群	128
上方に有界	67
剰余環	92, 93
剰余類	16
剰余類群	235
剰余類体	99
除法	2
除法の定理	2
振動する	70
真のイデアル	110
真理集合	26
素イデアル	94
数学的帰納法	29
数学的構造	83
数学的推論	23
数直線	42
整域	85
正規部分群	140
斉次方程式	313
正四面体群	252
正射影	207
正十二面体群	259
正十二面体シンメトリー	227
整除される	3
整数環	85
生成される部分空間	274
正則	264
正則行列	182
正則元	85
正多面体	246
正二十面体群	259
正の無限大に発散	47, 70
正八面体群	258
正六面体群	257
積に関する逆元の存在	95
積に関する結合法則	95
積に関する交換法則	95
積に関する単位元の存在	95

零イデアル	88
零因子	85, 116
零行列	178, 261
零元	95, 130
零元の存在	95
零ベクトル	161, 272
零変換	169
線形演算	161, 261
線形空間	160, 186
線形結合	164
線形構造	160
線形写像	168, 280
線形性	271
線形同型変換	286
線形独立	164, 274
線形変換	168, 212
線形方程式	309
全射	100
全順序集合	41
全体集合	24
全単射	100
素因数分解	4
素因数分解定理	4
像	100
像空間	171, 282
属する	23
素数	3
素体	98

た行

体	49, 95
対偶法	28
対偶命題	27
対偶命題は同値	27
対称群	145
対称軸	247
対称性を保存	247

代数学の基本定理	64	転倒数	154
代数的構造	83	同型	102, 229
体の構造	83	同型写像	102, 229
代表元	91	同型な線形変換	169
互いに素	6, 118, 151	同次方程式	313
多元環	171	同値	27, 312
多項式環	115	同値関係	16, 91
多重線形性	201	同値類	91
たすきがけ法	195	特殊解	14, 316
単位行列	178	ド・モアブルの公式	63
単位元	85, 95, 130	ド・モルガンの法則	25
単位元の存在	129		
単位元をもつ環	85	**な行**	
単位置換	148		
単項イデアル	88	内積	205
単射	100	内積空間	205
単調減少列	69	ノルム	79
単調増加列	69		
値域	100	**は行**	
置換	144		
置換群	145	倍数	3
置換による同型変換	320	背理法	28
置換表現	243	挟み打ちの原理	73
忠実な置換表現	243	発散する	70
稠密	43	半順序集合	41
直積因子	233	判別式	51
直積群	233	非斉次方程式	313
直和	234	左イデアル	87
直交行列	187	左零因子	85
直交する	207	必要十分条件	27
直交変換	209	必要条件	27
ツォルン (Zorn) の補題	111	非同次方程式	313
定義域	100	等しい	24, 101, 163
デデキントの切断	44	表現	243
デルタ記号	181	表現行列	177, 190, 281
展開式	195	標準基底	167, 276
転置行列	187, 264	標準的準同型写像	107, 240
転倒	154	複素数	52

複素数体	53
複素平面	56
含まれる	23
含む	24
負の無限大に発散	70
部分環	86
部分空間	163, 273
部分群	130
部分集合	24
部分体	97
分割	265
分割される	150
分配法則	95
平方根	39
ベクトル	161, 162
ベクトル空間	160
偏角	58
変換	101
包含関係	24
方程式 $f(x)=0$ の解	118
補集合	24
ボルツァーノ–ワイヤストラスの定理	76

ま行

右イデアル	87
右零因子	85
右手系	223
無限次元のベクトル空間	287
無限巡回群	133
無矛盾性	23
無理数	39
命題	27

や行

約数	3

有限位数	132
有限群	132
有理数体	50
余因子	301
余因子行列	302
要素	23

ら行

ラグランジュ (Lagrange) の定理	138
両側イデアル	87
類別	16
列基本変形	324
列基本変形の行列	324
列ベクトル	162

わ行

和集合	24
和と積の演算が両立	93
割り切る	118
割り切れる	3, 19

春日 龍郎 (かすが・たつろう)

略歴
1940年　宮崎県生まれ.
1973年　東京学芸大学大学院修士課程修了.
熊本高等専門学校教授, 熊本高等専門学校および熊本大学非常勤講師を経て, 現在, 熊本高等専門学校名誉教授.

著書
『近似と特殊関数』(共著, 早稲田出版)

数からはじめる代数学

2016年9月25日　第1版第1刷発行

著　者	春日　龍郎
発行者	串崎　浩
発行所	株式会社　日本評論社
	〒170-8474 東京都豊島区南大塚3-12-4
	電話　(03) 3987-8621 [販売]
	(03) 3987-8599 [編集]
印　刷	三美印刷
製　本	松岳社
装　釘	銀山宏子

Ⓒ Tatsuro Kasuga 2016　　Printed in Japan
ISBN978-4-535-78819-0

[JCOPY]〈(社)出版者著作権管理機構　委託出版物〉
本書の無断複写は著作権法上での例外を除き禁じられています. 複写される場合は, そのつど事前に, (社)出版者著作権管理機構 (電話 03-3513-6969, FAX 03-3513-6979, e-mail：info@jcopy.or.jp) の許諾を得てください. また, 本書を代行業者等の第三者に依頼してスキャニング等の行為によりデジタル化することは, 個人の家庭内の利用であっても, 一切認められておりません.

NBS 日評ベーシック・シリーズ

大学数学への誘い
佐久間一浩＋小畑久美【著】　　　　●本体2000円＋税
…高校数学から大学数学への架け橋となる一冊。

線形代数──行列と数ベクトル空間
竹山美宏【著】　　　　　　　　　　●本体2300円＋税
…概念の意味がわかるよう丁寧に解説。

微分積分──1変数と2変数
川平友規【著】　　　　　　　　　　●本体2300円＋税
…直観的かつ定量的な意味づけを徹底。

常微分方程式
井ノ口順一【著】　　　　　　　　　●本体2200円＋税
…理工学系で必要となる基本の解き方を紹介。

複素解析
宮地秀樹【著】　　　　　　　　　　●本体2300円＋税
…豊かな性質をもつ正則関数から留数定理とその応用の習得へ。

集合と位相
小森洋平【著】　　　　　　　　　　●本体2100円＋税
…位相空間論の初歩をとおして、数学を語る際に使う言語＝「集合」と文法＝「論理」をじっくり学ぶ。

ベクトル空間
竹山美宏【著】　　　　　　　　　　●本体2300円＋税
…ベクトル空間の定義から、ジョルダン標準形、双対空間までを解説。

▶以下続刊（順不同）
- 確率統計 ──────────────── 乙部厳己 著
- 解析学入門──続・微分積分 ──── 川平友規 著
- 初等的数論 ──────────────── 岡崎龍太郎 著
- 数値計算 ──────────────── 松浦真也＋谷口隆晴 著
- 曲面とベクトル解析 ──────────── 小林真平 著
- 環論 ────────────────── 池田岳 著

日本評論社　　https://www.nippyo.co.jp/